수학의 기본은 계산력, 정확성과 계산 속도를 높히는

《계산의 신》 시리즈

중도에 포기하는 학생은 있어도
끝까지 풀었을 때 신의 경지에 오르지 않는 학생은 없습니다!

꼭 있어야 할 교재, 최고의 교재를 만드는 '꿈을담는틀'에서
신개념 초등 계산력 교재 《**계산의 신**》을 한층 업그레이드 했습니다.

초등 수학은 마구잡이 공부보다 체계적 학습이 중요합니다.
KAIST 출신 수학 선생님들이 집필한 특별한 교재로
하루 10분씩 꾸준히 공부해 보세요.
어느 순간 계산의 신(神)의 경지에 올라 있을 것입니다.

부모님이 자녀에게, 선생님이 제자에게
이 교재를 **선물**해 주세요.

__________가 __________에게

왜? 계산력 교재는 〈계산의 신〉이 가장 좋은가?

1 요즘엔 초등 계산법 책이 너무 많아서 어떤 책을 골라야 할지 모르겠어요!

기존의 계산력 문제집은 대부분 저자가 '연구회 공동 집필'로 표기되어 있습니다. 반면 꿈을담는틀의 《계산의 신》은 KAIST 출신의 수학 선생님이 공동 저자로, 아이들을 직접 가르쳤던 경험을 담아 만든 '엄마, 아빠표 문제집'입니다. 수학 교육 분야의 뛰어난 전문성과 교육 경험을 두루 갖추고 있어 믿을 수 있습니다.

2 영어는 해외 연수를 가면 된다지만, 수학 공부는 대체 어떻게 해야 하죠?

영어 실력을 키우려고 해외 연수 다니는 것을 본 게 어제오늘 일이 아니죠? 반면 수학은 어떨까요? 수학에는 왕도가 없어요. 가장 중요한 건 매일 조금씩 꾸준히 연마하는 것뿐입니다. 《계산의 신》에 나오는 A와 B, 두 가지 유형의 문제를 풀면서 자연스럽게 수학의 기초를 닦아 보세요. 초등 계산법 완성을 향한 즐거운 도전을 시작할 수 있습니다.

3 아이들이 스스로 공부할 수 있는 교재인가요?

《계산의 신》은 아이들이 스스로 생각하고 계산할 수 있도록 구성되어 있습니다. 핵심 포인트를 보며 유형을 파악하고, 문제를 푼 후에 스스로 자신의 풀이를 평가할 수 있습니다. 부담 없는 분량, 친절한 설명과 예시, 두 가지 유형 반복 학습과 실력 진단 평가는 아이들이 교사나 부모님에게 기대지 않고, 스스로 학습하는 힘을 길러 줄 것입니다.

4 정확하게 푸는 게 중요한가요, 빠르게 푸는 게 중요한가요?

물론 속도를 무시할 순 없습니다. 그러나 그에 앞서 선행되어야 하는 것이 바로 '정확성'입니다. 《계산의 신》은 예시와 함께 해당 연산의 핵심 포인트를 짚어 주며 문제를 정확하게 이해할 수 있도록 도와줍니다. '스스로 학습 관리표'는 문제 풀이 속도를 높이는 데에 동기부여가 될 것입니다. 《계산의 신》과 함께 정확성과 속도, 두 마리 토끼를 모두 잡아 보세요.

정확하게
이해하는 게 우선!

학교 성적에 도움이 될까요?
수학 교과서와 친해질 수 있나요?

재미와 속도, 정확성 모두 중요하지만 무엇보다 '학교 성적'에 얼마나 도움이 되느냐가 가장 중요하겠지요? 《계산의 신》은 최신 교육 과정을 100% 반영한 단계별 학습으로 구성되어 있습니다. 따라서 《계산의 신》을 꾸준히 학습하면 자연스럽게 '수학 교과서'와 친해져 학교 성적이 올라갈 것입니다.

6 문제를 다 풀어 놓고도
아이가 자꾸 기억이 안 난다고 해요.

《계산의 신》에는 두 가지 유형 반복 학습 외에도 세 단계마다 자신이 푼 문제를 복습하는 '세 단계 묶어 풀기'가 있고, 마지막에는 교재 전체 내용을 한 번 더 복습할 수 있는 '전체 묶어 풀기'가 있습니다. 풀었던 문제들을 다시 묶어서 풀며, 예전에 학습했던 계산 문제들을 완전히 자신의 것으로 만들 수 있습니다.

풀었던 유형
묶어서 다시 풀자!

KAIST 출신 수학 선생님들이 집필한

송명진·박종하 지음

6

초등

3학년 2학기

자연수의 곱셈과 나눗셈 발전

권별 학습 구성

초등1 | 1권 | 자연수의 덧셈과 뺄셈 기본 (1)

001단계	수를 가르고 모으기
002단계	합이 9까지인 덧셈
003단계	차가 9까지인 뺄셈
	세 단계 묶어 풀기
	재미있는 수학이야기
004단계	덧셈과 뺄셈
005단계	10을 가르고 모으기
006단계	10의 덧셈과 뺄셈
	세 단계 묶어 풀기
	창의력 쑥쑥! 수학퀴즈
007단계	연이은 덧셈, 뺄셈
008단계	19까지의 수 모으고 가르기
009단계	(몇십)+(몇), (몇)+(몇십)
	세 단계 묶어 풀기
	창의력 쑥쑥! 수학퀴즈
010단계	(몇십 몇)±(몇)
	전체 묶어 풀기
	창의력 쑥쑥! 수학퀴즈

초등1 | 2권 | 자연수의 덧셈과 뺄셈 기본 (2)

011단계	(몇십)±(몇십)
012단계	(몇십 몇)+(몇십 몇)
013단계	(몇십 몇)−(몇십 몇)
	세 단계 묶어 풀기
	창의력 쑥쑥! 수학퀴즈
014단계	받아올림/받아내림이 없는 덧셈과 뺄셈 종합
015단계	세 수의 덧셈과 뺄셈
016단계	연이은 덧셈, 뺄셈
	세 단계 묶어 풀기
	창의력 쑥쑥! 수학퀴즈
017단계	받아올림이 있는 (몇)+(몇)
018단계	받아내림이 있는 (십몇)−(몇)
019단계	받아올림/받아내림이 있는 덧셈과 뺄셈 종합
	세 단계 묶어 풀기
	창의력 쑥쑥! 수학퀴즈
020단계	계산의 활용–규칙찾기
	전체 묶어 풀기
	재미있는 수학이야기

초등2 | 3권 | 자연수의 덧셈과 뺄셈 발전

021단계	(두 자리 수)+(한 자리 수)
022단계	(두 자리 수)+(두 자리 수) (1)
023단계	(두 자리 수)+(두 자리 수) (2)
	세 단계 묶어 풀기
	창의력 쑥쑥! 수학퀴즈
024단계	(두 자리 수)−(한 자리 수)
025단계	(몇십)−(두 자리 수)
026단계	(두 자리 수)−(두 자리 수)
	세 단계 묶어 풀기
	창의력 쑥쑥! 수학퀴즈
027단계	두 자리 수의 덧셈과 뺄셈 종합
028단계	덧셈, 뺄셈의 여러 가지 방법
029단계	덧셈과 뺄셈의 관계
	세 단계 묶어 풀기
	창의력 쑥쑥! 수학퀴즈
030단계	세 수의 혼합 계산
	전체 묶어 풀기
	창의력 쑥쑥! 수학퀴즈

초등2 | 4권 | 네 자리 수/ 곱셈구구

031단계	네 자리 수
032단계	각 자리의 숫자가 나타내는 값
033단계	뛰어 세기
	세 단계 묶어 풀기
	창의력 쑥쑥! 수학퀴즈
034단계	같은 수 여러 번 더하기
035단계	2, 5, 3, 4의 단 곱셈구구
036단계	6, 7, 8, 9의 단 곱셈구구 (1)
	세 단계 묶어 풀기
	창의력 쑥쑥! 수학퀴즈
037단계	6, 7, 8, 9의 단 곱셈구구 (2)
038단계	곱셈구구 종합 (1)
039단계	곱셈구구 종합 (2)
	세 단계 묶어 풀기
	창의력 쑥쑥! 수학퀴즈
040단계	계산의 활용–길이의 합과 차
	전체 묶어 풀기
	재미있는 수학이야기

초등3 | 5권 | 자연수의 덧셈과 뺄셈 / 곱셈과 나눗셈

041단계	(세 자리 수)+(세 자리 수) (1)
042단계	(세 자리 수)+(세 자리 수) (2)
043단계	(세 자리 수)−(세 자리 수) (1)
	세 단계 묶어 풀기
	재미있는 수학이야기
044단계	(세 자리 수)−(세 자리 수) (2)
045단계	나눗셈 기초
046단계	곱셈구구 범위에서의 나눗셈
	세 단계 묶어 풀기
	재미있는 수학이야기
047단계	(두 자리 수)×(한 자리 수) (1)
048단계	(두 자리 수)×(한 자리 수) (2)
049단계	길이의 덧셈과 뺄셈
	세 단계 묶어 풀기
	재미있는 수학이야기
050단계	시간의 합과 차
	전체 묶어 풀기
	창의력 쑥쑥! 수학퀴즈

초등3 | 6권 | 자연수의 곱셈과 나눗셈 발전

051단계	(세 자리 수)×(한 자리 수) (1)
052단계	(세 자리 수)×(한 자리 수) (2)
053단계	(두 자리 수)×(두 자리 수) (1)
	세 단계 묶어 풀기
	창의력 쑥쑥! 수학퀴즈
054단계	(두 자리 수)×(두 자리 수) (2)
055단계	(몇십)÷(몇), (몇백 몇십)÷(몇)
056단계	(두 자리 수)÷(한 자리 수) (1)
	세 단계 묶어 풀기
	재미있는 수학이야기
057단계	(두 자리 수)÷(한 자리 수) (2)
058단계	(두 자리 수)÷(한 자리 수) (3)
059단계	(세 자리 수)÷(한 자리 수)
	세 단계 묶어 풀기
	재미있는 수학이야기
060단계	들이와 무게의 덧셈과 뺄셈
	전체 묶어 풀기
	창의력 쑥쑥! 수학퀴즈

계산의 신 활용 가이드

1 매일 자신의 학습을 체크해 보세요.

매일 문제를 풀면서 맞힌 개수를 적고, 걸린 시간 만큼 '스스로 학습 관리표'에 색칠해 보세요. 하루하루 지날수록 실력이 자라고, 계산 속도가 빨라지는 것을 눈으로 확인할 수 있습니다.

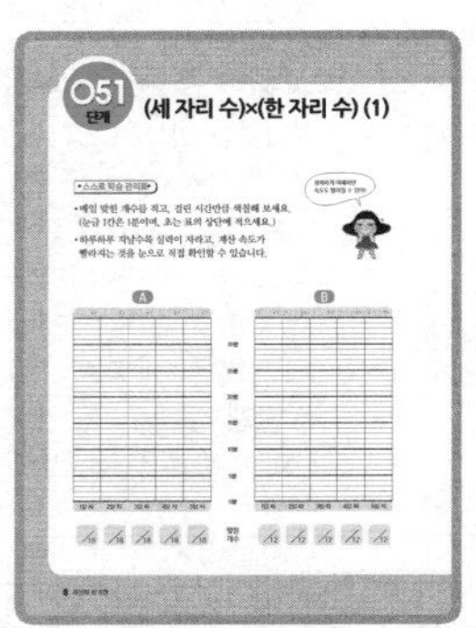

2 개념과 연산 과정을 이해하세요.

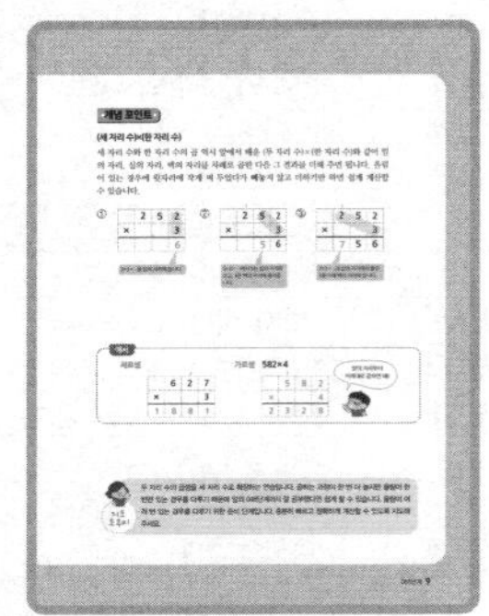

개념을 이해하고 예시를 통해 연산 과정을 확인하면 계산 과정에서 실수를 줄일 수 있어요. 또 아이의 학습을 도와주시는 선생님 또는 부모님을 위해 '지도 도우미'를 제시하였습니다.

3 매일 2쪽씩 꾸준히 반복 학습해 보세요.

매일 2쪽씩 5일 동안 차근차근 반복 학습하다 보면 어려운 문제도 두려움 없이 도전할 수 있습니다. 문제를 풀다가 계산 방법을 모를 때는 '개념 포인트'를 다시 한 번 학습한 후 풀어 보세요.

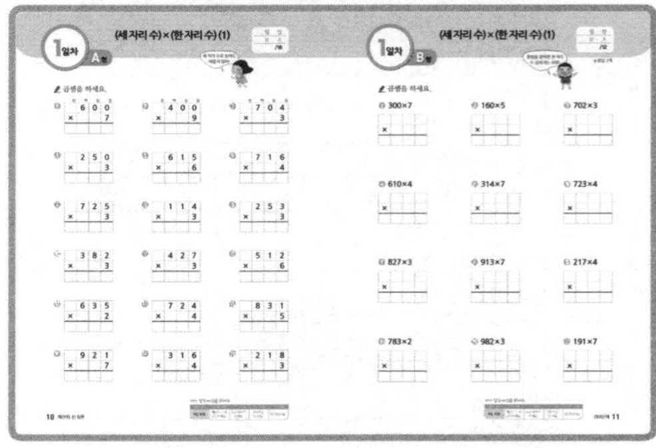

세 단계마다 또는 전체를 묶어 복습해 보세요.

시간이 지나면 아이들은 학습했던 내용을 곧잘 잊어버리는 경향이 있어요. 그래서 세 단계마다 '묶어 풀기', 마지막에는 '전체 묶어 풀기'를 통해 학습했던 내용을 다시 복습할 수 있습니다.

5 즐거운 수학이야기와 수학퀴즈 함께 해요!

묶어 풀기가 끝나면 '재미있는 수학이야기'와 '수학퀴즈'가 기다리고 있어요. 흥미로운 수학이야기와 수학퀴즈는 좌뇌와 우뇌를 고루 발달시켜 주고, 창의성을 키워 준답니다.

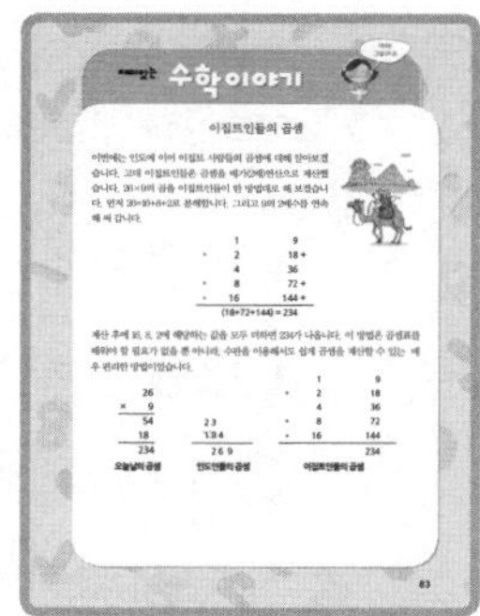

아이의 학습 성취도를 점검해 보세요.

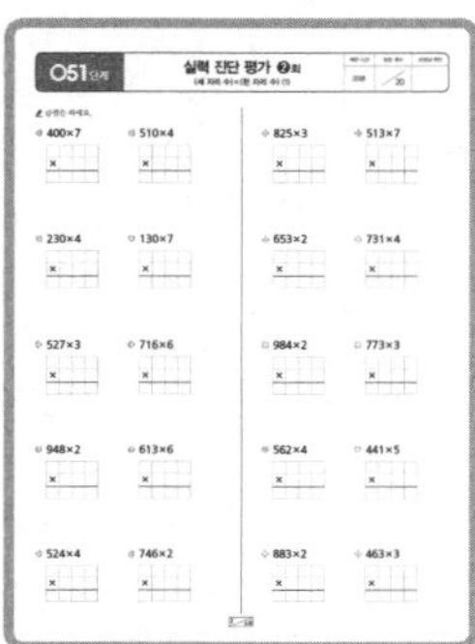

권두부록으로 제시된 '실력 진단 평가'로 아이의 학습 성취도를 점검할 수 있어요. 각 단계별로 2회씩 총 20회가 제공됩니다.

차 례

6권

매일 2쪽씩 풀며
계산의 신이 되자!

《계산의 신》은 초등학교 1학년부터 6학년 과정까지 총 120단계로 구성되어 있습니다.
매일 2쪽씩 꾸준히 반복 학습을 하면 탄탄한 계산력을 기를 수 있습니다.
더불어 복습할 수 있는 '묶어 풀기'가 있고, 지친 마음을 헤아려 주는
'재미있는 수학이야기'와 '수학퀴즈'가 있습니다.
꿈을담는틀의 《계산의 신》이 준비한 길로 들어오실 준비가 되셨나요?
그 길을 따라 걸으며 문제를 풀고 이야기를 듣다 보면
어느새 계산의 신이 되어 있을 거예요!

★★★★
구성과 일러스트가 인상적!

★★★★★
초등 수학은 이 책이면 끝!

(세 자리 수)×(한 자리 수) (1)

◆스스로 학습 관리표◆

- 매일 맞힌 개수를 적고, 걸린 시간만큼 색칠해 보세요.
(눈금 1칸은 1분이며, 초는 표의 상단에 적으세요.)
- 하루하루 지날수록 실력이 자라고, 계산 속도가 빨라지는 것을 눈으로 직접 확인할 수 있습니다.

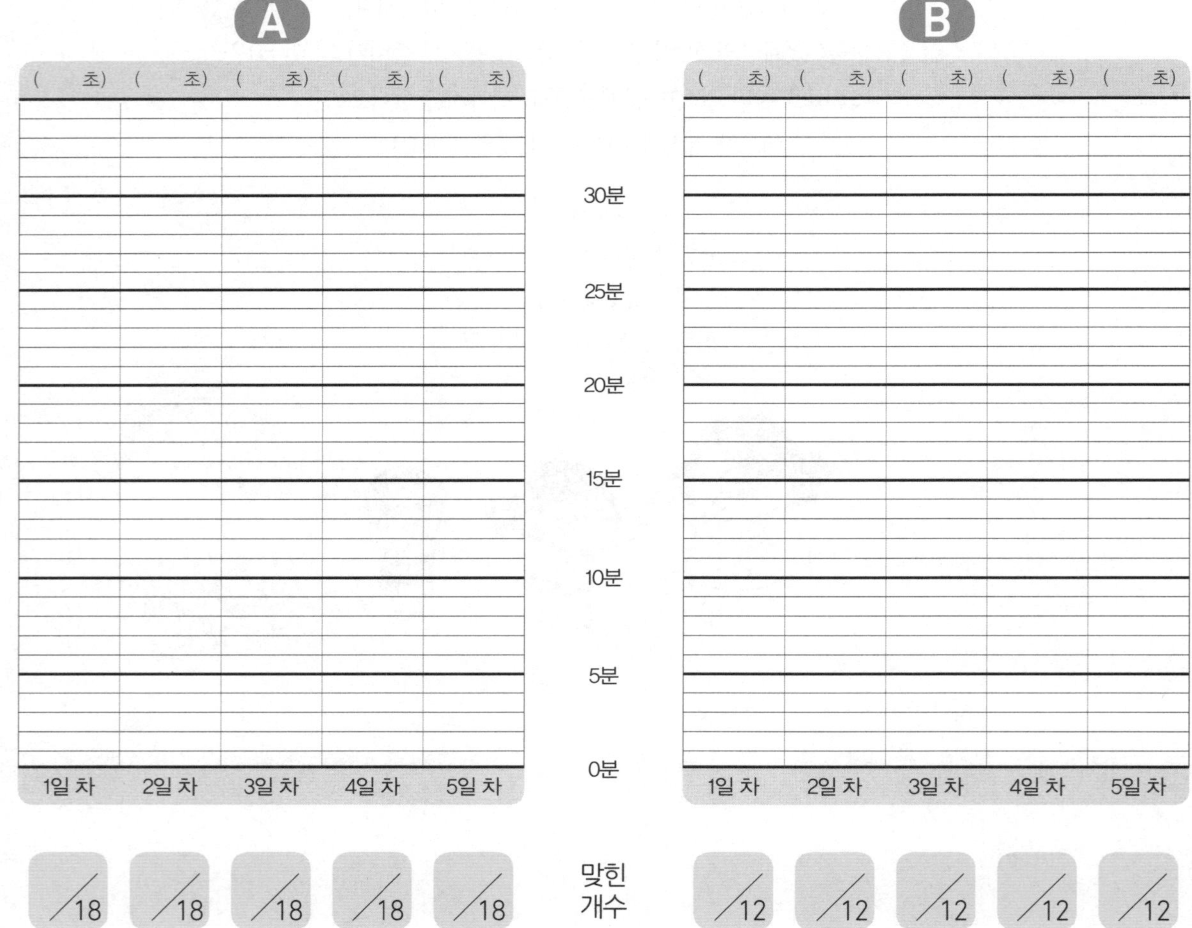

A					맞힌 개수	B				
/18	/18	/18	/18	/18		/12	/12	/12	/12	/12

개념 포인트

(세 자리 수)×(한 자리 수)

세 자리 수와 한 자리 수의 곱 역시 앞에서 배운 (두 자리 수)×(한 자리 수)와 같이 일의 자리, 십의 자리, 백의 자리를 차례로 곱한 다음 그 결과를 더해 주면 됩니다. 올림이 있는 경우에 윗자리에 작게 써 두었다가 빼놓지 않고 더하기만 하면 쉽게 계산할 수 있습니다.

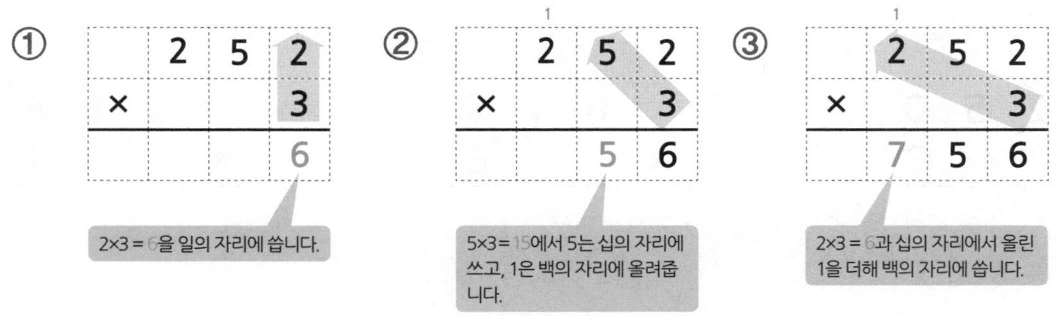

2×3 = 6을 일의 자리에 씁니다.

5×3 = 15에서 5는 십의 자리에 쓰고, 1은 백의 자리에 올려줍니다.

2×3 = 6과 십의 자리에서 올린 1을 더해 백의 자리에 씁니다.

예시

세로셈
2
6 2 7
× 3
1 8 8 1
가로셈 582×4
3
5 8 2
× 4
2 3 2 8
일의 자리부터 차례대로 곱하면 돼!

두 자리 수의 곱셈을 세 자리 수로 확장하는 연습입니다. 곱하는 과정이 한 번 더 늘지만 올림이 한 번만 있는 경우를 다루기 때문에 앞의 048단계까지 잘 공부했다면 쉽게 할 수 있습니다. 올림이 여러 번 있는 경우를 다루기 위한 준비 단계입니다. 충분히 빠르고 정확하게 계산할 수 있도록 지도해 주세요.

(세 자리 수)×(한 자리 수) (1)

월 일
분 초
/18

곱셈을 하세요.

❶ 600 × 7

천	백	십	일
	6	0	0
×			7

❷ 400 × 9

천	백	십	일
	4	0	0
×			9

❸ 704 × 3

천	백	십	일
	7	0	4
×			3

❹ 250×3

❺ 615×6

❻ 716×4

❼ 725×3

❽ 114×3

❾ 253×3

❿ 382×3

⓫ 427×3

⓬ 512×6

⓭ 635×2

⓮ 724×4

⓯ 831×5

⓰ 921×7

⓱ 316×4

⓲ 218×3

자기 점수에 ○표 하세요

맞힌 개수	10개 이하	11~14개	15~16개	17~18개
학습 방법	개념을 다시 공부하세요.	조금 더 노력하세요.	실수하면 안 돼요.	참 잘했어요.

(세 자리 수)×(한 자리 수) (1)

월 일
분 초
/12

올림을 잘하면 한 자리
수 곱하기는 쉬워!

정답 2쪽

곱셈을 하세요.

❶ 300×7

❷ 160×5

❸ 702×3

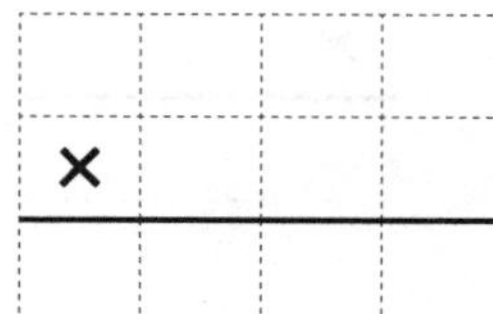

❹ 610×4

❺ 314×7

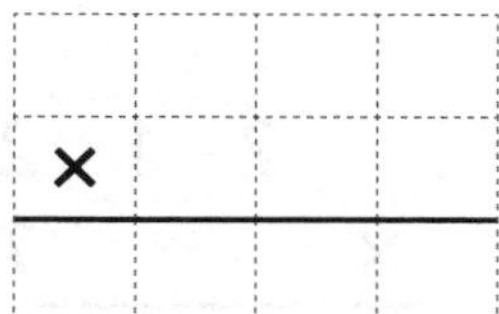

❻ 723×4

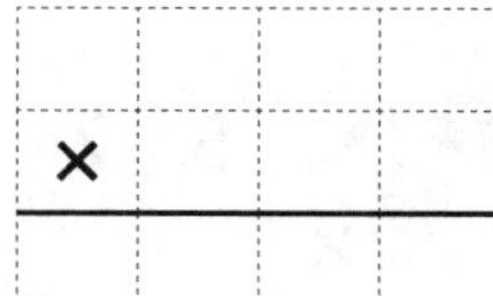

❼ 827×3

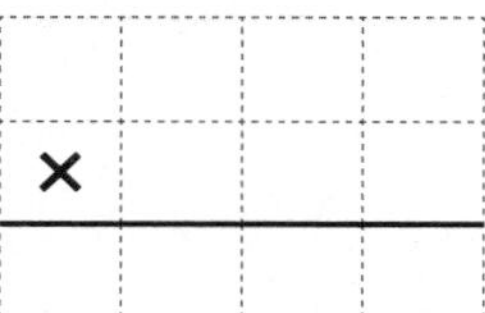

❽ 913×7

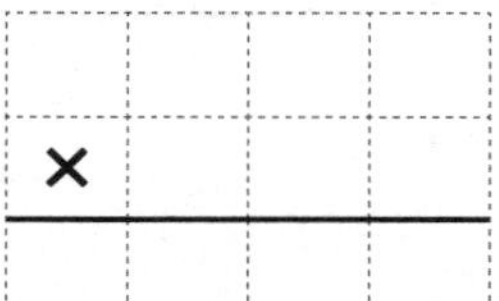

❾ 217×4

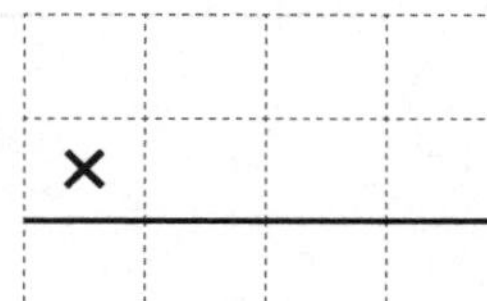

❿ 783×2

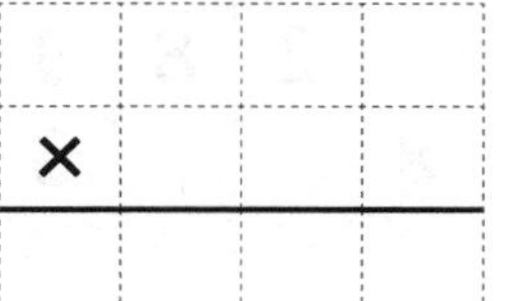

⓫ 982×3

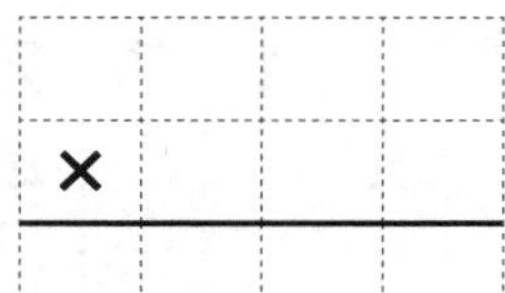

⓬ 191×7

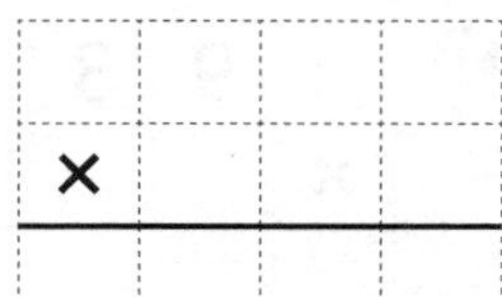

자기 점수에 ○표 하세요

맞힌 개수	6개 이하	7~8개	9~10개	11~12개
학습 방법	개념을 다시 공부하세요.	조금 더 노력하세요.	실수하면 안 돼요.	참 잘했어요.

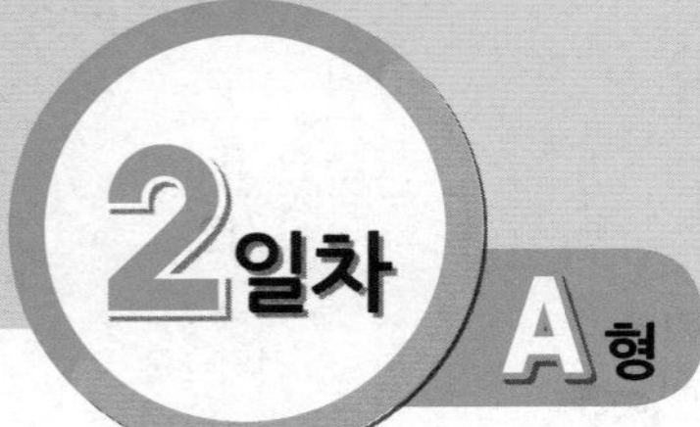

(세 자리 수)×(한 자리 수) (1)

월	일
분	초
	/18

곱셈을 하세요.

❶ 500 × 5 =

❷ 300 × 8 =

❸ 507 × 3 =

❹ 520 × 3 =

❺ 412 × 5 =

❻ 613 × 4 =

❼ 524 × 3 =

❽ 212 × 7 =

❾ 342 × 3 =

❿ 452 × 4 =

⓫ 683 × 3 =

⓬ 852 × 3 =

⓭ 672 × 4 =

⓮ 283 × 2 =

⓯ 831 × 4 =

⓰ 931 × 7 =

⓱ 172 × 4 =

⓲ 283 × 3 =

자기 점수에 ○표 하세요

맞힌 개수	10개 이하	11~14개	15~16개	17~18개
학습 방법	개념을 다시 공부하세요.	조금 더 노력 하세요.	실수하면 안 돼요.	참 잘했어요.

(세 자리 수)×(한 자리 수) (1)

월 일
분 초
/12

정답 3쪽

곱셈을 하세요.

❶ 400×3

❷ 140×7

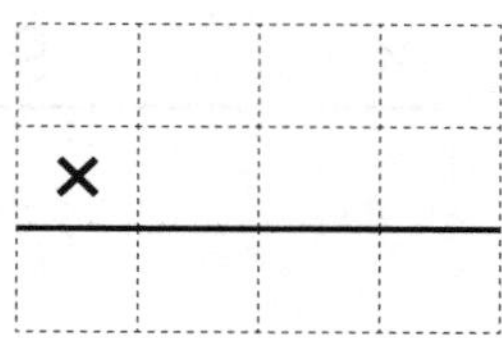

❸ 403×2

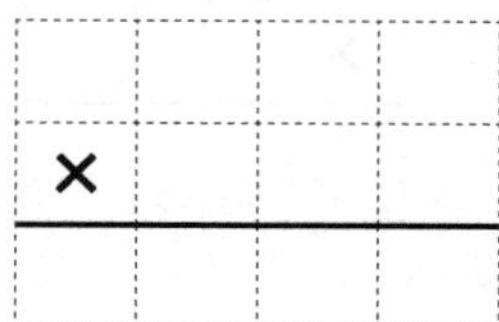

❹ 520×4

❺ 514×7

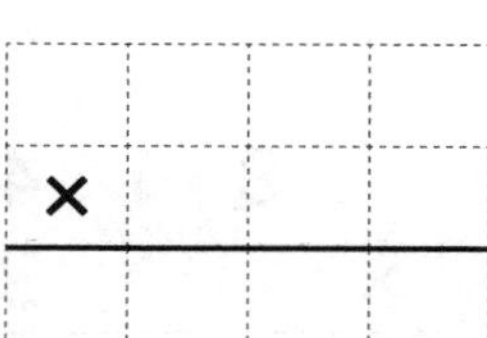

❻ 823×4

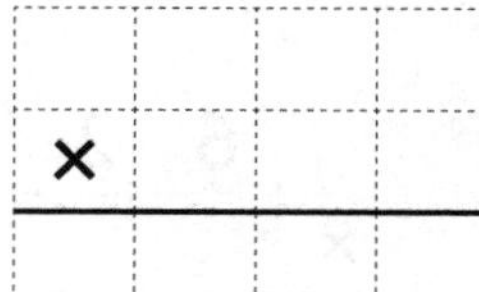

❼ 427×3

❽ 813×7

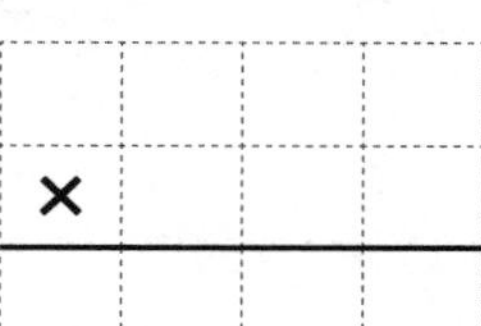

❾ 617×4

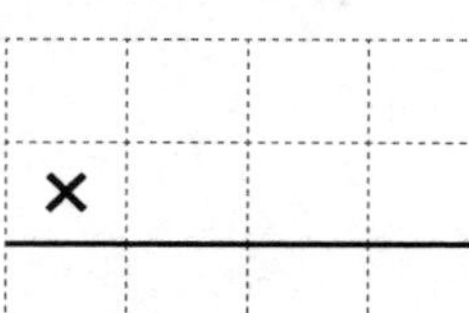

❿ 752×2

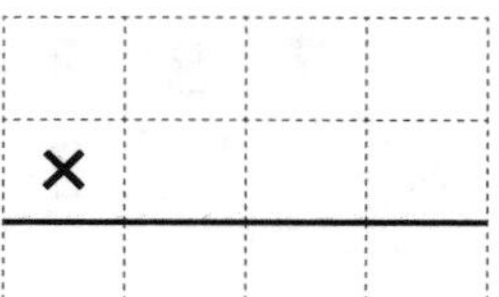

⓫ 782×3

⓬ 231×7

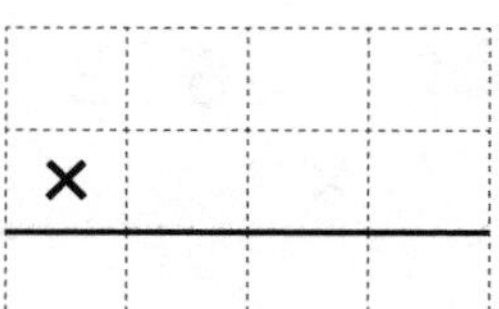

자기 점수에 ○표 하세요

맞힌 개수	6개 이하	7~8개	9~10개	11~12개
학습 방법	개념을 다시 공부하세요.	조금 더 노력 하세요.	실수하면 안 돼요.	참 잘했어요.

(세 자리 수)×(한 자리 수) (1)

월	일
분	초
	/18

✎ 곱셈을 하세요.

❶
천	백	십	일
	2	0	0
×			9

❷
천	백	십	일
	6	0	0
×			9

❸
천	백	십	일
	2	0	9
×			3

❹ 240×3

❺ 715×4

❻ 924×4

❼ 625×3

❽ 814×3

❾ 241×7

❿ 542×3

⓫ 463×3

⓬ 893×2

⓭ 835×2

⓮ 824×4

⓯ 532×4

⓰ 631×7

⓱ 186×4

⓲ 783×2

자기 점수에 ○표 하세요

맞힌 개수	10개 이하	11~14개	15~16개	17~18개
학습 방법	개념을 다시 공부하세요.	조금 더 노력 하세요.	실수하면 안 돼요.	참 잘했어요.

3일차 B형 (세 자리 수)×(한 자리 수) (1)

월 일
분 초
/12

정답 4쪽

곱셈을 하세요.

❶ 200×6

❷ 180×5

❸ 402×3

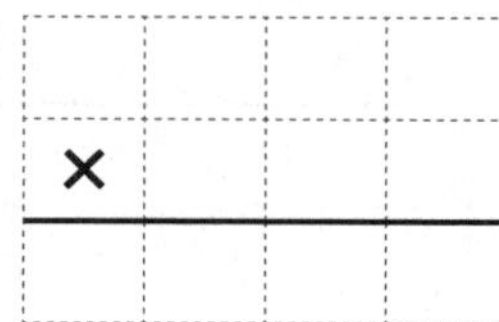

❹ 630×9

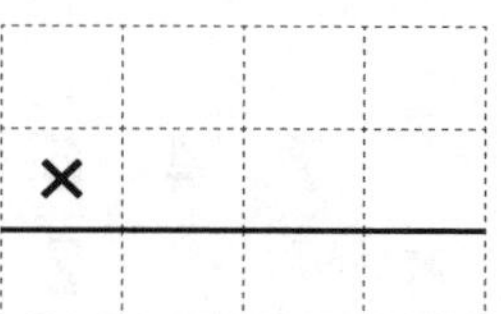

❺ 613×8

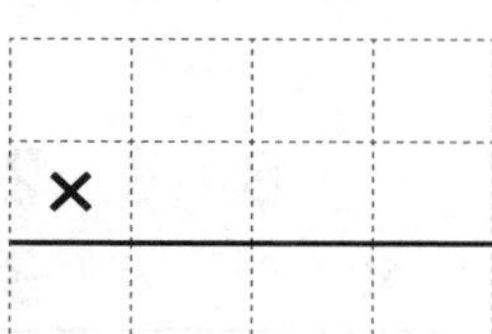

❻ 823×4

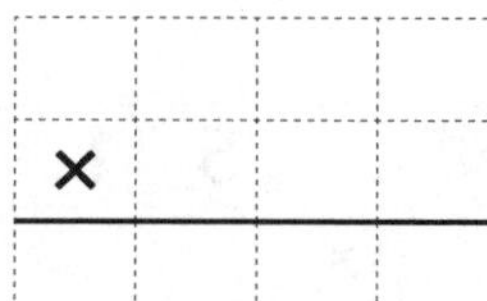

❼ 627×3

❽ 814×7

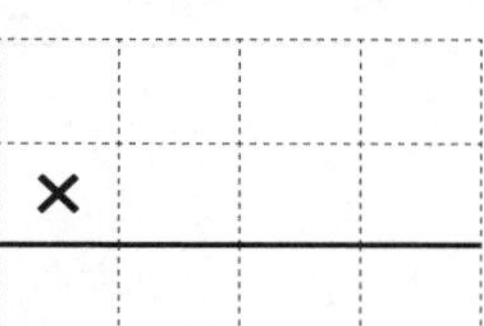

❾ 743×3

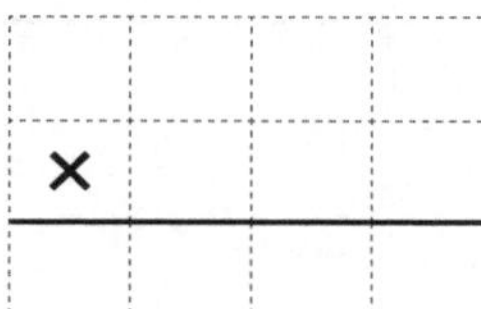

❿ 984×2

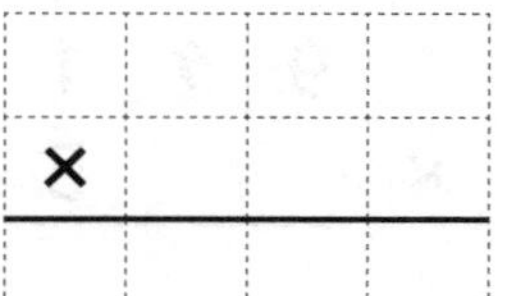

⓫ 642×4

⓬ 231×7

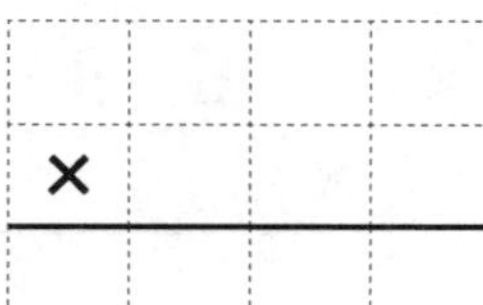

자기 점수에 ○표 하세요

맞힌 개수	6개 이하	7~8개	9~10개	11~12개
학습 방법	개념을 다시 공부하세요.	조금 더 노력하세요.	실수하면 안 돼요.	참 잘했어요.

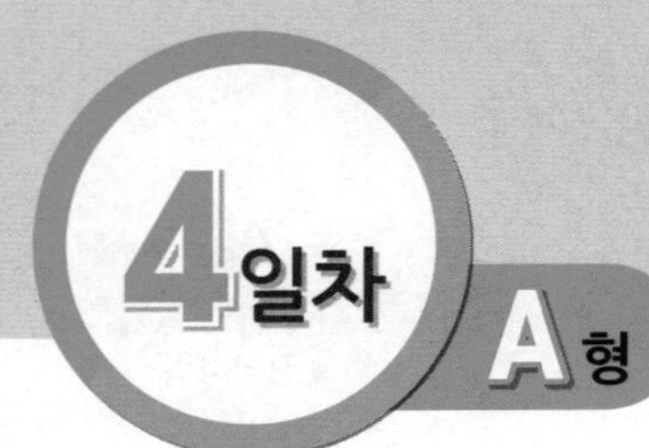

(세 자리 수)×(한 자리 수) (1)

월 일
분 초
/18

곱셈을 하세요.

❶ 200 × 5 =

❷ 400 × 5 =

❸ 308 × 5 =

❹ 270 × 3 =

❺ 645 × 2 =

❻ 723 × 4 =

❼ 515 × 6 =

❽ 832 × 3 =

❾ 746 × 2 =

❿ 342 × 3 =

⓫ 626 × 3 =

⓬ 712 × 8 =

⓭ 845 × 2 =

⓮ 781 × 4 =

⓯ 953 × 3 =

⓰ 631 × 7 =

⓱ 482 × 4 =

⓲ 971 × 5 =

자기 점수에 ○표 하세요

맞힌 개수	10개 이하	11~14개	15~16개	17~18개
학습 방법	개념을 다시 공부하세요.	조금 더 노력하세요.	실수하면 안 돼요.	참 잘했어요.

(세 자리 수)×(한 자리 수) (1)

월	일
분	초
	/12

정답 5쪽

곱셈을 하세요.

❶ 400×6

❷ 150×4

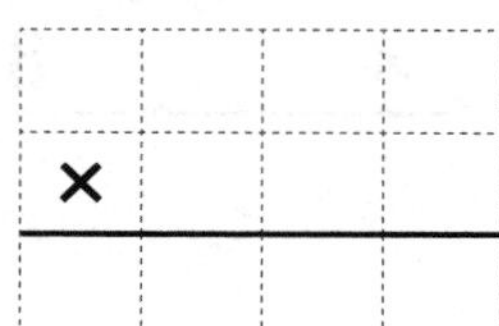

❸ 209×3

❹ 310×8

❺ 412×7

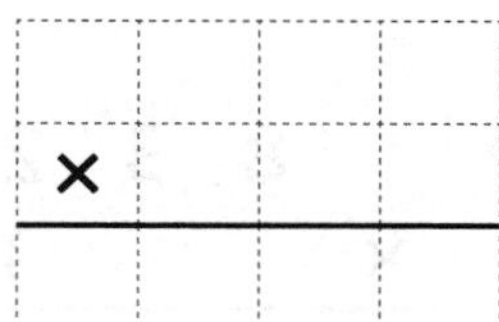

❻ 732×4

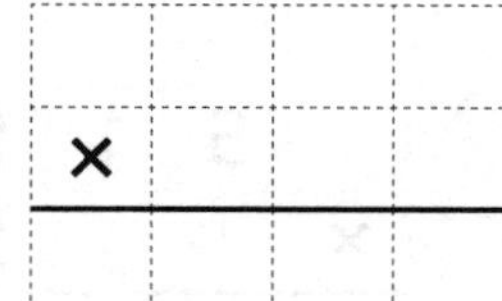

❼ 653×3

❽ 813×7

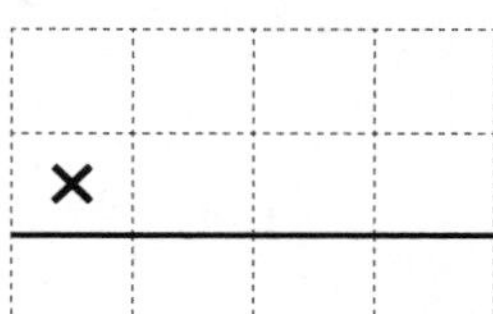

❾ 751×4

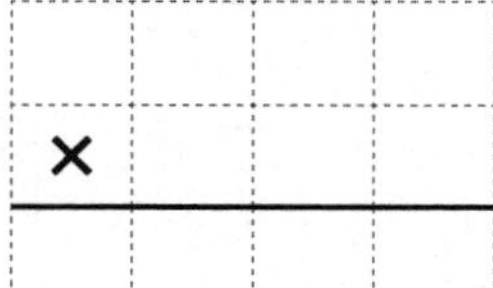

❿ 684×2

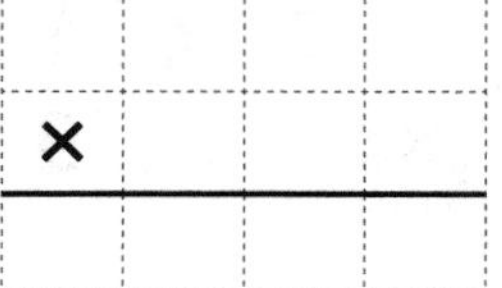

⓫ 943×3

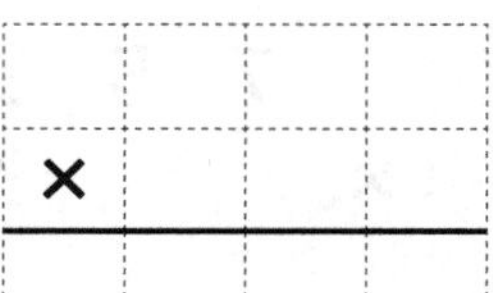

⓬ 281×7

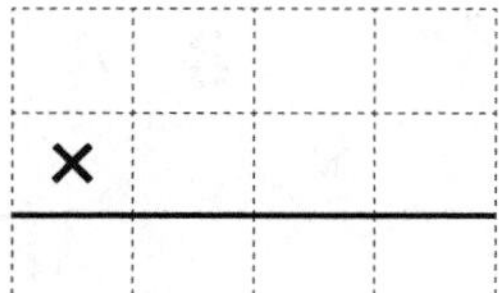

자기 점수에 ○표 하세요

맞힌 개수	6개 이하	7~8개	9~10개	11~12개
학습 방법	개념을 다시 공부하세요.	조금 더 노력 하세요.	실수하면 안 돼요.	참 잘했어요.

(세 자리 수)×(한 자리 수) (1)

월 일
분 초
/18

곱셈을 하세요.

❶

천	백	십	일
	5	0	0
×			8

❷

천	백	십	일
	1	0	0
×			8

❸

천	백	십	일
	1	2	0
×			3

❹ 240×3

❺ 418×5

❻ 623×4

❼ 519×5

❽ 832×3

❾ 746×2

❿ 642×4

⓫ 531×7

⓬ 424×4

⓭ 934×2

⓮ 529×3

⓯ 832×4

⓰ 841×6

⓱ 753×3

⓲ 241×9

자기 점수에 ○표 하세요

맞힌 개수	10개 이하	11~14개	15~16개	17~18개
학습 방법	개념을 다시 공부하세요.	조금 더 노력 하세요.	실수하면 안 돼요.	참 잘했어요.

(세 자리 수)×(한 자리 수) (1)

월 일
분 초
/12

정답 6쪽

곱셈을 하세요.

❶ 400×8

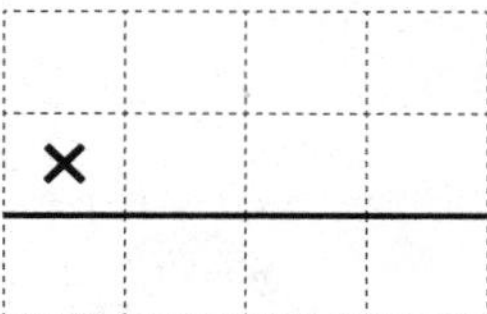

❷ 160×5

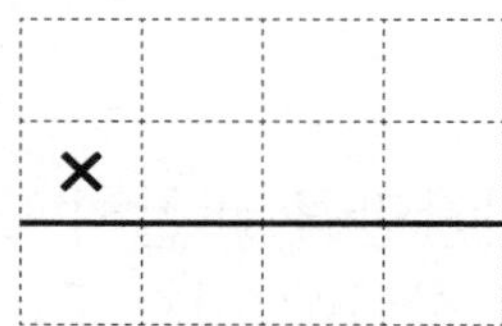

❸ 702×3

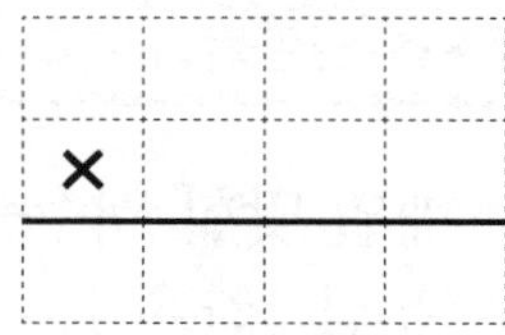

❹ 480×4

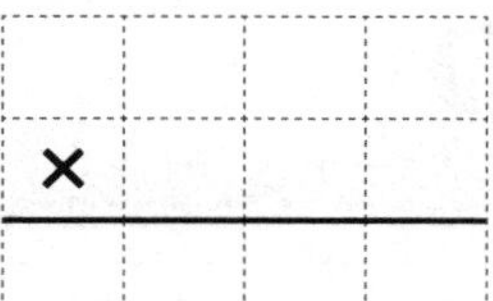

❺ 512×7

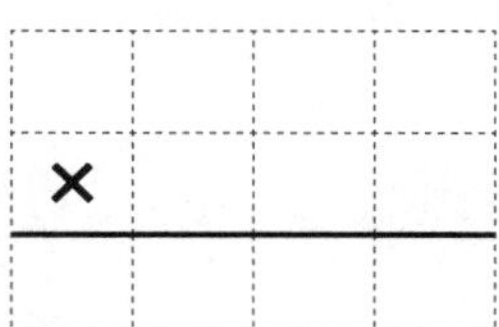

❻ 642×4

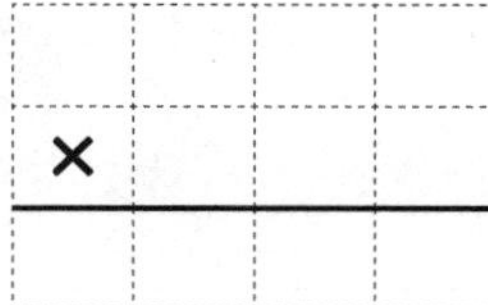

❼ 527×3

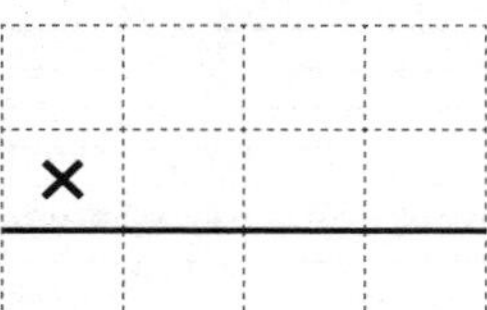

❽ 413×6

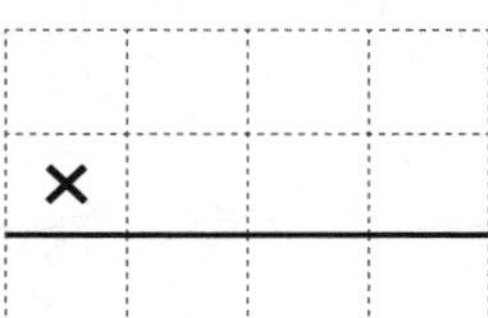

❾ 321×4

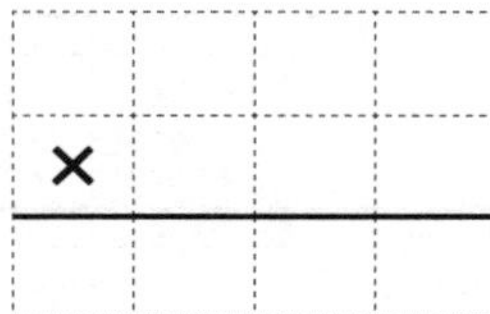

❿ 783×3

⓫ 842×3

⓬ 274×2

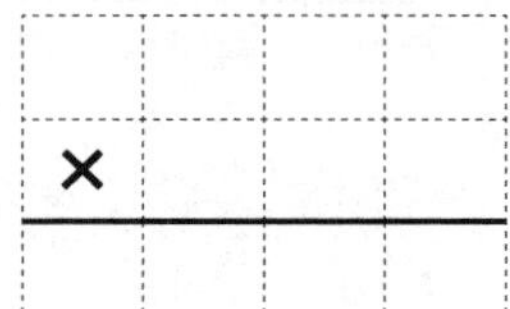

자기 점수에 ○표 하세요

맞힌 개수	6개 이하	7~8개	9~10개	11~12개
학습 방법	개념을 다시 공부하세요.	조금 더 노력하세요.	실수하면 안 돼요.	참 잘했어요.

(세 자리 수)×(한 자리 수) (2)

◆스스로 학습 관리표◆

- 매일 맞힌 개수를 적고, 걸린 시간만큼 색칠해 보세요. (눈금 1칸은 1분이며, 초는 표의 상단에 적으세요.)
- 하루하루 지날수록 실력이 자라고, 계산 속도가 빨라지는 것을 눈으로 직접 확인할 수 있습니다.

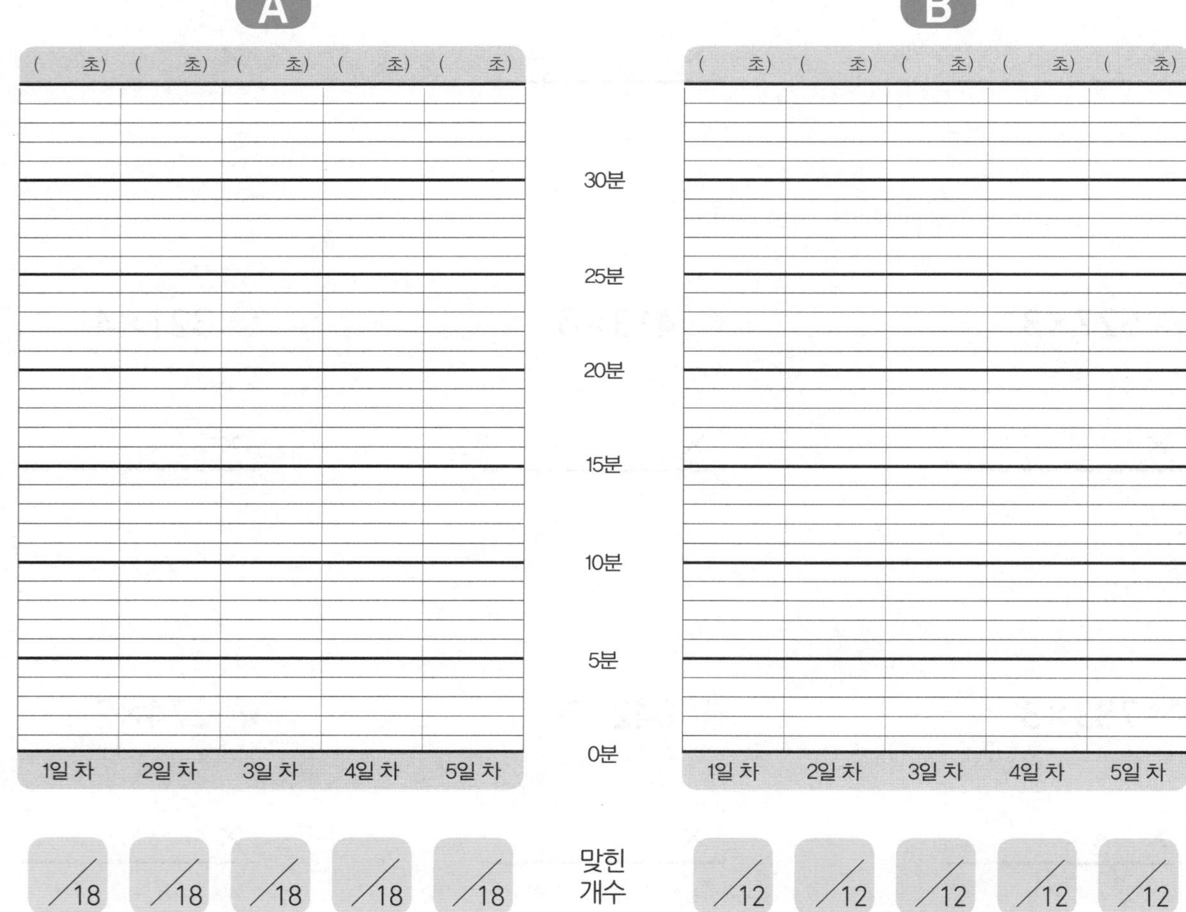

◆개념 포인트◆

올림이 여러 번 있는 (세 자리 수)×(한 자리 수)

앞 단계에서 (세 자리 수)×(한 자리 수)를 어떻게 계산하는지 배웠습니다. 이번 단계에서도 (세 자리 수)×(한 자리 수) 계산을 다루는데, 이번에는 올림이 두 번 이상 있는 경우입니다. 일의 자리, 십의 자리, 백의 자리 순서로 한 자리 수와 곱한 값을 모두 더하면 답을 얻을 수 있어요. 올림이 여러 번 있기 때문에 덧셈에서 틀리지 않도록 주의해야 해요.

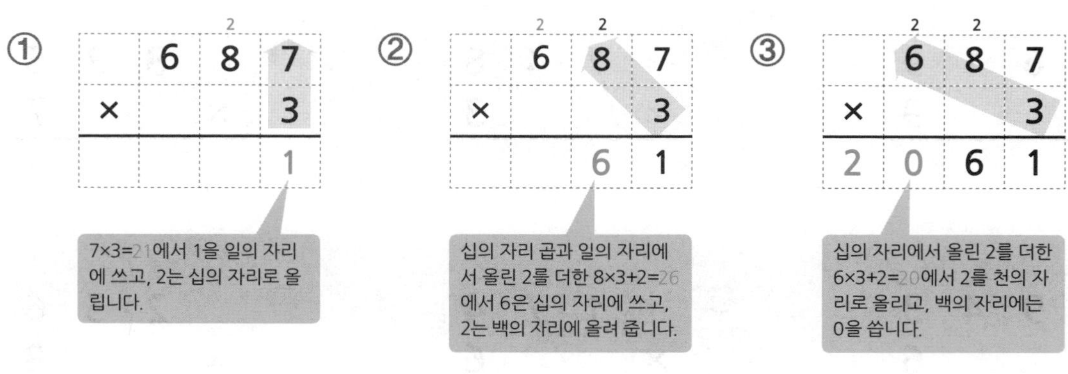

①
6 8 7
× 3
1
7×3=21에서 1을 일의 자리에 쓰고, 2는 십의 자리로 올립니다.
②
6 8 7
× 3
6 1
십의 자리 곱과 일의 자리에서 올린 2를 더한 8×3+2=26에서 6은 십의 자리에 쓰고, 2는 백의 자리에 올려 줍니다.
③
6 8 7
× 3
2 0 6 1
십의 자리에서 올린 2를 더한 6×3+2=20에서 2를 천의 자리로 올리고, 백의 자리에는 0을 씁니다.

(두 자리 수)×(한 자리 수)나 (세 자리 수)×(한 자리 수)의 계산 원리는 같습니다. 한 자리 수를 곱하는 것에 익숙해지면 이를 바탕으로 (두 자리 수)×(두 자리 수), (세 자리 수)×(두 자리 수)로 확장하게 됩니다. 수학은 이미 알고 있는 내용을 바탕으로 새로운 부분이 덧붙여지며 확장됩니다. 선행학습이 필요할 때도 있지만, 기존의 것을 확실하게 알고 있는 것이 더 중요합니다.

(세 자리 수)×(한 자리 수) (2)

월	일
분	초
	/18

올림이 여러 번 있을 땐, 덧셈을 주의해!

곱셈을 하세요.

❶

천	백	십	일
	3	4	8
×			3

❷

천	백	십	일
	4	5	7
×			4

❸

천	백	십	일
	5	2	4
×			8

❹

	6	1	9
×			9

❺

	7	4	8
×			3

❻

	8	3	5
×			7

❼

	9	4	3
×			6

❽

	1	7	4
×			6

❾

	2	5	6
×			8

❿

	3	8	2
×			9

⓫

	4	4	7
×			6

⓬

	5	9	3
×			4

⓭

	6	5	9
×			4

⓮

	7	8	3
×			9

⓯

	8	2	9
×			4

⓰

	9	2	8
×			4

⓱

	1	3	8
×			8

⓲

	2	7	6
×			7

자기 점수에 ○표 하세요

맞힌 개수	10개 이하	11~14개	15~16개	17~18개
학습 방법	개념을 다시 공부하세요.	조금 더 노력 하세요.	실수하면 안 돼요.	참 잘했어요.

(세 자리 수)×(한 자리 수) (2)

월	일
분	초
	/12

정답 7쪽

✎ 곱셈을 하세요.

❶ 158×7

❷ 263×8

❸ 327×9

❹ 459×7

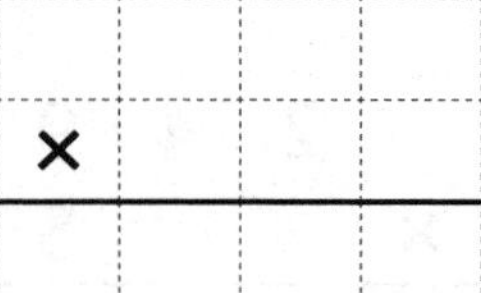

❺ 548×9

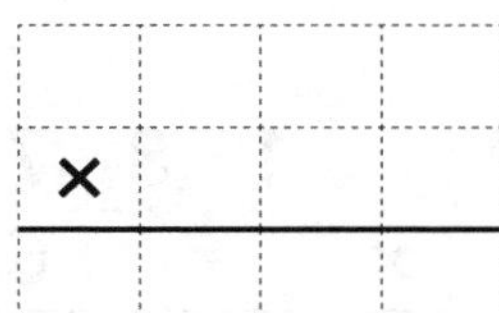

❻ 637×6

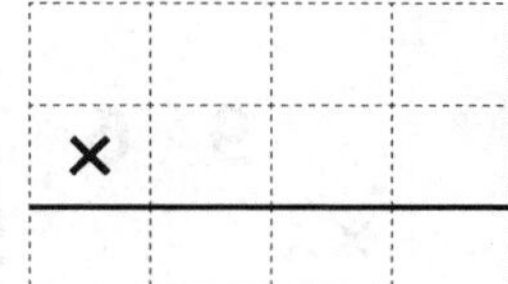

❼ 782×5

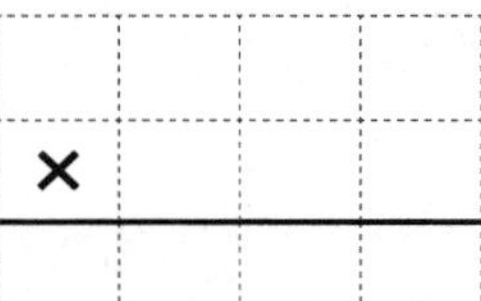

❽ 893×4

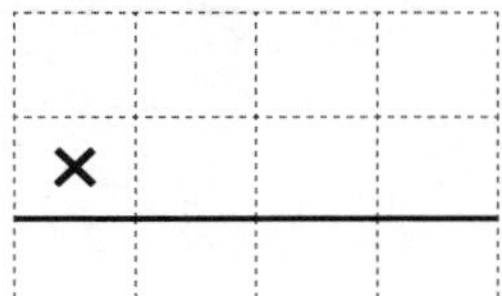

❾ 917×7

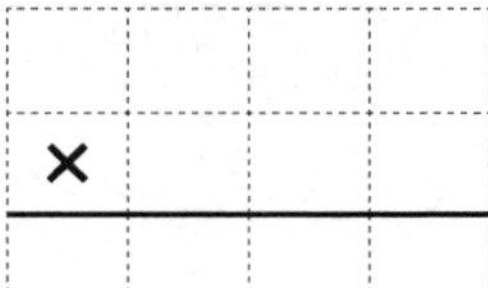

❿ 743×6

⓫ 999×6

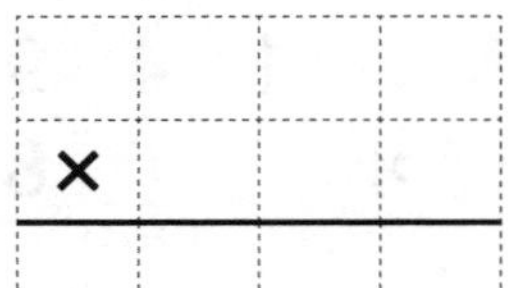

⓬ 893×7

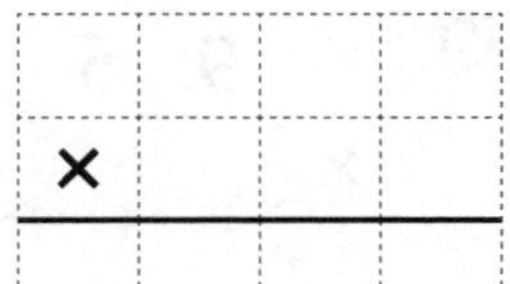

자기 점수에 ○표 하세요

맞힌 개수	6개 이하	7~8개	9~10개	11~12개
학습 방법	개념을 다시 공부하세요.	조금 더 노력하세요.	실수하면 안 돼요.	참 잘했어요.

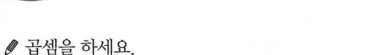

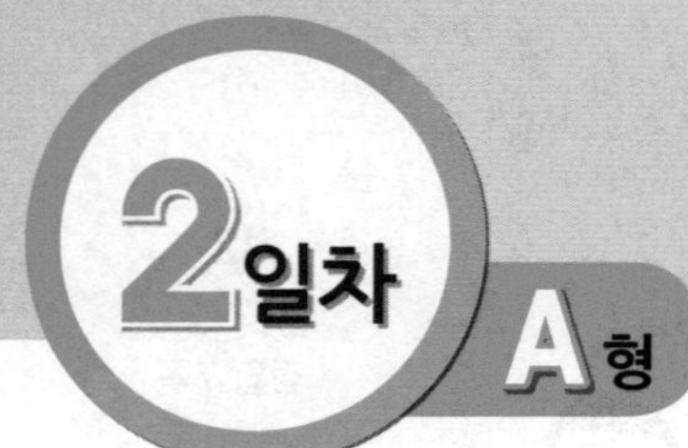

(세 자리 수)×(한 자리 수) (2)

월 일
분 초
/18

곱셈을 하세요.

❶ 천 백 십 일

	6	2	5
×			8

❷ 천 백 십 일

	4	5	6
×			3

❸ 천 백 십 일

	5	3	8
×			6

❹

	6	3	4
×			7

❺

	7	5	2
×			6

❻

	8	4	7
×			6

❼

	9	6	7
×			5

❽

	1	8	7
×			6

❾

	2	4	9
×			5

❿

	3	4	9
×			3

⓫

	4	5	7
×			6

⓬

	5	8	7
×			4

⓭

	6	6	5
×			9

⓮

	7	4	9
×			6

⓯

	8	3	7
×			5

⓰

	9	5	4
×			7

⓱

	1	4	9
×			8

⓲

	2	5	8
×			6

자기 점수에 ○표 하세요

맞힌 개수	10개 이하	11~14개	15~16개	17~18개
학습 방법	개념을 다시 공부하세요.	조금 더 노력 하세요.	실수하면 안 돼요.	참 잘했어요.

(세 자리 수)×(한 자리 수) (2)

월 일
분 초
/12

정답 8쪽

곱셈을 하세요.

❶ 188×6

❷ 274×7

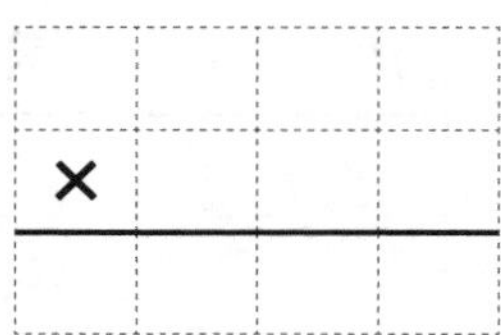

❸ 385×9

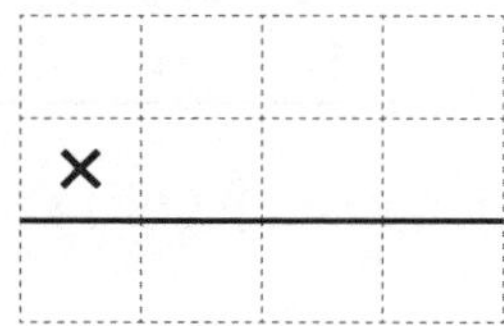

❹ 458×8

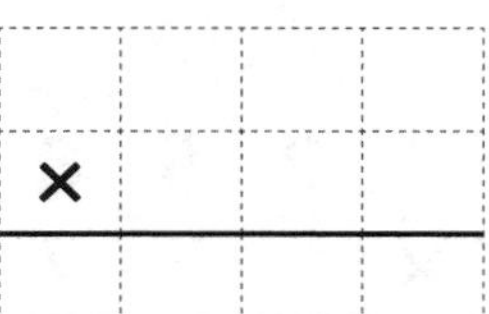

❺ 537×8

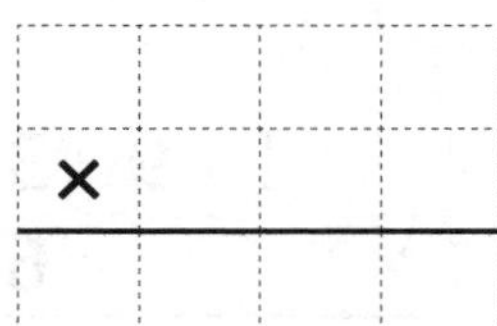

❻ 647×6

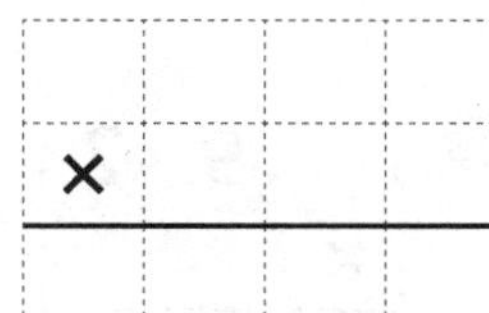

❼ 776×8

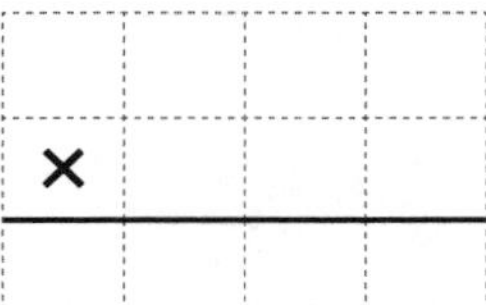

❽ 854×7

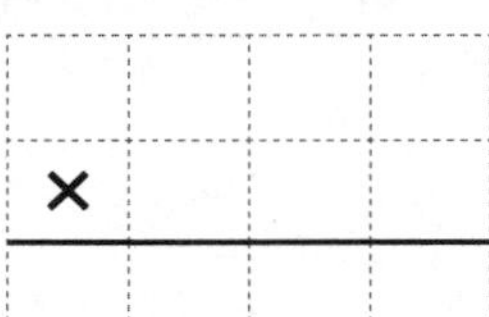

❾ 936×4

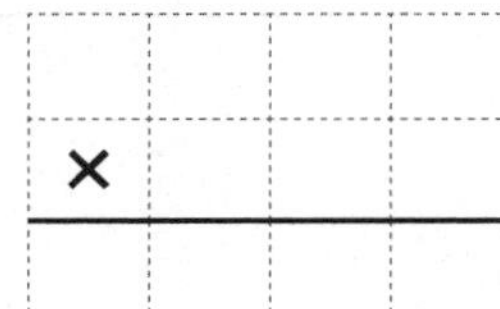

❿ 729×5

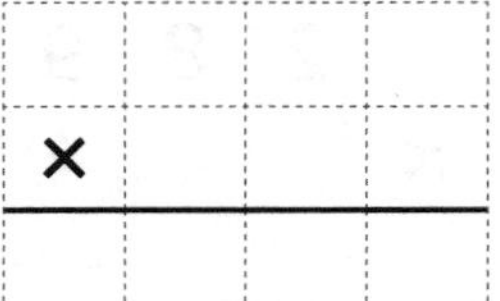

⓫ 982×6

⓬ 897×4

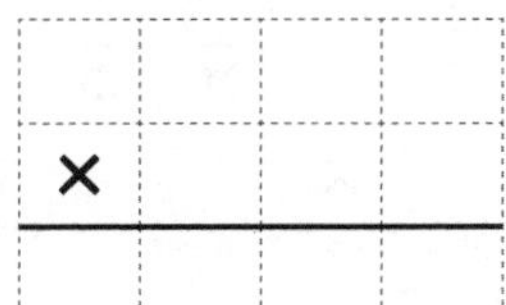

자기 점수에 ○표 하세요

맞힌 개수	6개 이하	7~8개	9~10개	11~12개
학습 방법	개념을 다시 공부하세요.	조금 더 노력하세요.	실수하면 안 돼요.	참 잘했어요.

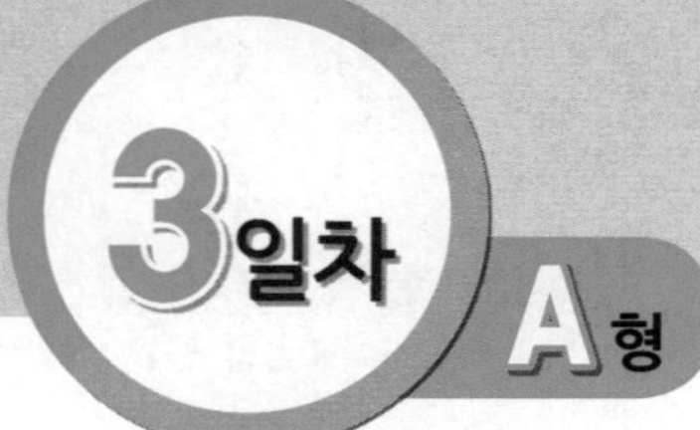

(세 자리 수)×(한 자리 수) (2)

월 일
분 초
/18

✎ 곱셈을 하세요.

❶
천	백	십	일
	3	7	5
×			8

❷
천	백	십	일
	4	2	7
×			8

❸
천	백	십	일
	5	4	7
×			3

❹ 654×5

❺ 763×4

❻ 859×3

❼ 928×9

❽ 193×6

❾ 258×7

❿ 374×8

⓫ 487×4

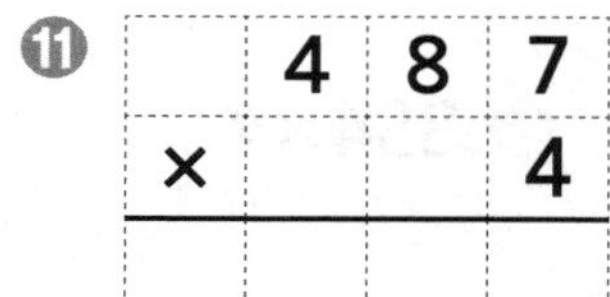

⓬ 539×8

⓭ 672×9

⓮ 794×9

⓯ 824×6

⓰ 937×6

⓱ 157×8

⓲ 289×4

자기 점수에 ○표 하세요

맞힌 개수	10개 이하	11~14개	15~16개	17~18개
학습 방법	개념을 다시 공부하세요.	조금 더 노력하세요.	실수하면 안 돼요.	참 잘했어요.

(세 자리 수)×(한 자리 수) (2)

월	일
분	초
	/12

정답 9쪽

 곱셈을 하세요.

❶ 164×7

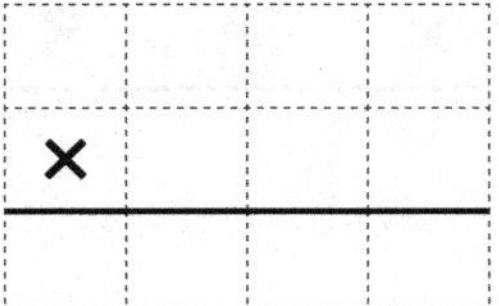

❷ 259×8

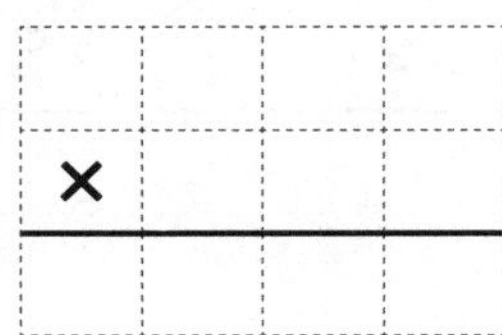

❸ 348×3

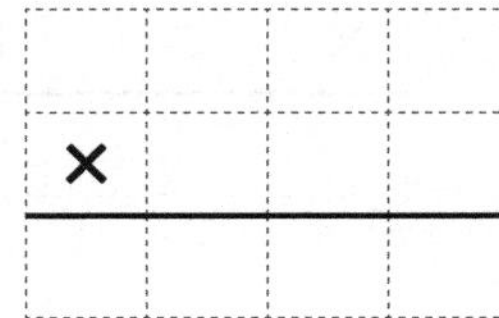

❹ 473×8

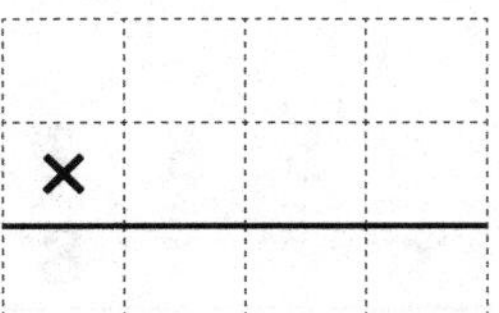

❺ 528×8

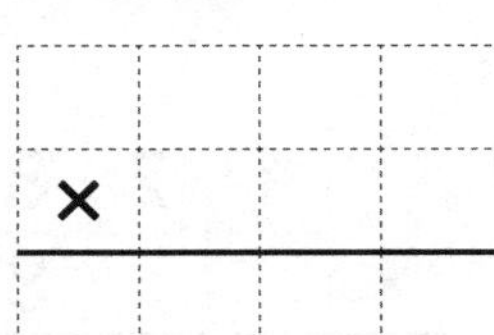

❻ 648×6

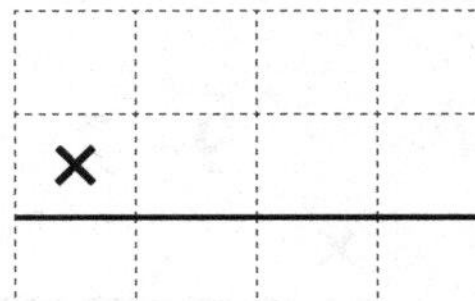

❼ 763×4

❽ 892×6

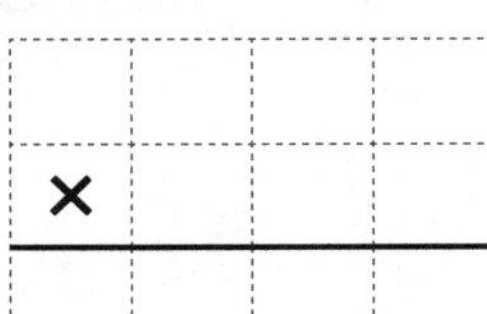

❾ 932×8

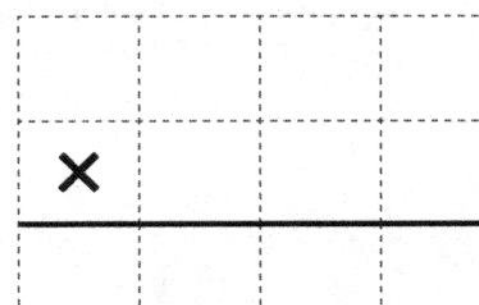

❿ 749×3

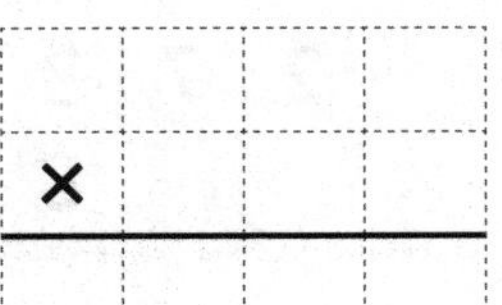

⓫ 952×6

×

⓬ 857×7

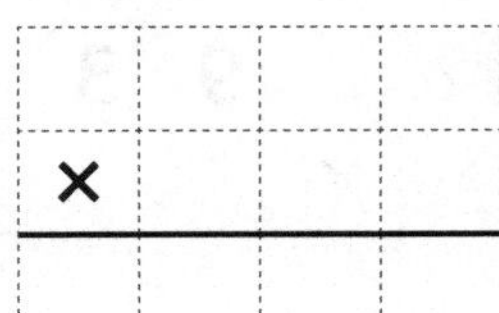

자기 점수에 ○표 하세요

맞힌 개수	6개 이하	7~8개	9~10개	11~12개
학습 방법	개념을 다시 공부하세요.	조금 더 노력 하세요.	실수하면 안 돼요.	참 잘했어요.

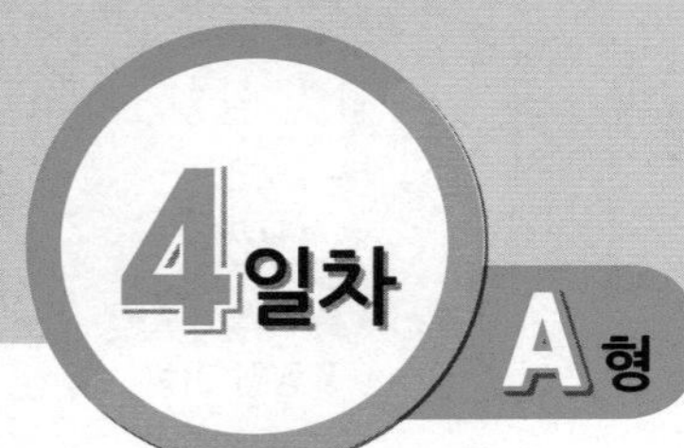

(세 자리 수)×(한 자리 수) (2)

월 일
분 초
/18

✎ 곱셈을 하세요.

❶ 천 백 십 일
  8 7 5
× 8

❷ 천 백 십 일
  6 2 5
× 5

❸ 천 백 십 일
  7 2 3
× 8

❹
  3 4 3
× 7

❺
  5 4 8
× 4

❻
  8 4 6
× 7

❼
  9 2 3
× 7

❽
  1 2 8
× 8

❾
  5 3 2
× 8

❿
  3 7 2
× 9

⓫
  4 5 7
× 8

⓬
  5 9 3
× 7

⓭
  6 2 9
× 8

⓮
  7 7 5
× 9

⓯
  8 5 9
× 7

⓰
  9 3 4
× 9

⓱
  1 2 6
× 9

⓲
  2 7 3
× 8

자기 점수에 ○표 하세요

맞힌 개수	10개 이하	11~14개	15~16개	17~18개
학습 방법	개념을 다시 공부하세요.	조금 더 노력 하세요.	실수하면 안 돼요.	참 잘했어요.

(세 자리 수)×(한 자리 수) (2)

월	일
분	초
	/12

정답 10쪽

곱셈을 하세요.

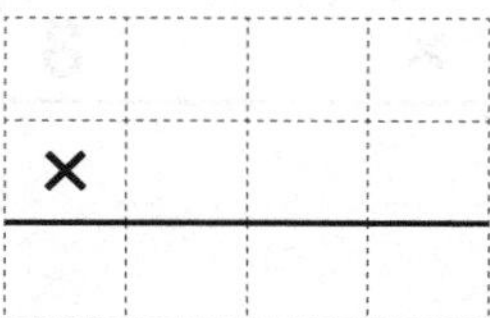

② 268×7

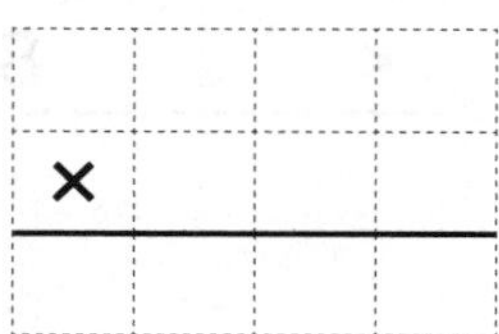

③ 356×4

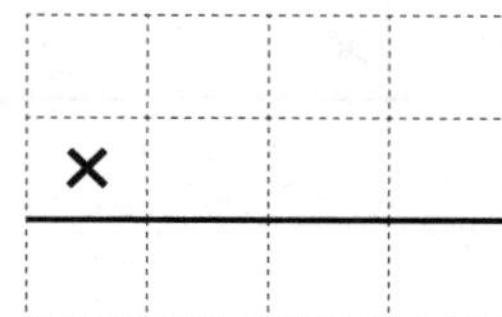

④ 428×6

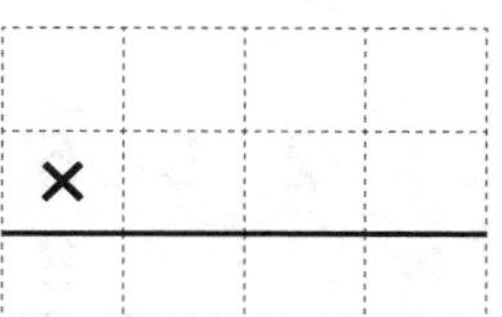

⑤ 547×3

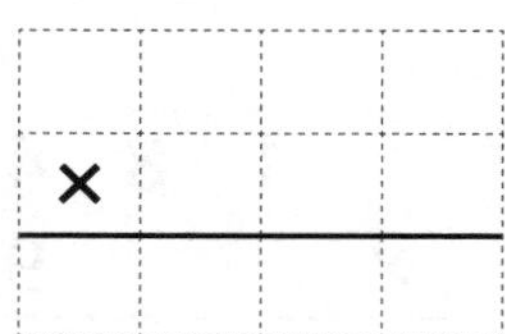

⑥ 632×9

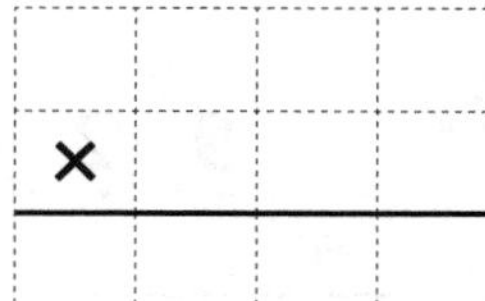

⑦ 785×5

⑧ 887×4

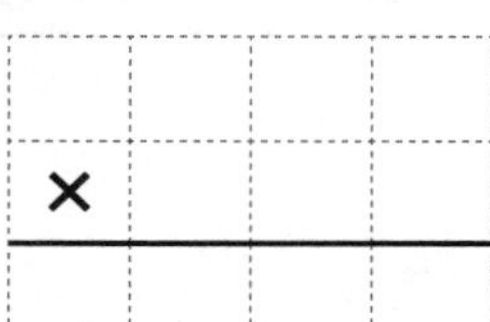

⑨ 924×7

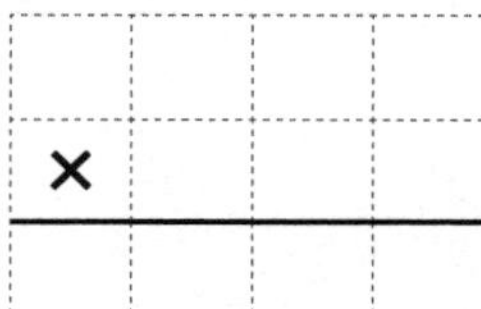

⑩ 725×6

×

⑪ 936×4

×

⑫ 892×7

×

자기 점수에 ○표 하세요

맞힌 개수	6개 이하	7~8개	9~10개	11~12개
학습 방법	개념을 다시 공부하세요.	조금 더 노력하세요.	실수하면 안 돼요.	참 잘했어요.

(세 자리 수)×(한 자리 수) (2)

월 일
분 초
/18

✎ 곱셈을 하세요.

❶ 125 × 8

❷ 512 × 8

❸ 324 × 8

❹ 697 × 4

❺ 343 × 8

❻ 827 × 6

❼ 928 × 4

❽ 184 × 9

❾ 256 × 8

❿ 364 × 7

⓫ 429 × 6

⓬ 586 × 6

⓭ 683 × 6

⓮ 784 × 8

⓯ 837 × 6

⓰ 957 × 6

⓱ 174 × 8

⓲ 256 × 9

자기 점수에 ○표 하세요

맞힌 개수	10개 이하	11~14개	15~16개	17~18개
학습 방법	개념을 다시 공부하세요.	조금 더 노력하세요.	실수하면 안 돼요.	참 잘했어요.

B형

(세 자리 수)×(한 자리 수) (2)

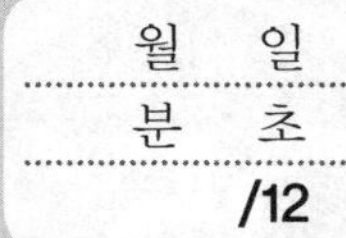

월 일
분 초
/12

정답 11쪽

곱셈을 하세요.

❶ 145×7

❷ 274×8

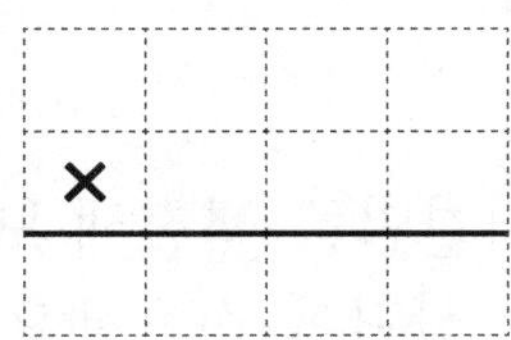

❸ 483×6

❹ 556×7

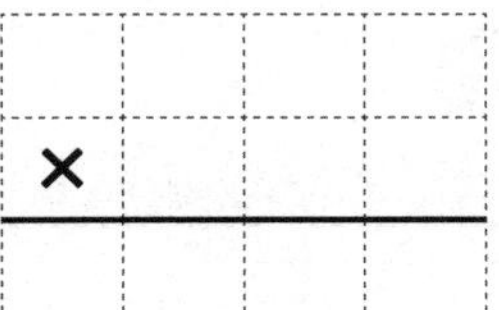

❺ 572×9

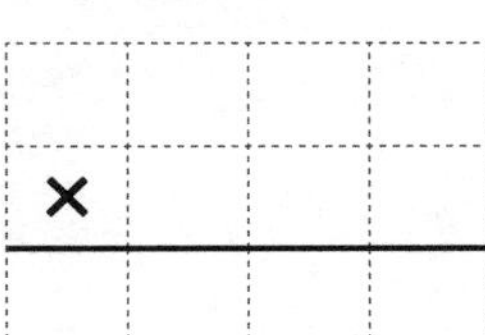

❻ 628×7

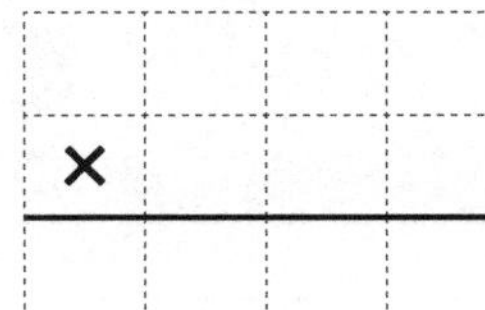

❼ 734×8

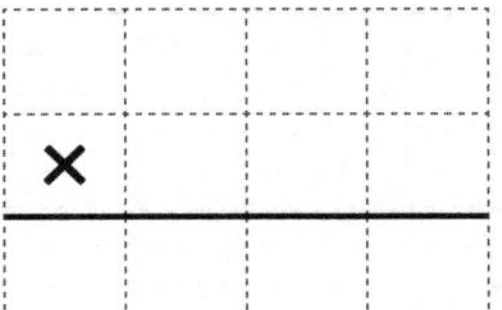

❽ 863×4

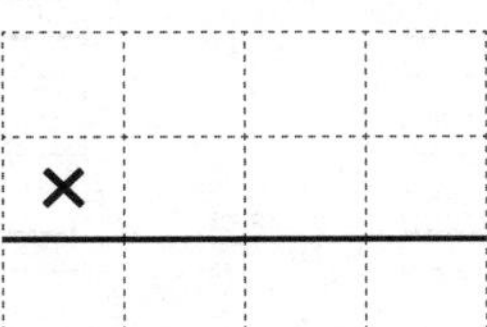

❾ 926×7

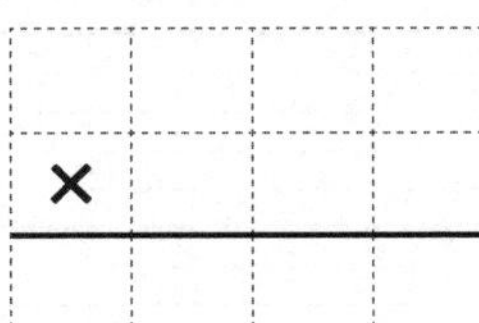

❿ 758×6

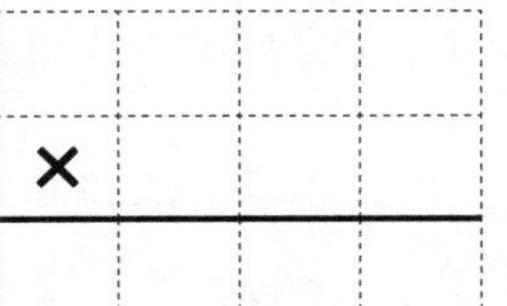

⓫ 935×7

⓬ 842×7

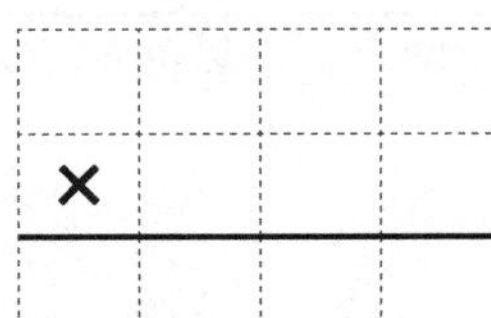

자기 점수에 ○표 하세요

맞힌 개수	6개 이하	7~8개	9~10개	11~12개
학습 방법	개념을 다시 공부하세요.	조금 더 노력 하세요.	실수하면 안 돼요.	참 잘했어요.

(두 자리 수)×(두 자리 수) (1)

◆스스로 학습 관리표◆

- 매일 맞힌 개수를 적고, 걸린 시간만큼 색칠해 보세요. (눈금 1칸은 1분이며, 초는 표의 상단에 적으세요.)
- 하루하루 지날수록 실력이 자라고, 계산 속도가 빨라지는 것을 눈으로 직접 확인할 수 있습니다.

개념 포인트

(두 자리 수) × (두 자리 수) 계산

(두 자리 수)×(두 자리 수) 계산은 (두 자리 수)×(한 자리 수)와 (두 자리 수)×(몇십)으로 나누어 계산한 다음에 두 곱의 결과를 더합니다. 이번 단계에서는 곱셈에서 올림이 있고, 덧셈에서 받아올림이 있는 경우를 연습합니다.

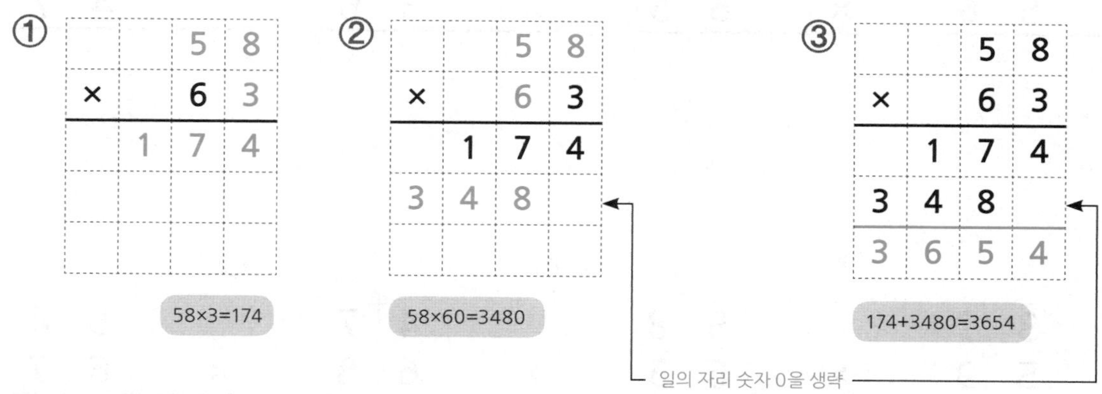

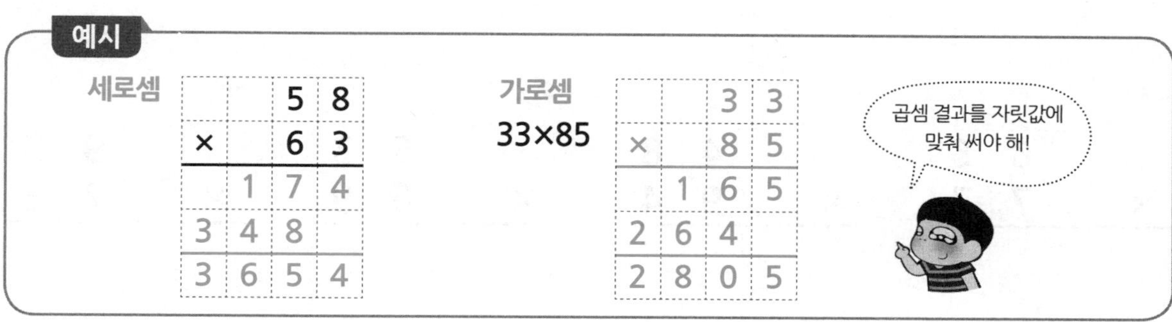

예시
세로셈
5 8
× 6 3
1 7 4
3 4 8
3 6 5 4
가로셈
33×85
3 3
× 8 5
1 6 5
2 6 4
2 8 0 5
곱셈 결과를 자릿값에 맞춰 써야 해!

(두 자리 수)×(몇십)을 할 때는 일의 자리 숫자 0을 생략하고 십의 자리부터 쓴다는 것을 이해시켜 주세요. 자릿값 개념이 제대로 서 있지 않으면 올바르게 곱셈을 하더라도 덧셈 과정에서 틀릴 수 있습니다. 또한 가로셈을 계산할 때 아이들이 직접 세로셈으로 옮겨 적어 계산하는 것이 습관이 되면 모눈 칸이 없더라도 아이들 스스로 자리를 맞추어 곱셈을 할 수 있습니다.

1일차
A형

(두 자리 수)×(두 자리 수) (1)

월 일
분 초
/16

십의 자리 수 곱한 값을
쓸 땐, 십의 자리부터
거꾸로 쓰는 거야!

✎ 곱셈을 하세요.

❶

천	백	십	일
		4	7
×		5	6

❷

천	백	십	일
		3	4
×		6	5

❸

천	백	십	일
		9	4
×		5	6

❹

천	백	십	일
		8	6
×		4	7

❺ 37×59

❻ 58×63

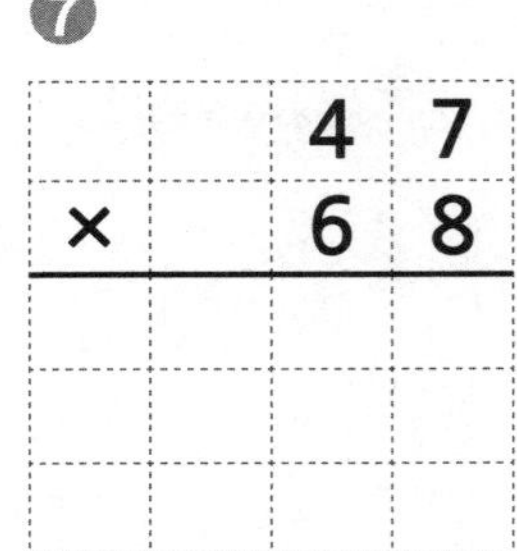

❼ 47×68

❽ 54×67

❾ 66×77

❿ 48×94

⓫ 53×69

⓬ 95×26

⓭ 57×46

⓮ 64×37

⓯ 48×98

⓰ 37×46

자기 점수에 ○표 하세요

맞힌 개수	8개 이하	9~12개	13~14개	15~16개
학습 방법	개념을 다시 공부하세요.	조금 더 노력하세요.	실수하면 안 돼요.	참 잘했어요.

(두 자리 수)×(두 자리 수) (1)

월	일
분	초
/12	

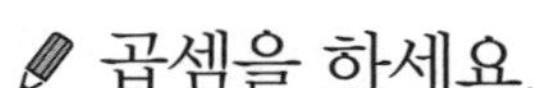

두 수를 일의 자리를 맞춰서 세로셈으로 써 봐!

정답 12쪽

곱셈을 하세요.

❶ 24×17

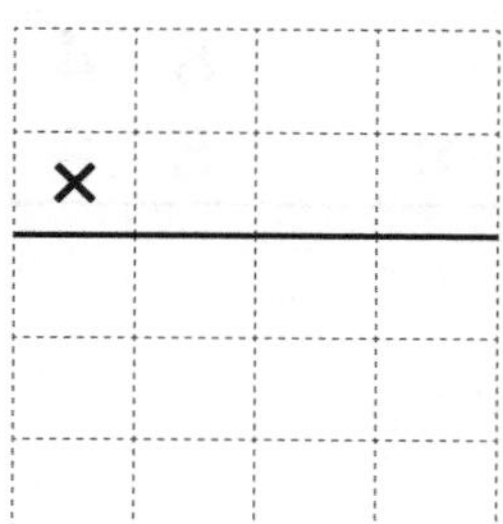

❷ 58×54

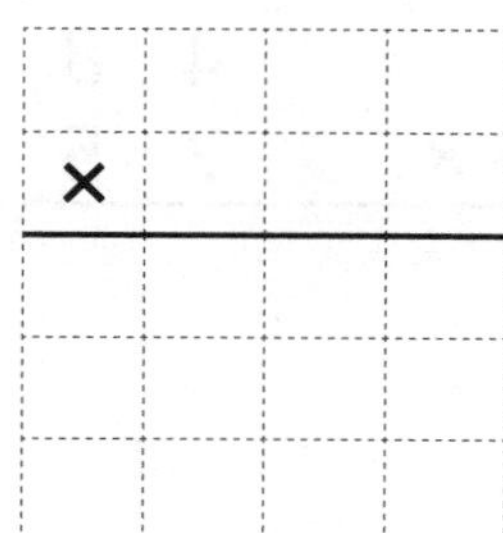

❸ 43×47

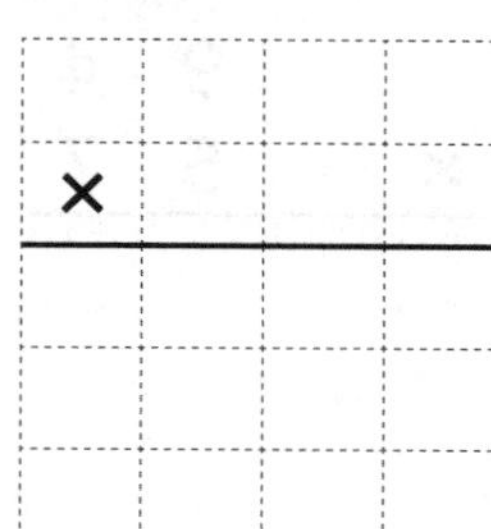

❹ 94×73

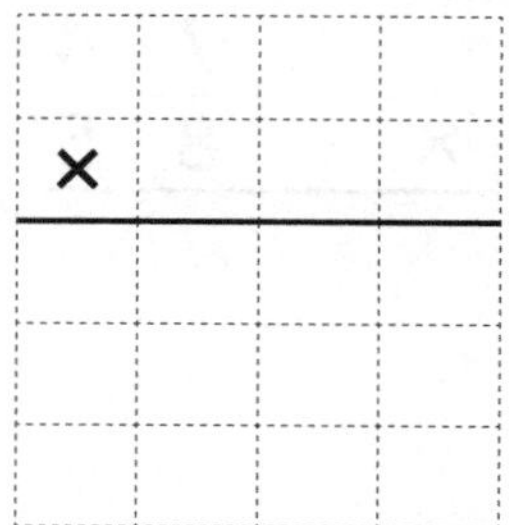

❺ 84×36

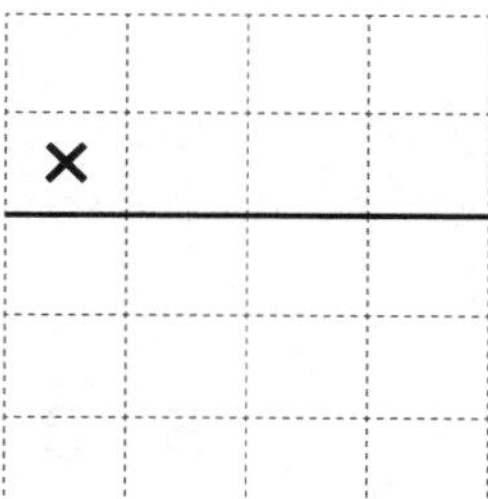

❻ 33×49

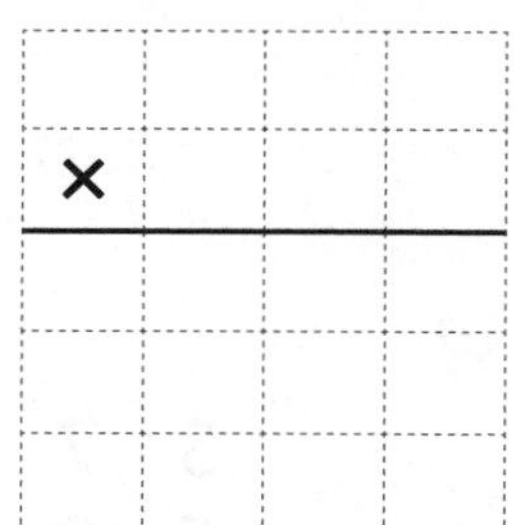

❼ 62×67

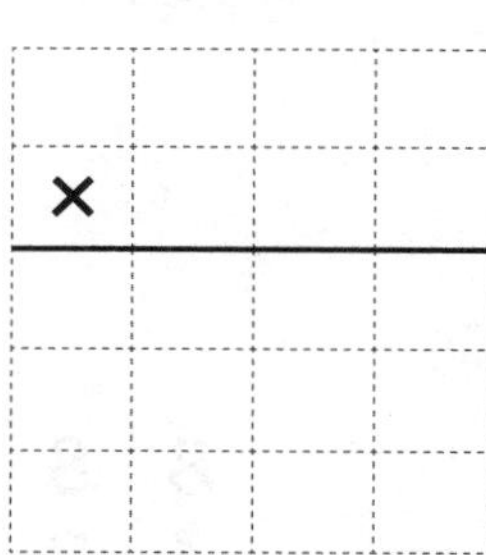

❽ 59×24

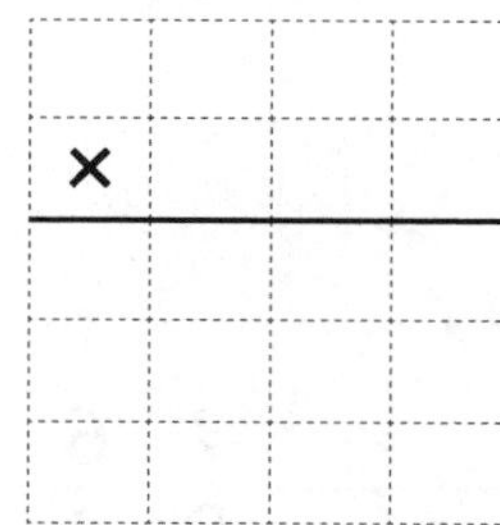

❾ 47×75

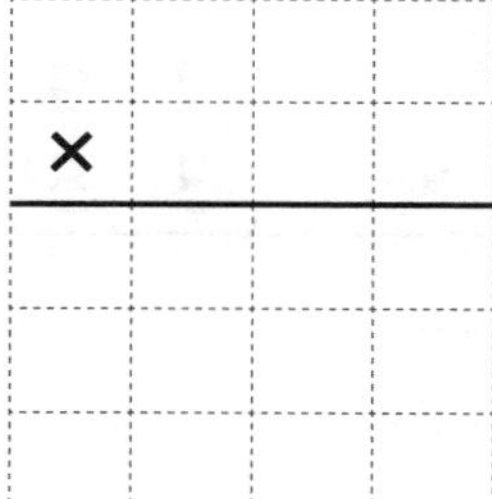

❿ 26×97

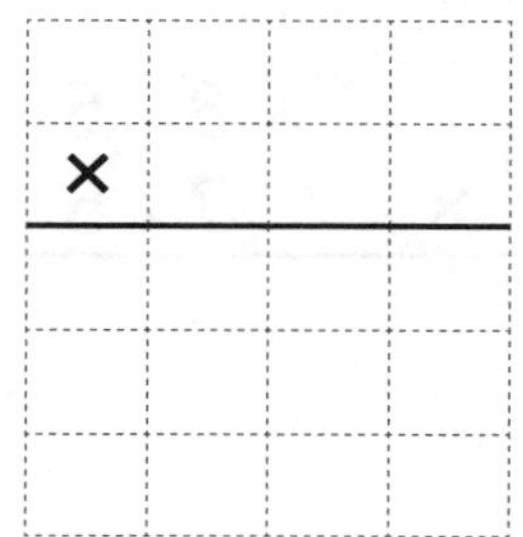

⓫ 87×94

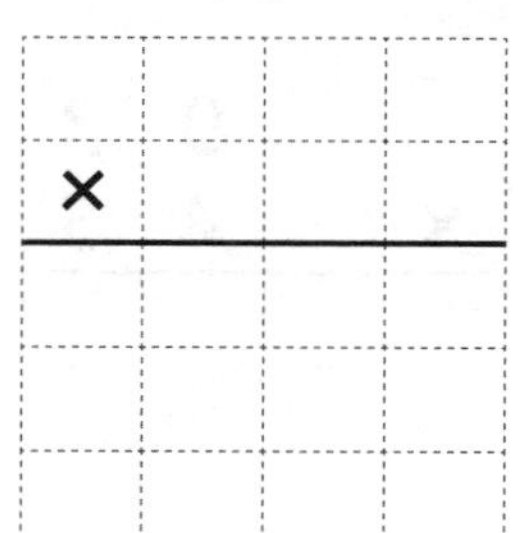

⓬ 98×58

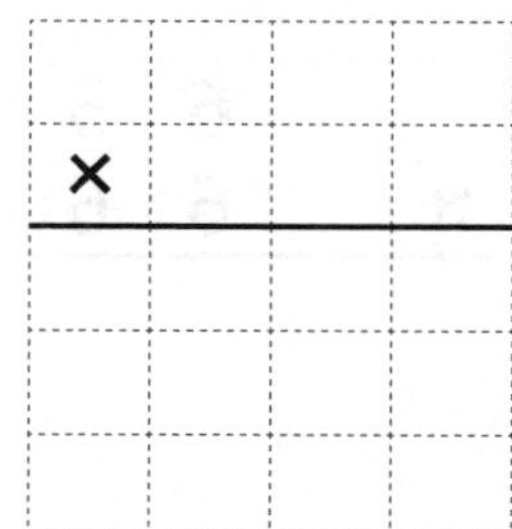

자기 점수에 ○표 하세요

맞힌 개수	6개 이하	7~8개	9~10개	11~12개
학습 방법	개념을 다시 공부하세요.	조금 더 노력하세요.	실수하면 안 돼요.	참 잘했어요.

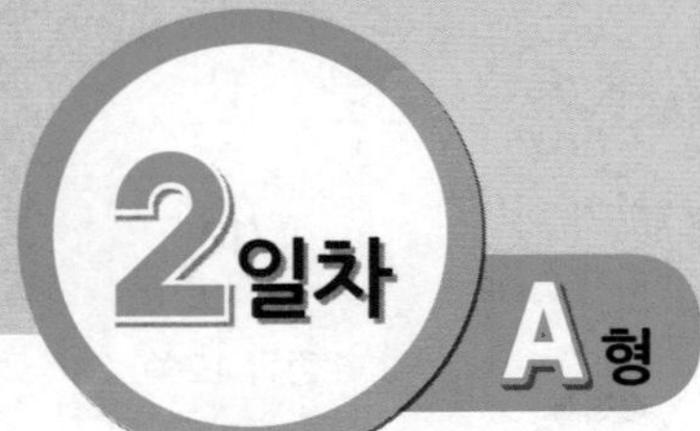

(두 자리 수)×(두 자리 수) (1)

2일차 A형

월	일
분	초
	/16

✎ 곱셈을 하세요.

❶ 천 백 십 일

$$\begin{array}{r} 74 \\ \times\ 85 \\ \hline \end{array}$$

❷ 천 백 십 일

$$\begin{array}{r} 94 \\ \times\ 57 \\ \hline \end{array}$$

❸ 천 백 십 일

$$\begin{array}{r} 48 \\ \times\ 75 \\ \hline \end{array}$$

❹ 천 백 십 일

$$\begin{array}{r} 84 \\ \times\ 68 \\ \hline \end{array}$$

❺

$$\begin{array}{r} 88 \\ \times\ 48 \\ \hline \end{array}$$

❻

$$\begin{array}{r} 95 \\ \times\ 65 \\ \hline \end{array}$$

❼

$$\begin{array}{r} 76 \\ \times\ 75 \\ \hline \end{array}$$

❽

$$\begin{array}{r} 77 \\ \times\ 77 \\ \hline \end{array}$$

❾

$$\begin{array}{r} 76 \\ \times\ 94 \\ \hline \end{array}$$

❿

$$\begin{array}{r} 88 \\ \times\ 47 \\ \hline \end{array}$$

⓫

$$\begin{array}{r} 57 \\ \times\ 69 \\ \hline \end{array}$$

⓬

$$\begin{array}{r} 58 \\ \times\ 33 \\ \hline \end{array}$$

⓭

$$\begin{array}{r} 65 \\ \times\ 66 \\ \hline \end{array}$$

⓮

$$\begin{array}{r} 93 \\ \times\ 45 \\ \hline \end{array}$$

⓯

$$\begin{array}{r} 85 \\ \times\ 75 \\ \hline \end{array}$$

⓰

$$\begin{array}{r} 79 \\ \times\ 35 \\ \hline \end{array}$$

자기 점수에 ○표 하세요

맞힌 개수	8개 이하	9~12개	13~14개	15~16개
학습 방법	개념을 다시 공부하세요.	조금 더 노력 하세요.	실수하면 안 돼요.	참 잘했어요.

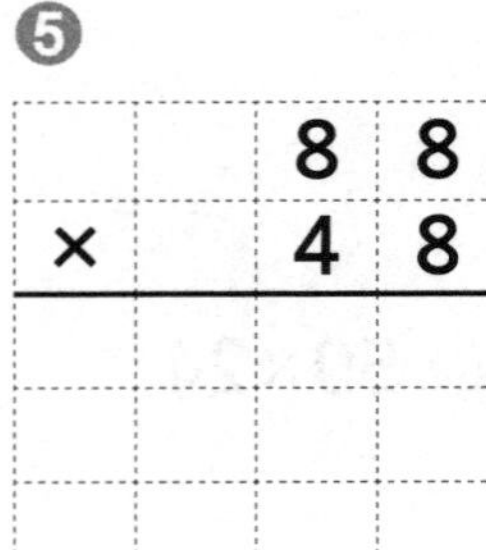

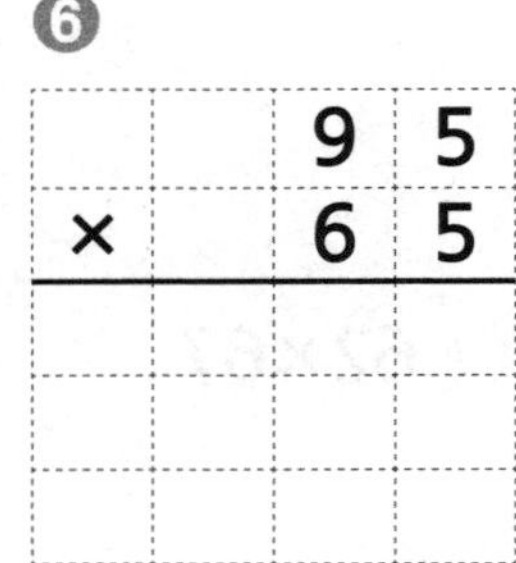

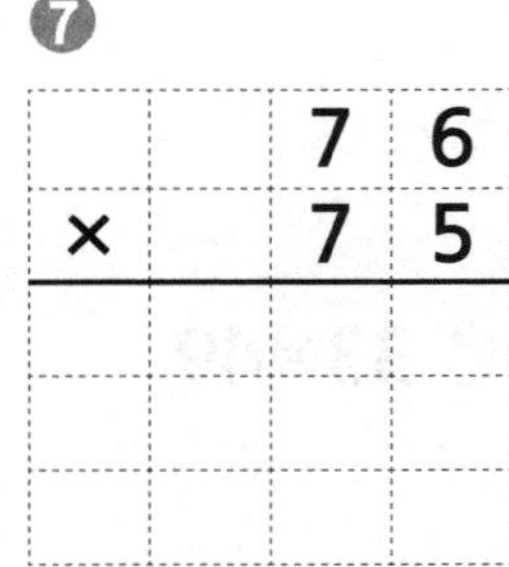

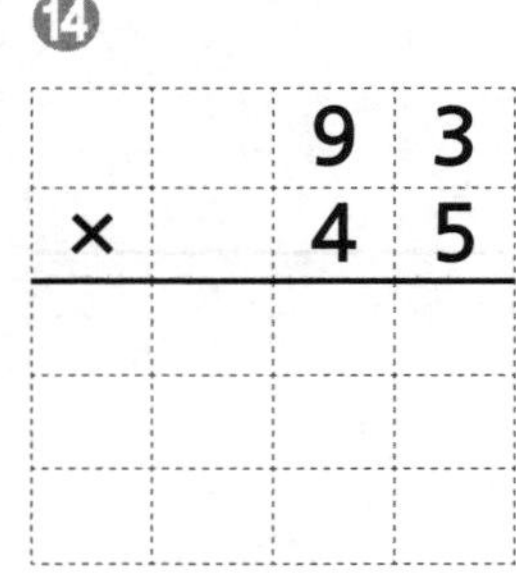

(두 자리 수)×(두 자리 수) (1)

월 일
분 초
/12

정답 13쪽

곱셈을 하세요.

❶ 69×24

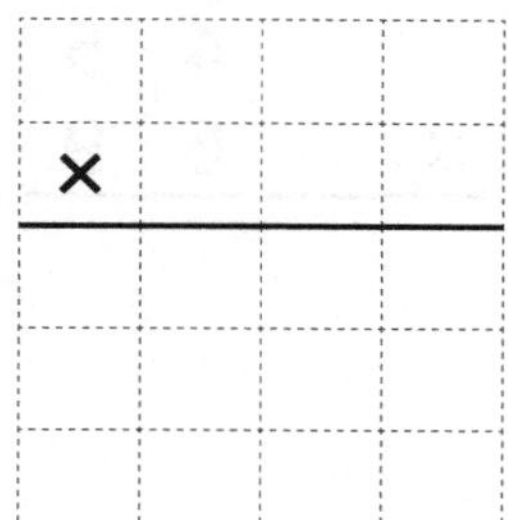

❷ 56×45

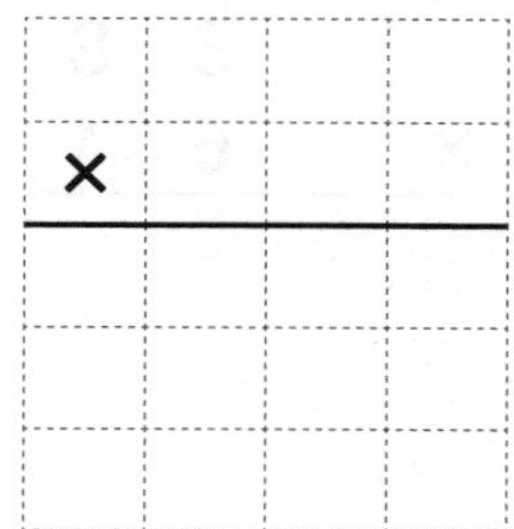

❸ 68×37

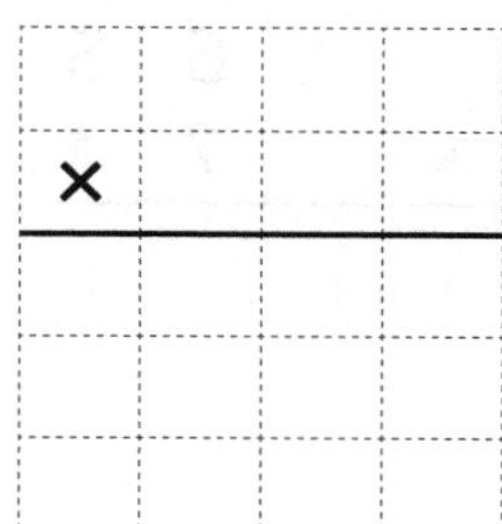

❹ 85×93

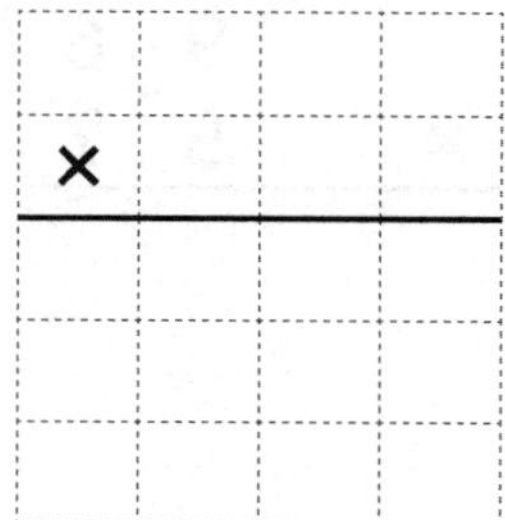

❺ 68×65

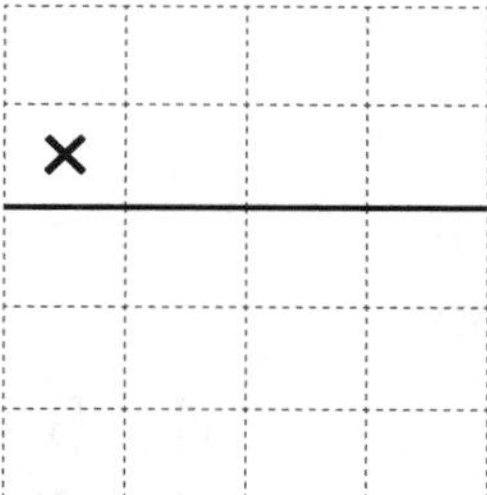

❻ 63×59

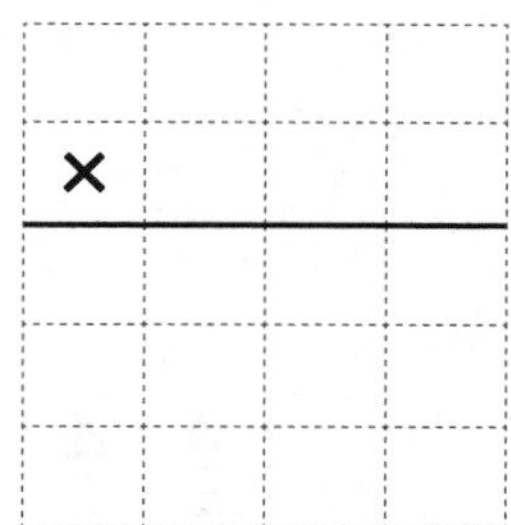

❼ 33×85

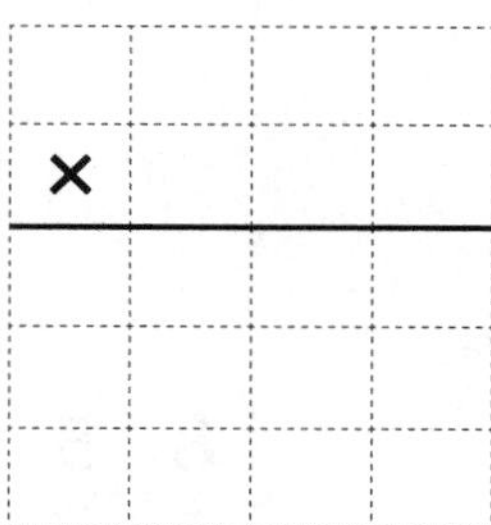

❽ 74×73

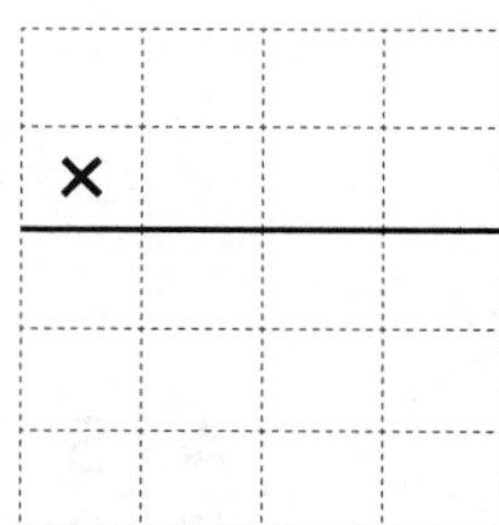

❾ 68×27

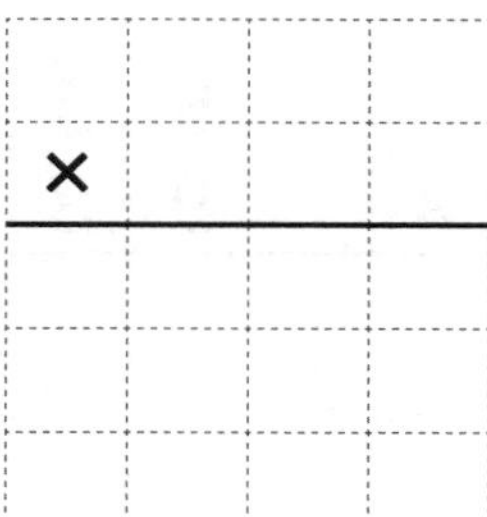

❿ 56×74

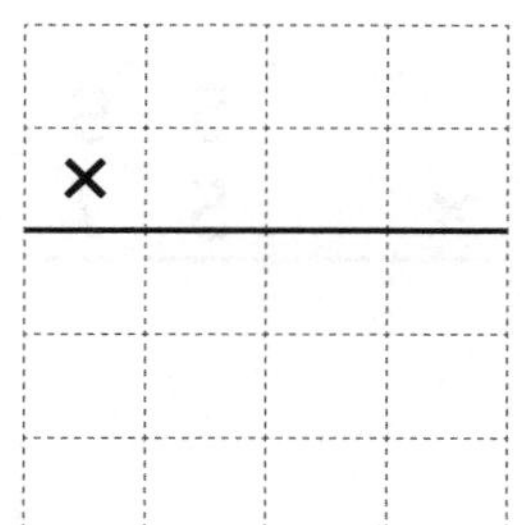

⓫ 92×78

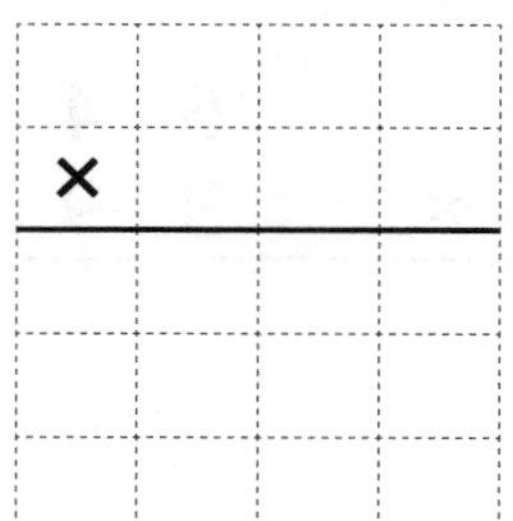

⓬ 87×52

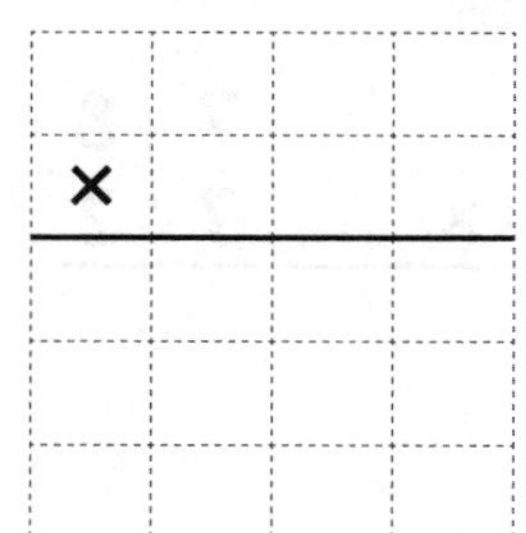

자기 점수에 ○표 하세요

맞힌 개수	6개 이하	7~8개	9~10개	11~12개
학습 방법	개념을 다시 공부하세요.	조금 더 노력 하세요.	실수하면 안 돼요.	참 잘했어요.

(두 자리 수)×(두 자리 수) (1)

월	일
분	초
	/16

✎ 곱셈을 하세요.

❶ (천 백 십 일)

  96
× 57

❷ (천 백 십 일)

  65
× 74

❸ (천 백 십 일)

  38
× 64

❹ (천 백 십 일)

  45
× 69

❺

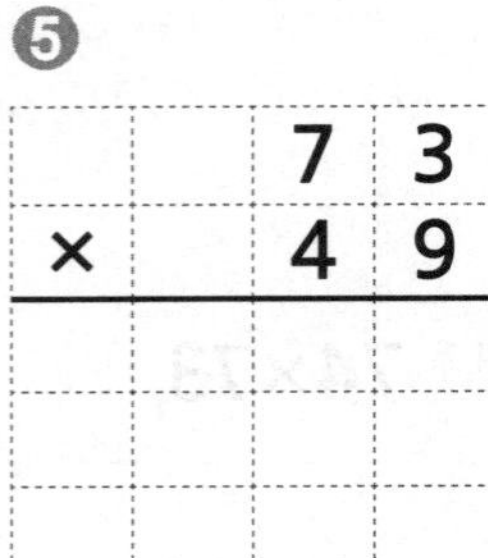

❻

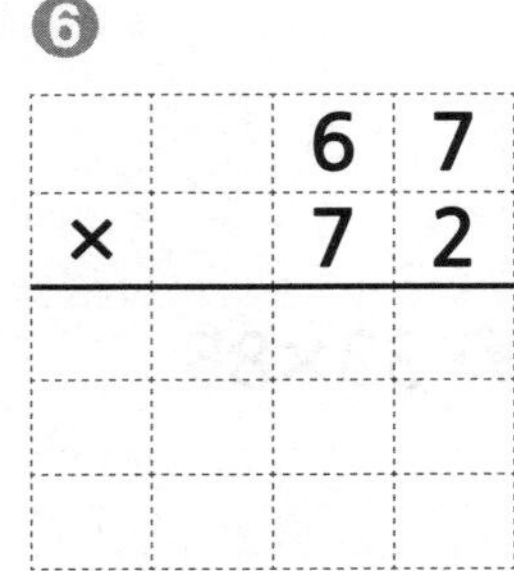

❼

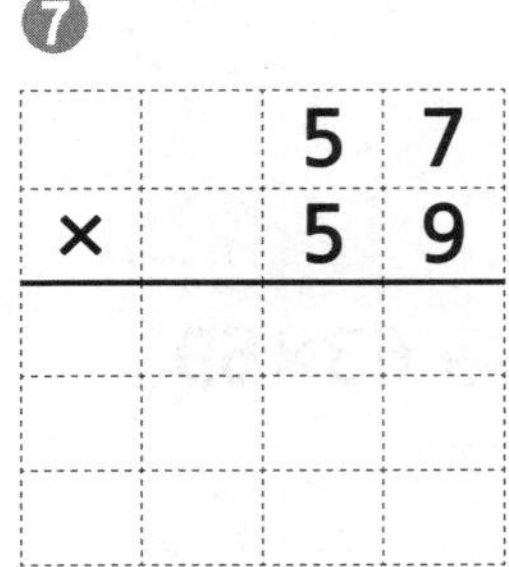

❽

  38
× 65

❾

  45
× 58

❿

  85
× 37

⓫

  94
× 58

⓬

  45
× 48

⓭

  78
× 72

⓮

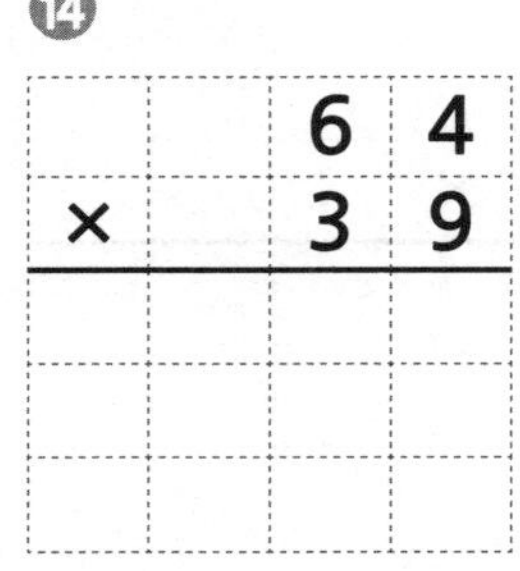

⓯

  59
× 57

⓰

  53
× 98

자기 점수에 ○표 하세요

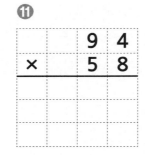

맞힌 개수	8개 이하	9~12개	13~14개	15~16개
학습 방법	개념을 다시 공부하세요.	조금 더 노력 하세요.	실수하면 안 돼요.	참 잘했어요.

(두 자리 수)×(두 자리 수) (1)

월	일
분	초
	/12

정답 14쪽

 곱셈을 하세요.

❶ 36×38

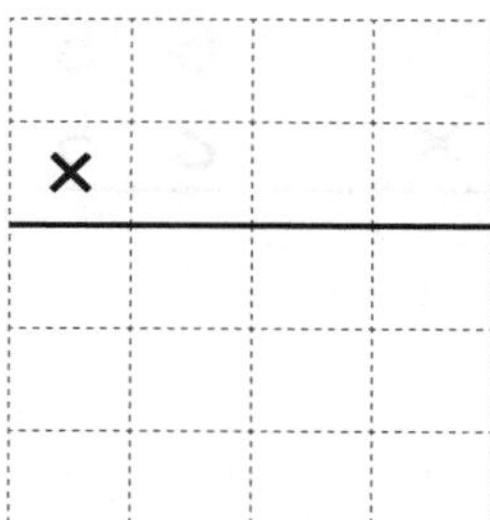

❷ 44×97

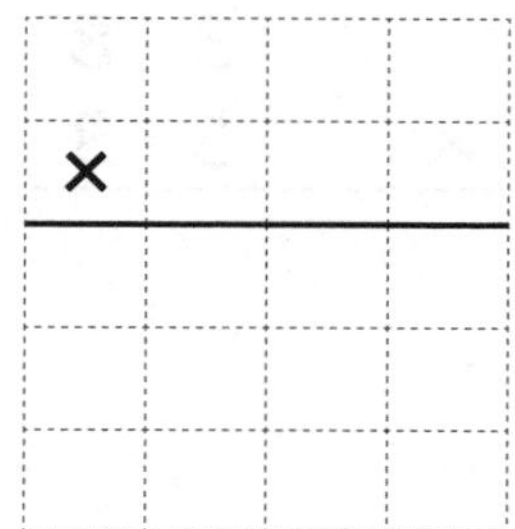

❸ 87×39

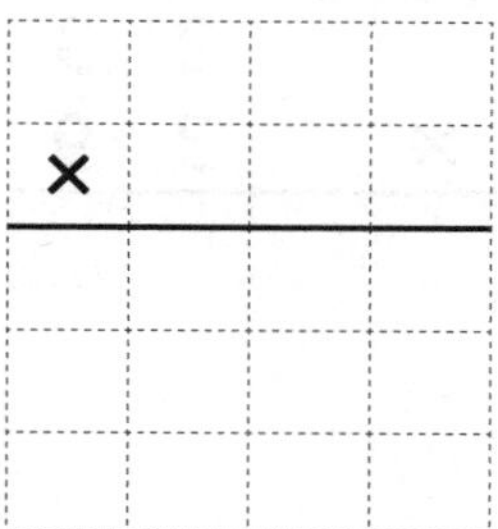

❹ 67×27

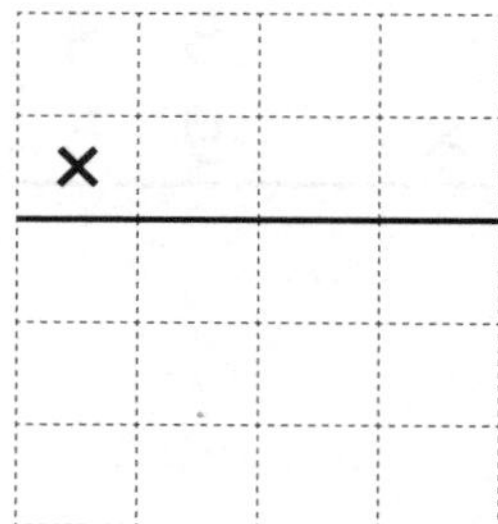

❺ 23×58

❻ 57×45

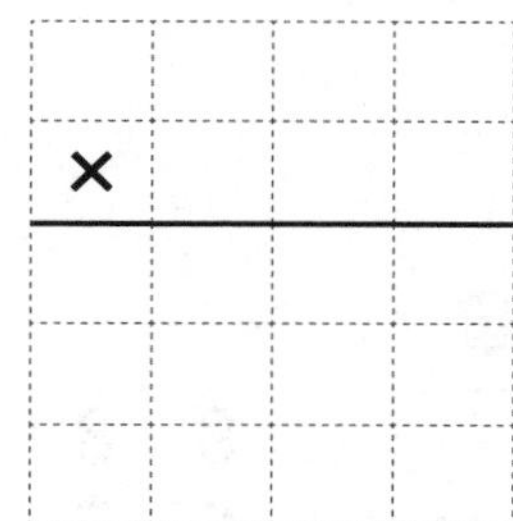

❼ 96×62

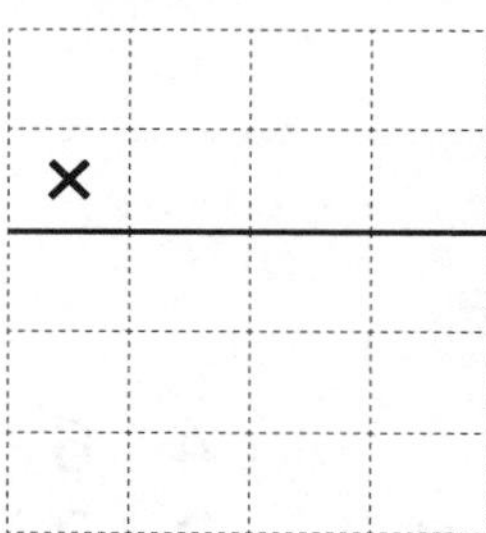

❽ 58×73

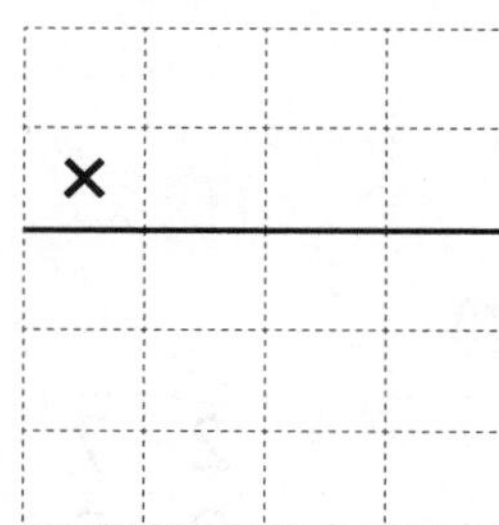

❾ 74×34

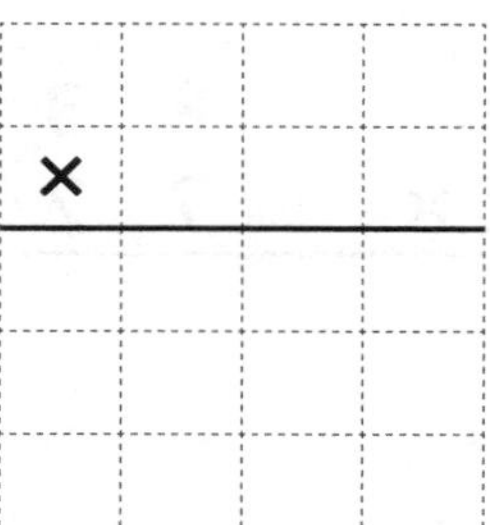

❿ 46×84

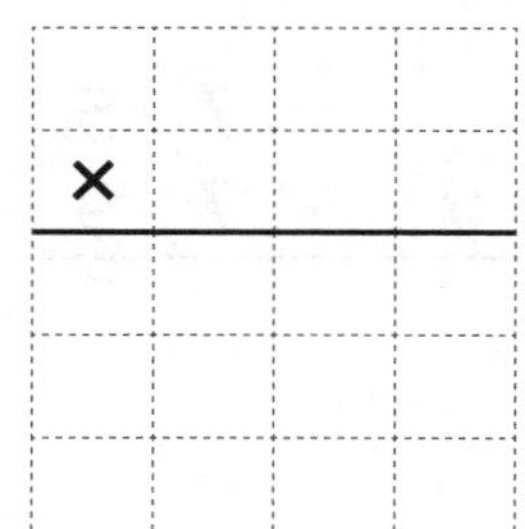

⓫ 73×54

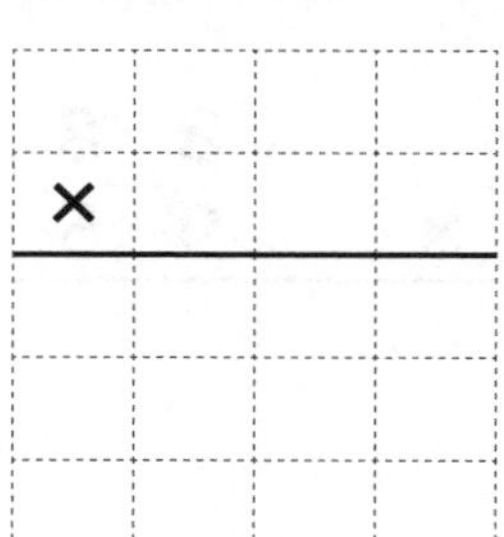

⓬ 86×24

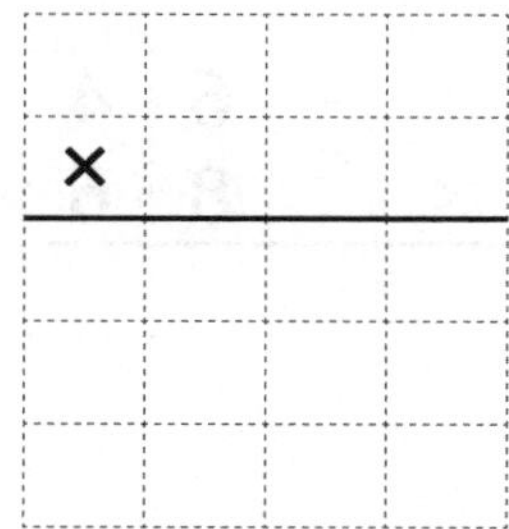

자기 점수에 ○표 하세요

맞힌 개수	6개 이하	7~8개	9~10개	11~12개
학습 방법	개념을 다시 공부하세요.	조금 더 노력하세요.	실수하면 안 돼요.	참 잘했어요.

(두 자리 수)×(두 자리 수) (1)

월 일
분 초
/16

✎ 곱셈을 하세요.

❶ 천 백 십 일
58 × 95

❷ 천 백 십 일
39 × 39

❸ 천 백 십 일
38 × 53

❹ 천 백 십 일
66 × 85

❺ 76 × 82

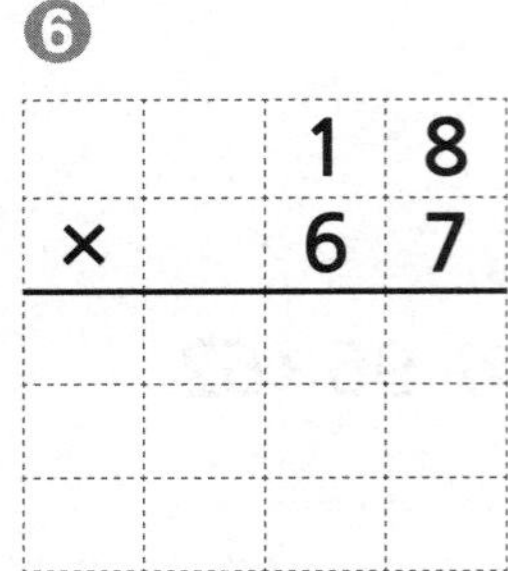

❻ 18 × 67

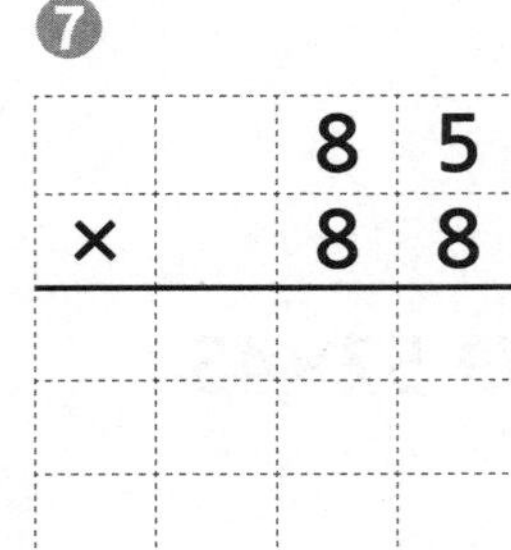

❼ 85 × 88

❽ 85 × 95

❾ 27 × 89

❿ 46 × 23

⓫ 88 × 65

⓬ 79 × 69

⓭ 64 × 86

⓮ 88 × 95

⓯ 75 × 79

⓰ 83 × 72

자기 점수에 ○표 하세요

맞힌 개수	8개 이하	9~12개	13~14개	15~16개
학습 방법	개념을 다시 공부하세요.	조금 더 노력하세요.	실수하면 안 돼요.	참 잘했어요.

(두 자리 수)×(두 자리 수) (1)

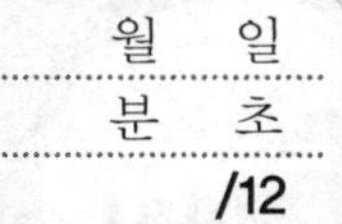

정답 15쪽

곱셈을 하세요.

❶ 66×77

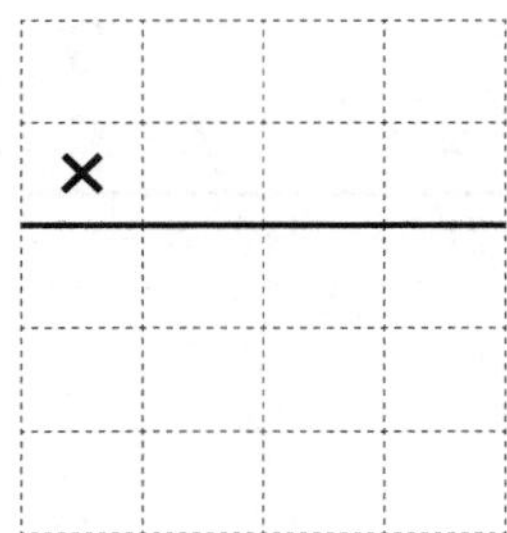

❷ 48×98

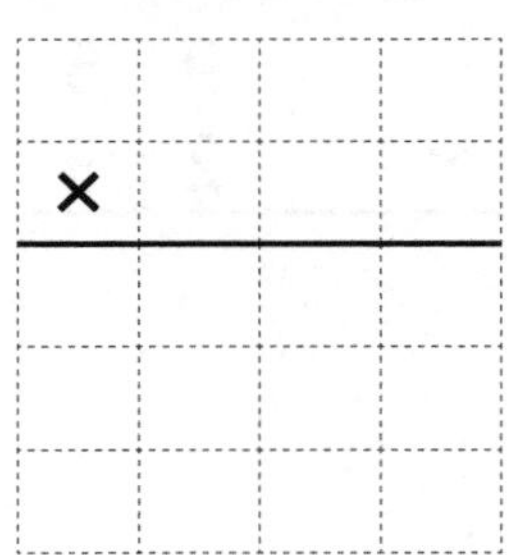

❸ 54×38

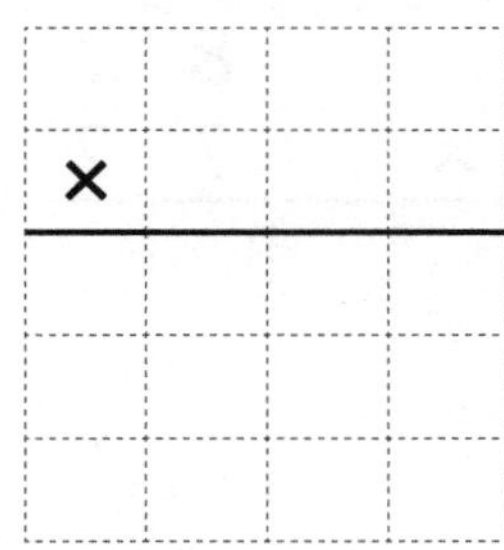

❹ 43×47

❺ 85×52

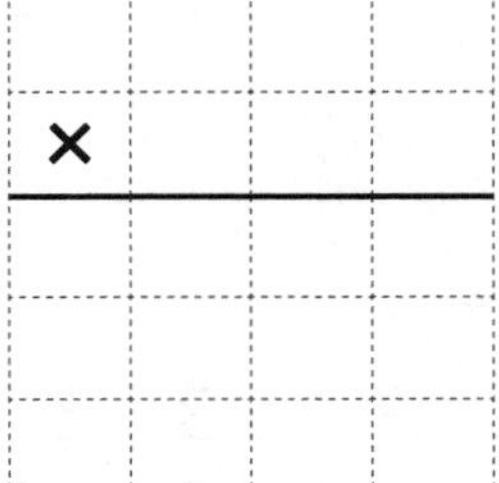

❻ 54×49

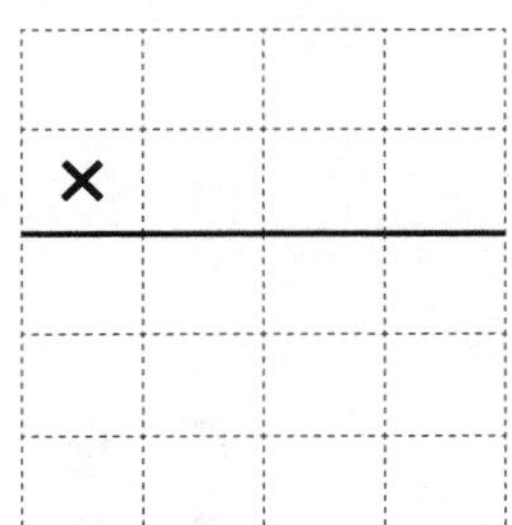

❼ 52×89

❽ 39×95

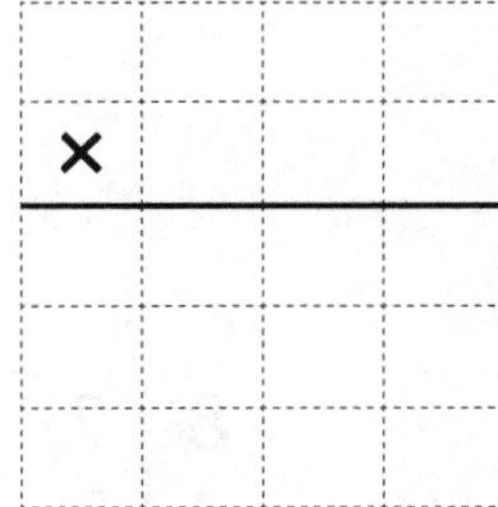

❾ 96×59

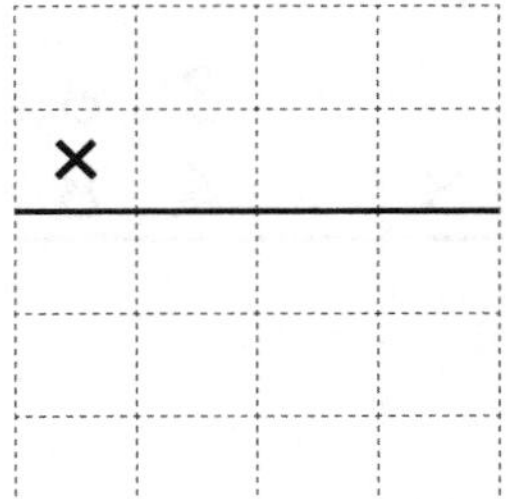

❿ 76×98

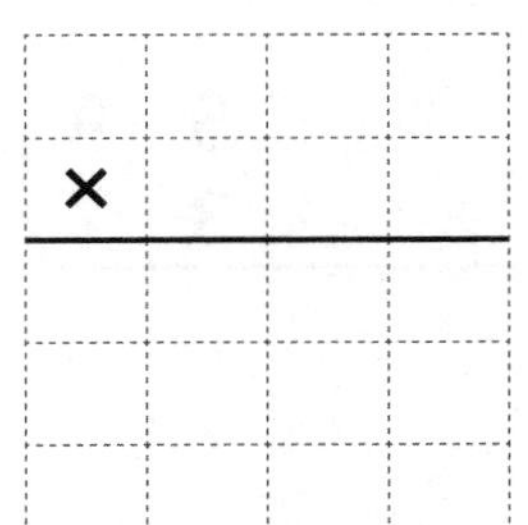

⓫ 77×72

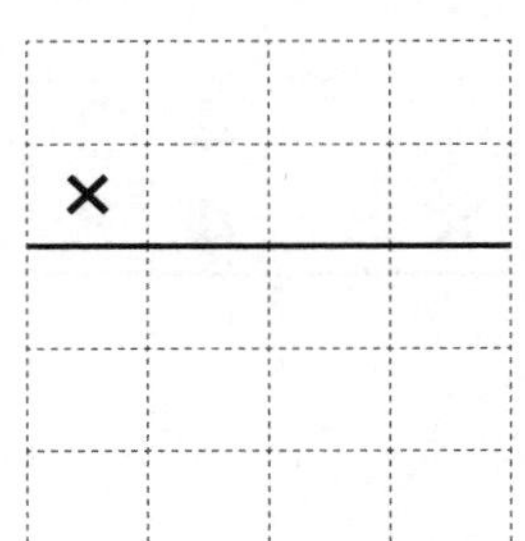

⓬ 79×95

자기 점수에 ○표 하세요

맞힌 개수	6개 이하	7~8개	9~10개	11~12개
학습 방법	개념을 다시 공부하세요.	조금 더 노력하세요.	실수하면 안 돼요.	참 잘했어요.

(두 자리 수)×(두 자리 수) (1)

월 일
분 초
/16

✎ 곱셈을 하세요.

❶ 천 백 십 일
92 × 66

❷ 천 백 십 일
87 × 72

❸ 천 백 십 일
95 × 23

❹ 천 백 십 일
39 × 75

❺ 93 × 58

❻ 89 × 46

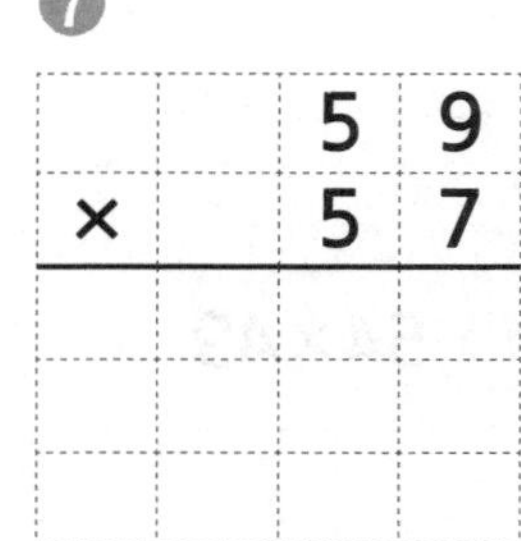

❼ 59 × 57

❽ 76 × 75

❾ 87 × 42

❿ 84 × 88

⓫ 69 × 79

⓬ 32 × 76

⓭ 93 × 95

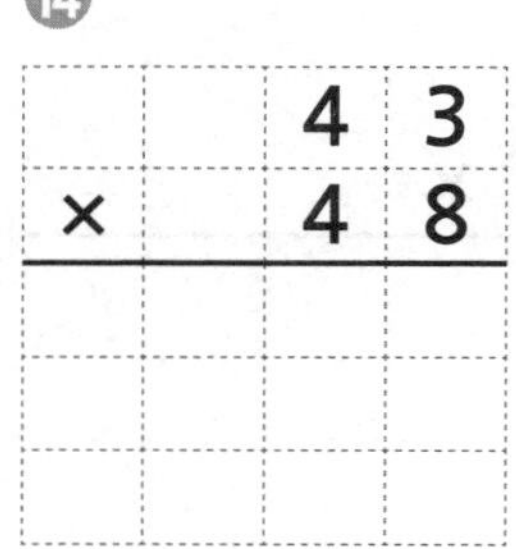

⓮ 43 × 48

⓯ 59 × 37

⓰ 88 × 48

자기 점수에 ○표 하세요

맞힌 개수	8개 이하	9~12개	13~14개	15~16개
학습 방법	개념을 다시 공부하세요.	조금 더 노력하세요.	실수하면 안 돼요.	참 잘했어요.

(두 자리 수)×(두 자리 수) (1)

월 일
분 초
/12

정답 16쪽

 곱셈을 하세요.

❶ 75×29

❷ 66×95

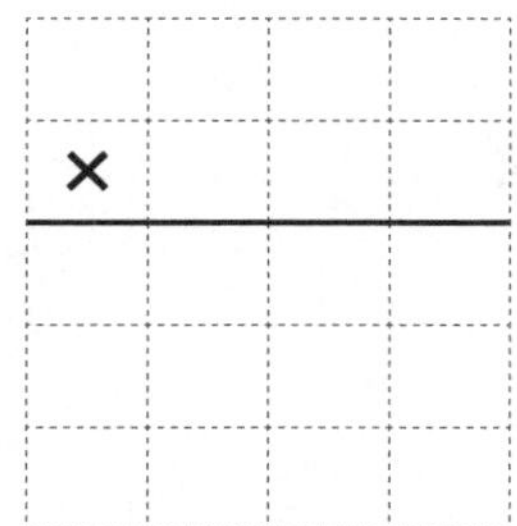

❸ 81×83

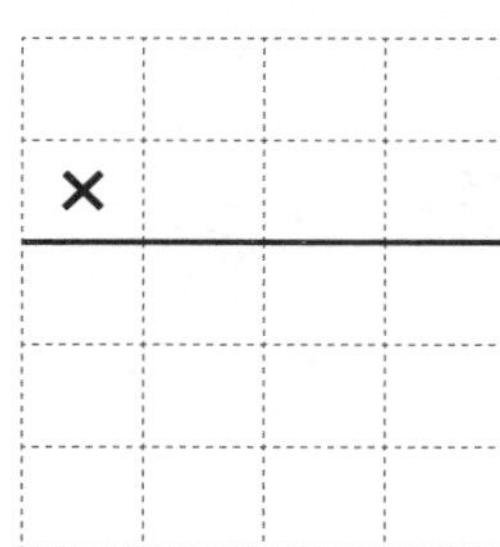

❹ 24×17

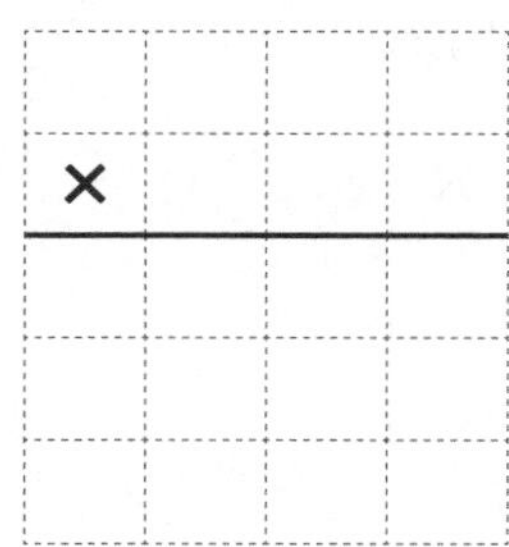

❺ 12×95

❻ 38×58

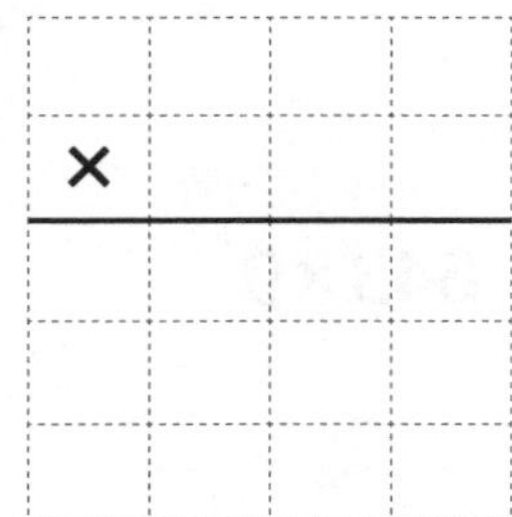

❼ 93×84

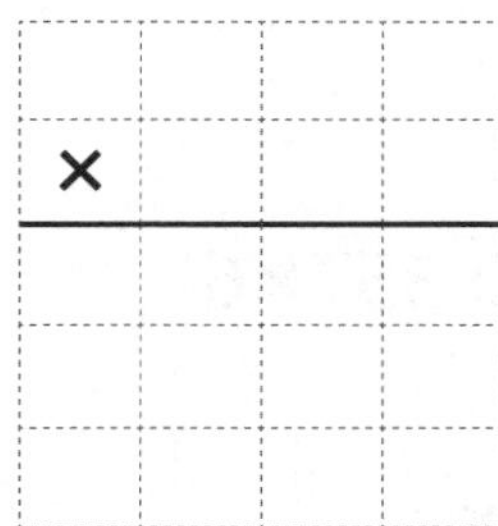

❽ 36×64

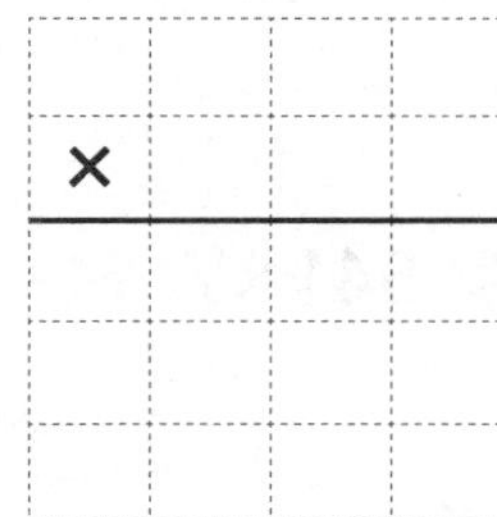

❾ 26×79

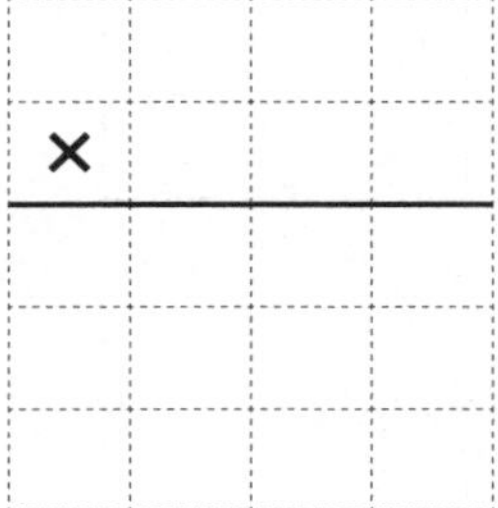

❿ 77×93

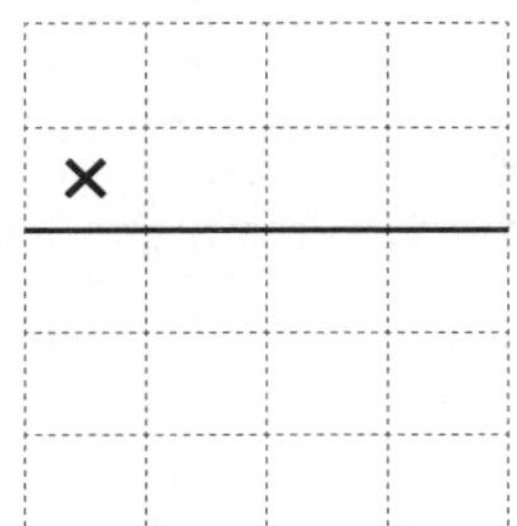

⓫ 46×86

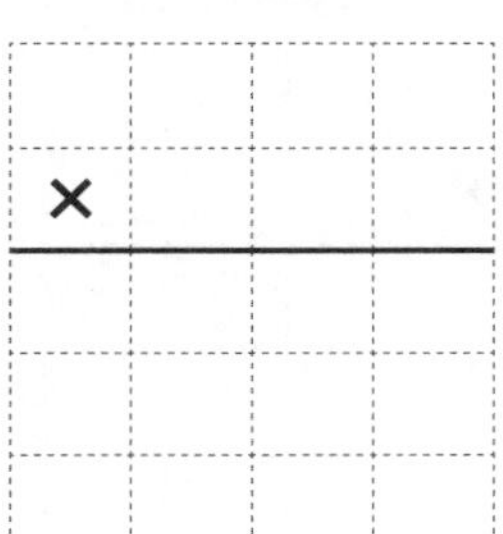

⓬ 94×88

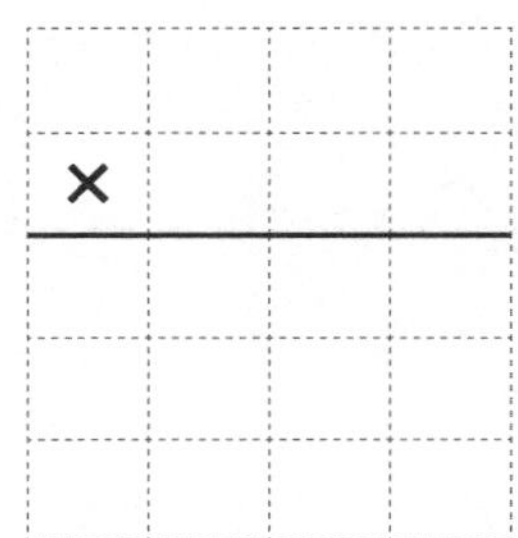

자기 점수에 ○표 하세요

맞힌 개수	6개 이하	7~8개	9~10개	11~12개
학습 방법	개념을 다시 공부하세요.	조금 더 노력하세요.	실수하면 안 돼요.	참 잘했어요.

세 단계 묶어 풀기 051 ~ 053단계
(세 자리 수)×(한 자리 수)/(두 자리 수)×(두 자리 수)

월 일
분 초
/16

정답 17쪽

곱셈을 하세요.

❶ 329×8

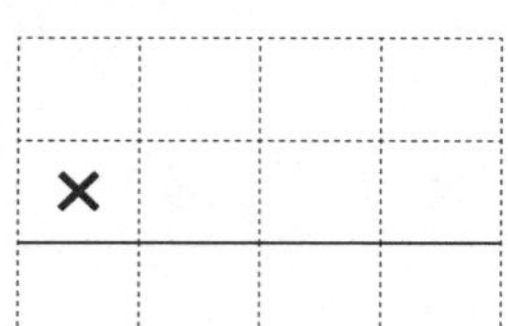

❷ 462×3

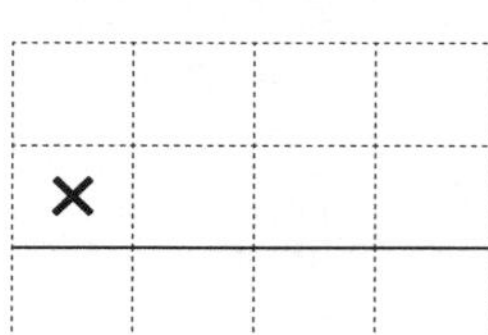

❸ 628×7

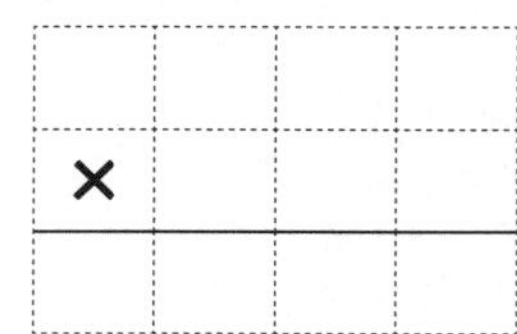

❹ 574×9

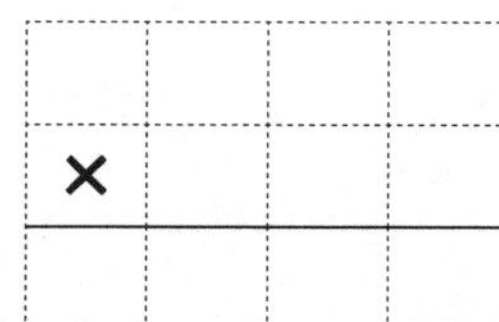

❺ 189×8

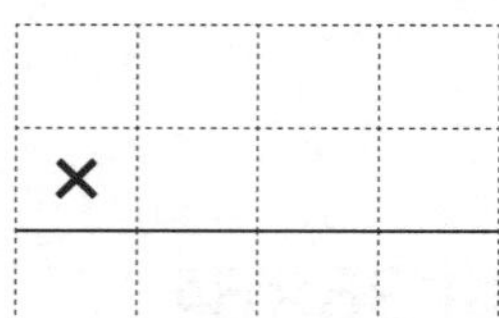

❻ 264×6

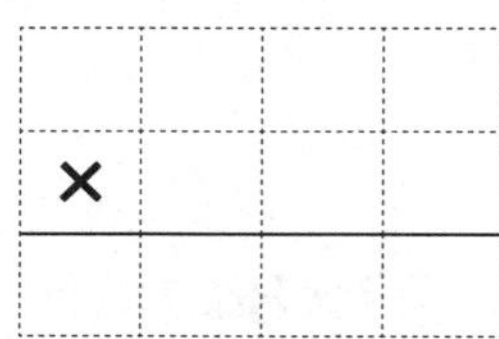

❼ 578×8

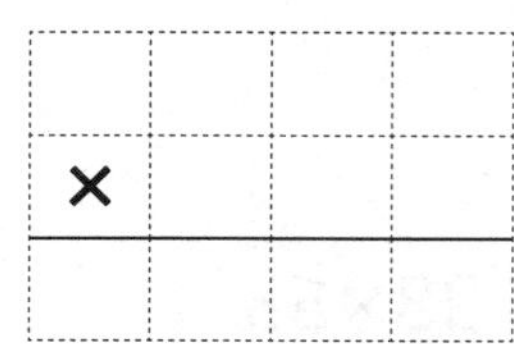

❽ 679×8

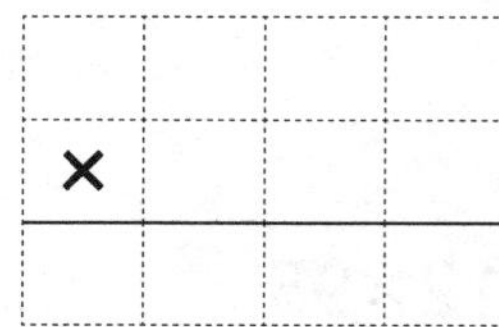

❾ 541×7

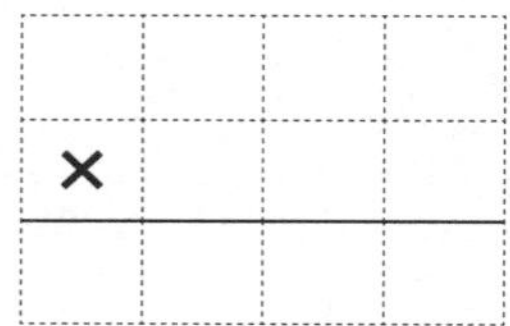

❿ 357×6

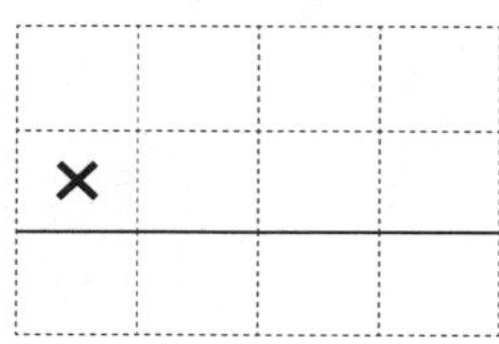

⓫ 643×9

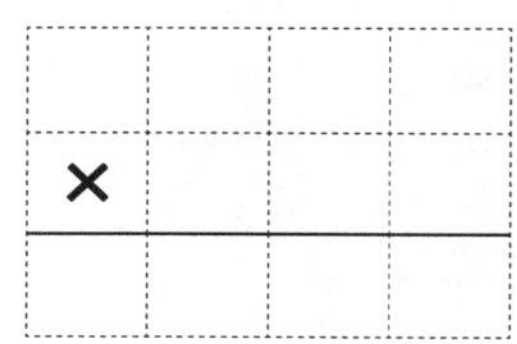

⓬ 427×8

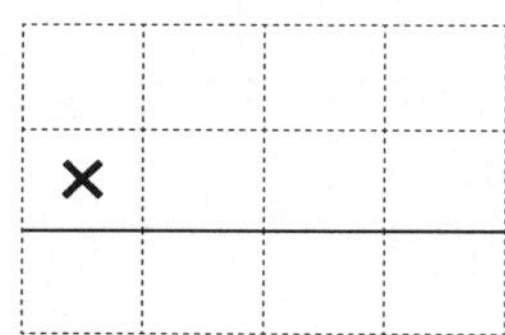

⓭ 23×18

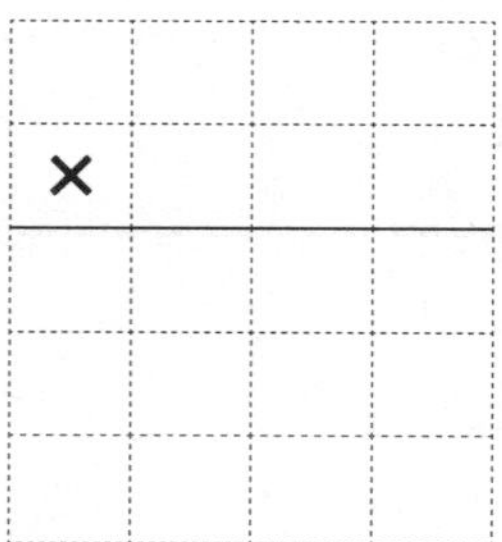

⓮ 17×43

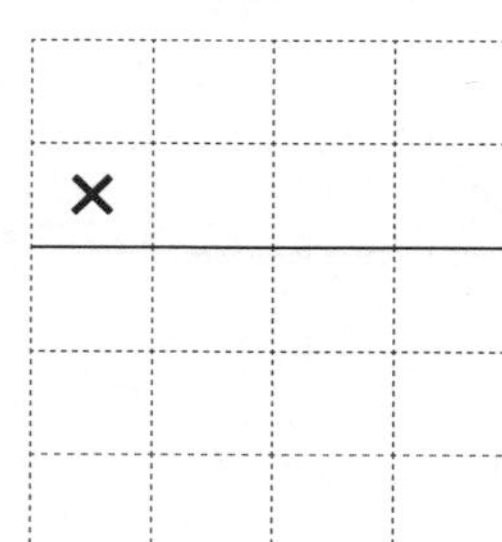

⓯ 37×46

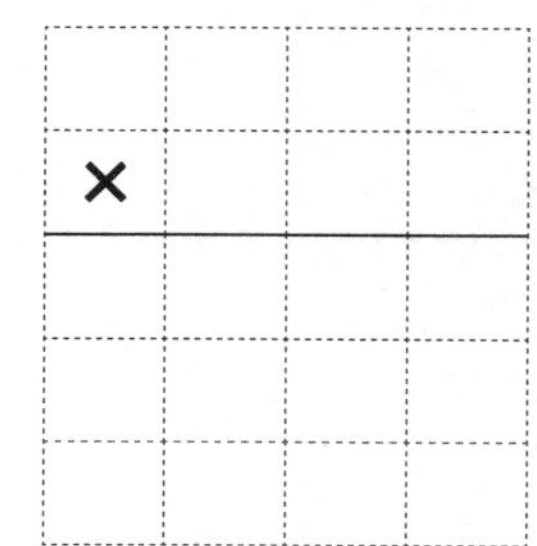

⓰ 63×38

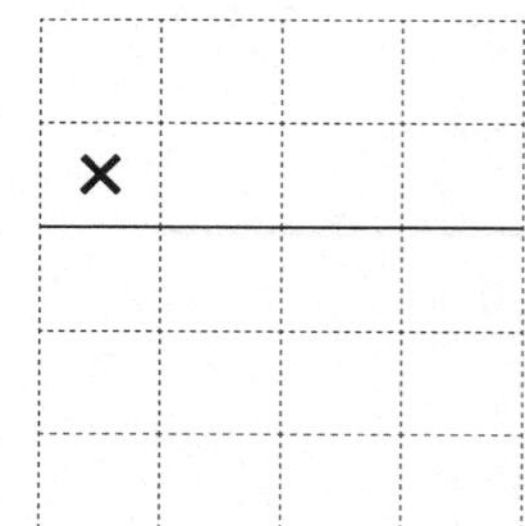

창의력 쑥쑥! 수학 퀴즈

5권부터 지금까지 곱셈과 나눗셈을 배웠으니 이것으로 풀 수 있는 문제를 하나 내 볼게요. 1, 2, 3, 4, 5, 6, 7, 8, 9 모두로 나눌 수 있는 가장 작은 수는 얼마일까요?

문제를 바로 풀려고 하지 말고 조금 쉬운 문제로 먼저 바꿔 생각해 봅시다.

예를 들면 2와 3으로 나눌 수 있는 가장 작은 수는 얼마일까요?

네, 맞아요. 2×3=6, 바로 6이에요.

그러면 2, 3, 4로 나눌 수 있는 가장 작은 수는요? 2, 3, 4를 모두 곱한 24라고 생각한 친구들이 있을 거예요. 한 번 더 생각해 볼까요? 2는 4를 나눌 수 있기 때문에 3과 4를 곱한 12가 2, 3, 4로 모두 나눌 수 있는 가장 작은 수예요.

그렇다면 이제 원래의 문제로 돌아가 봅시다. 1은 모든 자연수를 나눌 수 있으니까 가장 나중에 생각합시다. 가장 큰 수인 9, 8, 7을 곱하고, 이제 6을 곱할까요? 그런데 9와 8을 곱한 72는 6으로 나누어지니까 또 6을 곱할 필요는 없겠네요. 이제 5를 곱하면 9×8×7×5입니다. 4는 8을 나누니까 더 곱하지 않아도 되고, 3이 9를 나누고, 2가 8을 나누니까 더 곱할 것이 없네요.

1, 2, 3, 4, 5, 6, 7, 8, 9 모두로 나눌 수 있는 가장 작은 수는 9×8×7×5=2520입니다.

(두 자리 수)×(두 자리 수) (2)

◆스스로 학습 관리표◆

- 매일 맞힌 개수를 적고, 걸린 시간만큼 색칠해 보세요. (눈금 1칸은 1분이며, 초는 표의 상단에 적으세요.)
- 하루하루 지날수록 실력이 자라고, 계산 속도가 빨라지는 것을 눈으로 직접 확인할 수 있습니다.

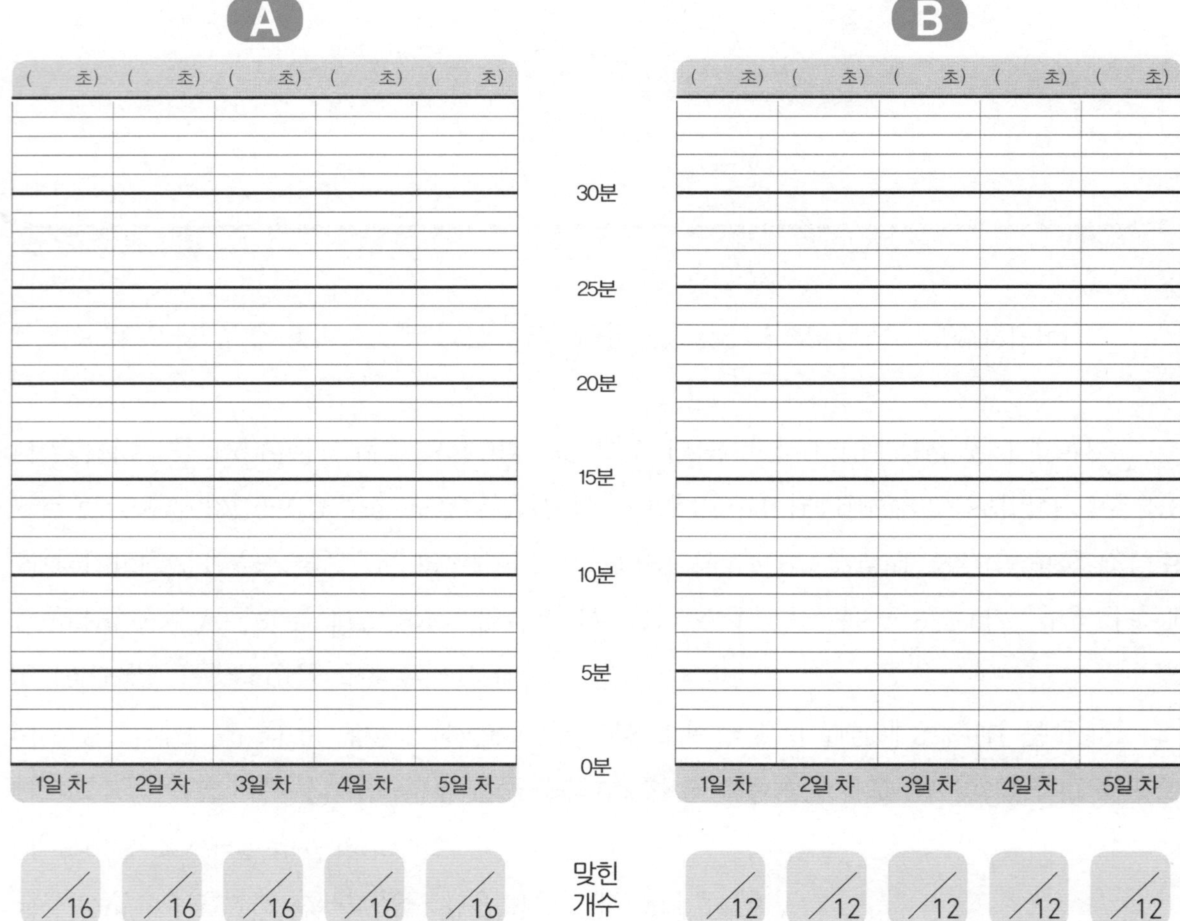

개념 포인트

(두 자리 수) × (두 자리 수) 계산

앞 단계에 이어서 (두 자리 수)×(두 자리 수)를 연습합니다. 이번에는 덧셈 과정에서 받아올림이 두 번 연속해서 나오는 계산입니다. 받아올림에 주의해서 정확하게 계산해 주세요.

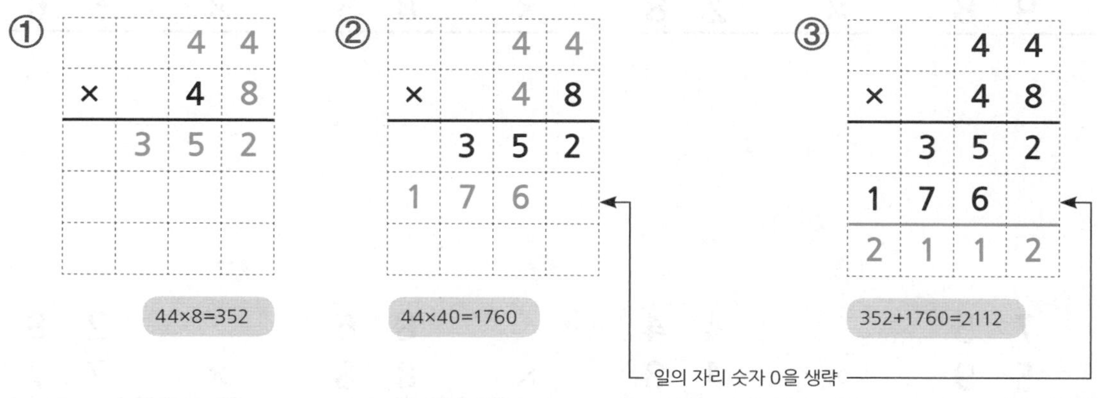

①
44
× 48
352
44×8=352
②
44
× 48
352
176
44×40=1760
③
44
× 48
352
176
2112
352+1760=2112
일의 자리 숫자 0을 생략

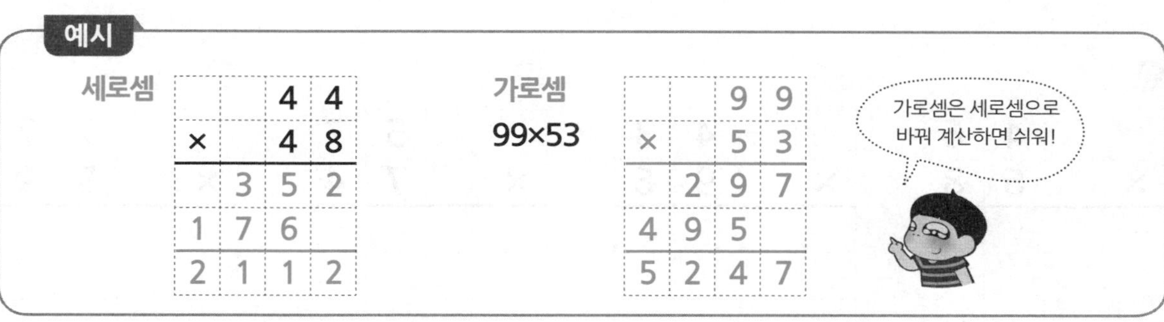

예시
세로셈
44
× 48
352
176
2112
가로셈
99×53
99
× 53
297
495
5247
가로셈은 세로셈으로 바꿔 계산하면 쉬워!

덧셈 과정에서 받아올림이 두 번 있는 (두 자리 수)×(두 자리 수) 연습입니다. 연속된 받아올림이 있는 덧셈을 어려워하면 세 자리 수 덧셈을 복습한 후 이번 단계를 학습하는 것이 효율적입니다. 복습을 통해 기초가 탄탄해지면 수학에 흥미를 갖고, 단계를 앞서 나가게 됩니다.

(두 자리 수)×(두 자리 수) (2)

월	일
분	초
	/16

곱하는 두 수가 커졌어.
그래도 잘할 수 있지?

곱셈을 하세요.

❶ (천 백 십 일)
$$\begin{array}{r} 95 \\ \times\ 98 \\ \hline \end{array}$$

❷ (천 백 십 일)
$$\begin{array}{r} 98 \\ \times\ 28 \\ \hline \end{array}$$

❸ (천 백 십 일)
$$\begin{array}{r} 37 \\ \times\ 85 \\ \hline \end{array}$$

❹ (천 백 십 일)
$$\begin{array}{r} 95 \\ \times\ 56 \\ \hline \end{array}$$

❺
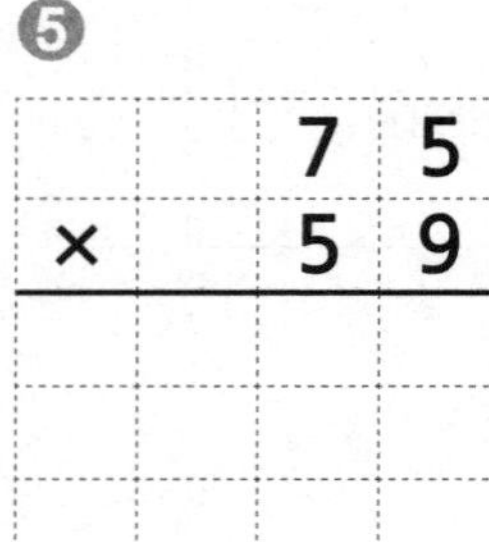
$$\begin{array}{r} 75 \\ \times\ 59 \\ \hline \end{array}$$

❻
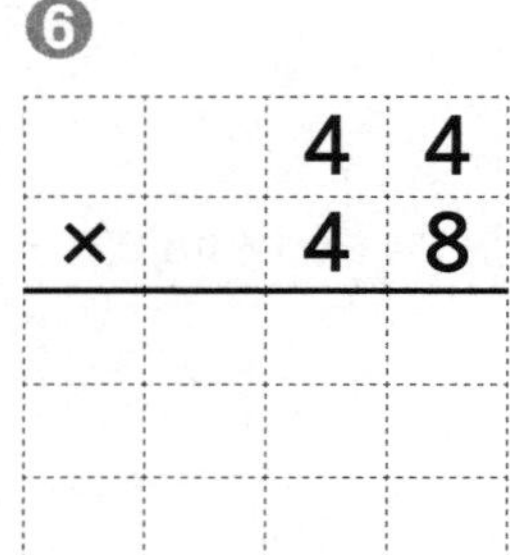
$$\begin{array}{r} 44 \\ \times\ 48 \\ \hline \end{array}$$

❼
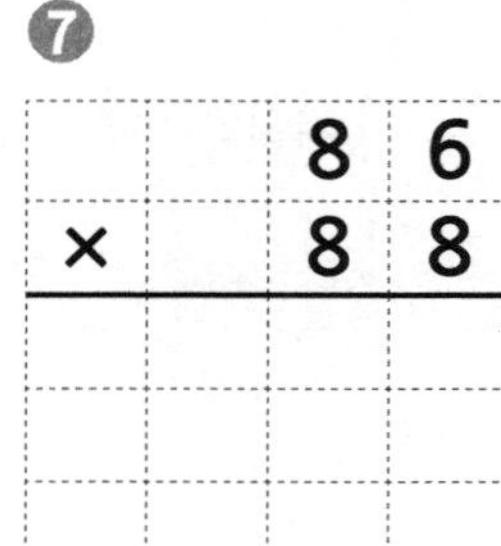
$$\begin{array}{r} 86 \\ \times\ 88 \\ \hline \end{array}$$

❽
$$\begin{array}{r} 28 \\ \times\ 77 \\ \hline \end{array}$$

❾
$$\begin{array}{r} 46 \\ \times\ 68 \\ \hline \end{array}$$

❿
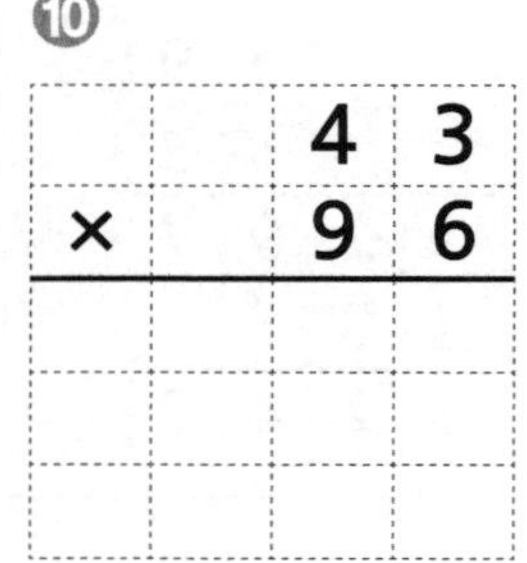
$$\begin{array}{r} 43 \\ \times\ 96 \\ \hline \end{array}$$

⓫
$$\begin{array}{r} 57 \\ \times\ 74 \\ \hline \end{array}$$

⓬
$$\begin{array}{r} 77 \\ \times\ 59 \\ \hline \end{array}$$

⓭
$$\begin{array}{r} 99 \\ \times\ 78 \\ \hline \end{array}$$

⓮
$$\begin{array}{r} 67 \\ \times\ 77 \\ \hline \end{array}$$

⓯
$$\begin{array}{r} 98 \\ \times\ 76 \\ \hline \end{array}$$

⓰
$$\begin{array}{r} 84 \\ \times\ 98 \\ \hline \end{array}$$

자기 점수에 ○표 하세요

맞힌 개수	8개 이하	9~12개	13~14개	15~16개
학습 방법	개념을 다시 공부하세요.	조금 더 노력 하세요.	실수하면 안 돼요.	참 잘했어요.

(두 자리 수)×(두 자리 수) (2)

월 일
분 초
/12

더할 때 받아올림이 두 번 있으니까 조심해!

정답 18쪽

곱셈을 하세요.

❶ 99×82

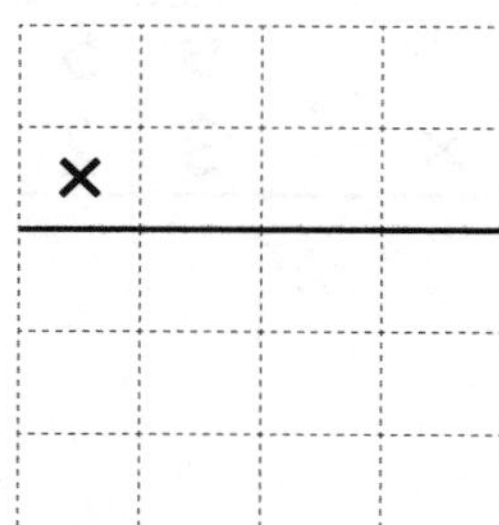

❷ 87×59

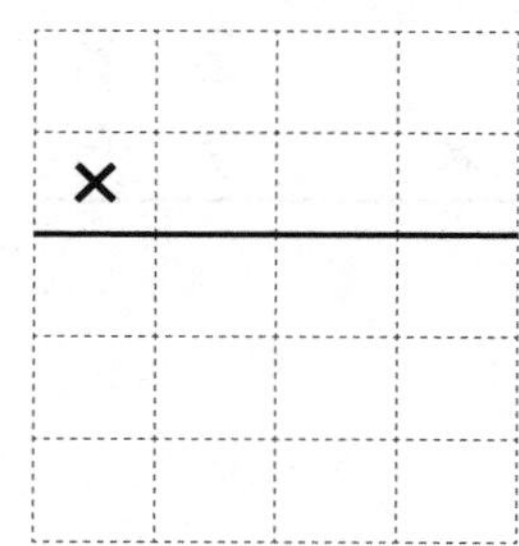

❸ 74×99

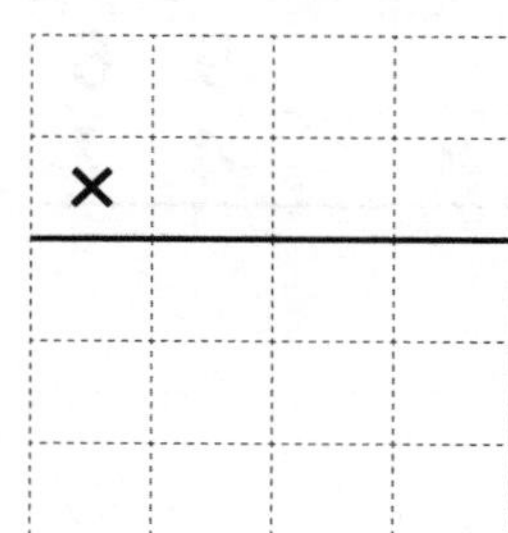

❹ 79×55

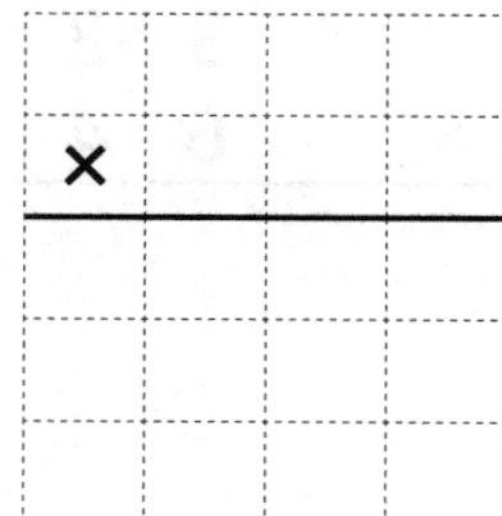

❺ 76×95

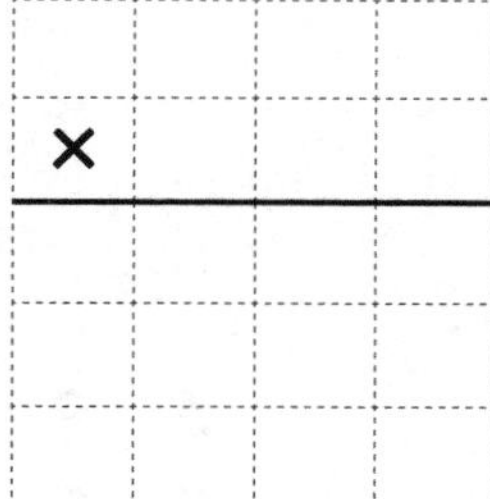

❻ 99×42

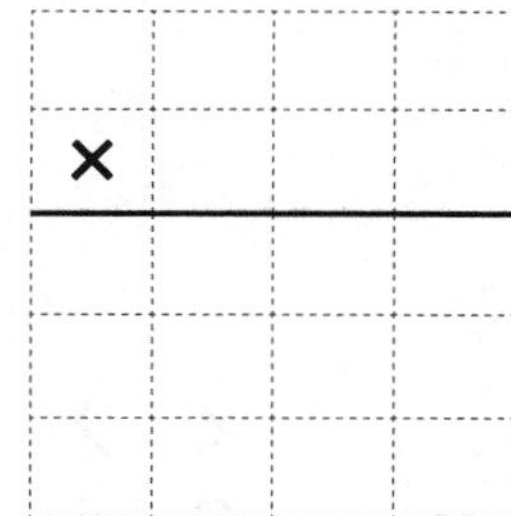

❼ 62×68

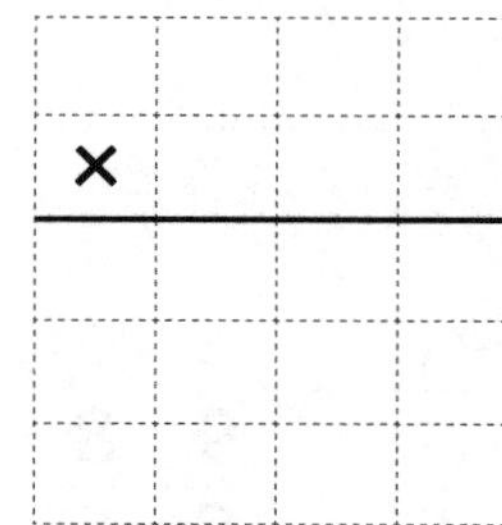

❽ 55×37

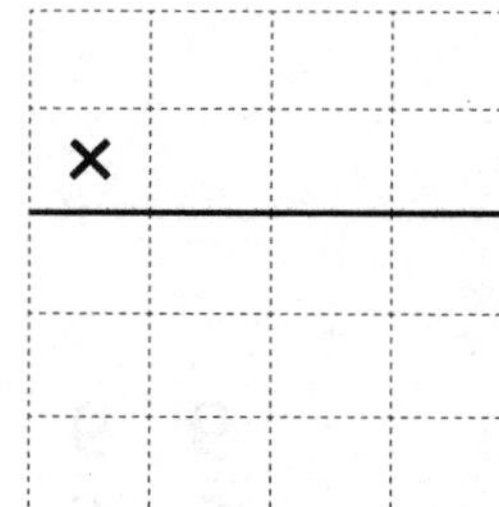

❾ 63×97

❿ 97×23

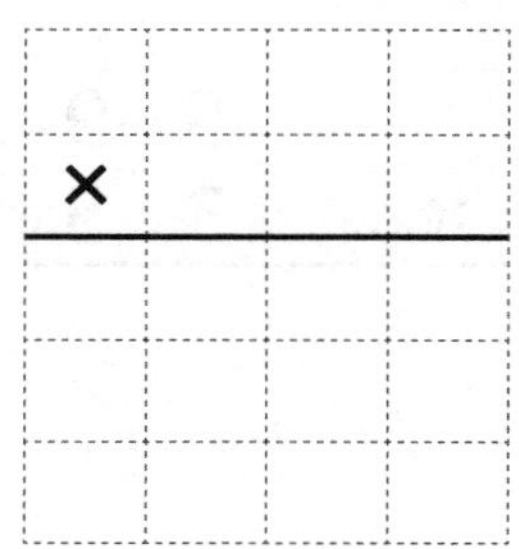

⓫ 99×53

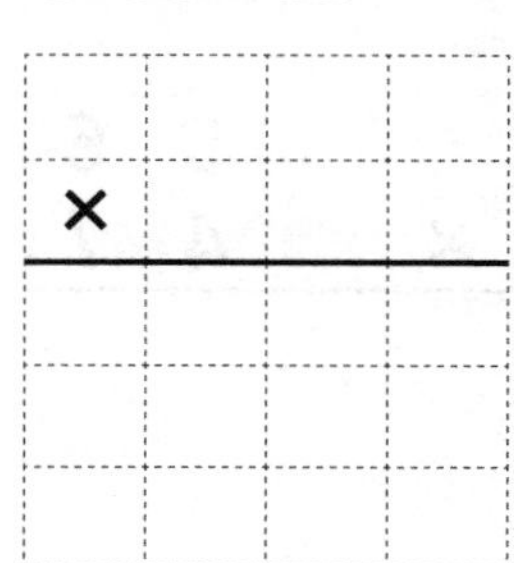

⓬ 95×57

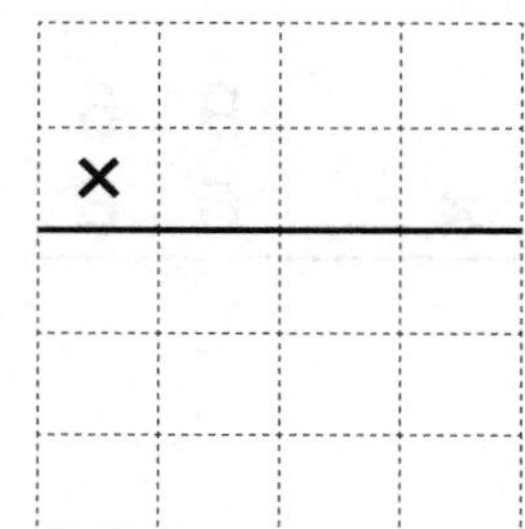

자기 점수에 ○표 하세요

맞힌 개수	6개 이하	7~8개	9~10개	11~12개
학습 방법	개념을 다시 공부하세요.	조금 더 노력하세요.	실수하면 안 돼요.	참 잘했어요.

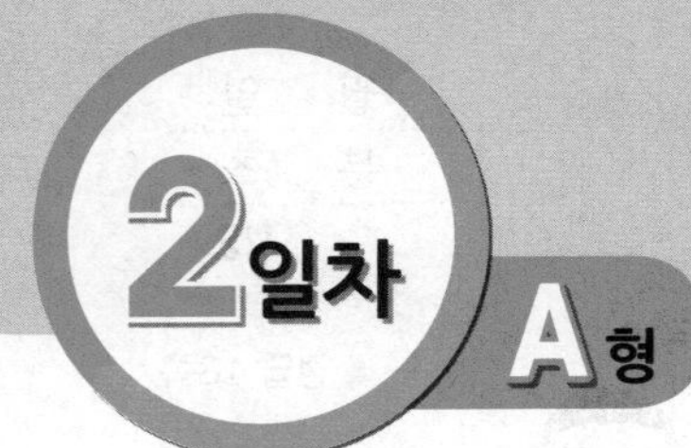

(두 자리 수)×(두 자리 수) (2)

월	일
분	초
	/16

곱셈을 하세요.

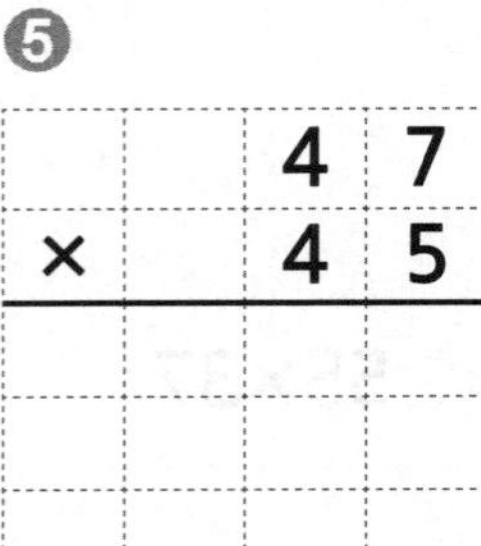

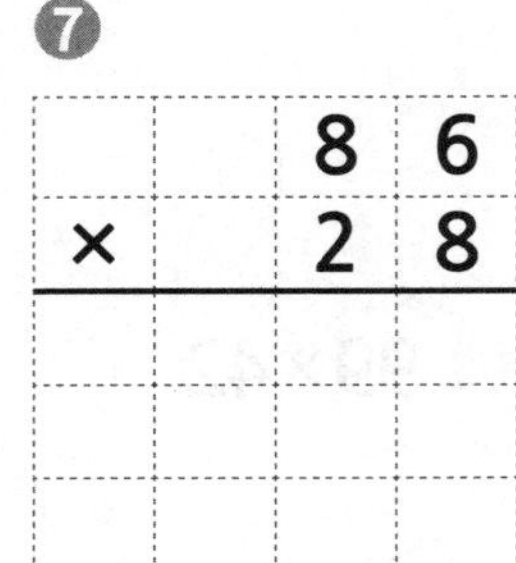

❶ 33 × 64

❷ 96 × 47

❸ 28 × 75

❹ 95 × 32

❺ 47 × 45

❻ 74 × 98

❼ 86 × 28

❽ 36 × 87

❾ 99 × 56

❿ 98 × 86

⓫ 42 × 98

⓬ 48 × 66

⓭ 96 × 66

⓮ 66 × 47

⓯ 59 × 35

⓰ 32 × 36

자기 점수에 ○표 하세요

맞힌 개수	8개 이하	9~12개	13~14개	15~16개
학습 방법	개념을 다시 공부하세요.	조금 더 노력하세요.	실수하면 안 돼요.	참 잘했어요.

(두 자리 수)×(두 자리 수) (2)

월 일
분 초
/12

정답 19쪽

 곱셈을 하세요.

❶ 99×68

❷ 98×93

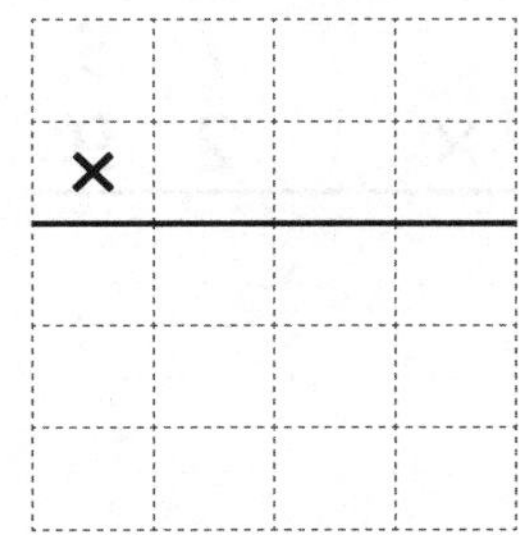

❸ 76×95

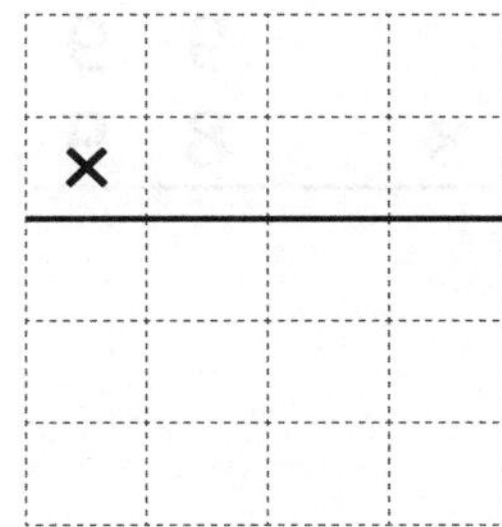

❹ 57×78

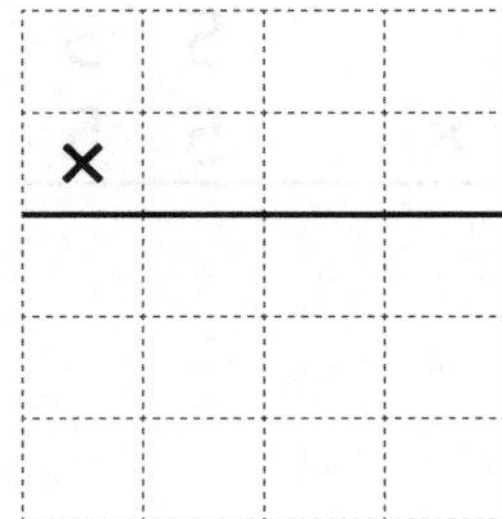

❺ 97×73

❻ 88×25

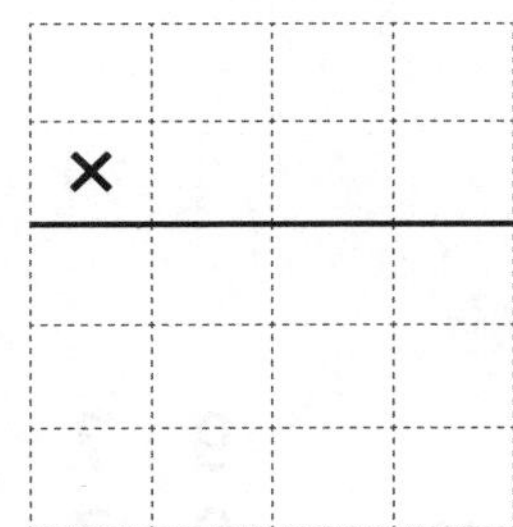

❼ 99×55

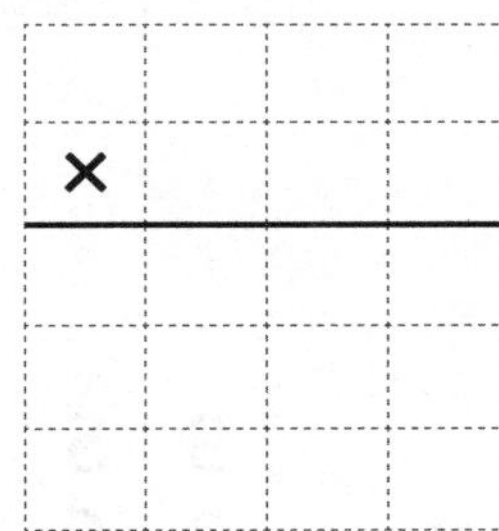

❽ 99×94

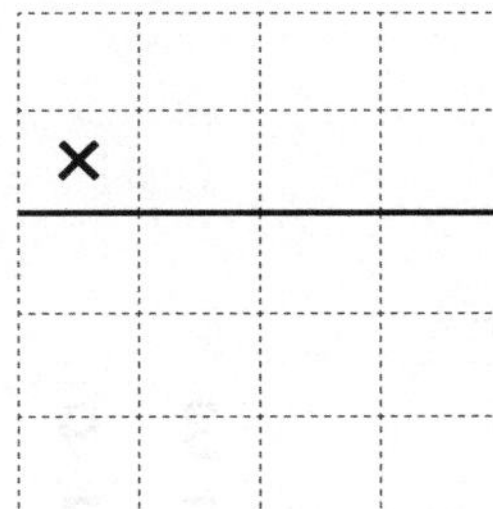

❾ 96×37

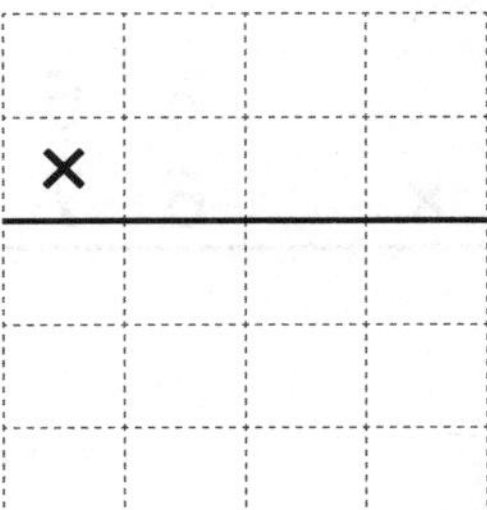

❿ 36×87

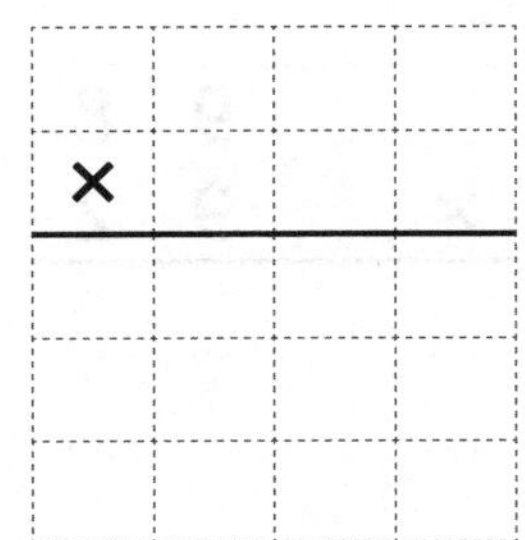

⓫ 94×76

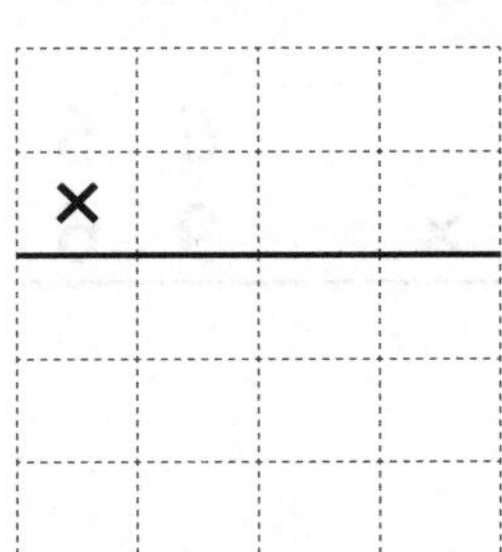

⓬ 22×98

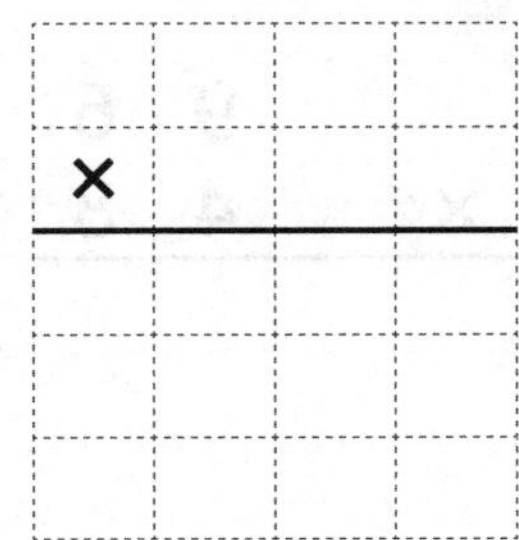

자기 점수에 ○표 하세요

맞힌 개수	6개 이하	7~8개	9~10개	11~12개
학습 방법	개념을 다시 공부하세요.	조금 더 노력 하세요.	실수하면 안 돼요.	참 잘했어요.

(두 자리 수)×(두 자리 수) (2)

월 일
분 초
/16

✎ 곱셈을 하세요.

❶ (천 백 십 일)
55×55

❷ (천 백 십 일)
99×89

❸ (천 백 십 일)
73×29

❹ (천 백 십 일)
24×88

❺
99×44

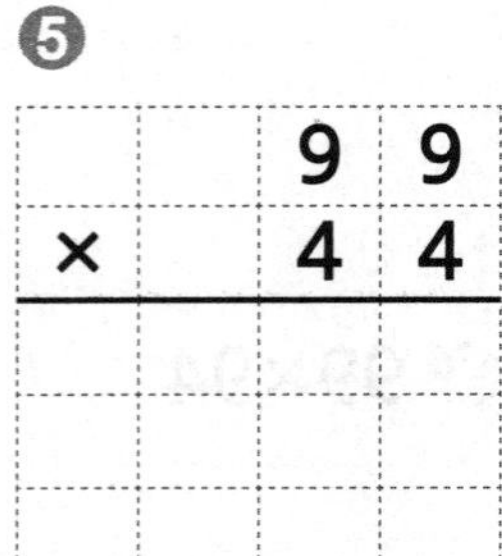

❻
97×73

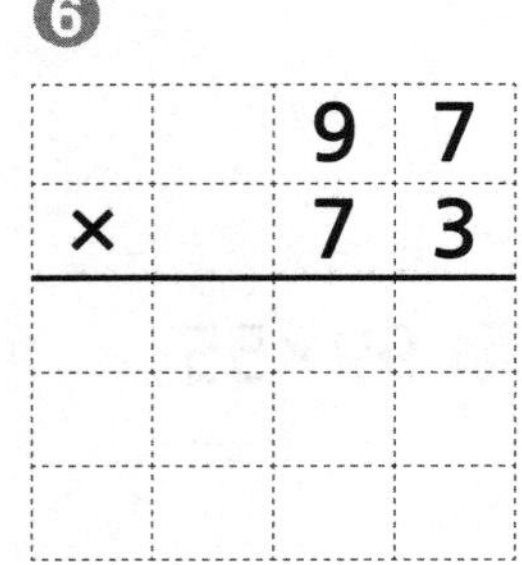

❼
93×54

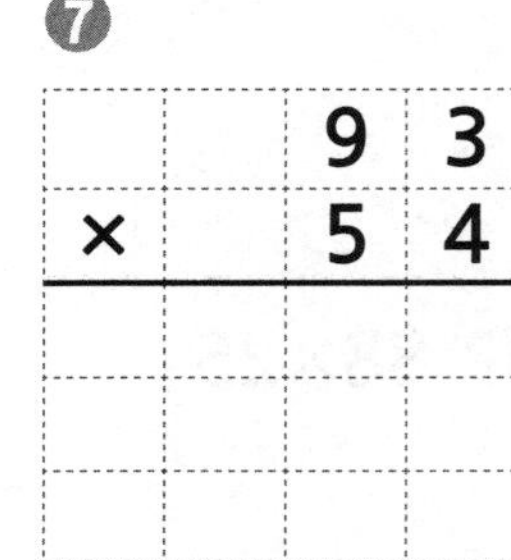

❽
97×52

❾
39×57

❿
95×36

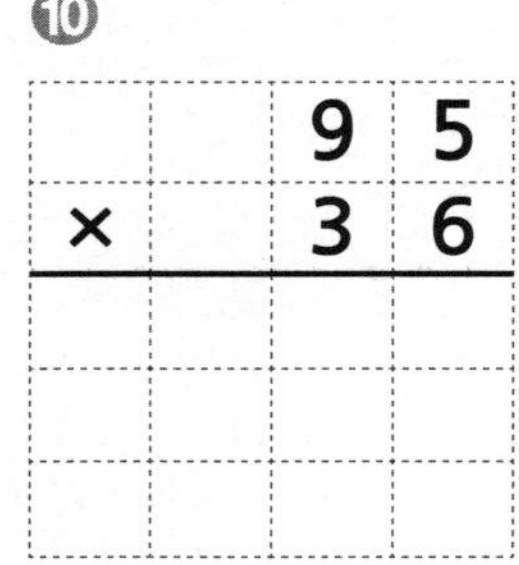

⓫
97×87

⓬
36×87

⓭
96×48

⓮
66×96

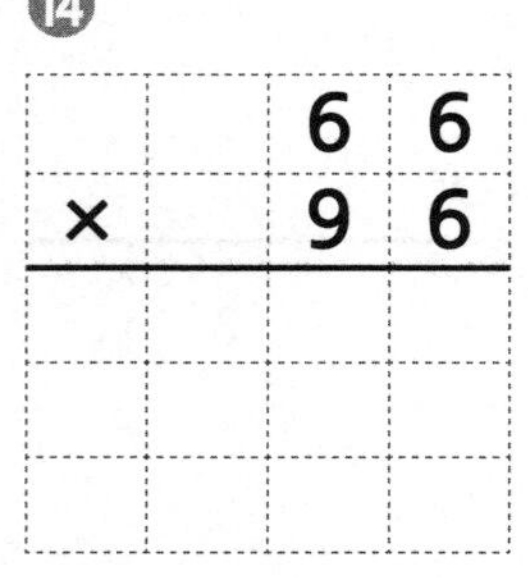

⓯
98×92

⓰
66×67

자기 점수에 ○표 하세요

맞힌 개수	8개 이하	9~12개	13~14개	15~16개
학습 방법	개념을 다시 공부하세요.	조금 더 노력 하세요.	실수하면 안 돼요.	참 잘했어요.

(두 자리 수)×(두 자리 수) (2)

월 일
분 초
/12

정답 20쪽

❶ 62×86

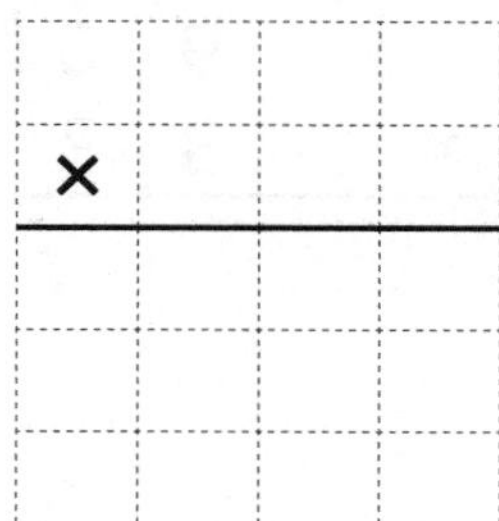

❷ 97×65

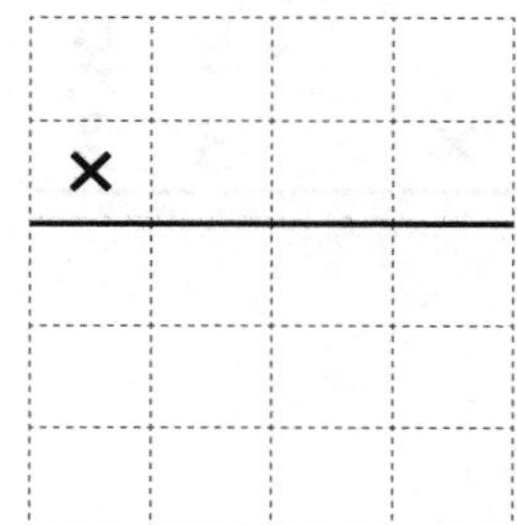

❸ 98×64

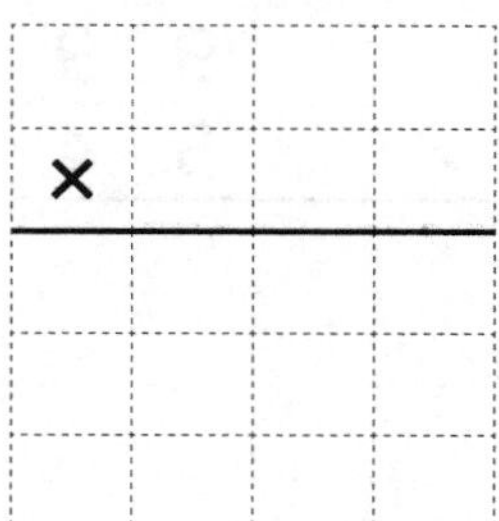

❹ 89×25

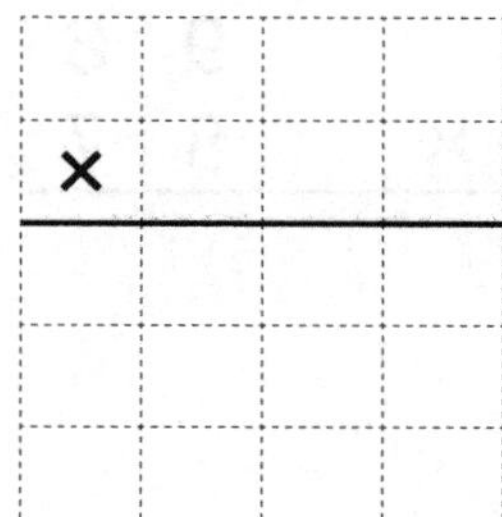

❺ 59×39

❻ 97×54

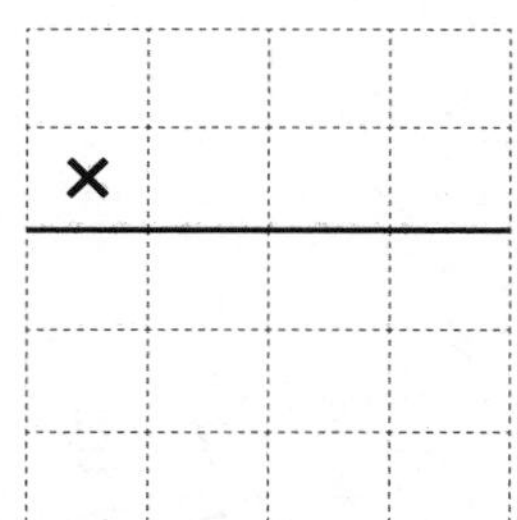

❼ 66×94

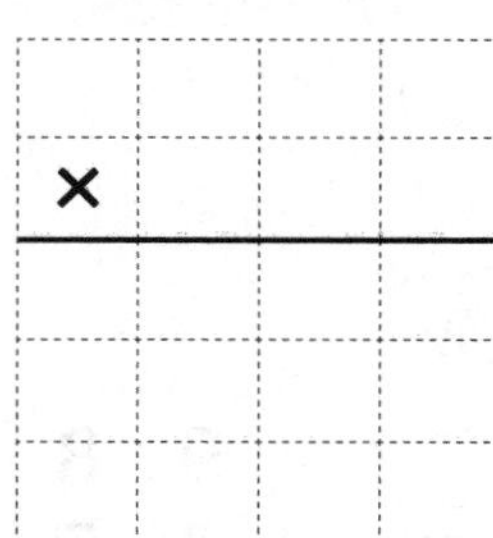

❽ 56×37

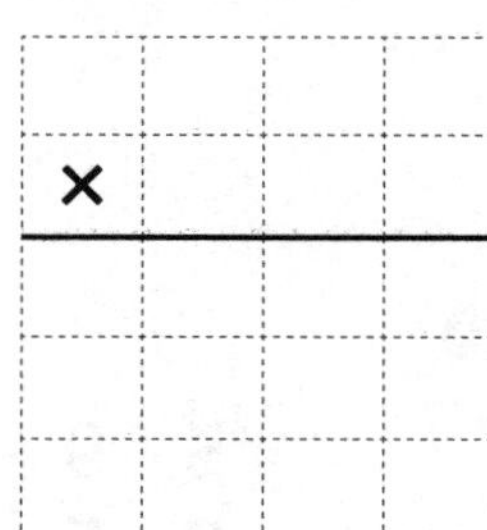

❾ 79×65

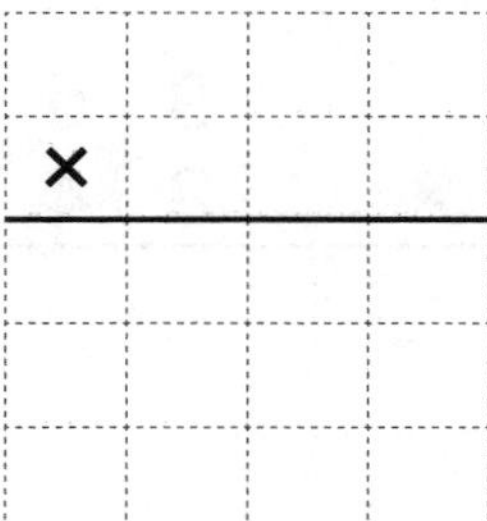

❿ 57×74

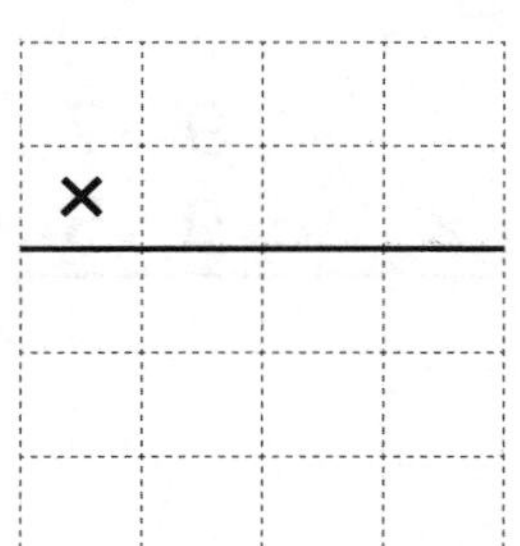

⓫ 66×64

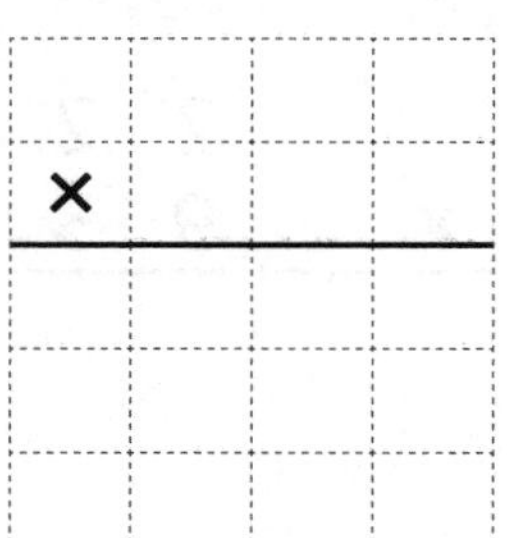

⓬ 75×96

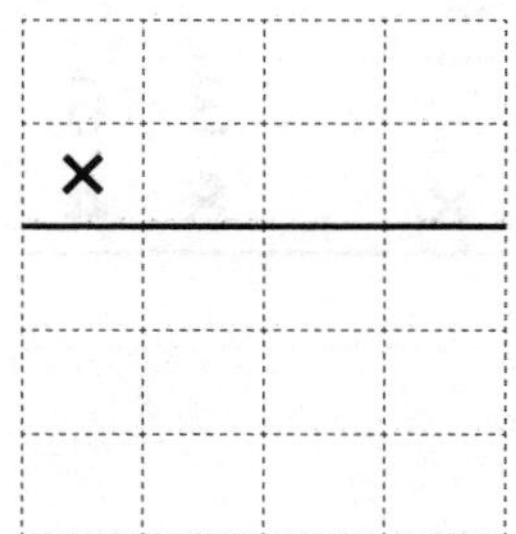

자기 점수에 ○표 하세요

맞힌 개수	6개 이하	7~8개	9~10개	11~12개
학습 방법	개념을 다시 공부하세요.	조금 더 노력 하세요.	실수하면 안 돼요.	참 잘했어요.

(두 자리 수)×(두 자리 수) (2)

월	일
분	초
	/16

✎ 곱셈을 하세요.

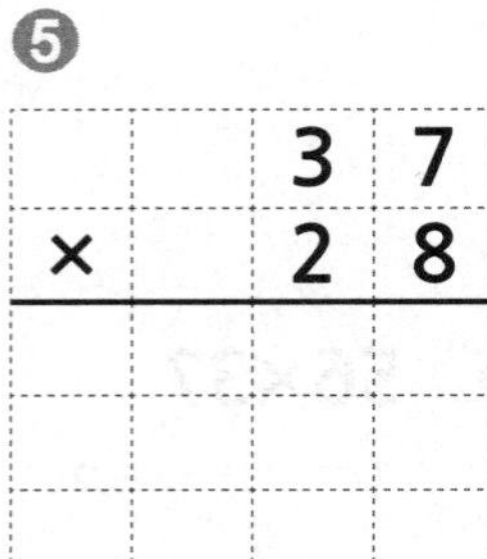

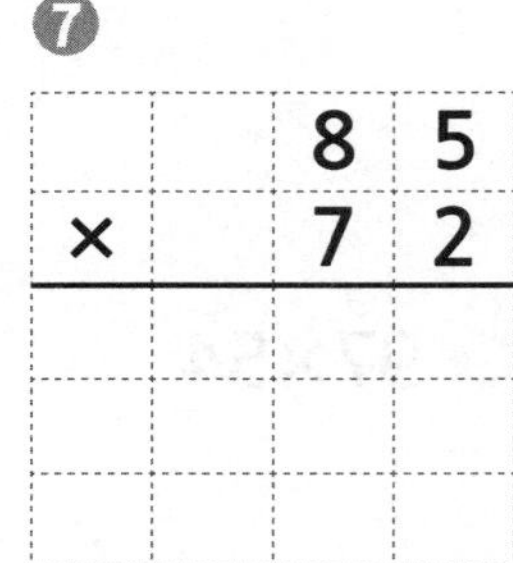

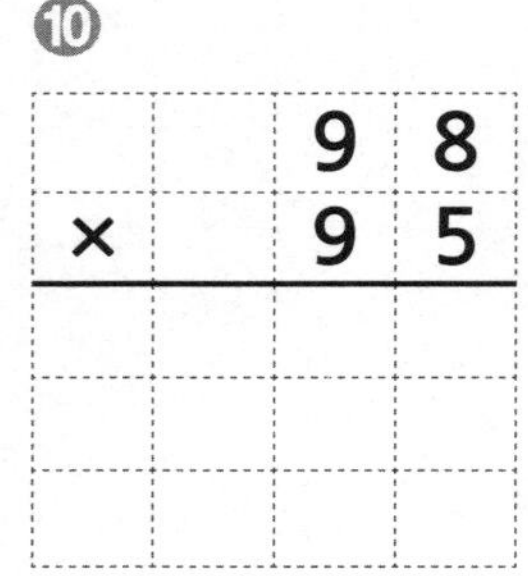

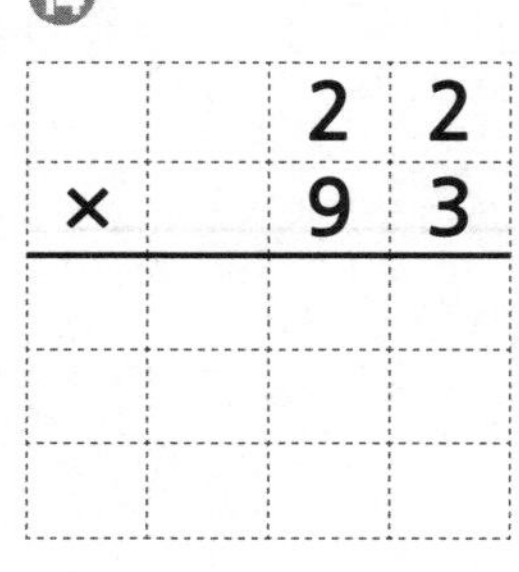

❶ (천, 백, 십, 일) 98 × 87

❷ (천, 백, 십, 일) 99 × 54

❸ (천, 백, 십, 일) 99 × 32

❹ (천, 백, 십, 일) 96 × 33

❺ 37 × 28

❻ 27 × 79

❼ 85 × 72

❽ 96 × 34

❾ 59 × 85

❿ 98 × 95

⓫ 79 × 38

⓬ 98 × 62

⓭ 36 × 84

⓮ 22 × 93

⓯ 97 × 95

⓰ 96 × 84

자기 점수에 ○표 하세요

맞힌 개수	8개 이하	9~12개	13~14개	15~16개
학습 방법	개념을 다시 공부하세요.	조금 더 노력하세요.	실수하면 안 돼요.	참 잘했어요.

(두 자리 수)×(두 자리 수) (2)

월	일
분	초
	/12

정답 21쪽

곱셈을 하세요.

❶ 37×84

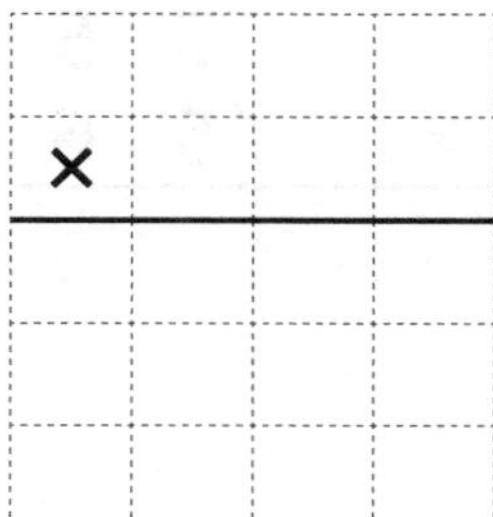

❷ 42×79

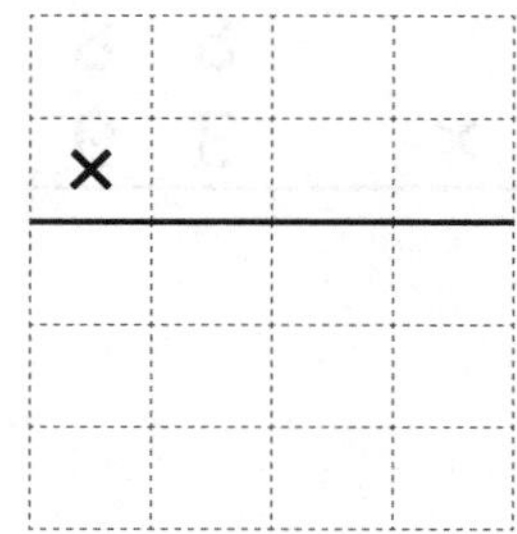

❸ 54×39

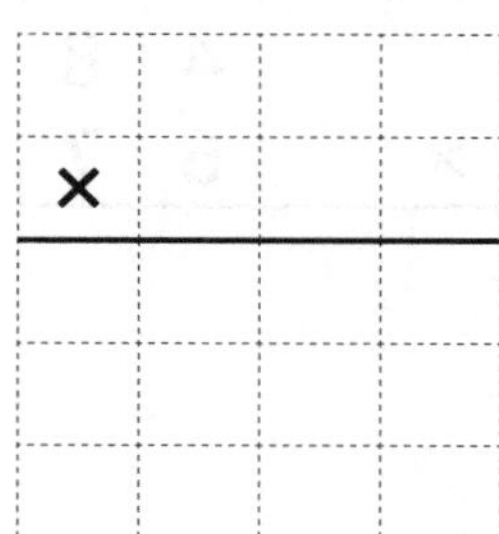

❹ 37×85

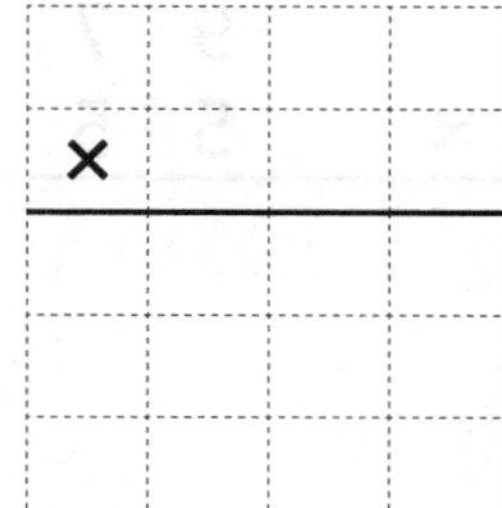

❺ 37×88

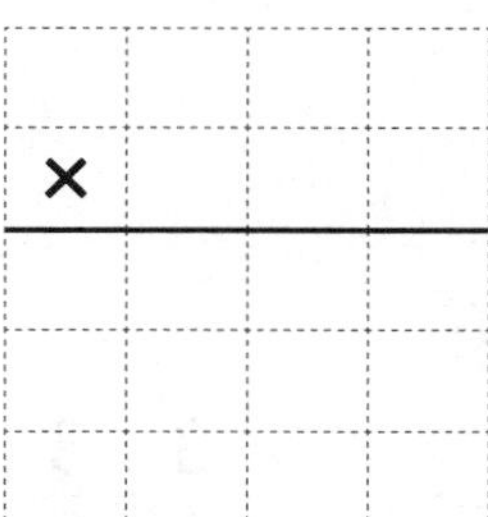

❻ 64×63

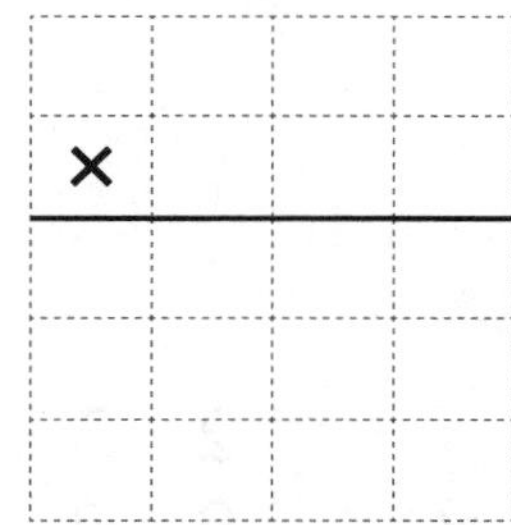

❼ 98×43

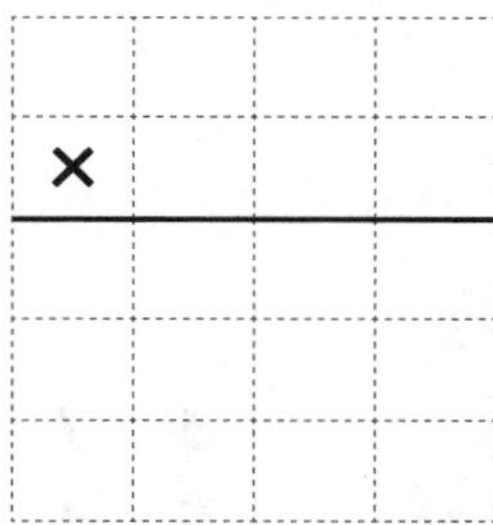

❽ 57×58

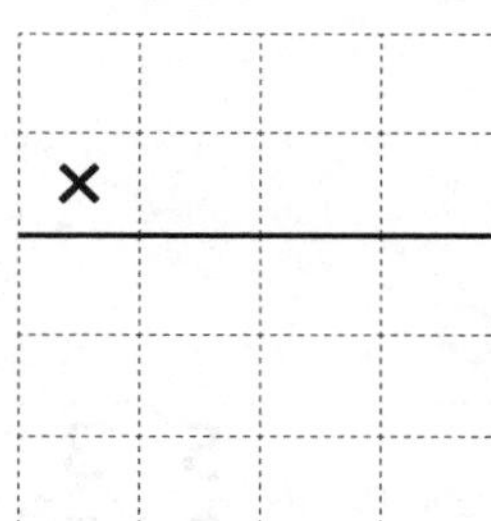

❾ 49×44

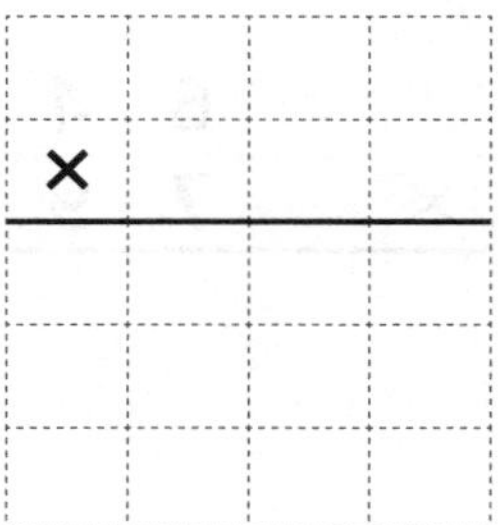

❿ 96×37

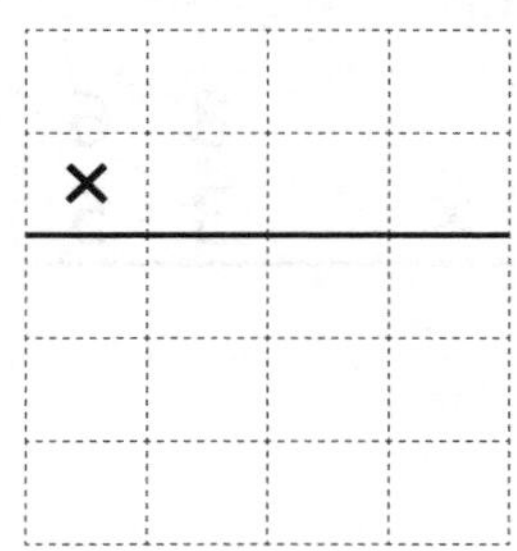

⓫ 57×78

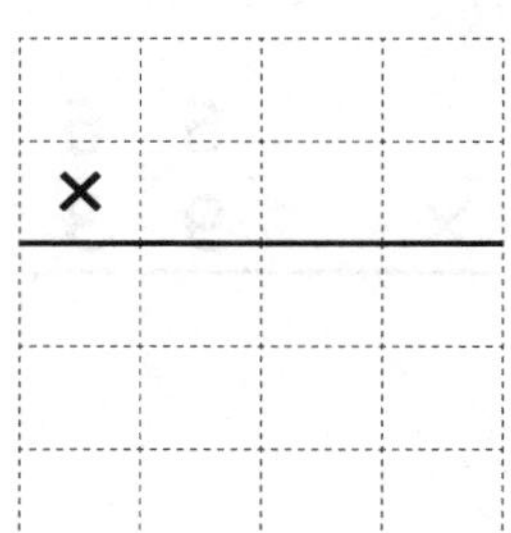

⓬ 96×22

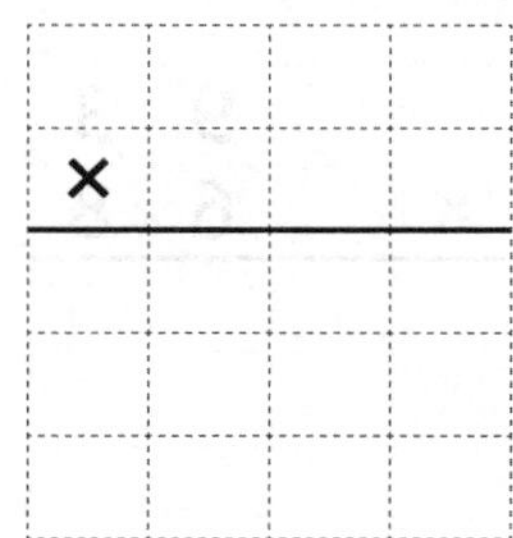

자기 점수에 ○표 하세요

맞힌 개수	6개 이하	7~8개	9~10개	11~12개
학습 방법	개념을 다시 공부하세요.	조금 더 노력하세요.	실수하면 안 돼요.	참 잘했어요.

(두 자리 수)×(두 자리 수) (2)

월 일
분 초
/16

✎ 곱셈을 하세요.

❶ 천 백 십 일
97×55

❷ 천 백 십 일
48×67

❸ 천 백 십 일
88×39

❹ 천 백 십 일
75×56

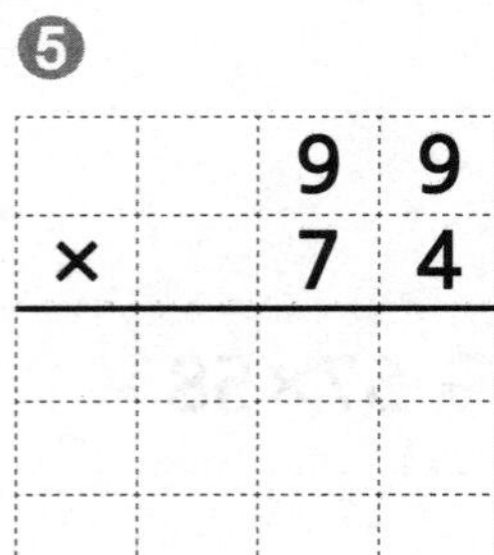
❺ 99×74

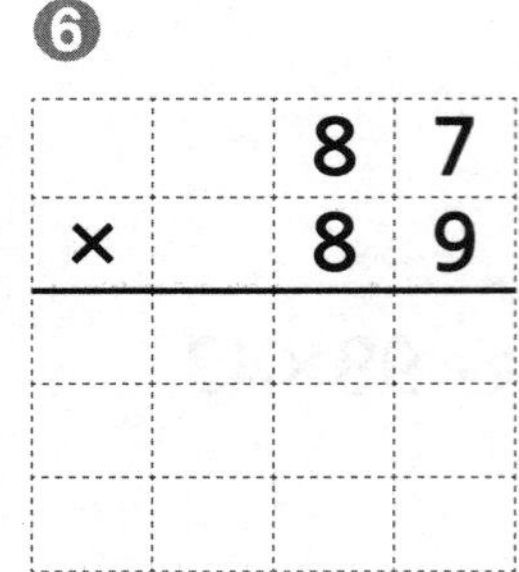
❻ 87×89

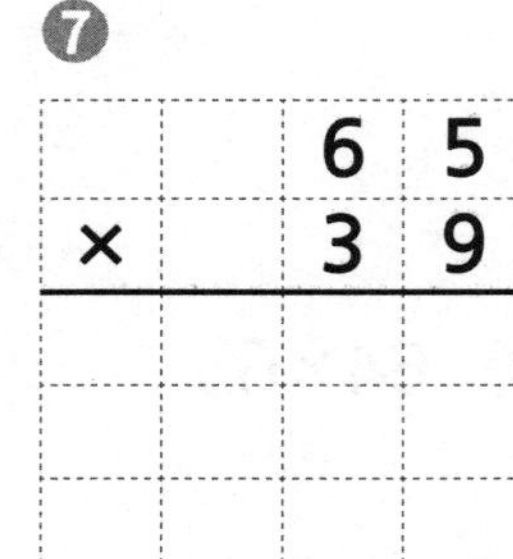
❼ 65×39

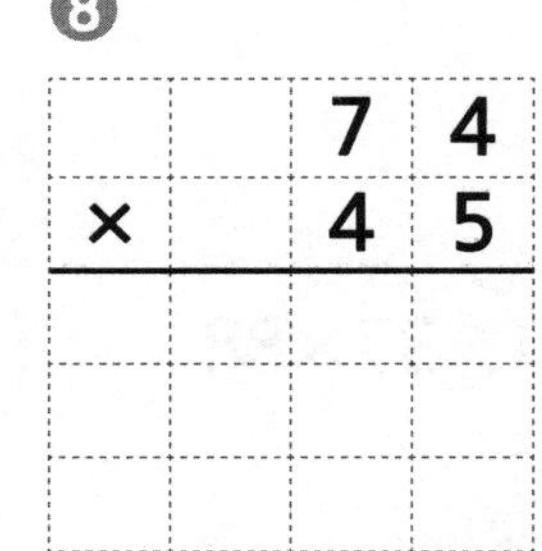
❽ 74×45

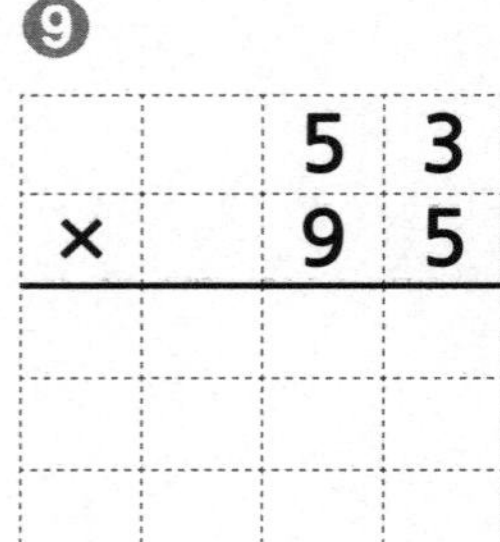
❾ 53×95

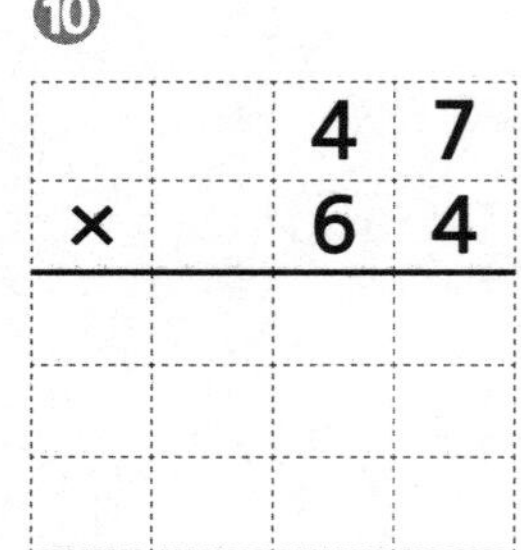
❿ 47×64

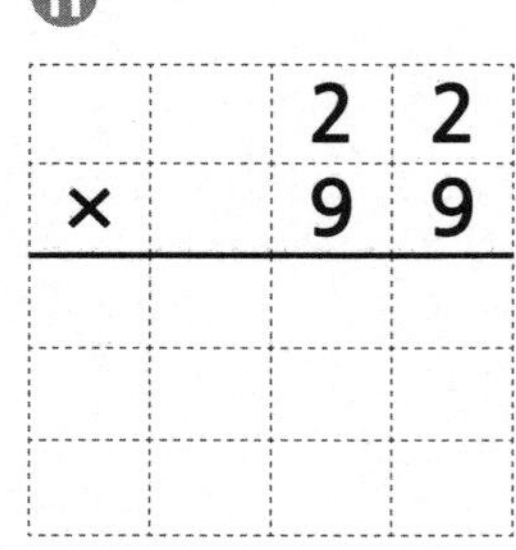
⓫ 22×99

⓬ 33×68

⓭ 93×68

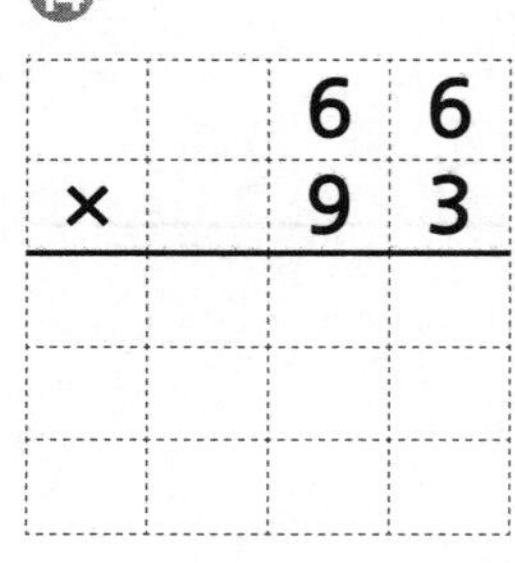
⓮ 66×93

⓯ 86×35

⓰ 64×79

자기 점수에 ○표 하세요

맞힌 개수	8개 이하	9~12개	13~14개	15~16개
학습 방법	개념을 다시 공부하세요.	조금 더 노력하세요.	실수하면 안 돼요.	참 잘했어요.

B형

(두 자리 수)×(두 자리 수) (2)

월 일
분 초
/12

정답 22쪽

곱셈을 하세요.

❶ 27×75

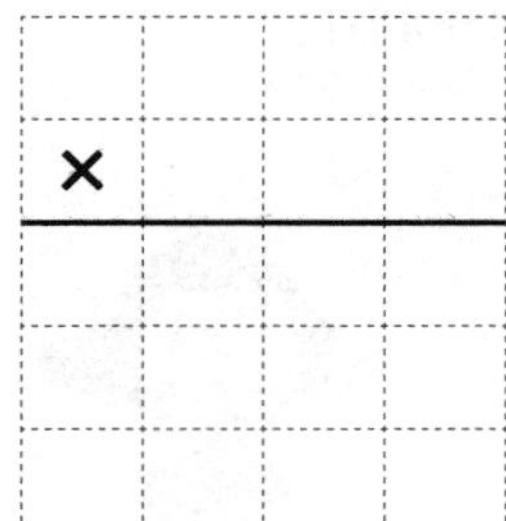

❷ 77×79

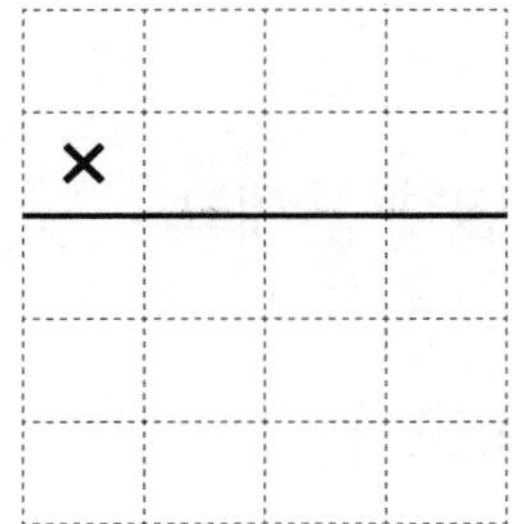

❸ 99×72

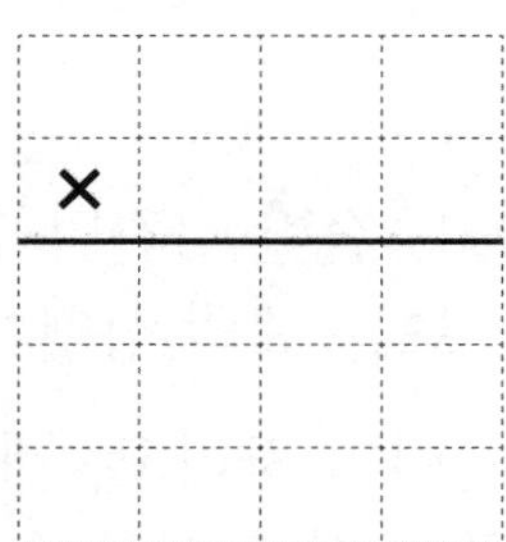

❹ 59×58

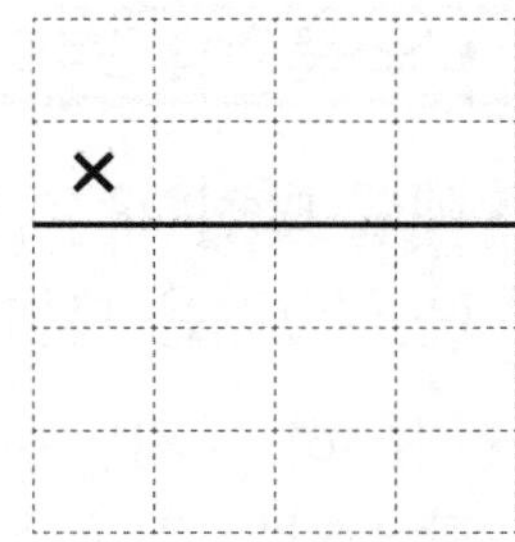

❺ 33×65

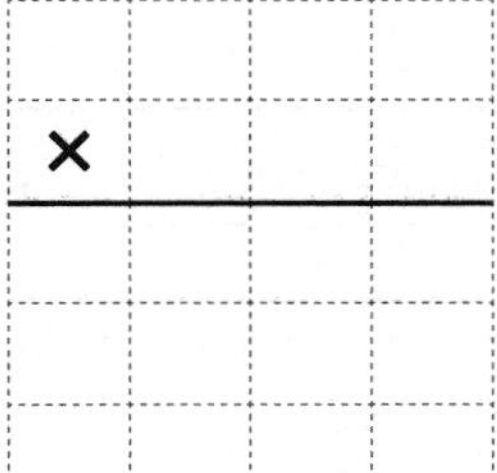

❻ 94×79

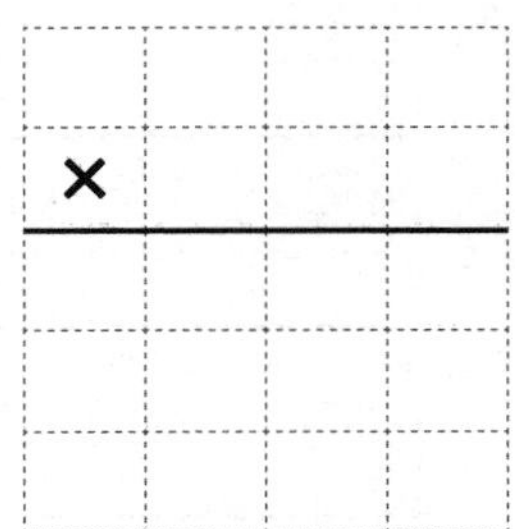

❼ 58×38

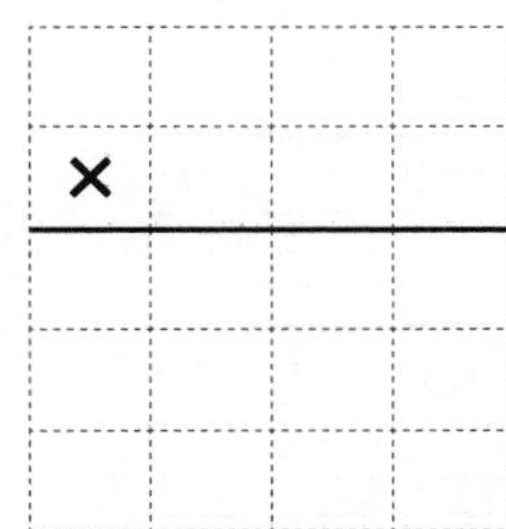

❽ 46×24

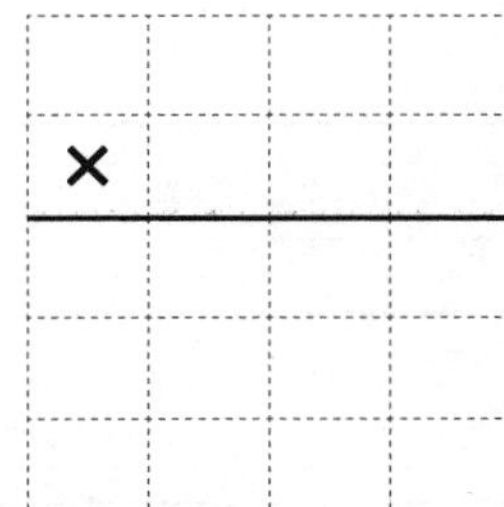

❾ 46×87

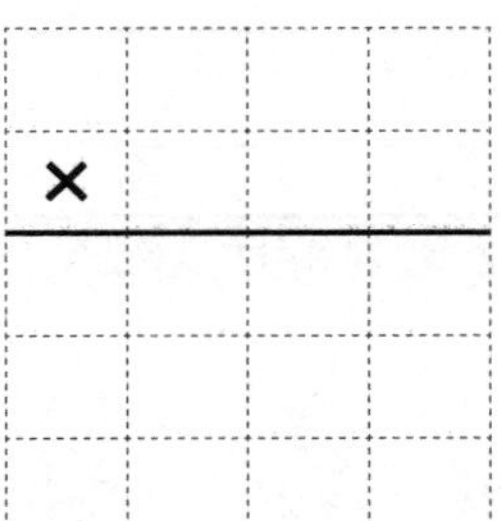

❿ 74×96

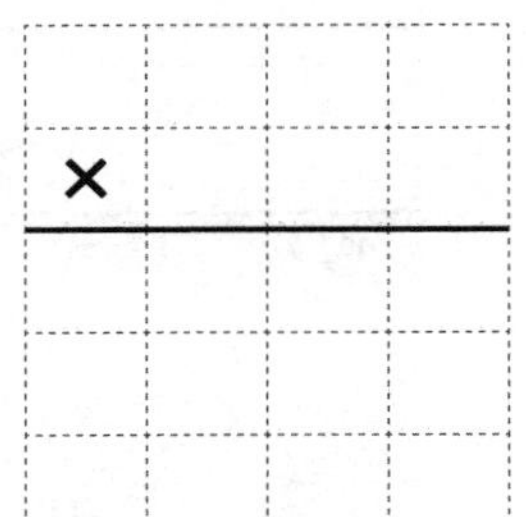

⓫ 78×66

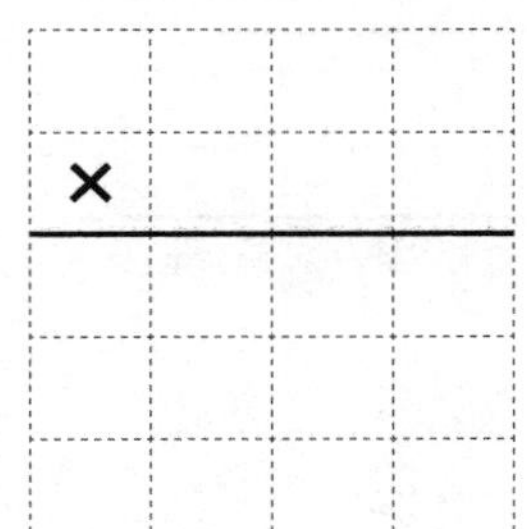

⓬ 62×34

×

자기 점수에 ○표 하세요

맞힌 개수	6개 이하	7~8개	9~10개	11~12개
학습 방법	개념을 다시 공부하세요.	조금 더 노력 하세요.	실수하면 안 돼요.	참 잘했어요.

(몇십)÷(몇), (몇백 몇십)÷(몇)

◆스스로 학습 관리표◆

- 매일 맞힌 개수를 적고, 걸린 시간만큼 색칠해 보세요.
  (눈금 1칸은 1분이며, 초는 표의 상단에 적으세요.)
- 하루하루 지날수록 실력이 자라고, 계산 속도가 빨라지는 것을 눈으로 직접 확인할 수 있습니다.

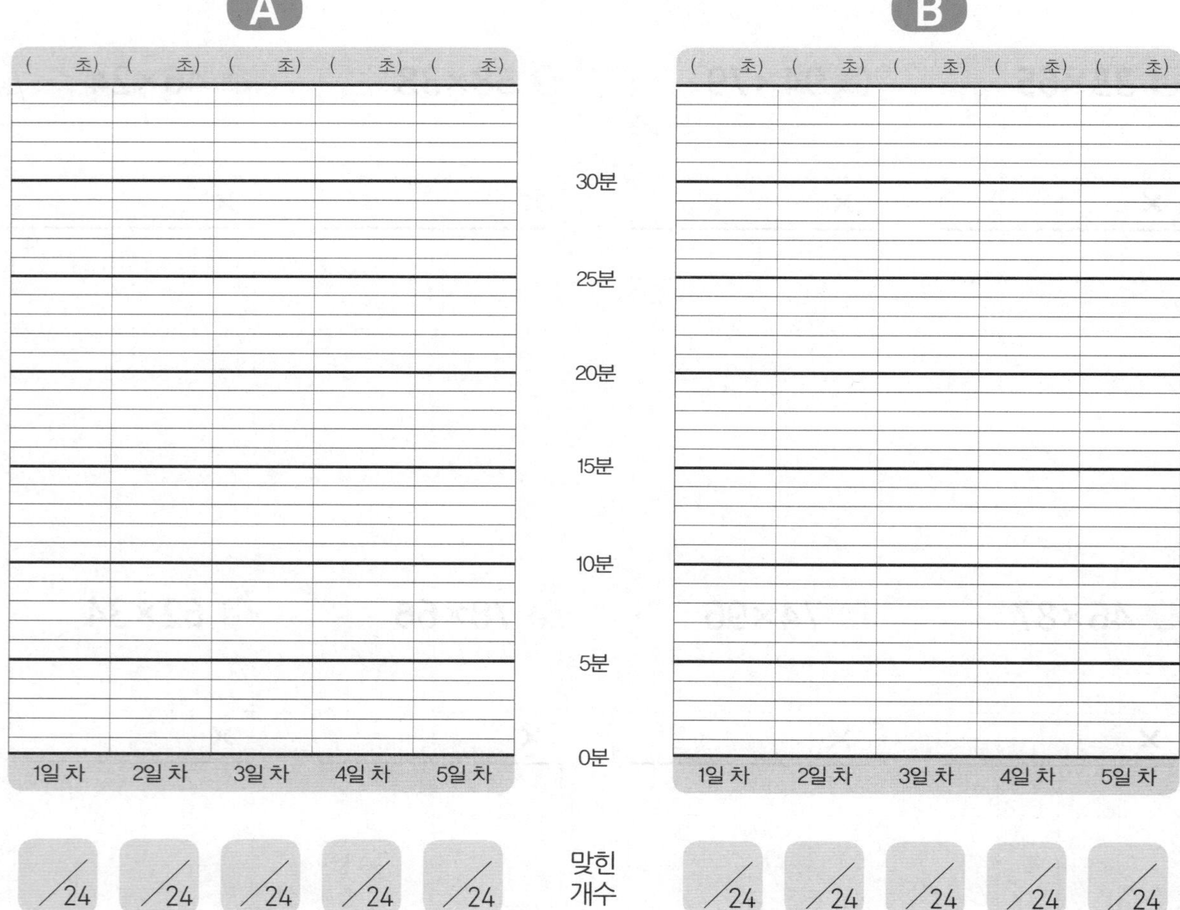

개념 포인트

(몇십)÷(몇), (몇백 몇십)÷(몇)

5권에서 곱셈구구 범위에서의 나눗셈을 공부했습니다. 이제 좀 더 큰 수를 나누어 볼까요? 8÷4=2, 즉 8에는 4가 2번 들어간다는 것을 우리는 알고 있습니다. 그렇다면 80÷4는 얼마일까요? 80에 4가 몇 번 들어갈까요?

80은 8이 10개 있는 것이고 8에는 4가 2번 들어가니까 80에는 4가 20번 들어갑니다. 즉, 80÷4=20입니다.

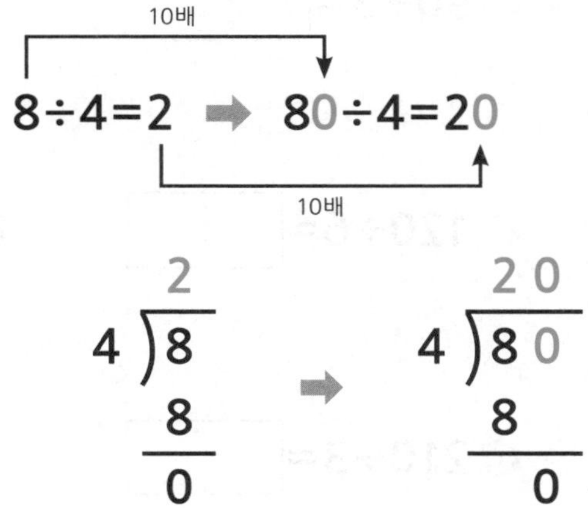

나누는 수가 같을 때, 나누어지는 수를 10배하면 몫도 10배가 됩니다.

예시

가로셈 **80÷4=20**

세로셈

		5	0
5	)2	5	0

일의 자리에 0을 빼놓지 말고 꼭 쓰세요.

지도 도우미

두 자리 수 나눗셈을 배우기 위한 첫 단계로 (몇십)÷(몇), (몇백 몇십)÷(몇)을 공부합니다. 나누어지는 수가 곱셈구구 범위의 수의 10배이므로 나누는 수가 같은 경우, 몫도 10배가 되어 일의 자리에 0을 덧붙여 주는 형태가 됨을 이해시켜 주세요. 아이들 중에는 원리를 이해하지 못하고, 기계적으로 일의 자리에 0을 붙이는 경우가 있습니다. 이 부분을 확실하게 짚어 주세요.

(몇십)÷(몇), (몇백 몇십)÷(몇)

월 일
분 초
/24

나눗셈의 몫을 구하세요.

❶ 60÷3= (십 | 일)

❷ 80÷4= (십 | 일)

❸ 60÷6= (십 | 일)

❹ 40÷2=

❺ 90÷3=

❻ 160÷4=

❼ 70÷7=

❽ 120÷6=

❾ 180÷9=

❿ 360÷6=

⓫ 210÷3=

⓬ 560÷7=

⓭ 150÷3=

⓮ 640÷8=

⓯ 320÷8=

⓰ 420÷6=

⓱ 160÷2=

⓲ 480÷6=

⓳ 350÷7=

⓴ 120÷3=

㉑ 300÷5=

㉒ 400÷8=

㉓ 720÷9=

㉔ 140÷7=

자기 점수에 ○표 하세요

맞힌 개수	16개 이하	17~20개	21~22개	23~24개
학습 방법	개념을 다시 공부하세요.	조금 더 노력 하세요.	실수하면 안 돼요.	참 잘했어요.

(몇십)÷(몇), (몇백 몇십)÷(몇)

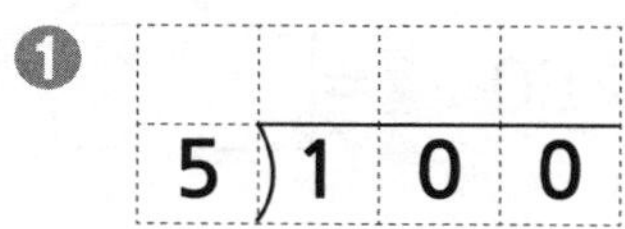

월 일
분 초
/24

나누어지는 수가 10배가 되면 몫은 몇 배가 될까?

정답 23쪽

나눗셈의 몫을 구하세요.

❶ 5)100

❷ 6)180

❸ 4)200

❹ 2)140

❺ 5)150

❻ 9)270

❼ 4)240

❽ 7)210

❾ 5)250

❿ 6)360

⓫ 2)180

⓬ 8)560

⓭ 6)300

⓮ 5)350

⓯ 4)320

⓰ 7)630

⓱ 8)160

⓲ 6)540

⓳ 8)720

⓴ 8)240

㉑ 4)360

㉒ 9)180

㉓ 5)450

㉔ 8)480

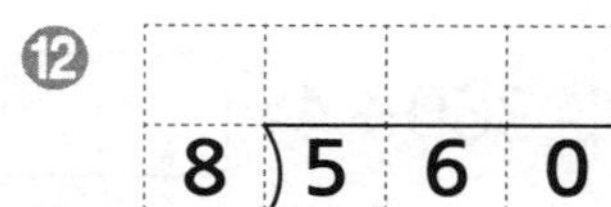

자기 점수에 ○표 하세요

맞힌 개수	16개 이하	17~20개	21~22개	23~24개
학습 방법	개념을 다시 공부하세요.	조금 더 노력하세요.	실수하면 안 돼요.	참 잘했어요.

2일차 A형

(몇십)÷(몇), (몇백 몇십)÷(몇)

월 일
분 초
/24

✎ 나눗셈의 몫을 구하세요.

(십 | 일)

① 30÷3=

② 80÷2=

③ 60÷2=

④ 120÷4=

⑤ 90÷9=

⑥ 160÷8=

⑦ 140÷7=

⑧ 120÷3=

⑨ 180÷3=

⑩ 360÷4=

⑪ 210÷7=

⑫ 560÷8=

⑬ 150÷5=

⑭ 720÷8=

⑮ 280÷4=

⑯ 420÷7=

⑰ 160÷4=

⑱ 320÷4=

⑲ 350÷5=

⑳ 270÷3=

㉑ 300÷6=

㉒ 400÷5=

㉓ 540÷9=

㉔ 100÷5=

자기 점수에 ○표 하세요

맞힌 개수	16개 이하	17~20개	21~22개	23~24개
학습 방법	개념을 다시 공부하세요.	조금 더 노력 하세요.	실수하면 안 돼요.	참 잘했어요.

(몇십)÷(몇), (몇백 몇십)÷(몇)

월	일
분	초
	/24

정답 24쪽

✎ 나눗셈의 몫을 구하세요.

❶ 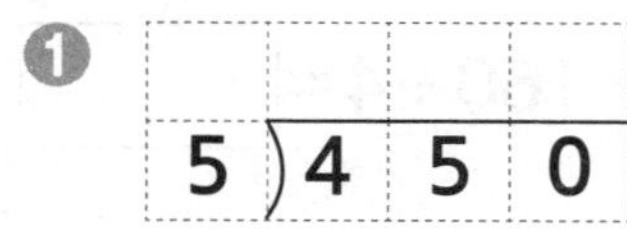

❷ 7)2 8 0

❸ 8)1 6 0

❹ 7)4 9 0

❺ 7)6 3 0

❻ 4)1 2 0

❼ 6)2 4 0

❽ 5)4 0 0

❾ 4)3 6 0

❿ 8)4 8 0

⓫ 9)8 1 0

⓬ 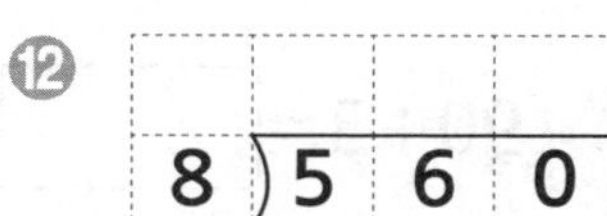

⓭ 5)3 0 0

⓮ 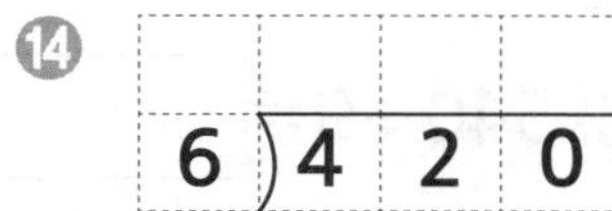

⓯ 7)3 5 0

⓰ 5)2 0 0

⓱ 4)8 0

⓲ 6)5 4 0

⓳ 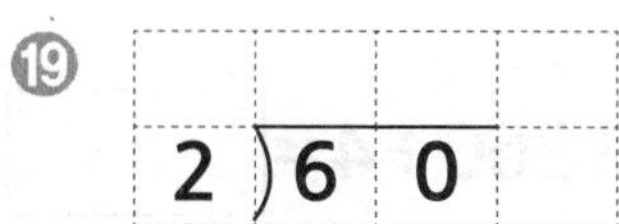

⓴ 3)2 4 0

㉑ 6)3 6 0

㉒ 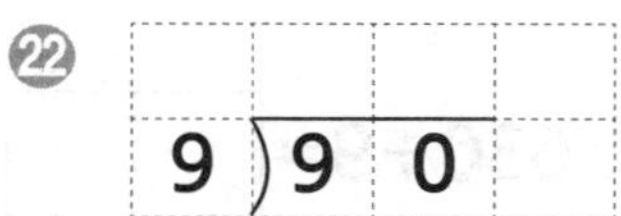

㉓ 9)4 5 0

㉔ 2)1 8 0

자기 점수에 ○표 하세요

맞힌 개수	16개 이하	17~20개	21~22개	23~24개
학습 방법	개념을 다시 공부하세요.	조금 더 노력하세요.	실수하면 안 돼요.	참 잘했어요.

3일차 A형

(몇십)÷(몇), (몇백 몇십)÷(몇)

월	일
분	초
	/24

✎ 나눗셈의 몫을 구하세요.

❶ $40 \div 4 =$ [십 | 일]

❷ $70 \div 7 =$ [십 | 일]

❸ $160 \div 4 =$ [십 | 일]

❹ $210 \div 7 =$

❺ $320 \div 8 =$

❻ $160 \div 8 =$

❼ $100 \div 5 =$

❽ $350 \div 5 =$

❾ $150 \div 5 =$

❿ $90 \div 3 =$

⓫ $810 \div 9 =$

⓬ $560 \div 7 =$

⓭ $450 \div 9 =$

⓮ $540 \div 9 =$

⓯ $180 \div 3 =$

⓰ $420 \div 6 =$

⓱ $160 \div 2 =$

⓲ $480 \div 6 =$

⓳ $350 \div 7 =$

⓴ $300 \div 6 =$

㉑ $360 \div 4 =$

㉒ $400 \div 8 =$

㉓ $720 \div 9 =$

㉔ $630 \div 9 =$

자기 점수에 ○표 하세요

맞힌 개수	16개 이하	17~20개	21~22개	23~24개
학습 방법	개념을 다시 공부하세요.	조금 더 노력 하세요.	실수하면 안 돼요.	참 잘했어요.

(몇십)÷(몇), (몇백 몇십)÷(몇)

월	일
분	초
	/24

정답 25쪽

나눗셈의 몫을 구하세요.

1 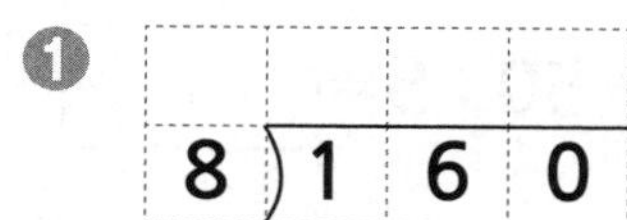 $8\overline{)160}$

2 $6\overline{)180}$

3 $5\overline{)400}$

4 $2\overline{)180}$

5 $5\overline{)150}$

6 $9\overline{)270}$

7 $4\overline{)240}$

8 $3\overline{)210}$

9 $5\overline{)250}$

10 $6\overline{)360}$

11 $8\overline{)560}$

12 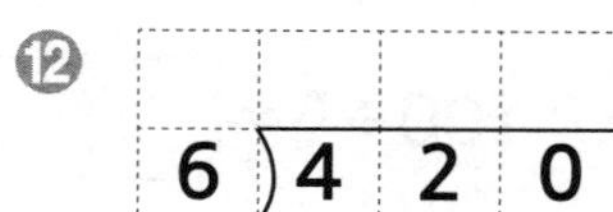 $6\overline{)420}$

13 $5\overline{)200}$

14 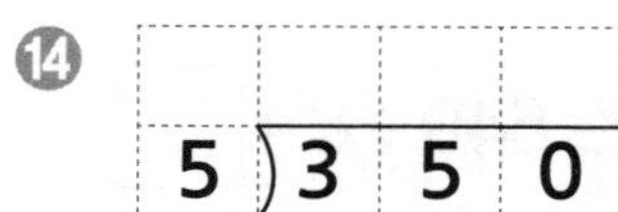 $5\overline{)350}$

15 $4\overline{)320}$

16 $7\overline{)630}$

17 $2\overline{)120}$

18 $2\overline{)80}$

19 $9\overline{)720}$

20 $8\overline{)240}$

21 $7\overline{)280}$

22 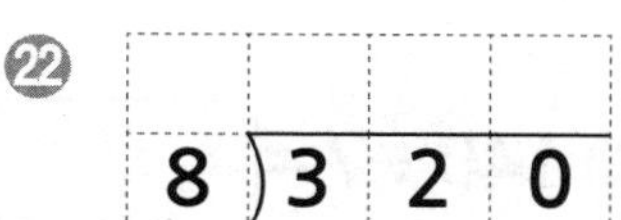 $8\overline{)320}$

23 $3\overline{)90}$

24 $8\overline{)480}$

자기 점수에 ○표 하세요

맞힌 개수	16개 이하	17~20개	21~22개	23~24개
학습 방법	개념을 다시 공부하세요.	조금 더 노력하세요.	실수하면 안 돼요.	참 잘했어요.

(몇십)÷(몇), (몇백 몇십)÷(몇)

월	일
분	초
	/24

나눗셈의 몫을 구하세요.

❶ 80÷2= [십 | 일]

❷ 60÷3= [십 | 일]

❸ 50÷5= [십 | 일]

❹ 180÷3=

❺ 150÷5=

❻ 300÷5=

❼ 80÷8=

❽ 540÷9=

❾ 180÷6=

❿ 100÷5=

⓫ 210÷3=

⓬ 320÷8=

⓭ 150÷3=

⓮ 640÷8=

⓯ 560÷7=

⓰ 720÷9=

⓱ 160÷8=

⓲ 480÷6=

⓳ 810÷9=

⓴ 200÷5=

㉑ 350÷7=

㉒ 630÷7=

㉓ 720÷8=

㉔ 140÷7=

자기 점수에 ○표 하세요

맞힌 개수	16개 이하	17~20개	21~22개	23~24개
학습 방법	개념을 다시 공부하세요.	조금 더 노력하세요.	실수하면 안 돼요.	참 잘했어요.

(몇십)÷(몇), (몇백 몇십)÷(몇)

월 일
분 초
/24

정답 26쪽

나눗셈의 몫을 구하세요.

❶ 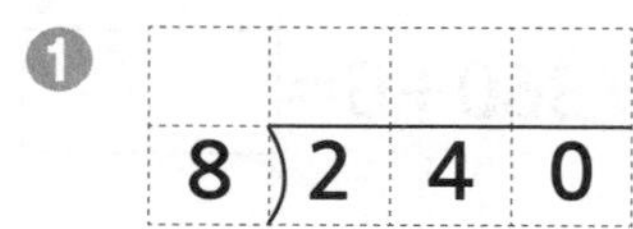
8)240

❷ 6)120

❸ 3)270

❹ 6)480

❺ 9)180

❻ 7)210

❼ 5)450

❽ 7)490

❾ 5)250

❿ 4)40

⓫ 5)50

⓬ 2)40

⓭ 7)280

⓮ 
5)350

⓯ 4)320

⓰ 7)630

⓱ 2)160

⓲ 7)70

⓳ 9)720

⓴ 2)140

㉑ 7)420

㉒ 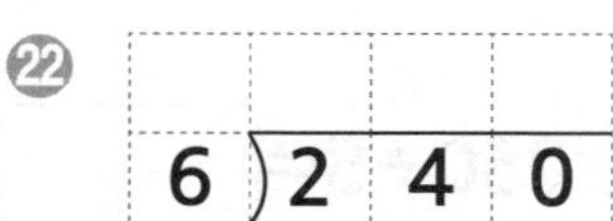
6)240

㉓ 3)90

㉔ 8)480

자기 점수에 ○표 하세요

맞힌 개수	16개 이하	17~20개	21~22개	23~24개
학습 방법	개념을 다시 공부하세요.	조금 더 노력하세요.	실수하면 안 돼요.	참 잘했어요.

(몇십)÷(몇), (몇백 몇십)÷(몇)

월 일
분 초
/24

나눗셈의 몫을 구하세요.

❶ 90÷3= 십 일	❷ 180÷9= 십 일	❸ 360÷6= 십 일
❹ 540÷9=	❺ 480÷8=	❻ 160÷4=
❼ 490÷7=	❽ 120÷6=	❾ 350÷7=
❿ 360÷9=	⓫ 210÷3=	⓬ 560÷7=
⓭ 150÷3=	⓮ 280÷7=	⓯ 320÷8=
⓰ 560÷8=	⓱ 160÷2=	⓲ 240÷6=
⓳ 180÷3=	⓴ 540÷6=	㉑ 300÷5=
㉒ 400÷8=	㉓ 720÷9=	㉔ 250÷5=

자기 점수에 ○표 하세요

맞힌 개수	16개 이하	17~20개	21~22개	23~24개
학습 방법	개념을 다시 공부하세요.	조금 더 노력하세요.	실수하면 안 돼요.	참 잘했어요.

(몇십)÷(몇), (몇백 몇십)÷(몇)

월	일
분	초
	/24

정답 27쪽

나눗셈의 몫을 구하세요.

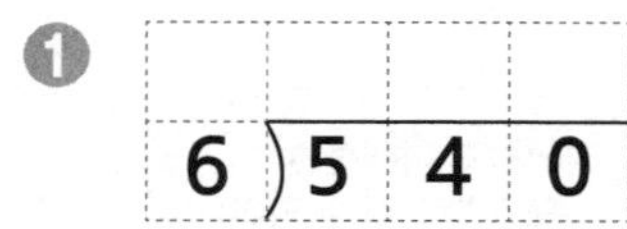

① 6)540

② 6)420

③ 5)250

④ 7)140

⑤ 8)240

⑥ 9)270

⑦ 4)240

⑧ 3)210

⑨ 6)300

⑩ 6)360

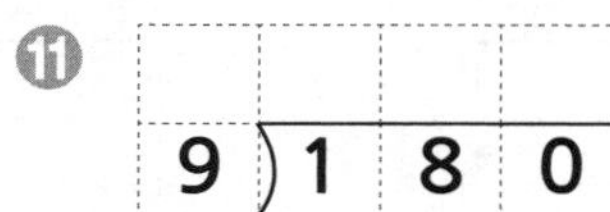

⑪ 9)180

⑫ 8)560

⑬ 2)140

⑭ 7)630

⑮ 3)120

⑯ 8)640

⑰ 2)180

⑱ 8)720

⑲ 9)540

⑳ 4)280

㉑ 4)360

㉒ 8)160

㉓ 5)450

㉔ 3)150

자기 점수에 ○표 하세요

맞힌 개수	16개 이하	17~20개	21~22개	23~24개
학습 방법	개념을 다시 공부하세요.	조금 더 노력하세요.	실수하면 안 돼요.	참 잘했어요.

(두 자리 수)÷(한 자리 수) (1)

◆스스로 학습 관리표◆

- 매일 맞힌 개수를 적고, 걸린 시간만큼 색칠해 보세요.
(눈금 1칸은 1분이며, 초는 표의 상단에 적으세요.)
- 하루하루 지날수록 실력이 자라고, 계산 속도가 빨라지는 것을 눈으로 직접 확인할 수 있습니다.

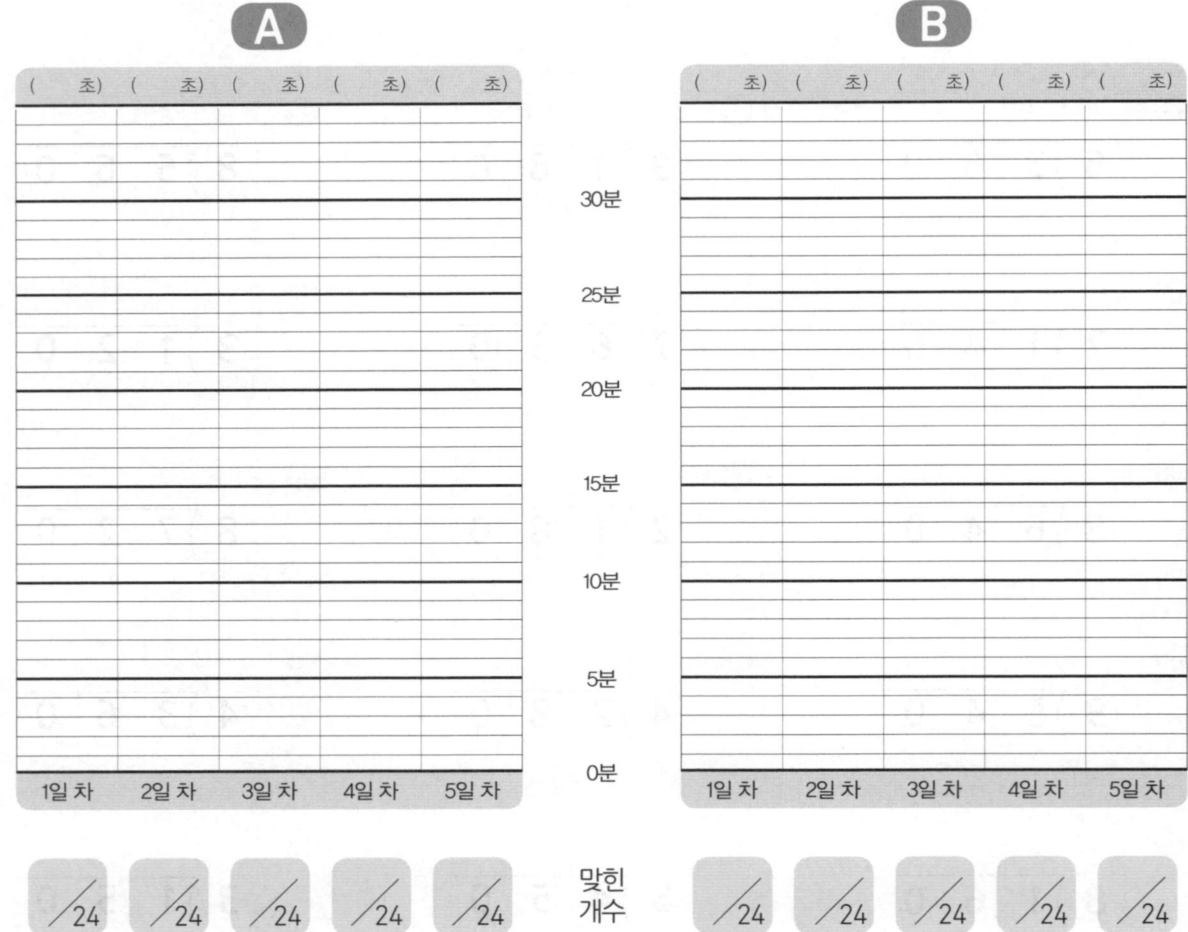

개념 포인트

내림이 없는 (두 자리 수)÷(한 자리 수)

십의 자리 수를 한 자리 수로 나누고, 일의 자리 수도 한 자리 수로 나눕니다.

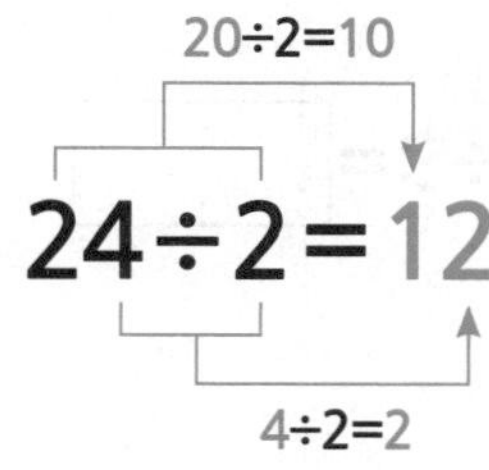

예시

가로셈 $24 \div 2 = 12$

세로셈

	1	2
2	)2	4

답이 정확한지 검산을 해 봐.

나누어지는 수의 십의 자리 수를 나누는 수로 나눈 몫은 십의 자리에 쓰고, 나누어지는 수의 일의 자리 수를 나누는 수로 나눈 몫은 일의 자리에 쓰도록 지도해 주세요. 내림없이 나누어떨어지는 나눗셈을 빠르고 정확하게 계산할 수 있어야 내림이 있는 나눗셈도 잘할 수 있어요. 또한 나눗셈을 바르게 했는지 검산을 시켜 보세요.

1일차 A형

(두 자리 수)÷(한 자리 수) (1)

월 일
분 초
/24

나눗셈의 몫을 자릿수에
맞춰 잘 써야 해!

나눗셈의 몫을 구하세요.

십 일

❶ 63÷3= □

❷ 88÷4= □

❸ 64÷2= □

❹ 86÷2= □

❺ 90÷9= □

❻ 66÷6= □

❼ 24÷2= □

❽ 46÷2= □

❾ 93÷3= □

❿ 36÷3= □

⓫ 28÷2= □

⓬ 26÷2= □

⓭ 39÷3= □

⓮ 84÷4= □

⓯ 44÷2= □

⓰ 42÷2= □

⓱ 69÷3= □

⓲ 48÷4= □

⓳ 82÷2= □

⓴ 66÷3= □

㉑ 99÷9= □

㉒ 40÷2= □

㉓ 68÷2= □

㉔ 88÷2= □

자기 점수에 ○표 하세요

맞힌 개수	16개 이하	17~20개	21~22개	23~24개
학습 방법	개념을 다시 공부하세요.	조금 더 노력 하세요.	실수하면 안 돼요.	참 잘했어요.

(두 자리 수)÷(한 자리 수) (1)

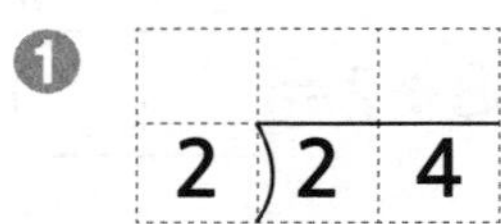

월	일
분	초
	/24

나머지가 없을 때는 몫과 나누는 수를 곱하면 나누어지는 수가 돼!

정답 28쪽

나눗셈의 몫을 구하세요.

① $2\overline{)24}$
② $3\overline{)96}$
③ $3\overline{)69}$

④ $2\overline{)84}$
⑤ $3\overline{)33}$
⑥ $2\overline{)28}$

⑦ $2\overline{)46}$
⑧ $3\overline{)99}$
⑨ $5\overline{)55}$

⑩ $2\overline{)68}$
⑪ $4\overline{)80}$
⑫ $2\overline{)26}$

⑬ $2\overline{)82}$
⑭ $2\overline{)44}$
⑮ $3\overline{)39}$

⑯ $4\overline{)48}$
⑰ $2\overline{)62}$
⑱ $2\overline{)88}$

⑲ $2\overline{)64}$
⑳ $3\overline{)36}$
㉑ $9\overline{)90}$

㉒ $3\overline{)60}$
㉓ $2\overline{)84}$
㉔ $3\overline{)93}$

자기 점수에 ○표 하세요

맞힌 개수	16개 이하	17~20개	21~22개	23~24개
학습 방법	개념을 다시 공부하세요.	조금 더 노력하세요.	실수하면 안 돼요.	참 잘했어요.

2일차 A형

(두 자리 수)÷(한 자리 수) (1)

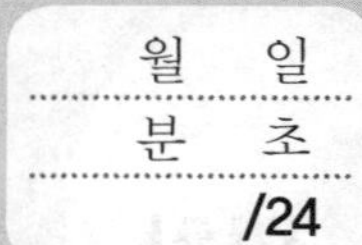

나눗셈의 몫을 구하세요.

❶ 62÷2= [십 | 일]	❷ 84÷4= [십 | 일]	❸ 48÷2= [십 | 일]
❹ 33÷3=	❺ 80÷2=	❻ 66÷3=
❼ 36÷3=	❽ 64÷2=	❾ 96÷3=
❿ 77÷7=	⓫ 88÷2=	⓬ 66÷2=
⓭ 93÷3=	⓮ 84÷2=	⓯ 28÷2=
⓰ 60÷2=	⓱ 42÷2=	⓲ 48÷4=
⓳ 68÷2=	⓴ 50÷5=	㉑ 39÷3=
㉒ 44÷2=	㉓ 63÷3=	㉔ 88÷4=

자기 점수에 ○표 하세요

맞힌 개수	16개 이하	17~20개	21~22개	23~24개
학습 방법	개념을 다시 공부하세요.	조금 더 노력 하세요.	실수하면 안 돼요.	참 잘했어요.

(두 자리 수)÷(한 자리 수) (1)

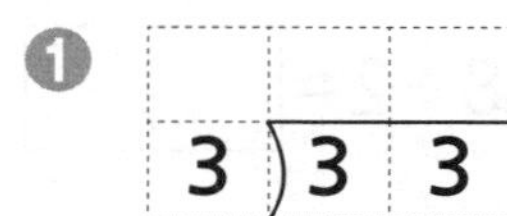

월 일
분 초
/24

정답 29쪽

나눗셈의 몫을 구하세요.

① $3\overline{)33}$

② $2\overline{)22}$

③ $4\overline{)84}$

④ $3\overline{)63}$

⑤ $2\overline{)46}$

⑥ $4\overline{)44}$

⑦ $3\overline{)66}$

⑧ $2\overline{)84}$

⑨ $5\overline{)50}$

⑩ $3\overline{)93}$

⑪ $2\overline{)68}$

⑫ $2\overline{)66}$

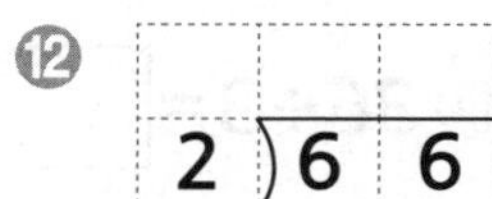

⑬ $3\overline{)36}$

⑭ $3\overline{)69}$

⑮ $3\overline{)99}$

⑯ $3\overline{)60}$

⑰ $2\overline{)88}$

⑱ $4\overline{)48}$

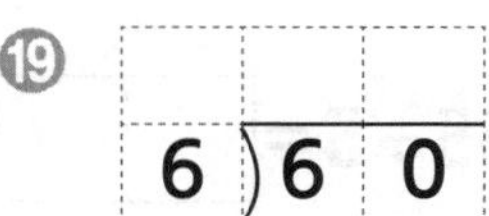

⑲ $6\overline{)60}$

⑳ $2\overline{)48}$

㉑ $3\overline{)39}$

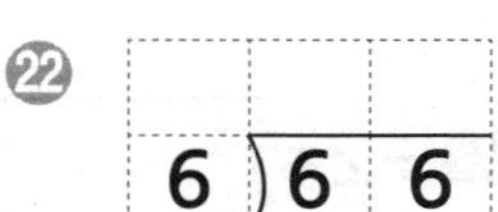

㉒ $6\overline{)66}$

㉓ $2\overline{)86}$

㉔ $2\overline{)64}$

자기 점수에 ○표 하세요

맞힌 개수	16개 이하	17~20개	21~22개	23~24개
학습 방법	개념을 다시 공부하세요.	조금 더 노력 하세요.	실수하면 안 돼요.	참 잘했어요.

3일차 A형

(두 자리 수)÷(한 자리 수) (1)

월 일
분 초
/24

✎ 나눗셈의 몫을 구하세요.

(십 | 일)

❶ $63 \div 3 =$ ☐☐
❷ $33 \div 3 =$ ☐☐
❸ $48 \div 2 =$ ☐☐

❹ $90 \div 9 =$ ☐☐
❺ $28 \div 2 =$ ☐☐
❻ $66 \div 6 =$ ☐☐

❼ $86 \div 2 =$ ☐☐
❽ $46 \div 2 =$ ☐☐
❾ $42 \div 2 =$ ☐☐

❿ $36 \div 3 =$ ☐☐
⓫ $60 \div 2 =$ ☐☐
⓬ $39 \div 3 =$ ☐☐

⓭ $88 \div 2 =$ ☐☐
⓮ $82 \div 2 =$ ☐☐
⓯ $48 \div 4 =$ ☐☐

⓰ $99 \div 9 =$ ☐☐
⓱ $69 \div 3 =$ ☐☐
⓲ $64 \div 2 =$ ☐☐

⓳ $26 \div 2 =$ ☐☐
⓴ $88 \div 4 =$ ☐☐
㉑ $55 \div 5 =$ ☐☐

㉒ $70 \div 7 =$ ☐☐
㉓ $93 \div 3 =$ ☐☐
㉔ $80 \div 2 =$ ☐☐

자기 점수에 ○표 하세요

맞힌 개수	16개 이하	17~20개	21~22개	23~24개
학습 방법	개념을 다시 공부하세요.	조금 더 노력하세요.	실수하면 안 돼요.	참 잘했어요.

3일차 B형

(두 자리 수)÷(한 자리 수) (1)

월 일
분 초
/24

정답 30쪽

나눗셈의 몫을 구하세요.

❶ 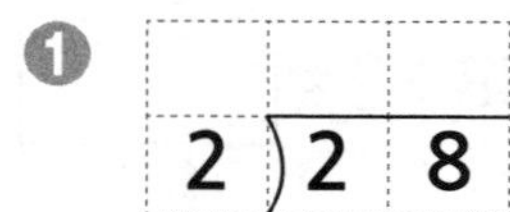 $2\overline{)28}$

❷ $5\overline{)55}$

❸ $3\overline{)90}$

❹ $2\overline{)46}$

❺ $4\overline{)88}$

❻ $2\overline{)82}$

❼ $2\overline{)66}$

❽ $3\overline{)69}$

❾ $2\overline{)88}$

❿ $3\overline{)96}$

⓫ $4\overline{)84}$

⓬ 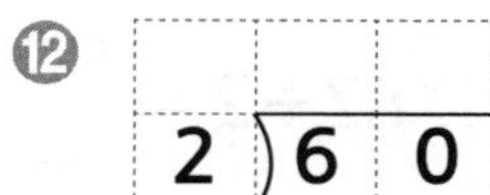 $2\overline{)60}$

⓭ $2\overline{)80}$

⓮ $3\overline{)63}$

⓯ $3\overline{)39}$

⓰ $4\overline{)48}$

⓱ $2\overline{)62}$

⓲ $2\overline{)64}$

⓳ $3\overline{)99}$

⓴ $3\overline{)36}$

㉑ $9\overline{)90}$

㉒ $7\overline{)70}$

㉓ $2\overline{)68}$

㉔ $6\overline{)66}$

자기 점수에 ○표 하세요

맞힌 개수	16개 이하	17~20개	21~22개	23~24개
학습 방법	개념을 다시 공부하세요.	조금 더 노력하세요.	실수하면 안 돼요.	참 잘했어요.

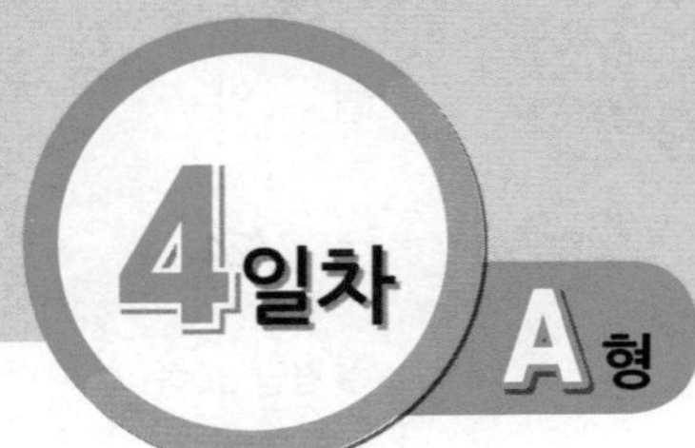

(두 자리 수)÷(한 자리 수) (1)

월	일
분	초
	/24

✎ 나눗셈의 몫을 구하세요.

(십 일)

❶ $93 \div 3 =$ □ ❷ $44 \div 4 =$ □ ❸ $88 \div 2 =$ □

❹ $63 \div 3 =$ □ ❺ $22 \div 2 =$ □ ❻ $24 \div 2 =$ □

❼ $39 \div 3 =$ □ ❽ $46 \div 2 =$ □ ❾ $69 \div 3 =$ □

❿ $82 \div 2 =$ □ ⓫ $48 \div 2 =$ □ ⓬ $80 \div 2 =$ □

⓭ $66 \div 6 =$ □ ⓮ $90 \div 9 =$ □ ⓯ $28 \div 2 =$ □

⓰ $88 \div 8 =$ □ ⓱ $68 \div 2 =$ □ ⓲ $48 \div 4 =$ □

⓳ $36 \div 3 =$ □ ⓴ $66 \div 3 =$ □ ㉑ $99 \div 3 =$ □

㉒ $26 \div 2 =$ □ ㉓ $84 \div 4 =$ □ ㉔ $42 \div 2 =$ □

자기 점수에 ○표 하세요

맞힌 개수	16개 이하	17~20개	21~22개	23~24개
학습 방법	개념을 다시 공부하세요.	조금 더 노력 하세요.	실수하면 안 돼요.	참 잘했어요.

(두 자리 수)÷(한 자리 수) (1)

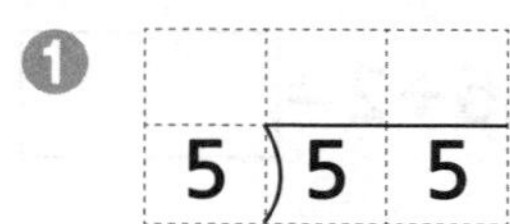

월 일
분 초
/24

정답 31쪽

나눗셈의 몫을 구하세요.

1. 5)55
2. 3)69
3. 2)88
4. 2)84
5. 3)33
6. 2)28
7. 2)46
8. 3)99
9. 2)24
10. 4)44
11. 4)80
12. 3)36
13. 2)82
14. 2)44
15. 3)60
16. 4)48
17. 2)62
18. 6)60
19. 2)68
20. 2)26
21. 3)39
22. 9)90
23. 3)63
24. 2)64

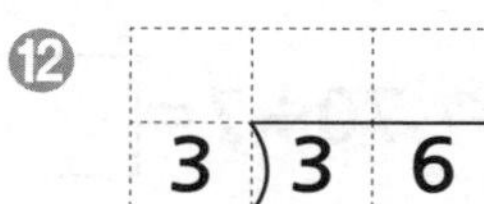

자기 점수에 ○표 하세요

맞힌 개수	16개 이하	17~20개	21~22개	23~24개
학습 방법	개념을 다시 공부하세요.	조금 더 노력하세요.	실수하면 안 돼요.	참 잘했어요.

(두 자리 수)÷(한 자리 수) (1)

월 일
분 초
/24

나눗셈의 몫을 구하세요.

십 일

① 44÷2=

② 33÷3=

③ 26÷2=

④ 86÷2=

⑤ 90÷9=

⑥ 36÷3=

⑦ 24÷2=

⑧ 48÷2=

⑨ 93÷3=

⑩ 70÷7=

⑪ 63÷3=

⑫ 64÷2=

⑬ 42÷2=

⑭ 84÷4=

⑮ 99÷3=

⑯ 48÷4=

⑰ 69÷3=

⑱ 39÷3=

⑲ 82÷2=

⑳ 66÷3=

㉑ 99÷9=

㉒ 40÷2=

㉓ 28÷2=

㉔ 90÷3=

자기 점수에 ○표 하세요

맞힌 개수	16개 이하	17~20개	21~22개	23~24개
학습 방법	개념을 다시 공부하세요.	조금 더 노력하세요.	실수하면 안 돼요.	참 잘했어요.

(두 자리 수)÷(한 자리 수) (1)

월 일
분 초
/24

정답 32쪽

나눗셈의 몫을 구하세요.

❶ 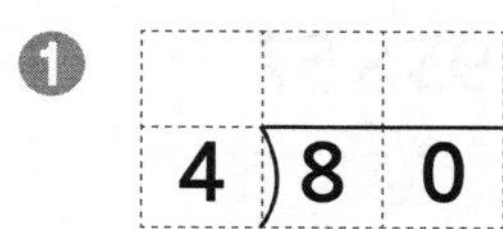
$4\overline{)80}$

❷ $9\overline{)90}$

❸ $3\overline{)63}$

❹ $2\overline{)84}$

❺ $3\overline{)33}$

❻ $2\overline{)62}$

❼ $2\overline{)44}$

❽ $2\overline{)86}$

❾ $3\overline{)99}$

❿ $2\overline{)68}$

⓫ $2\overline{)24}$

⓬ 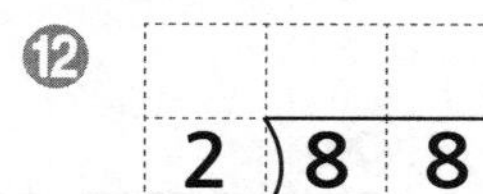
$2\overline{)88}$

⓭ $2\overline{)82}$

⓮ 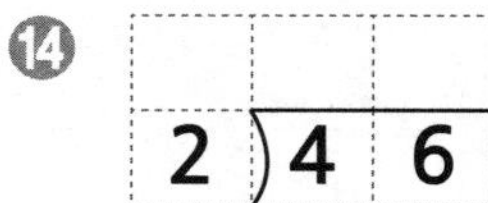
$2\overline{)46}$

⓯ 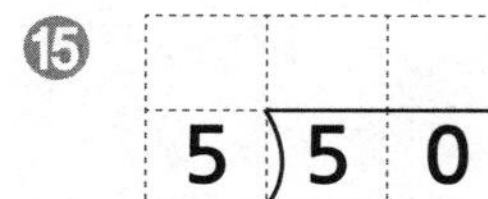
$5\overline{)50}$

⓰ $4\overline{)48}$

⓱ $2\overline{)28}$

⓲ $3\overline{)96}$

⓳ $3\overline{)39}$

⓴ $3\overline{)36}$

㉑ $2\overline{)26}$

㉒ $3\overline{)60}$

㉓ $7\overline{)77}$

㉔ $2\overline{)64}$

자기 점수에 ○표 하세요

맞힌 개수	16개 이하	17~20개	21~22개	23~24개
학습 방법	개념을 다시 공부하세요.	조금 더 노력 하세요.	실수하면 안 돼요.	참 잘했어요.

세 단계 묶어 풀기 O54 ~ O56단계
곱셈과 나눗셈

월 일
분 초
/14

정답 33쪽

곱셈을 하세요.

❶ 29×37

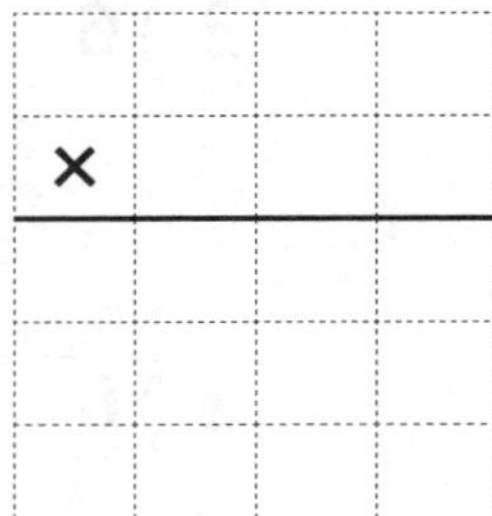

❷ 78×66

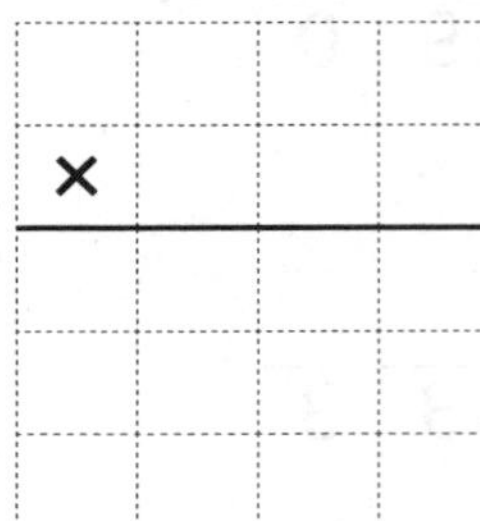

❸ 62×68

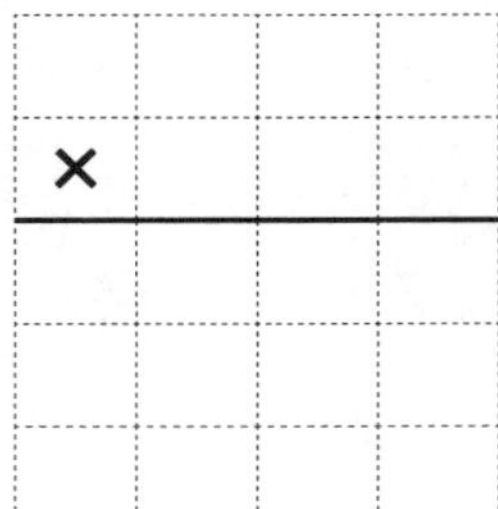

❹ 95×57

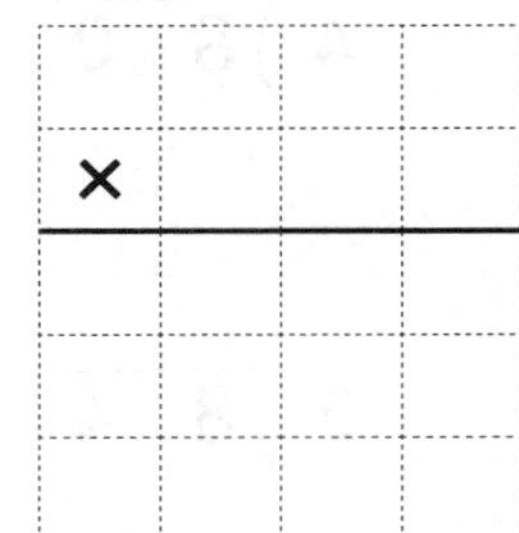

❺ 96×37

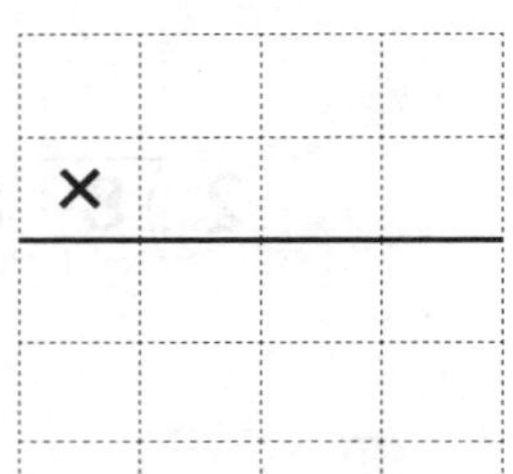

❻ 36×87

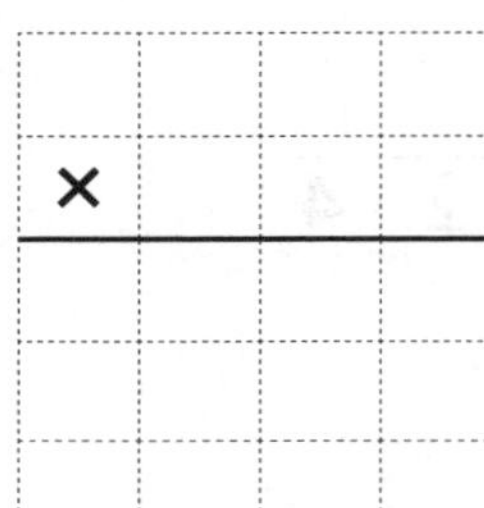

❼ 94×76

❽ 22×98

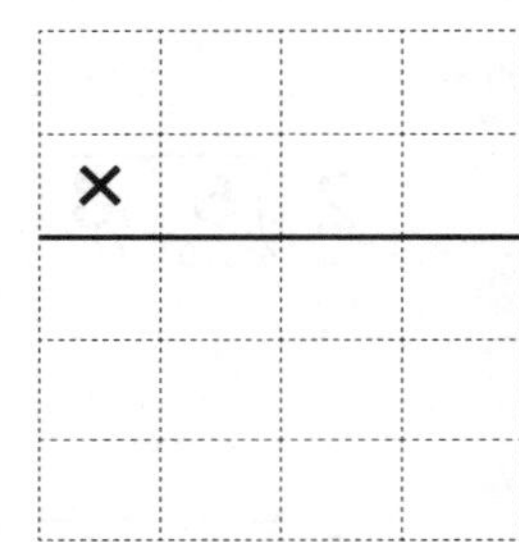

나눗셈의 몫을 구하세요.

❾ 5)1 0 0

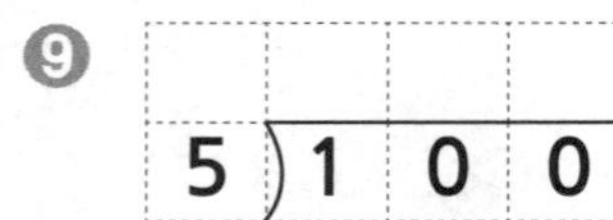

❿ 6)1 8 0

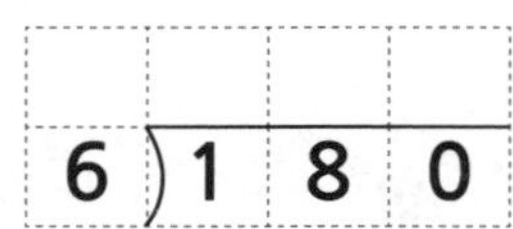

⓫ 4)2 0 0

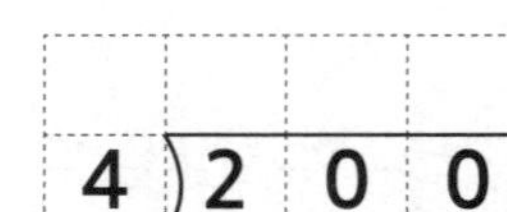

⓬ 2)8 4

⓭ 3)3 3

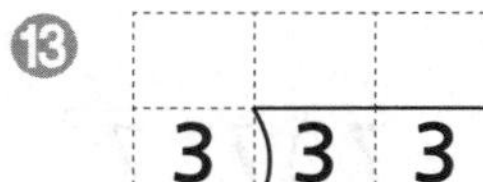

⓮ 2)2 8

재미있는 **수학이야기**

이집트인들의 곱셈

이번에는 인도에 이어 이집트 사람들의 곱셈에 대해 알아보겠습니다. 고대 이집트인들은 곱셈을 배가(2배)연산으로 계산했습니다. 26×9의 곱을 이집트인들이 한 방법대로 해 보겠습니다. 먼저 26=16+8+2로 분해합니다. 그리고 9의 2배수를 연속해 써 갑니다.

	1	9
*	2	18 +
	4	36
*	8	72 +
*	16	144 +
		(18+72+144) = 234

계산 후에 16, 8, 2에 해당하는 값을 모두 더하면 234가 나옵니다. 이 방법은 곱셈표를 배워야 할 필요가 없을 뿐 아니라, 수판을 이용해서도 쉽게 곱셈을 계산할 수 있는 매우 편리한 방법이었습니다.

```
   26
×   9
─────
   54
  18
─────
  234
```
오늘날의 곱셈

```
 23
 184
─────
 269
```
인도인들의 곱셈

```
     1      9
*    2     18
     4     36
*    8     72
*   16    144
─────────────
          234
```
이집트인들의 곱셈

(두 자리 수)÷(한 자리 수) (2)

◆스스로 학습 관리표◆

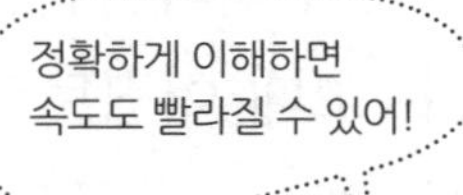

- 매일 맞힌 개수를 적고, 걸린 시간만큼 색칠해 보세요.
  (눈금 1칸은 1분이며, 초는 표의 상단에 적으세요.)
- 하루하루 지날수록 실력이 자라고, 계산 속도가 빨라지는 것을 눈으로 직접 확인할 수 있습니다.

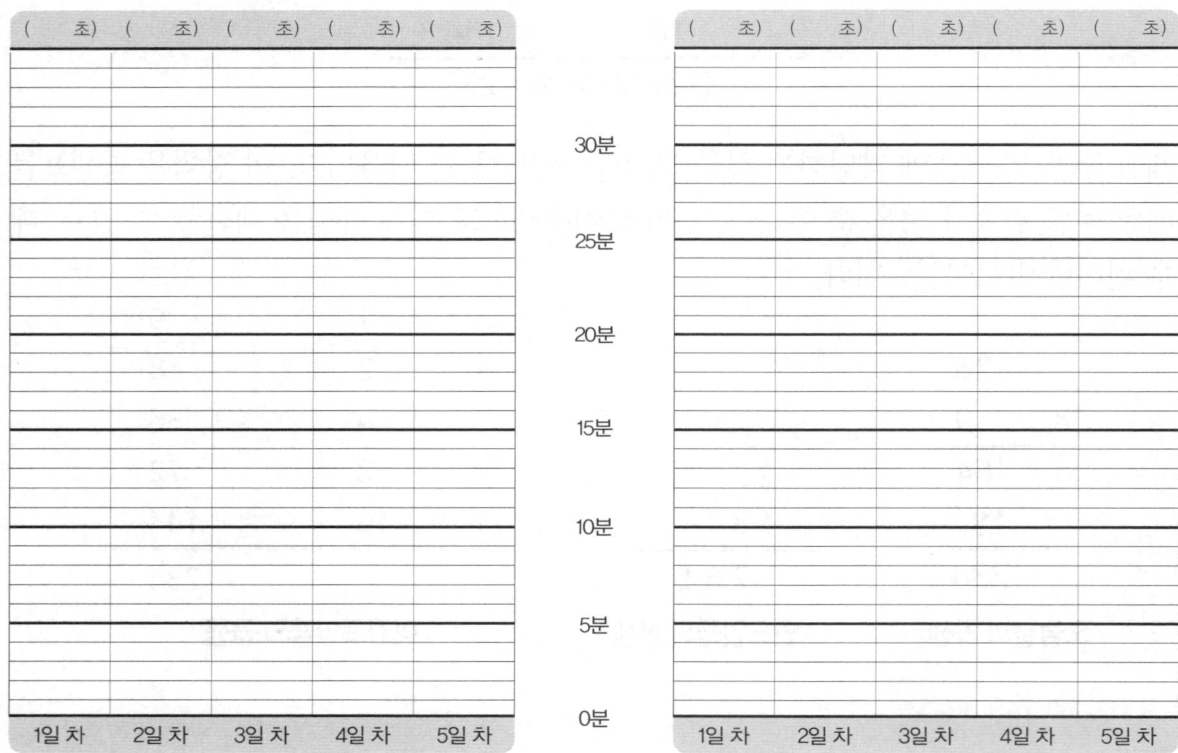

					맞힌 개수					
/16	/16	/16	/16	/16		/12	/12	/12	/12	/12

◆개념 포인트◆

세로셈으로 나눗셈하기

곱셈, 덧셈, 뺄셈은 일의 자리부터 계산하지만 나눗셈은 가장 높은 자리(이번 단계에서는 십의 자리)부터 나눠 줍니다. 십의 자리를 나눈 다음, 나머지가 생기면 일의 자릿값과 합하고, 그 수를 나누어지는 수로 하여 다시 나누어 몫을 구합니다.

①

	1	
3	)5	7
	3	

5에 3이 1번 들어갑니다.
3×1=3

②

	1	
3	)5	7
	3	
	2	7

십의 자리: 5−3=2
일의 자리: 7(그대로 내려씁니다.)

③

	1	9
3	)5	7
	3	
	2	7
	2	7

27에 3이 9번 들어갑니다.
3×9=27

④

	1	9
3	)5	7
	3	
	2	7
	2	7
		0

27−27=0

예시

세로셈

	1	8
2	)3	6
	2	
	1	6
	1	6
		0

가로셈

42÷3

	1	4
3	)4	2
	3	
	1	2
	1	2
		0

나눠지는 수 안에
나누는 수가 얼마만큼
들어갈까?

지도
도우미

내림이 있는 나눗셈을 연습합니다. 나눗셈에서는 몫을 어림하는 것이 중요합니다. 나누어지는 수 안에 나누는 수가 얼마만큼 들어갈 것인지, 정확한 계산을 하기 전에 미리 예측하도록 지도해 주세요. 나눗셈 계산 후에는 정확하게 계산했는지 검산을 통해 확인하도록 합니다.

(두 자리 수)÷(한 자리 수) (2)

월 일
분 초
/16

나눗셈은 가장 높은 자리부터 나눠 주는 거야!

나눗셈의 몫을 구하세요.

❶ $2\overline{)38}$

❷ $3\overline{)54}$

❸ $4\overline{)92}$

❹ $6\overline{)72}$

❺ $2\overline{)94}$

❻ $3\overline{)45}$

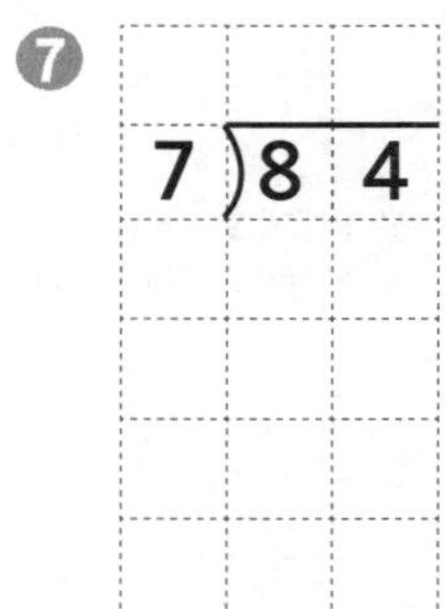

❼ $7\overline{)84}$

❽ $2\overline{)78}$

❾ $7\overline{)91}$

❿ $4\overline{)76}$

⓫ $6\overline{)90}$

⓬ $2\overline{)54}$

⓭ $7\overline{)98}$

⓮ $2\overline{)76}$

⓯ $8\overline{)96}$

⓰ $6\overline{)84}$

자기 점수에 ○표 하세요

맞힌 개수	8개 이하	9~12개	13~14개	15~16개
학습 방법	개념을 다시 공부하세요.	조금 더 노력하세요.	실수하면 안 돼요.	참 잘했어요.

(두 자리 수)÷(한 자리 수) (2)

월 일
분 초
/12

정답 34쪽

나눗셈의 몫을 구하세요.

❶ 42÷3

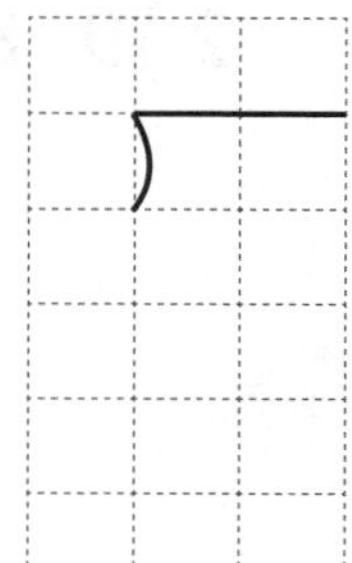

❷ 56÷4

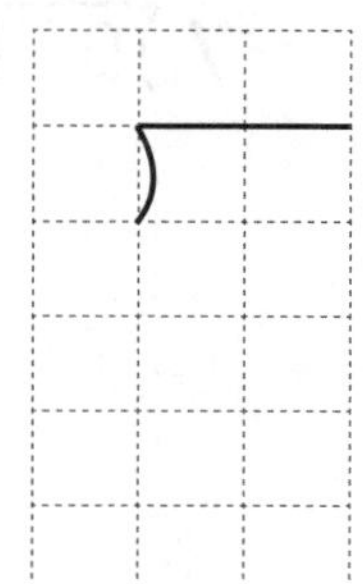

❸ 95÷5

❹ 51÷3

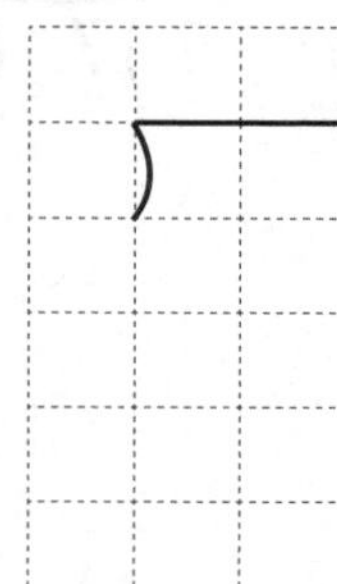

❺ 84÷6

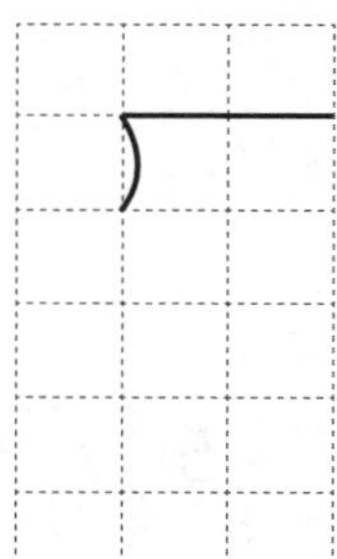

❻ 75÷5

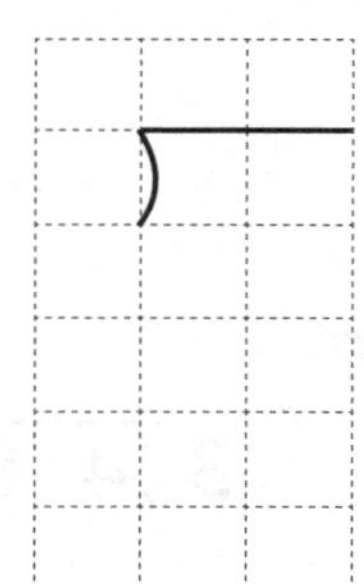

❼ 96÷2

❽ 78÷3

❾ 64÷4

❿ 96÷6

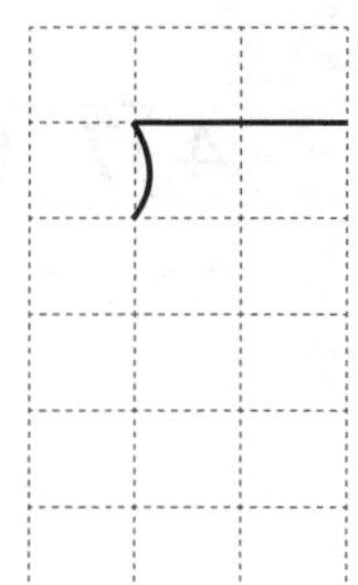

⓫ 90÷5

⓬ 92÷4

자기 점수에 ○표 하세요

맞힌 개수	6개 이하	7~8개	9~10개	11~12개
학습 방법	개념을 다시 공부하세요.	조금 더 노력 하세요.	실수하면 안 돼요.	참 잘했어요.

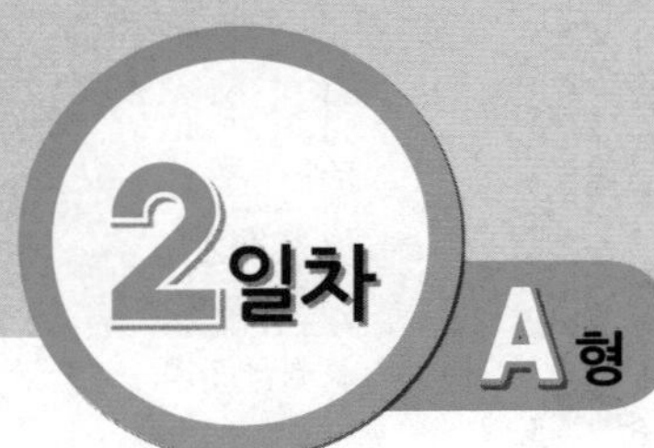

(두 자리 수)÷(한 자리 수) (2)

월	일
분	초
	/16

✎ 나눗셈의 몫을 구하세요.

❶ 3)78

❷ 4)72

❸ 7)91

❹ 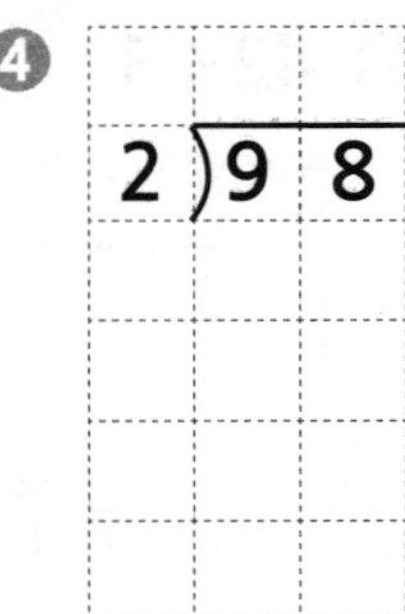
2)98

❺ 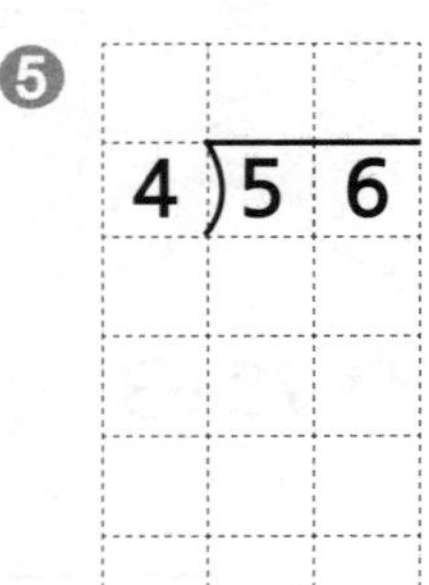
4)56

❻ 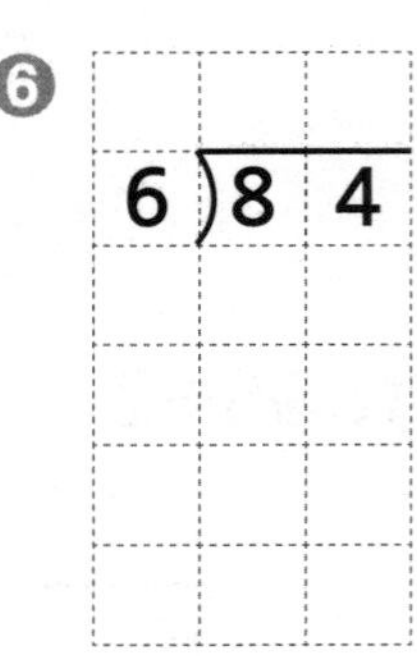
6)84

❼ 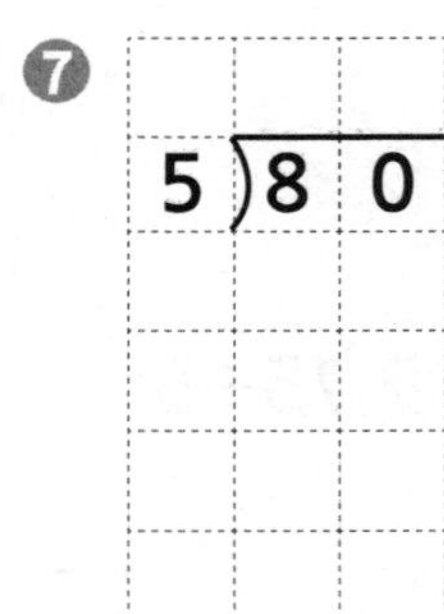
5)80

❽ 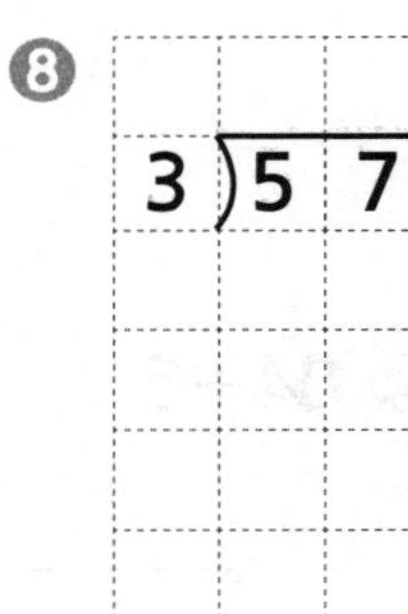
3)57

❾ 
8)96

❿ 2)90

⓫ 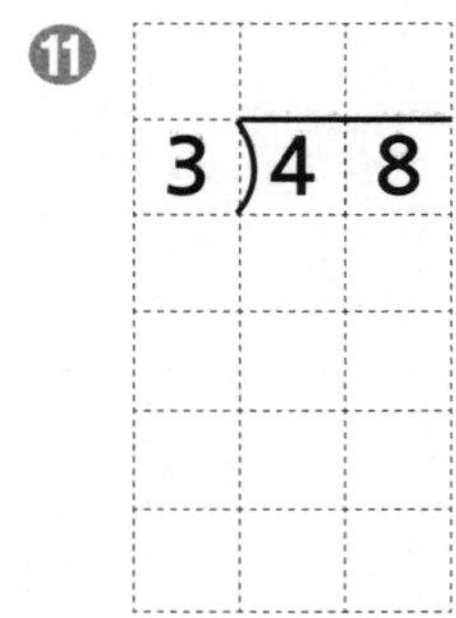
3)48

⓬ 5)70

⓭ 3)72

⓮ 6)90

⓯ 4)76

⓰ 7)98

자기 점수에 ○표 하세요

맞힌 개수	8개 이하	9~12개	13~14개	15~16개
학습 방법	개념을 다시 공부하세요.	조금 더 노력하세요.	실수하면 안 돼요.	참 잘했어요.

(두 자리 수)÷(한 자리 수) (2)

월 일
분 초
/12

정답 35쪽

나눗셈의 몫을 구하세요.

❶ 80÷5

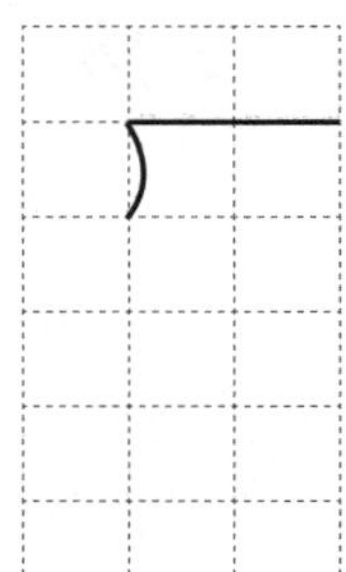

❷ 64÷4

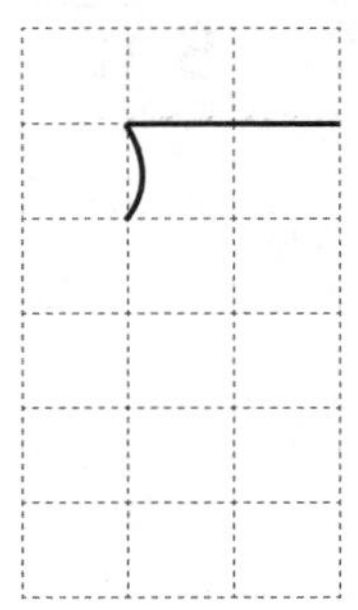

❸ 75÷5

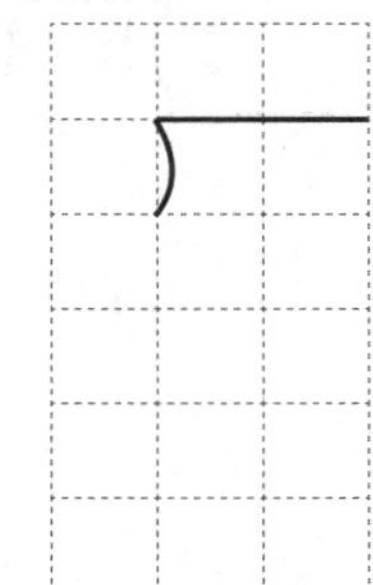

❹ 54÷3

❺ 94÷2

❻ 45÷3

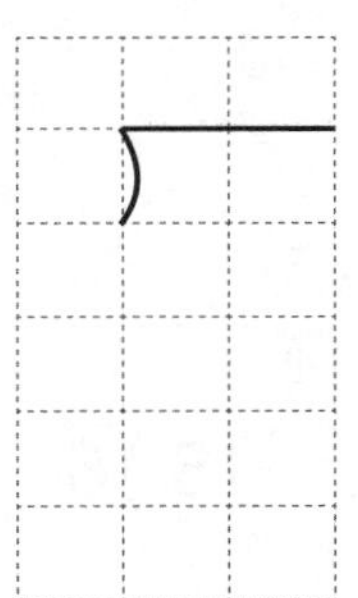

❼ 91÷7

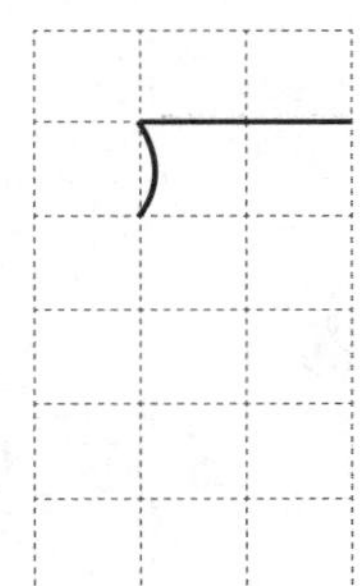

❽ 78÷6

❾ 84÷3

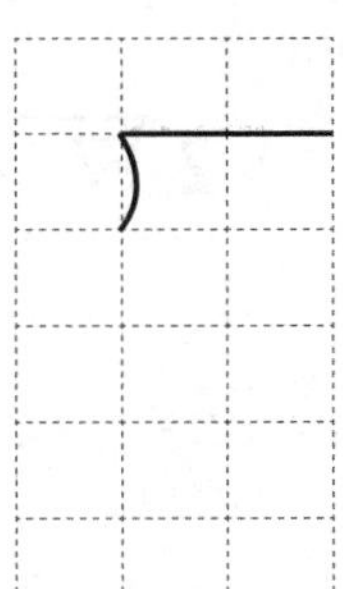

❿ 81÷3

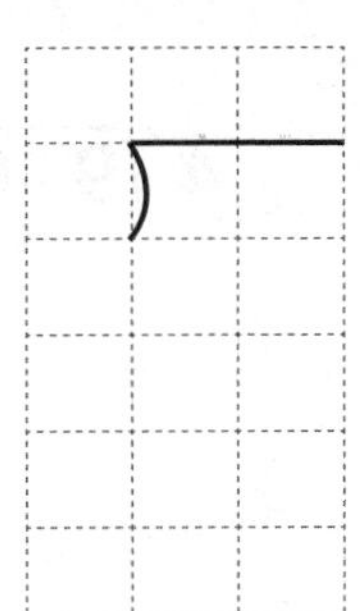

⓫ 96÷4

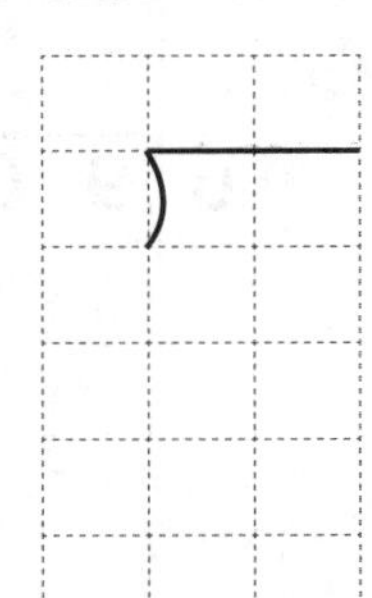

⓬ 56÷4

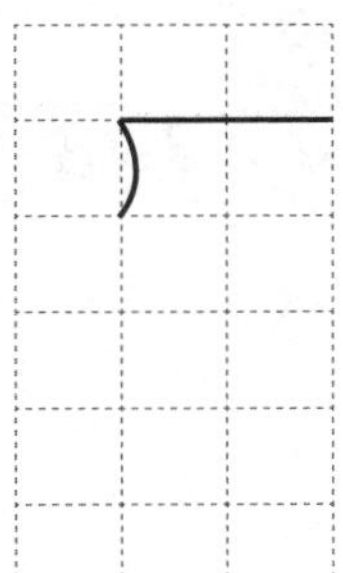

자기 점수에 ○표 하세요

맞힌 개수	6개 이하	7~8개	9~10개	11~12개
학습 방법	개념을 다시 공부하세요.	조금 더 노력 하세요.	실수하면 안 돼요.	참 잘했어요.

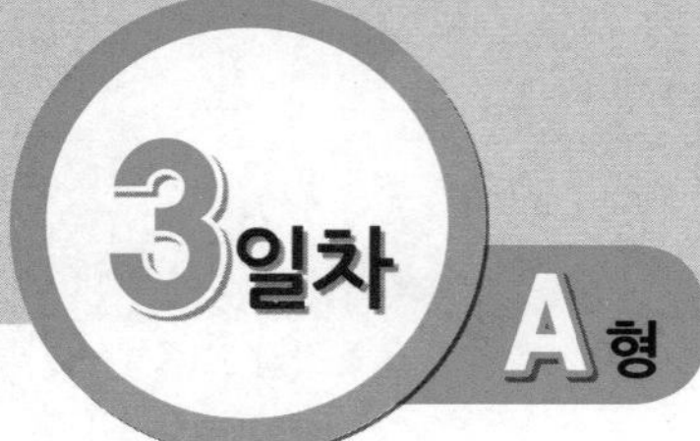

(두 자리 수)÷(한 자리 수) (2)

월	일
분	초
	/16

✎ 나눗셈의 몫을 구하세요.

❶ $84 \div 6$ (6)84

❷ $51 \div 3$ (3)51

❸ $85 \div 5$ (5)85

❹ $87 \div 3$ (3)87

❺ $72 \div 4$ (4)72

❻ $78 \div 2$ (2)78

❼ $98 \div 7$ (7)98

❽ $76 \div 4$ (4)76

❾ $92 \div 2$ (2)92

❿ $90 \div 5$ (5)90

⓫ $65 \div 5$ (5)65

⓬ $58 \div 2$ (2)58

⓭ $84 \div 7$ (7)84

⓮ $90 \div 6$ (6)90

⓯ $96 \div 4$ (4)96

⓰ $74 \div 2$ (2)74

자기 점수에 ○표 하세요

맞힌 개수	8개 이하	9~12개	13~14개	15~16개
학습 방법	개념을 다시 공부하세요.	조금 더 노력하세요.	실수하면 안 돼요.	참 잘했어요.

(두 자리 수)÷(한 자리 수) (2)

월	일
분	초
	/12

정답 36쪽

나눗셈의 몫을 구하세요.

❶ 76÷2

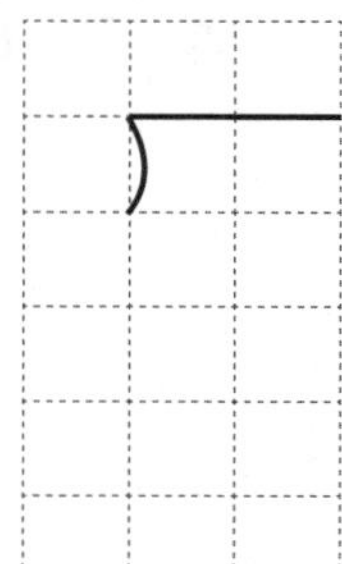

❷ 80÷5

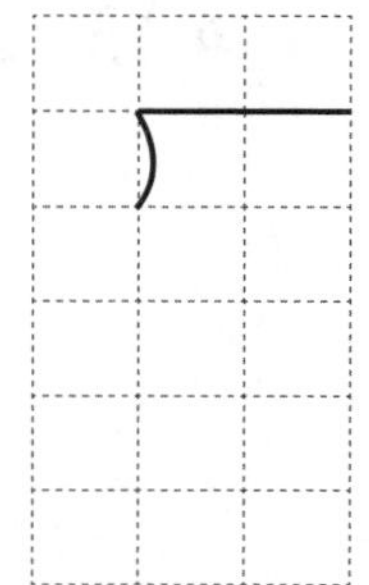

❸ 54÷3

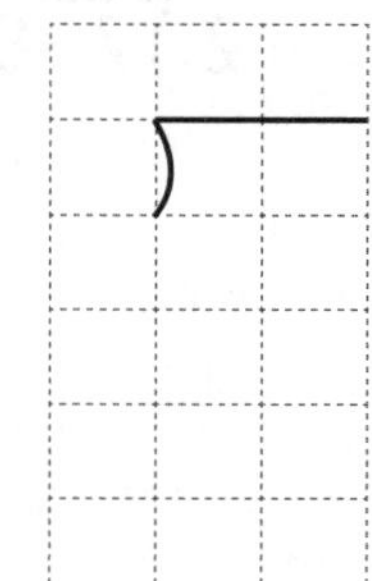

❹ 70÷5

❺ 84÷6

❻ 36÷2

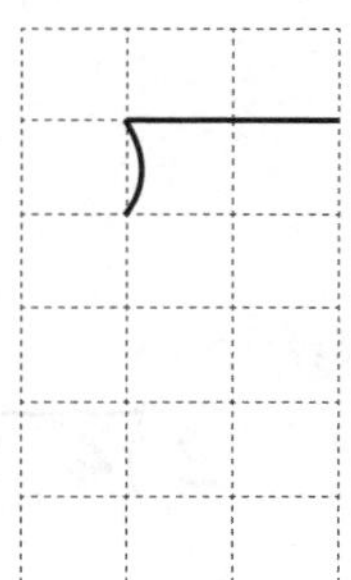

❼ 94÷2

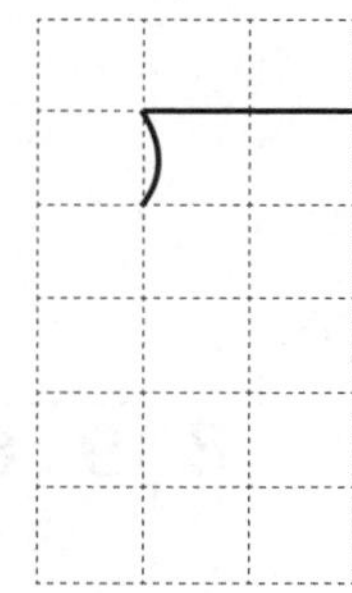

❽ 64÷4

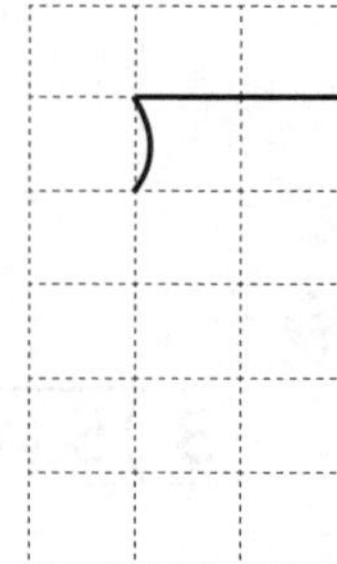

❾ 70÷2

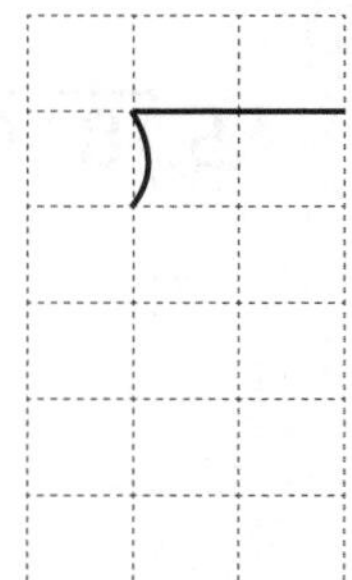

❿ 72÷2

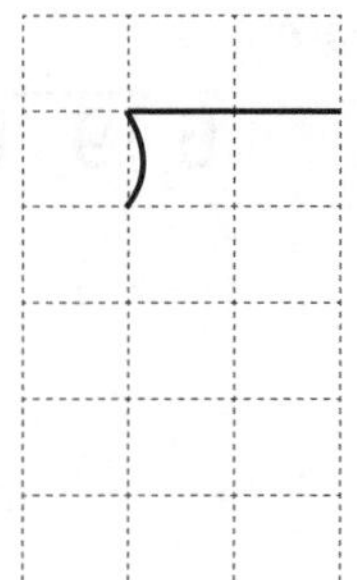

⓫ 91÷7

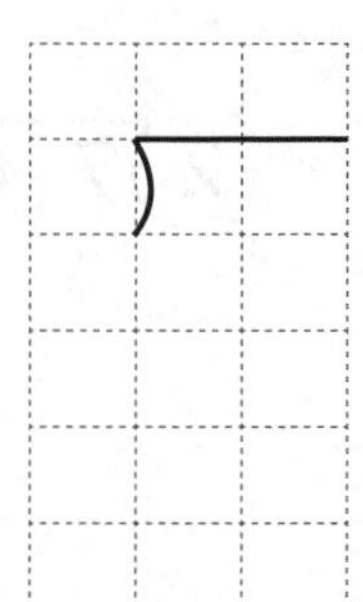

⓬ 60÷4

자기 점수에 ○표 하세요

맞힌 개수	6개 이하	7~8개	9~10개	11~12개
학습 방법	개념을 다시 공부하세요.	조금 더 노력하세요.	실수하면 안 돼요.	참 잘했어요.

(두 자리 수)÷(한 자리 수) (2)

월 일
분 초
/16

✎ 나눗셈의 몫을 구하세요.

❶ 3)84

❷ 2)78

❸ 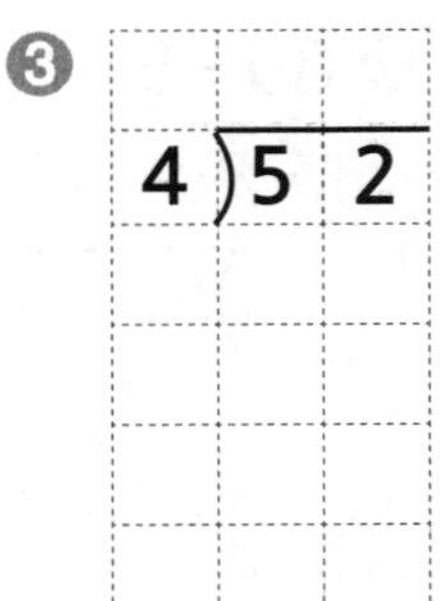

❹ 4)76

❺ 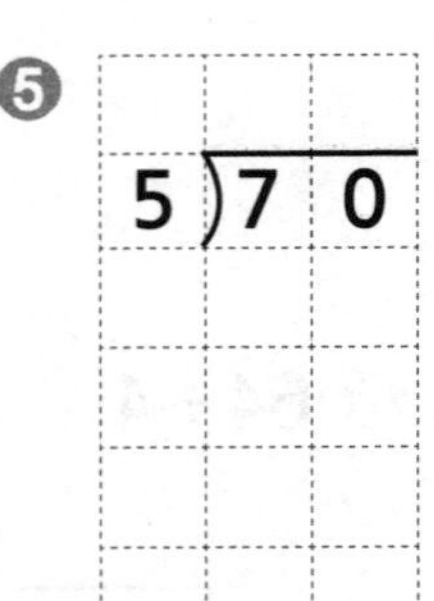

❻ 

❼ 

❽ 2)36

❾ 3)54

❿ 8)96

⓫ 3)45

⓬ 4)92

⓭ 4)64

⓮ 2)76

⓯ 6)90

⓰ 5)80

자기 점수에 ○표 하세요

맞힌 개수	8개 이하	9~12개	13~14개	15~16개
학습 방법	개념을 다시 공부하세요.	조금 더 노력 하세요.	실수하면 안 돼요.	참 잘했어요.

(두 자리 수)÷(한 자리 수) (2)

월	일
분	초
	/12

정답 37쪽

나눗셈의 몫을 구하세요.

❶ $78 \div 3$

❷ $56 \div 4$

❸ $60 \div 4$

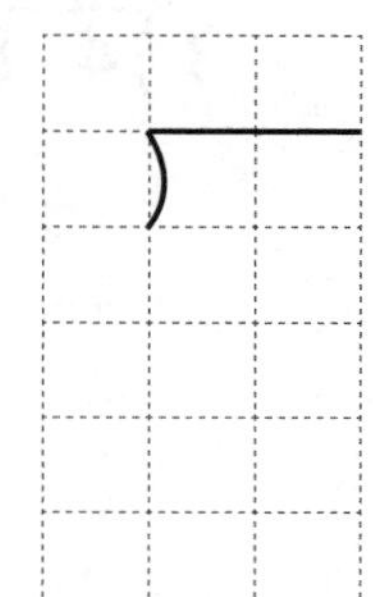

❹ $91 \div 7$

❺ $84 \div 6$

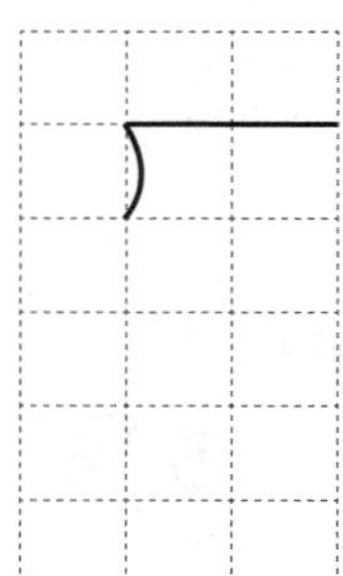

❻ $81 \div 3$

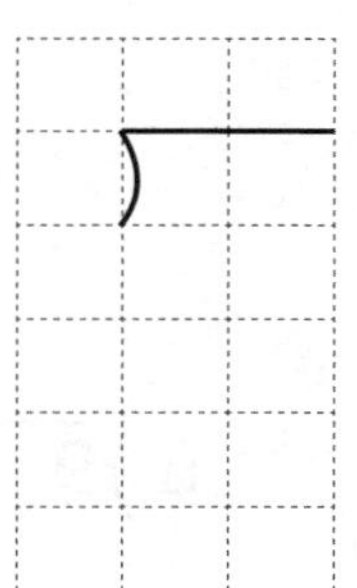

❼ $96 \div 2$

❽ $51 \div 3$

❾ $92 \div 4$

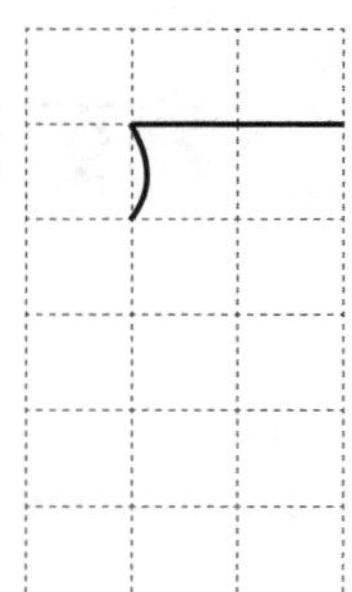

❿ $84 \div 7$

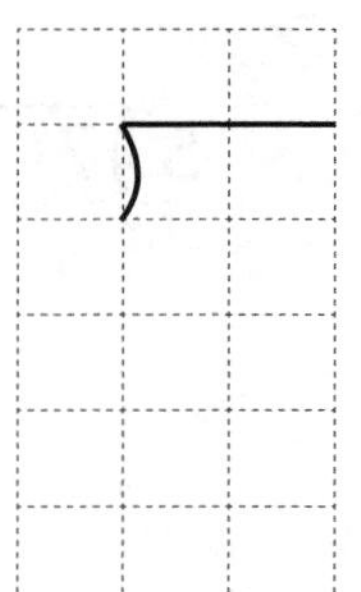

⓫ $48 \div 3$

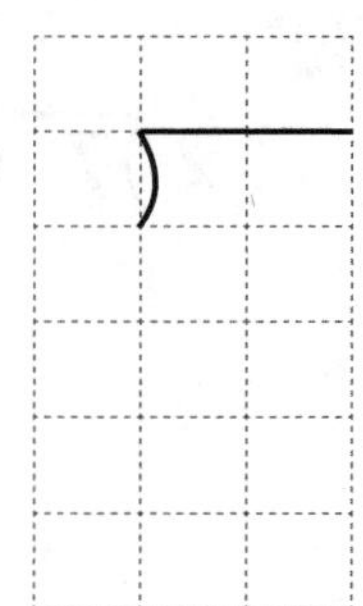

⓬ $98 \div 7$

자기 점수에 ○표 하세요

맞힌 개수	6개 이하	7~8개	9~10개	11~12개
학습 방법	개념을 다시 공부하세요.	조금 더 노력하세요.	실수하면 안 돼요.	참 잘했어요.

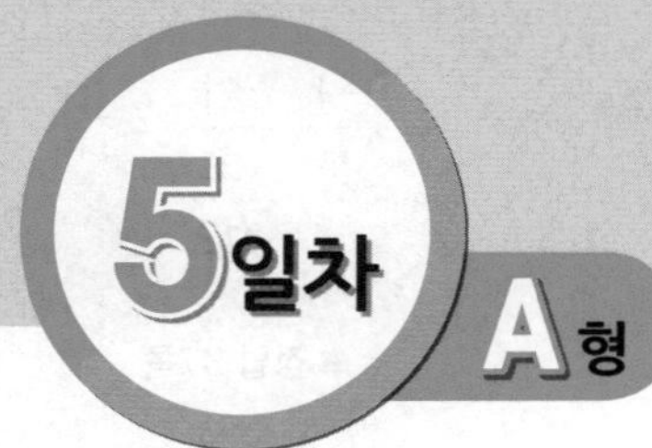

(두 자리 수) ÷ (한 자리 수) (2)

월	일
분	초
	/16

나눗셈의 몫을 구하세요.

❶ $2\overline{)54}$

❷ $3\overline{)48}$

❸ $2\overline{)90}$

❹ 
$8\overline{)96}$

❺ 
$2\overline{)94}$

❻ 
$3\overline{)45}$

❼ 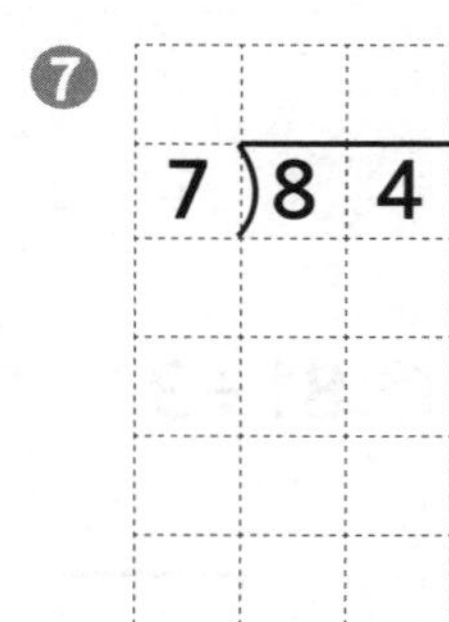
$7\overline{)84}$

❽ $2\overline{)78}$

❾ $7\overline{)91}$

❿ $3\overline{)72}$

⓫ $6\overline{)90}$

⓬ $5\overline{)65}$

⓭ $4\overline{)96}$

⓮ 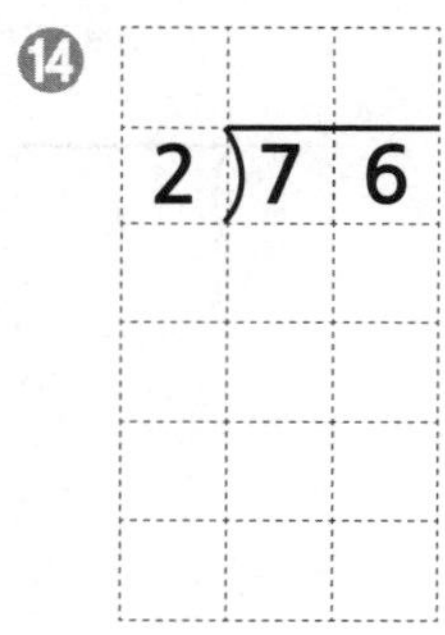
$2\overline{)76}$

⓯ $5\overline{)75}$

⓰ $7\overline{)98}$

자기 점수에 ○표 하세요

맞힌 개수	8개 이하	9~12개	13~14개	15~16개
학습 방법	개념을 다시 공부하세요.	조금 더 노력하세요.	실수하면 안 돼요.	참 잘했어요.

(두 자리 수)÷(한 자리 수) (2)

월	일
분	초
	/12

정답 38쪽

나눗셈의 몫을 구하세요.

❶ 54÷3

❷ 60÷4

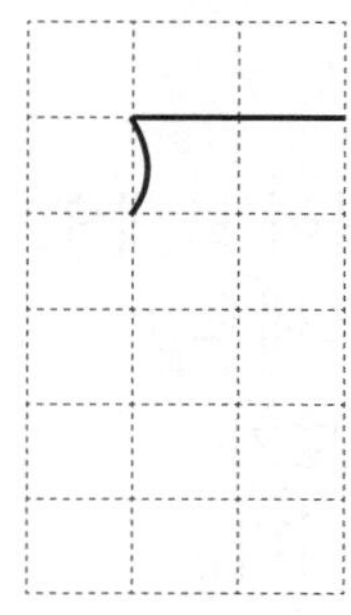

❸ 56÷4

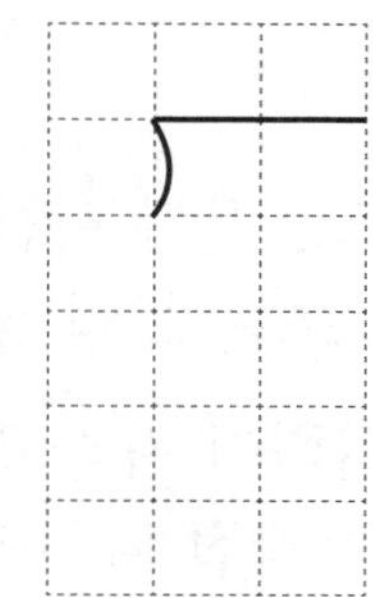

❹ 85÷5

❺ 96÷2

❻ 42÷3

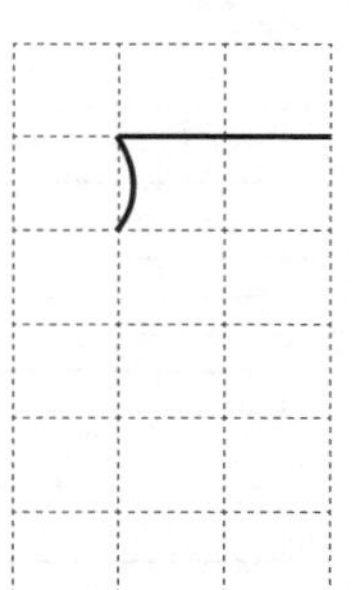

❼ 81÷3

❽ 78÷3

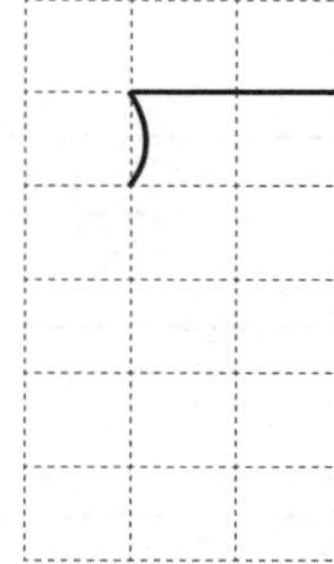

❾ 64÷4

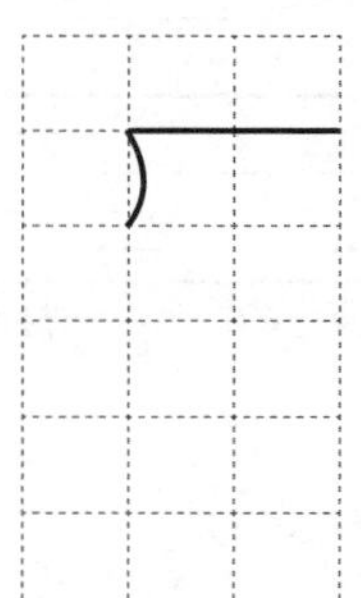

❿ 84÷6

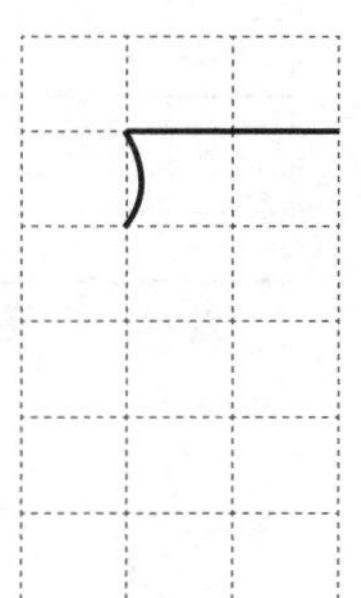

⓫ 80÷5

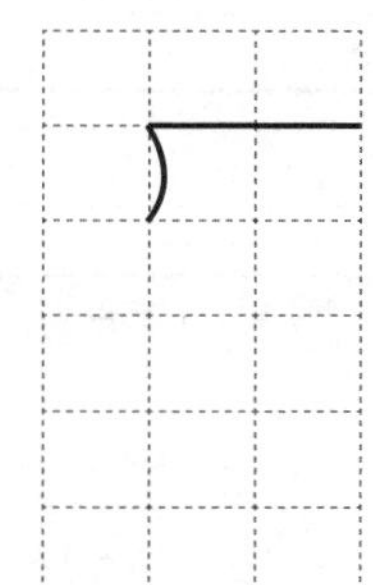

⓬ 92÷4

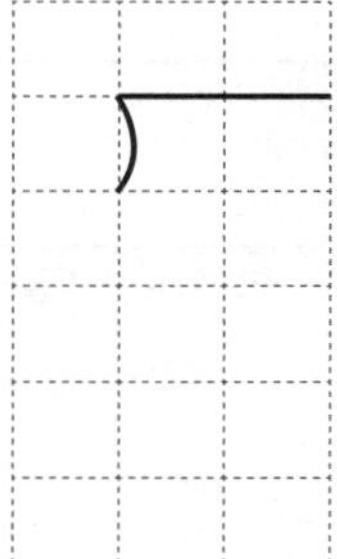

자기 점수에 ○표 하세요

맞힌 개수	6개 이하	7~8개	9~10개	11~12개
학습 방법	개념을 다시 공부하세요.	조금 더 노력하세요.	실수하면 안 돼요.	참 잘했어요.

(두 자리 수)÷(한 자리 수) (3)

◆스스로 학습 관리표◆

- 매일 맞힌 개수를 적고, 걸린 시간만큼 색칠해 보세요.
(눈금 1칸은 1분이며, 초는 표의 상단에 적으세요.)
- 하루하루 지날수록 실력이 자라고, 계산 속도가 빨라지는 것을 눈으로 직접 확인할 수 있습니다.

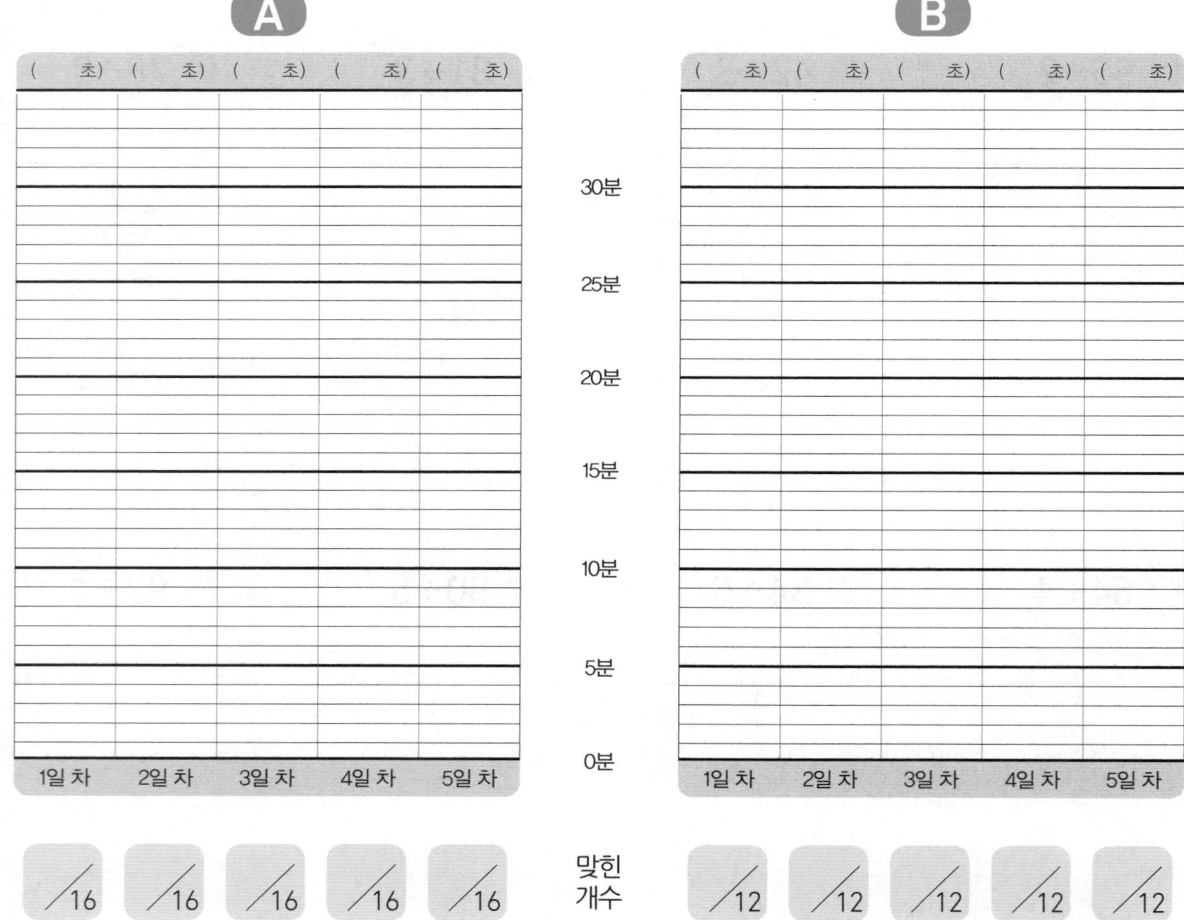

개념 포인트

세로셈으로 나눗셈하기

이번에는 나머지가 있는 (두 자리 수)÷(한 자리 수)를 연습합니다.
나눗셈을 한 다음 확인해야 할 두 가지가 있습니다.
(1) 나머지가 있을 때는 나머지가 나누는 수보다 작은지 반드시 확인해야 합니다.
(2) 계산이 맞는지 검산을 합니다.

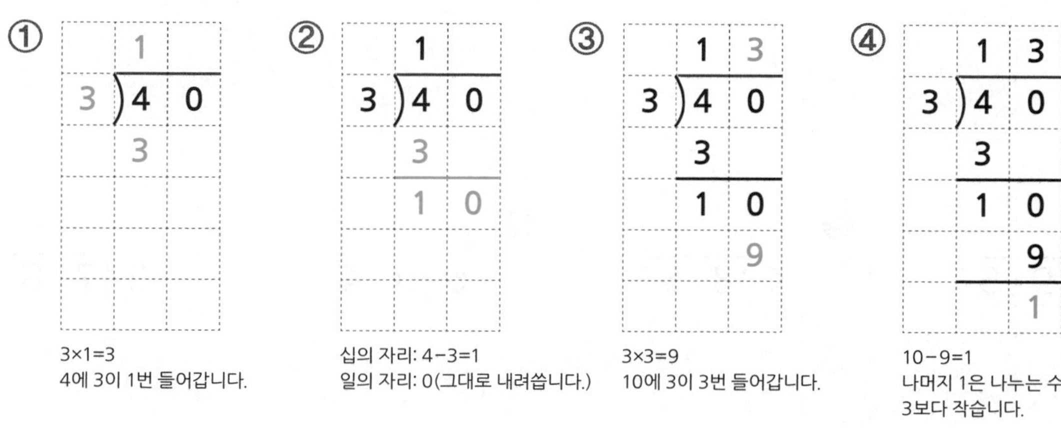

①
3×1=3
4에 3이 1번 들어갑니다.
②
십의 자리: 4−3=1
일의 자리: 0(그대로 내려씁니다.)
③
3×3=9
10에 3이 3번 들어갑니다.
④
10−9=1
나머지 1은 나누는 수 3보다 작습니다.

$$40 \div 3 = 13 \cdots 1 \Rightarrow (\text{검산식})\ 3 \times 13 + 1 = 40$$

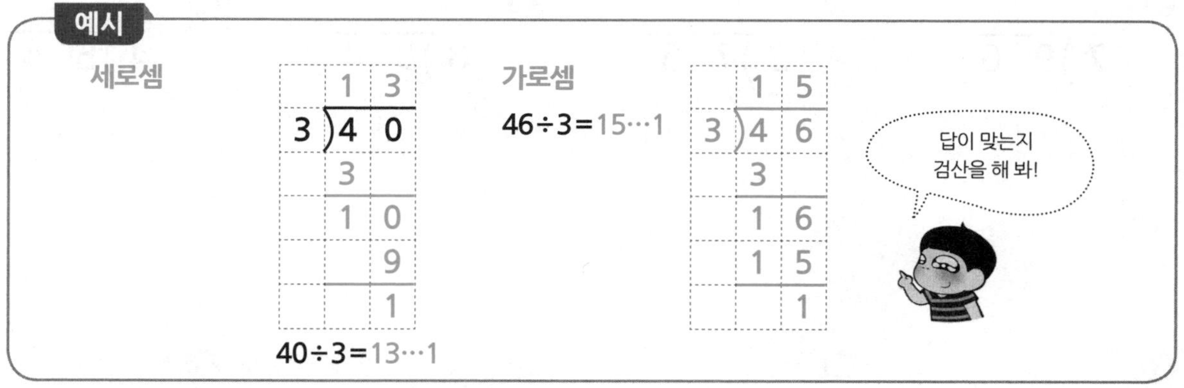

예시
세로셈
40÷3=13⋯1
가로셈
46÷3=15⋯1
답이 맞는지 검산을 해 봐!

나머지가 있는 나눗셈을 연습하는 단계입니다. 아이들이 나눗셈을 곱셈보다 어려워합니다. 십의 자리에서 내림하는 것을 잊고 그냥 일의 자리 수만 나누거나, 몫을 잘못 예측하여 나머지가 나누는 수보다 크게 계산하는 실수를 합니다. 이 두 가지가 아이들이 나눗셈에서 자주하는 실수입니다. 제대로 계산하는지 확인해 주세요.

1일차
A형

(두 자리 수)÷(한 자리 수) (3)

월 일
분 초
/16

나머지가 나누는 수보다
작은지 꼭 확인해!

✎ 나눗셈의 몫과 나머지를 구하세요.

❶ $3\overline{)47}$

❷ $4\overline{)61}$

❸ $5\overline{)92}$

❹ $6\overline{)75}$
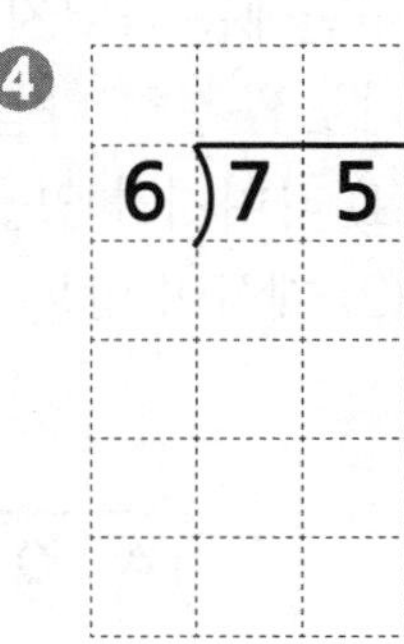

❺ $2\overline{)95}$

❻ $4\overline{)85}$
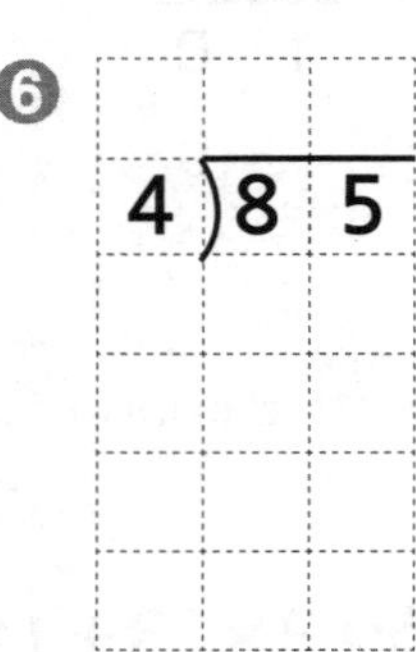

❼ $6\overline{)94}$
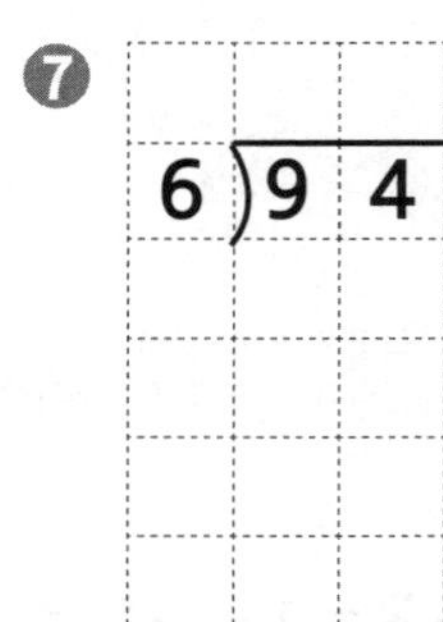

❽ $5\overline{)78}$
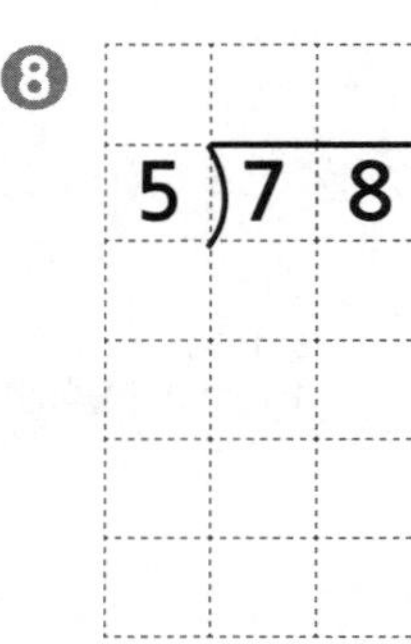

❾ $7\overline{)96}$

❿ $3\overline{)76}$
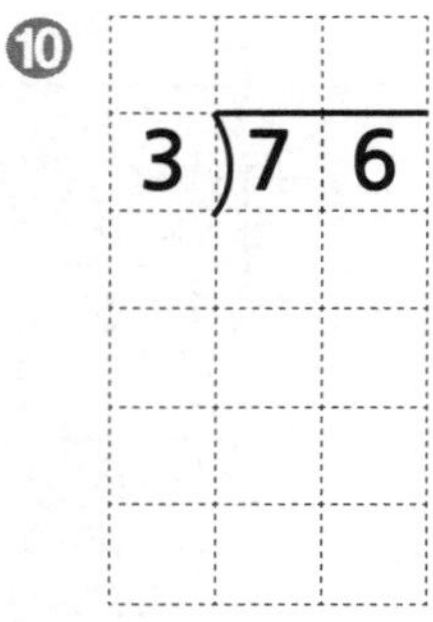

⓫ $8\overline{)94}$
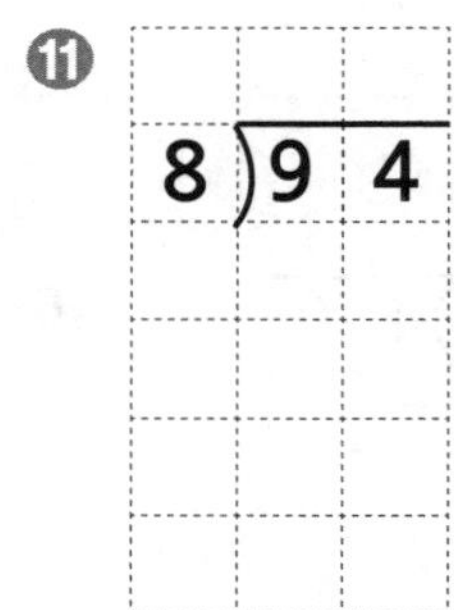

⓬ $4\overline{)54}$

⓭ $6\overline{)98}$

⓮ $7\overline{)86}$
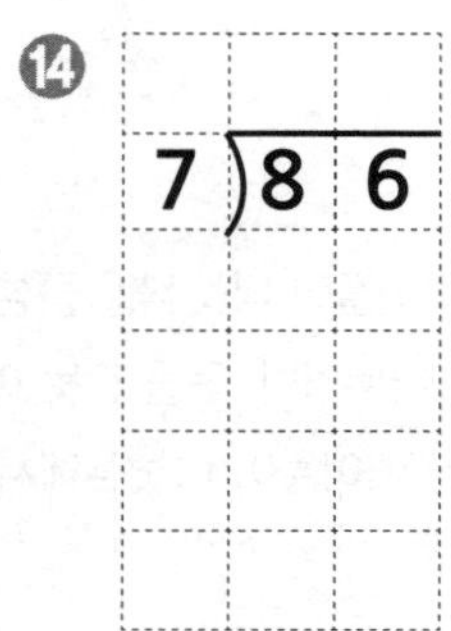

⓯ $3\overline{)44}$

⓰ $6\overline{)82}$

자기 점수에 ○표 하세요

맞힌 개수	8개 이하	9~12개	13~14개	15~16개
학습 방법	개념을 다시 공부하세요.	조금 더 노력하세요.	실수하면 안 돼요.	참 잘했어요.

(두 자리 수)÷(한 자리 수) (3)

월	일
분	초
	/12

몫과 나누는 수를 곱하고
나머지를 더해 봐!

정답 39쪽

✎ 나눗셈의 몫과 나머지를 구하세요.

❶ 45÷4

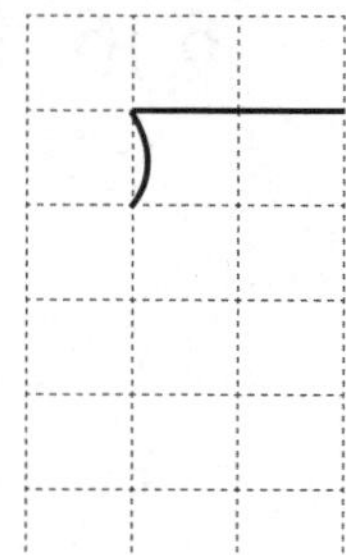

❷ 82÷6

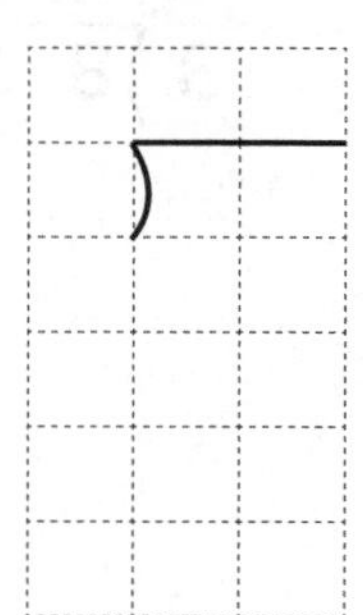

❸ 97÷7

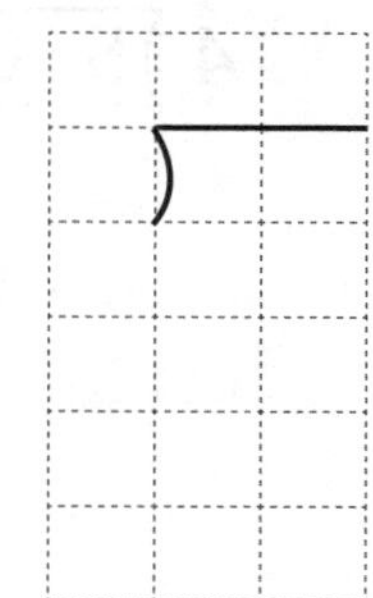

❹ 58÷3

❺ 88÷7

❻ 50÷4

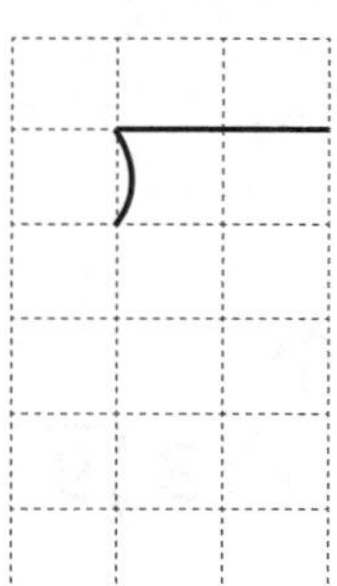

❼ 99÷2

❽ 85÷3

❾ 75÷6

❿ 95÷8

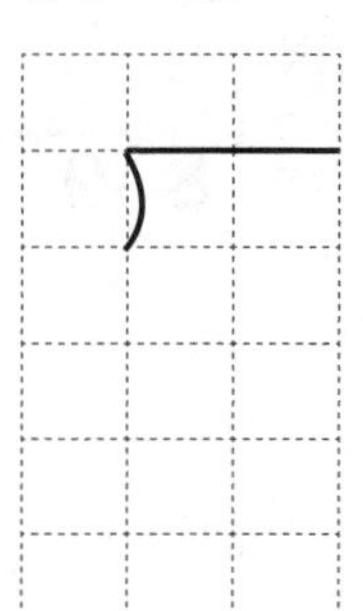

⓫ 87÷4

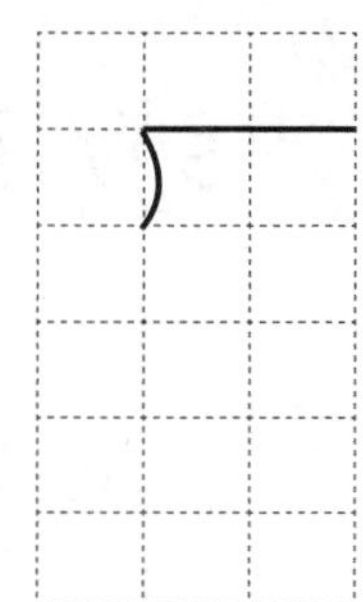

⓬ 92÷5

자기 점수에 ○표 하세요

맞힌 개수	6개 이하	7~8개	9~10개	11~12개
학습 방법	개념을 다시 공부하세요.	조금 더 노력 하세요.	실수하면 안 돼요.	참 잘했어요.

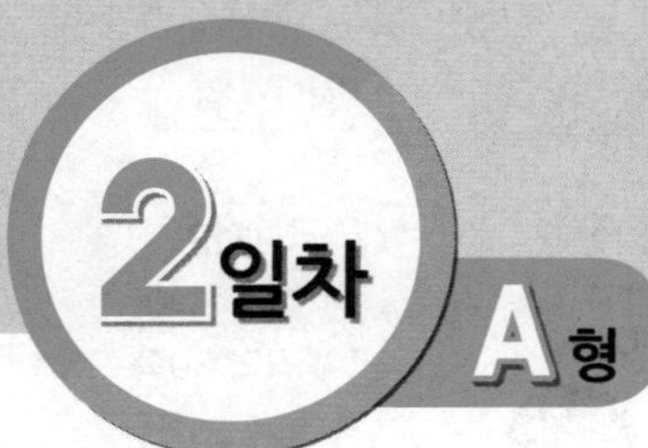

(두 자리 수)÷(한 자리 수) (3)

월	일
분	초
	/16

✎ 나눗셈의 몫과 나머지를 구하세요.

❶ 4)45

❷ 4)50

❸ 3)85

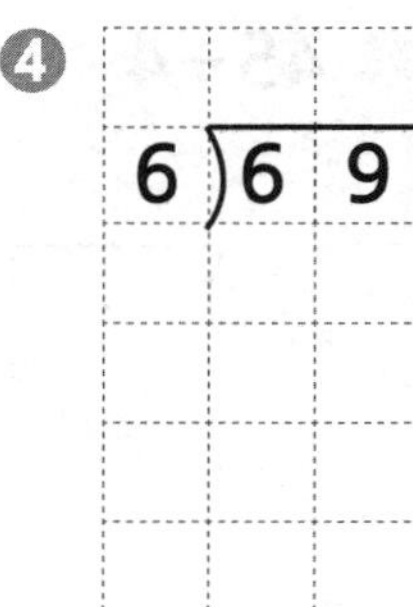

❹ 6)69

❺ 2)75

❻ 7)89

❼ 4)89

❽ 4)78

❾ 6)92

❿ 4)71

⓫ 3)95

⓬ 6)76

⓭ 6)74

⓮ 5)79

⓯ 8)99

⓰ 7)83

자기 점수에 ○표 하세요

맞힌 개수	8개 이하	9~12개	13~14개	15~16개
학습 방법	개념을 다시 공부하세요.	조금 더 노력하세요.	실수하면 안 돼요.	참 잘했어요.

(두 자리 수)÷(한 자리 수) (3)

월 일
분 초
/12

정답 40쪽

✎ 나눗셈의 몫과 나머지를 구하세요.

❶ 92÷8

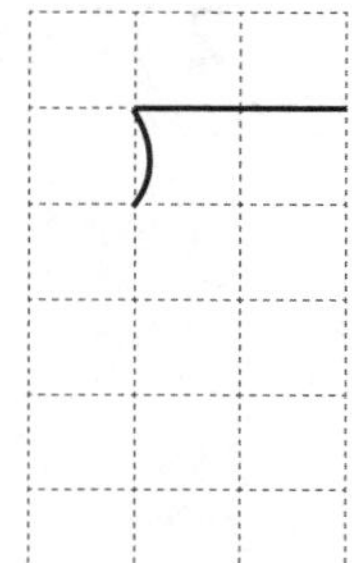

❷ 77÷4

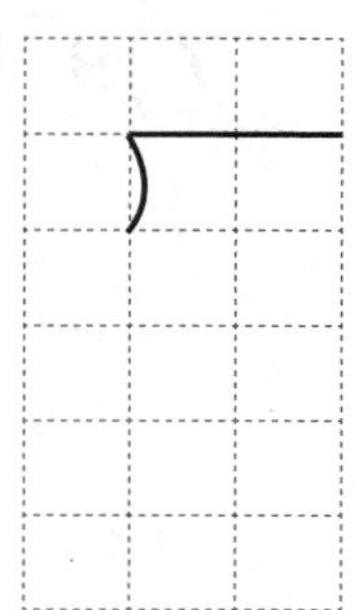

❸ 95÷6

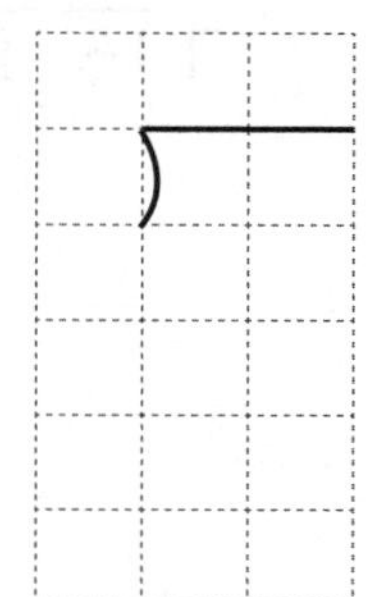

❹ 59÷4

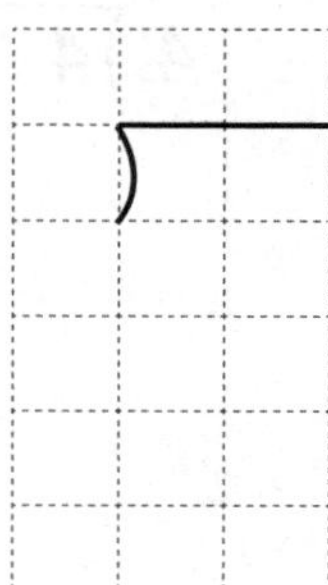

❺ 71÷3

❻ 63÷4

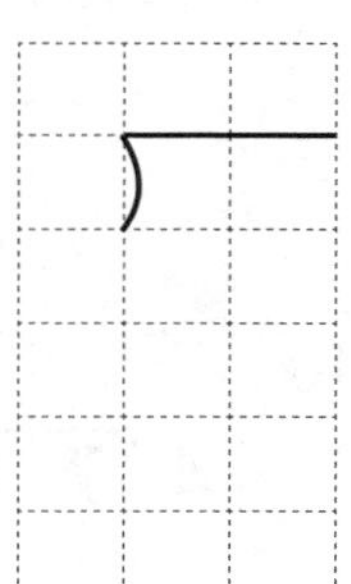

❼ 79÷2

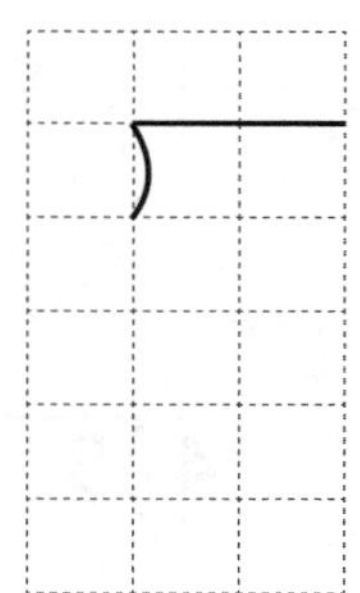

❽ 85÷6

❾ 83÷6

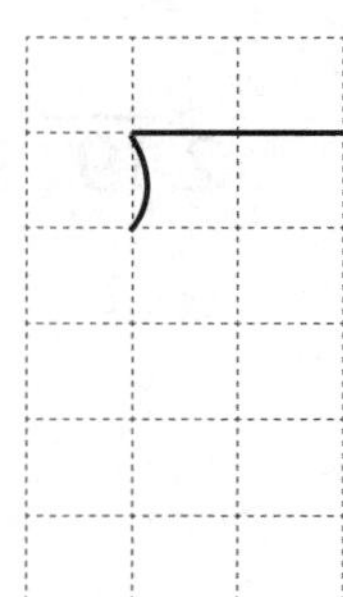

❿ 95÷7

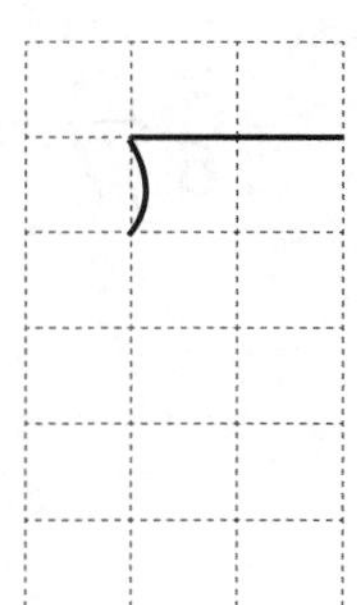

⓫ 50÷3

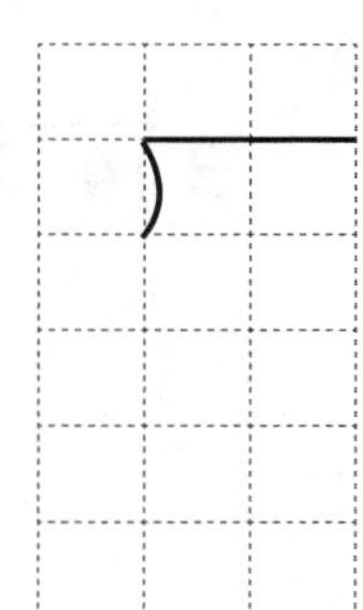

⓬ 92÷6

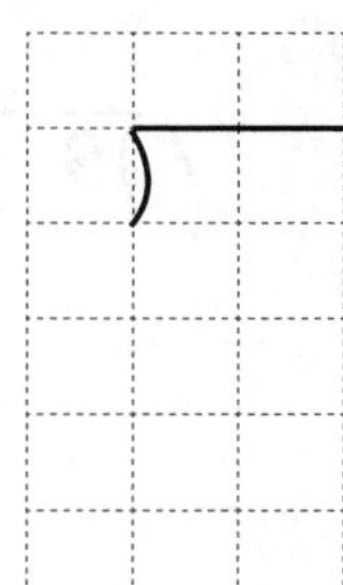

자기 점수에 ○표 하세요

맞힌 개수	6개 이하	7~8개	9~10개	11~12개
학습 방법	개념을 다시 공부하세요.	조금 더 노력하세요.	실수하면 안 돼요.	참 잘했어요.

(두 자리 수)÷(한 자리 수) (3)

월	일
분	초
	/16

✎ 나눗셈의 몫과 나머지를 구하세요.

❶ 4)49

❷ 3)68

❸ 7)95

❹ 2)75

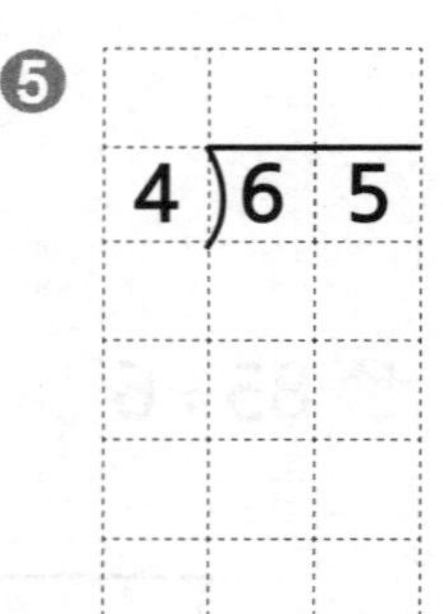

❺ 4)65

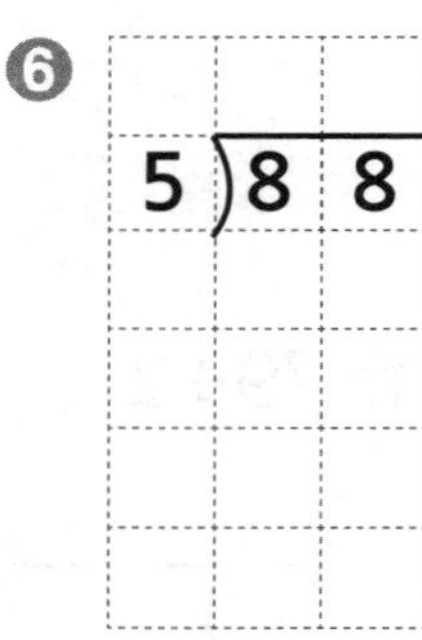

❻ 5)88

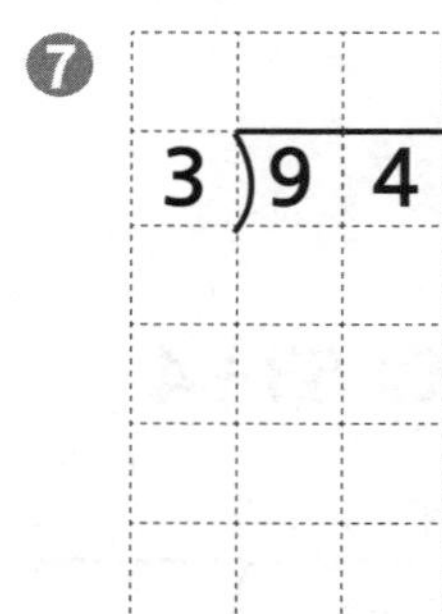

❼ 3)94

❽ 6)89

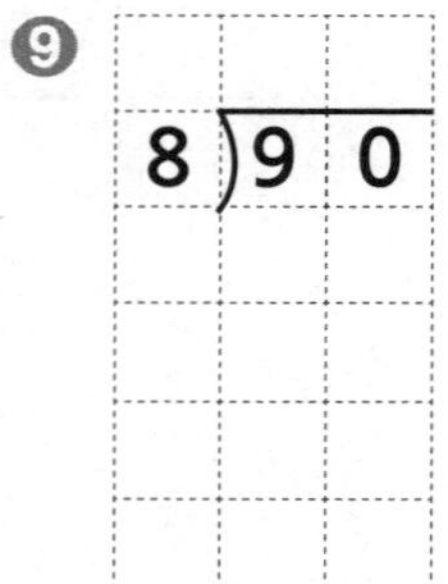

❾ 8)90

❿ 4)55

⓫ 4)70

⓬ 2)39

⓭ 7)94

⓮ 3)47

⓯ 6)77

⓰ 2)99

자기 점수에 ○표 하세요

맞힌 개수	8개 이하	9~12개	13~14개	15~16개
학습 방법	개념을 다시 공부하세요.	조금 더 노력 하세요.	실수하면 안 돼요.	참 잘했어요.

(두 자리 수)÷(한 자리 수) (3)

월	일
분	초
	/12

정답 41쪽

 나눗셈의 몫과 나머지를 구하세요.

❶ $83 \div 6$

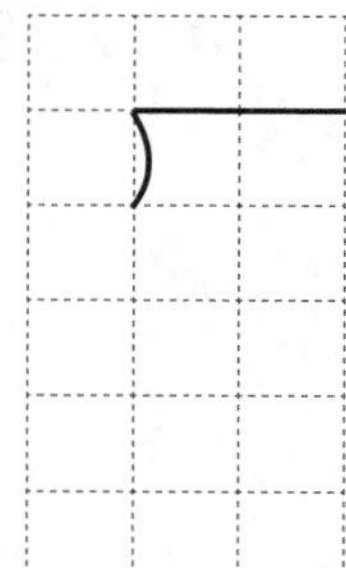

❷ $69 \div 4$

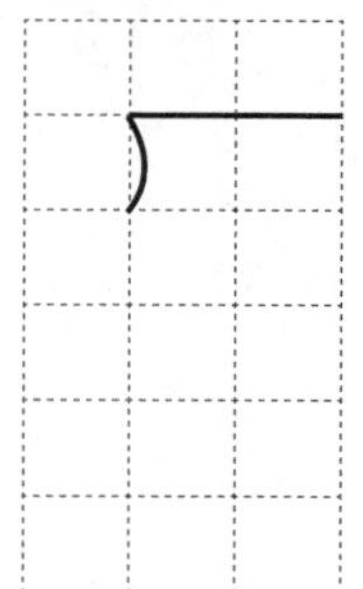

❸ $56 \div 3$

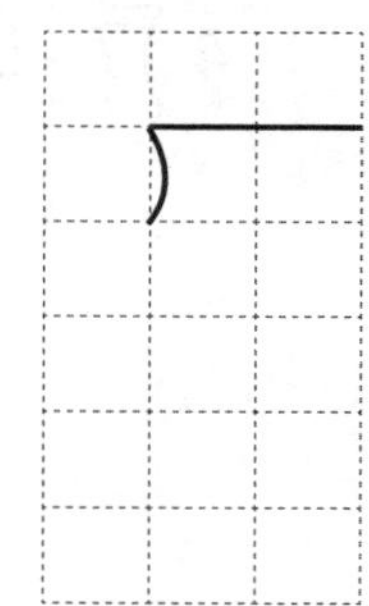

❹ $78 \div 7$

❺ $88 \div 6$

❻ $70 \div 3$

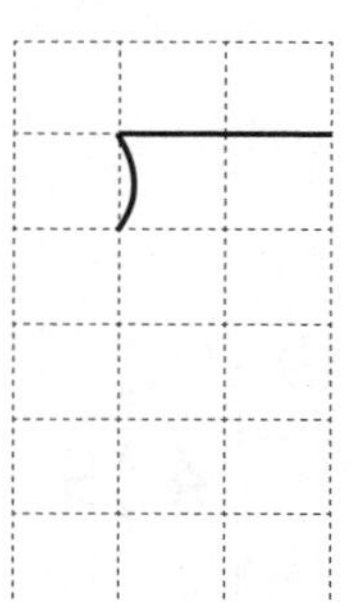

❼ $89 \div 5$

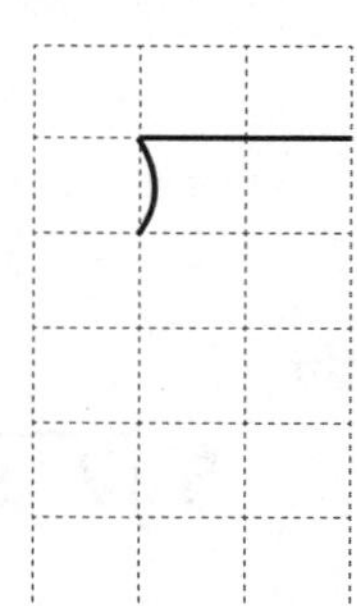

❽ $75 \div 6$

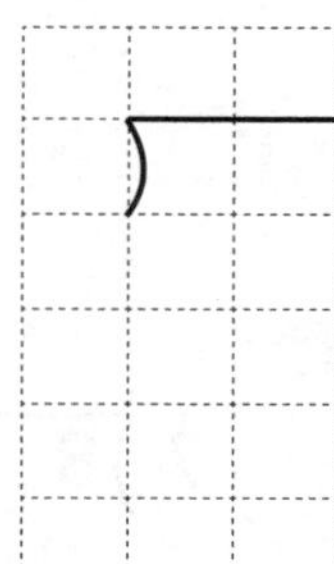

❾ $44 \div 3$

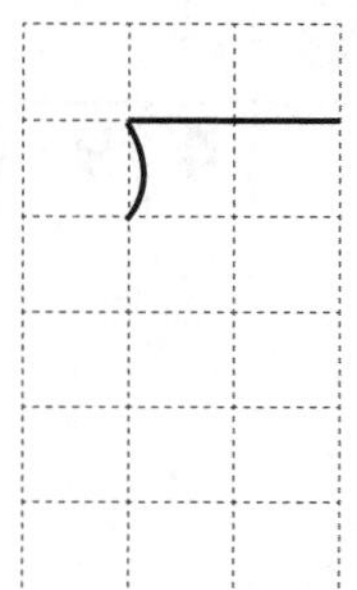

❿ $64 \div 5$

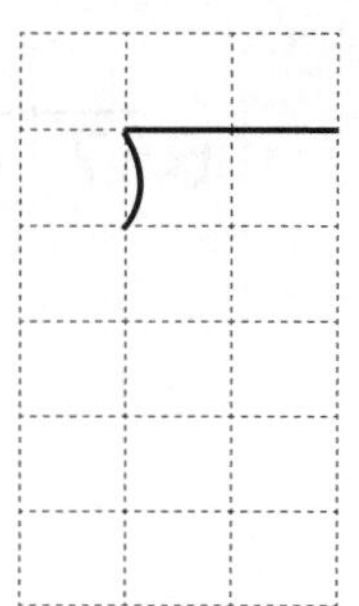

⓫ $81 \div 7$

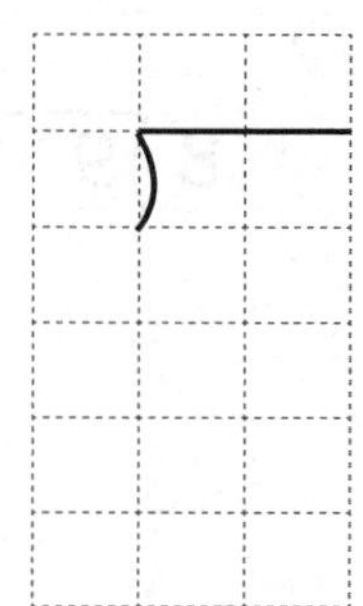

⓬ $59 \div 3$

자기 점수에 ○표 하세요

맞힌 개수	6개 이하	7~8개	9~10개	11~12개
학습 방법	개념을 다시 공부하세요.	조금 더 노력 하세요.	실수하면 안 돼요.	참 잘했어요.

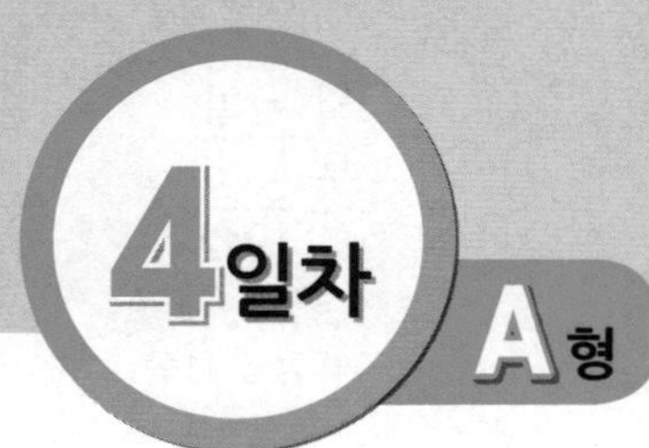

(두 자리 수)÷(한 자리 수) (3)

월 일
분 초
/16

✎ 나눗셈의 몫과 나머지를 구하세요.

❶ $3\overline{)37}$

❷ $4\overline{)75}$

❸ $6\overline{)92}$

❹ $4\overline{)78}$

❺ $2\overline{)55}$

❻ $4\overline{)58}$

❼ $7\overline{)95}$
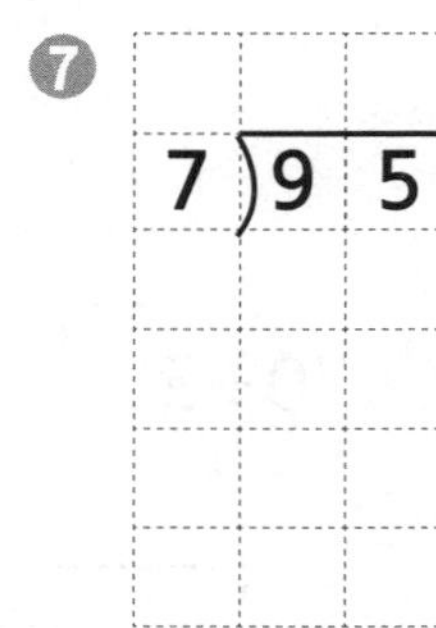

❽ $3\overline{)77}$

❾ $7\overline{)87}$

❿ $5\overline{)79}$

⓫ $4\overline{)93}$

⓬ $5\overline{)57}$

⓭ $6\overline{)82}$

⓮ $8\overline{)91}$

⓯ $6\overline{)74}$

⓰ $4\overline{)90}$

자기 점수에 ○표 하세요

맞힌 개수	8개 이하	9~12개	13~14개	15~16개
학습 방법	개념을 다시 공부하세요.	조금 더 노력하세요.	실수하면 안 돼요.	참 잘했어요.

(두 자리 수)÷(한 자리 수) (3)

월	일
분	초
	/12

정답 42쪽

나눗셈의 몫과 나머지를 구하세요.

❶ 97÷4

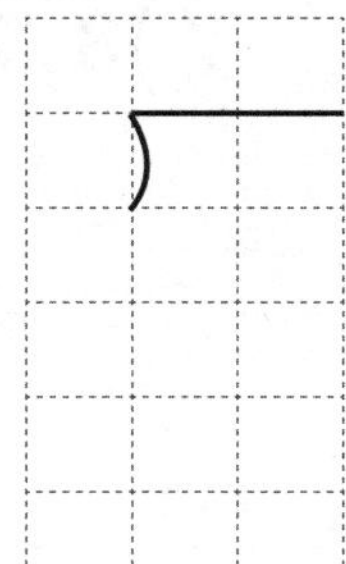

❷ 83÷5

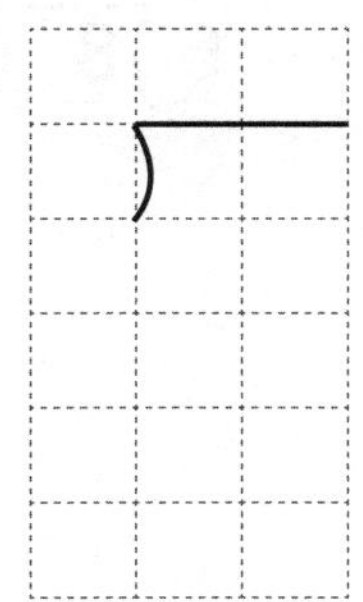

❸ 92÷7

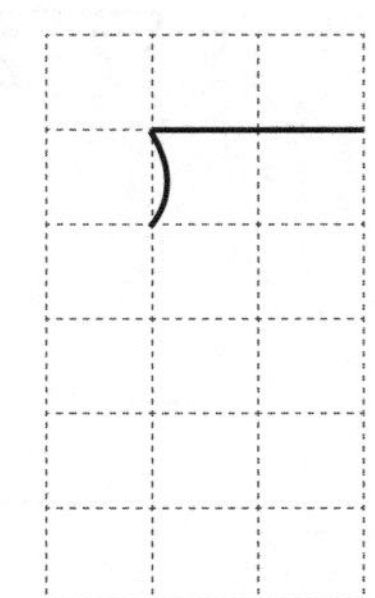

❹ 54÷4

❺ 98÷6

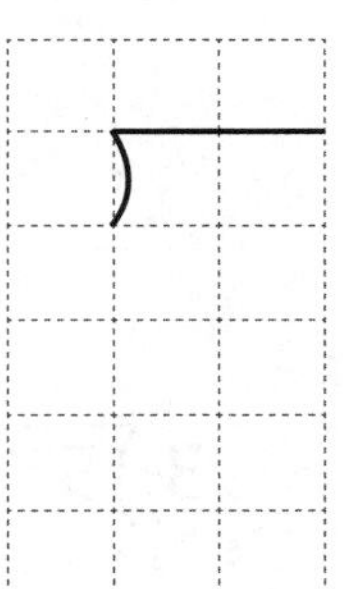

❻ 56÷3

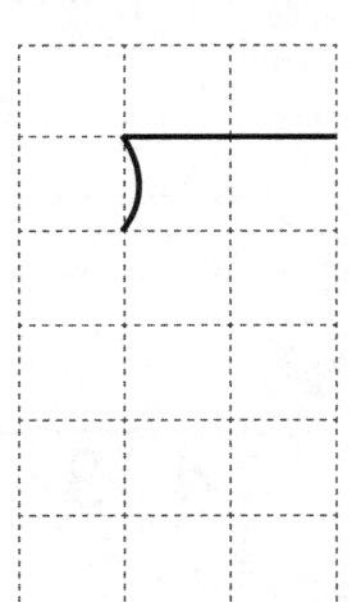

❼ 77÷2

❽ 47÷4

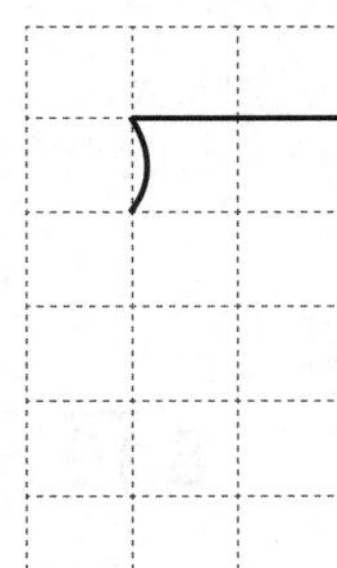

❾ 79÷6

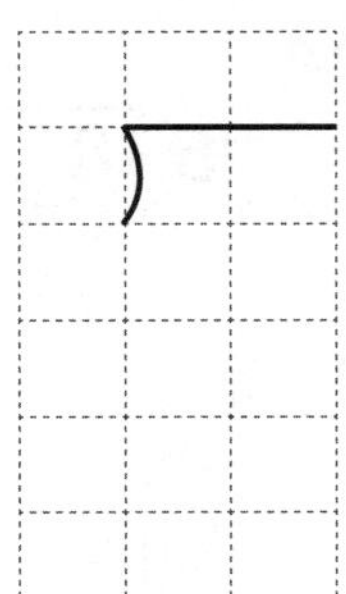

❿ 91÷4

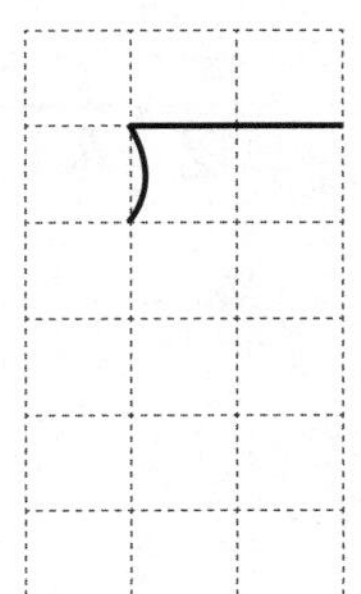

⓫ 89÷7

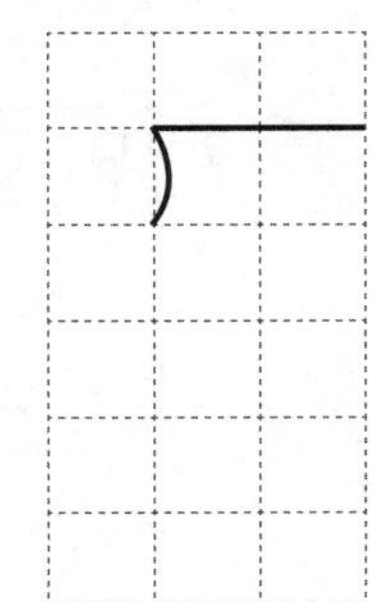

⓬ 57÷5

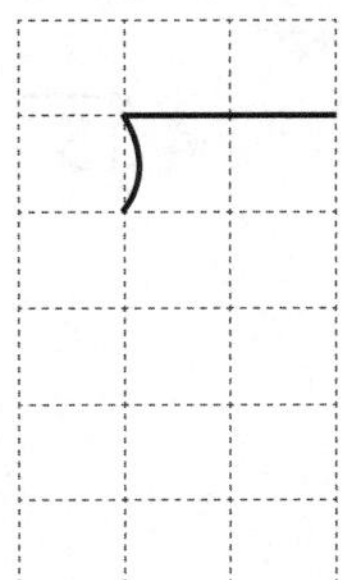

자기 점수에 ○표 하세요

맞힌 개수	6개 이하	7~8개	9~10개	11~12개
학습 방법	개념을 다시 공부하세요.	조금 더 노력하세요.	실수하면 안 돼요.	참 잘했어요.

(두 자리 수)÷(한 자리 수) (3)

월 일
분 초
/16

나눗셈의 몫과 나머지를 구하세요.

❶ $4\overline{)65}$

❷ $5\overline{)72}$

❸ $6\overline{)80}$

❹ $7\overline{)82}$

❺ $6\overline{)73}$

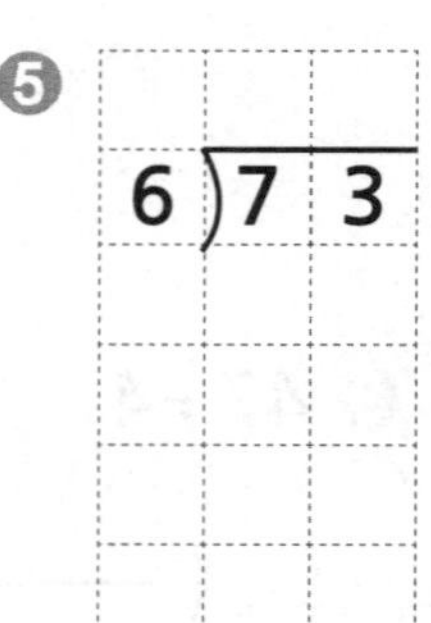

❻ $4\overline{)71}$

❼ $7\overline{)93}$

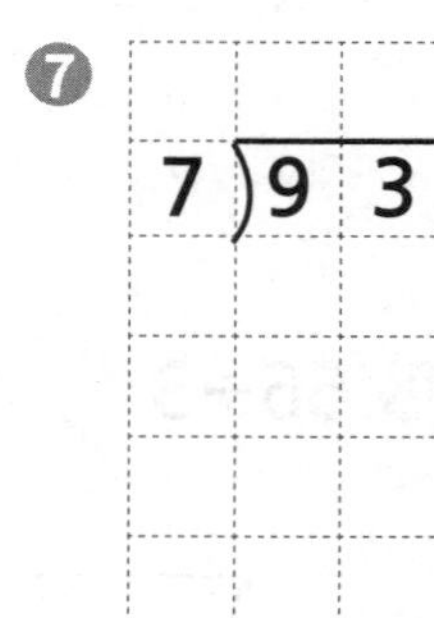

❽ $5\overline{)64}$

❾ $8\overline{)93}$

❿ $6\overline{)76}$

⓫ $4\overline{)99}$

⓬ $3\overline{)58}$

⓭ $4\overline{)58}$

⓮ $7\overline{)90}$

⓯ $2\overline{)47}$

⓰ $6\overline{)85}$

자기 점수에 ○표 하세요

맞힌 개수	8개 이하	9~12개	13~14개	15~16개
학습 방법	개념을 다시 공부하세요.	조금 더 노력 하세요.	실수하면 안 돼요.	참 잘했어요.

(두 자리 수)÷(한 자리 수) (3)

월 일
분 초
/12

정답 43쪽

 나눗셈의 몫과 나머지를 구하세요.

❶ 57÷4

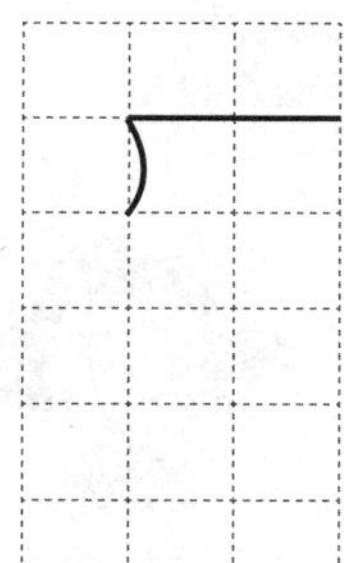

❷ 88÷3

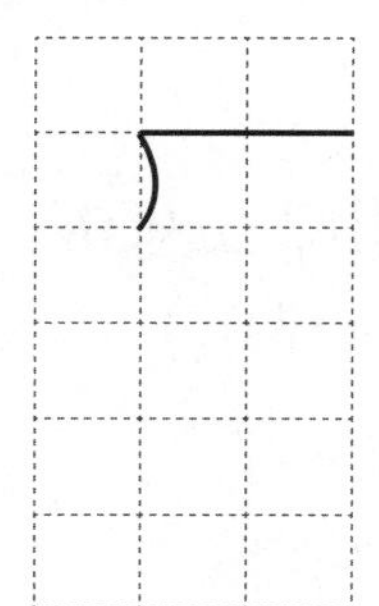

❸ 91÷4

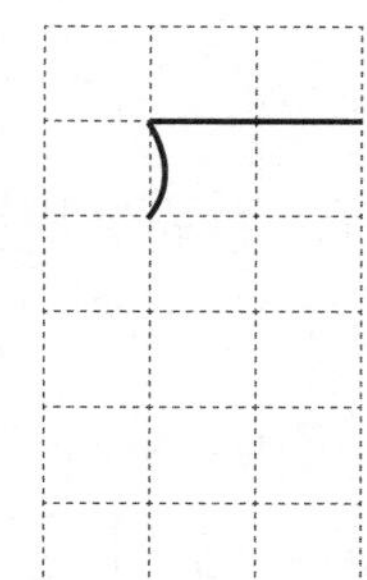

❹ 68÷3

❺ 89÷6

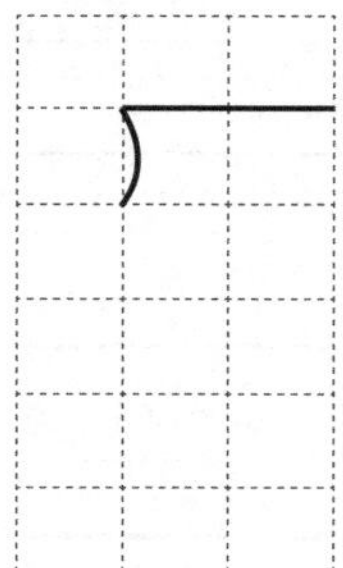

❻ 75÷6

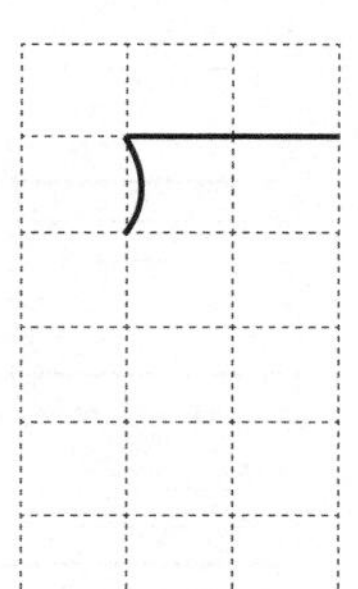

❼ 51÷2

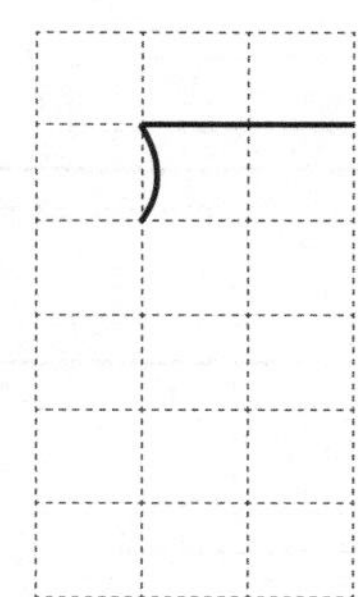

❽ 59÷3

❾ 93÷6

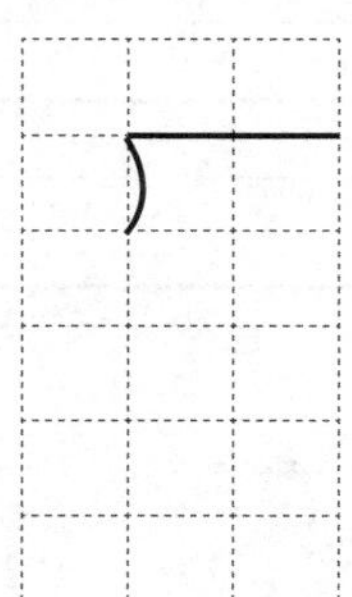

❿ 58÷4

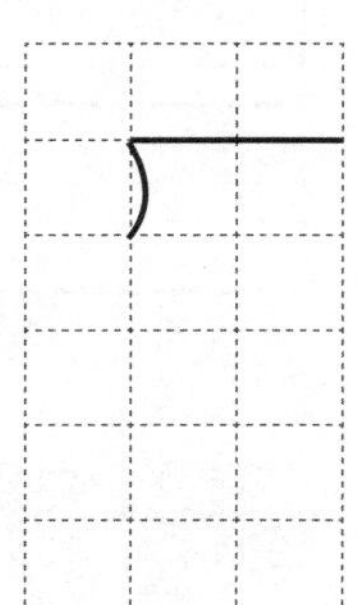

⓫ 87÷7

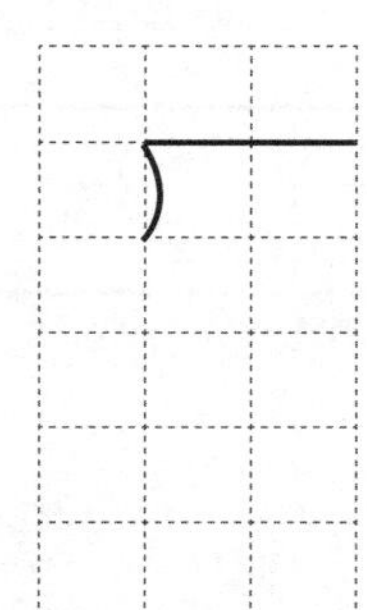

⓬ 79÷6

자기 점수에 ○표 하세요

맞힌 개수	6개 이하	7~8개	9~10개	11~12개
학습 방법	개념을 다시 공부하세요.	조금 더 노력하세요.	실수하면 안 돼요.	참 잘했어요.

(세 자리 수)÷(한 자리 수)

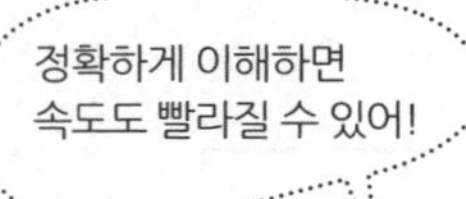

◆스스로 학습 관리표◆

- 매일 맞힌 개수를 적고, 걸린 시간만큼 색칠해 보세요. (눈금 1칸은 1분이며, 초는 표의 상단에 적으세요.)
- 하루하루 지날수록 실력이 자라고, 계산 속도가 빨라지는 것을 눈으로 직접 확인할 수 있습니다.

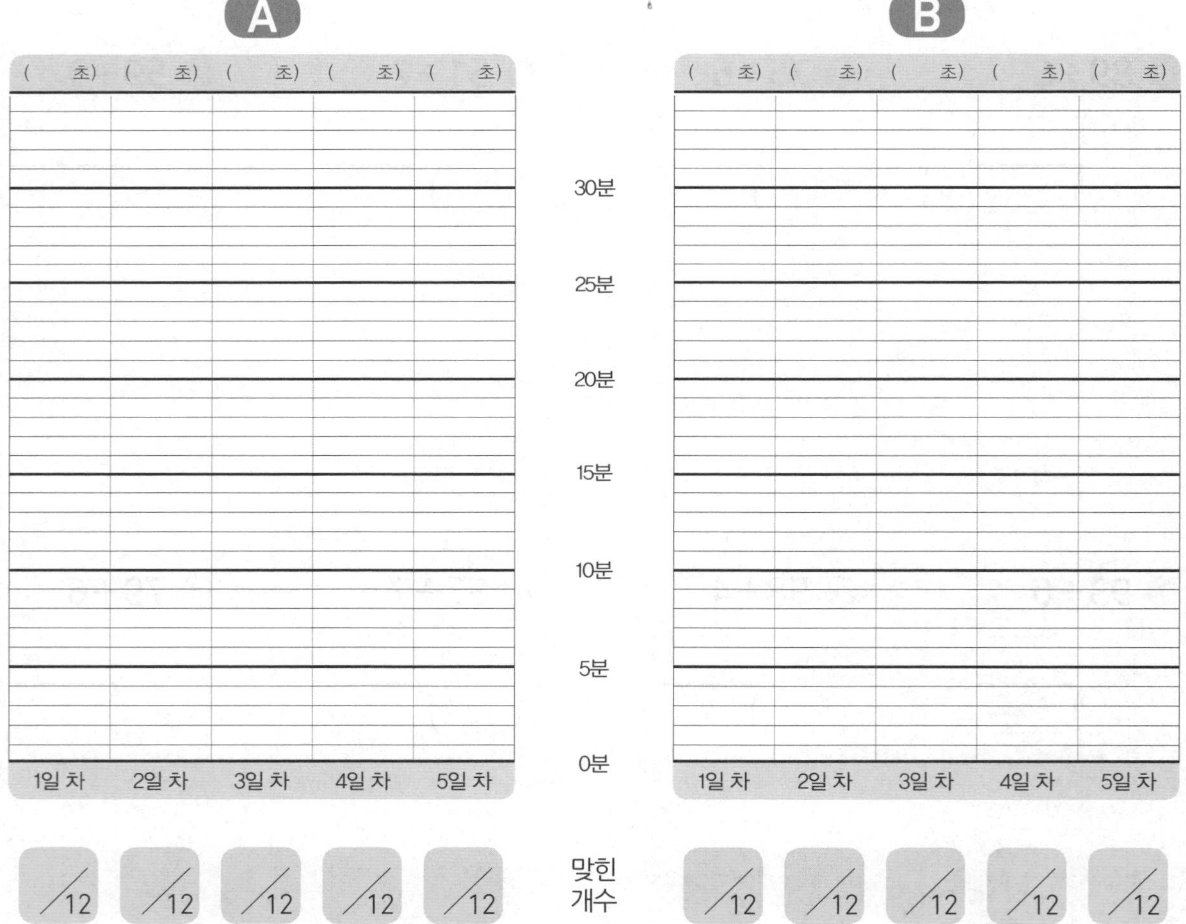

◆개념 포인트◆

(세 자리 수)÷(한 자리 수)

나누어지는 수가 세 자리 수로 커진 나눗셈을 연습합니다.
나눗셈은 가장 높은 자리(이번 단계에서는 백의 자리)부터 나눕니다.
(세 자리 수)÷(한 자리 수)에서 몫은 세 자리 수이거나 두 자리 수입니다.

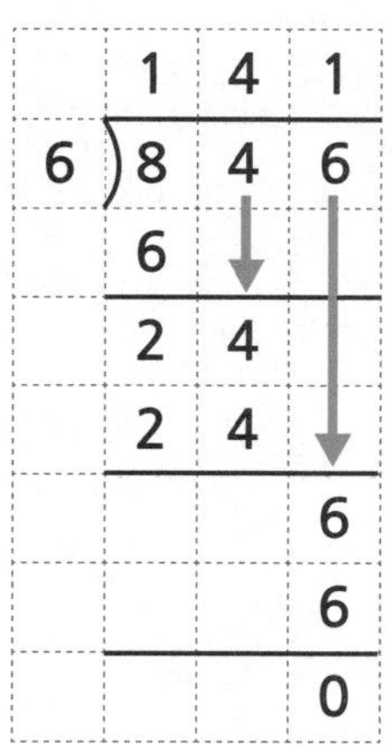

백의 자리: 8−6=2
십의 자리: 4(그대로 내려씁니다.)
십의 자리에서 나머지가 없으므로
일의 자리 수만 그대로 내려씁니다.

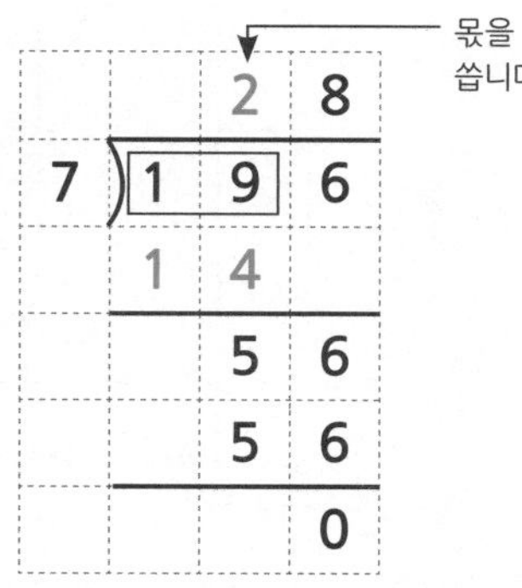

몫을 십의 자리부터 씁니다.

백의 자리: 1에 7이 들어가지 않습니다.
백의 자리와 십의 자리를 함께 계산합니다.
19에 7이 2번 들어갑니다.

예시

세로셈

	1	3	5
5	6	7	5
	5		
	1	7	
	1	5	
		2	5
		2	5
			0

가로셈

343÷7

(세 자리 수)÷(한 자리 수)의 계산에서 나누는 수가 백의 자리 수에 들어갈 수 있으면 몫을 백의 자리의 숫자 위에, 들어갈 수 없으면 몫을 십의 자리의 숫자 위에 쓰고, 내림하여 차례대로 계산해야 한다는 것을 강조해 주세요.

(세 자리 수)÷(한 자리 수)

월 일
분 초
/12

나누어지는 수가 커져도 가장 높은 자리부터 차근차근 나누면 돼!

나눗셈의 몫을 구하세요.

❶ $3\overline{)672}$

❷ $4\overline{)492}$

❸ $6\overline{)876}$

❹ $5\overline{)675}$

❺ $7\overline{)448}$

❻ $5\overline{)375}$

❼ $7\overline{)679}$

❽ $8\overline{)496}$

❾ $9\overline{)576}$

❿ $7\overline{)273}$

⓫ $4\overline{)296}$

⓬ $7\overline{)203}$

자기 점수에 ○표 하세요

맞힌 개수	6개 이하	7~8개	9~10개	11~12개
학습 방법	개념을 다시 공부하세요.	조금 더 노력하세요.	실수하면 안 돼요.	참 잘했어요.

(세 자리 수)÷(한 자리 수)

월 일
분 초
/12

정답 44쪽

나눗셈의 몫을 구하세요.

❶ 772÷4

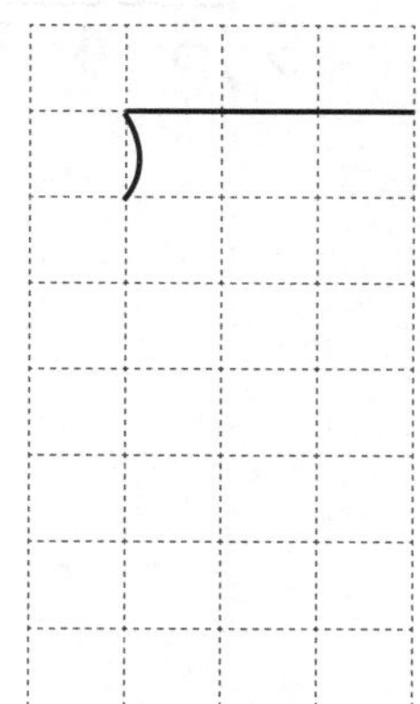

❷ 976÷8

❸ 972÷9

❹ 534÷3

❺ 438÷6

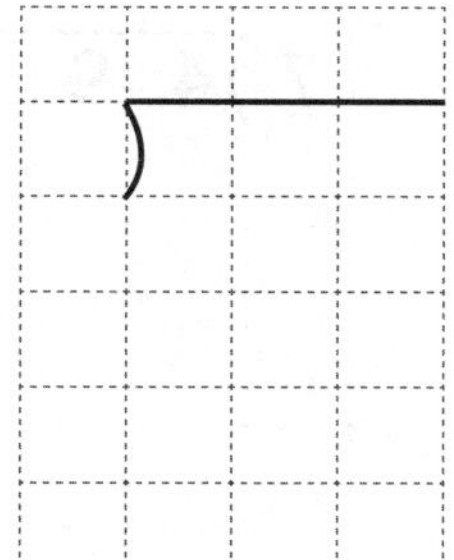

❻ 295÷5

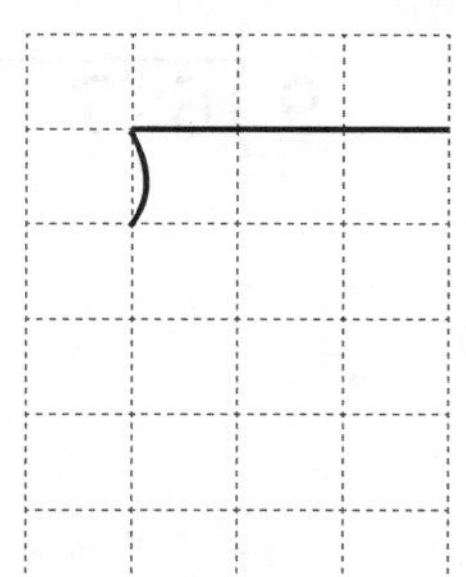

❼ 294÷6

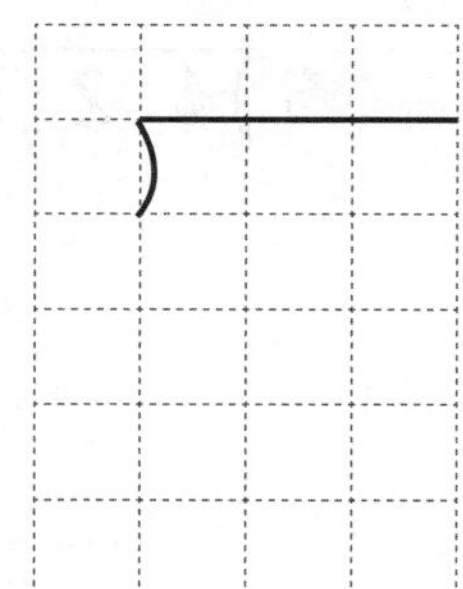

❽ 152÷4

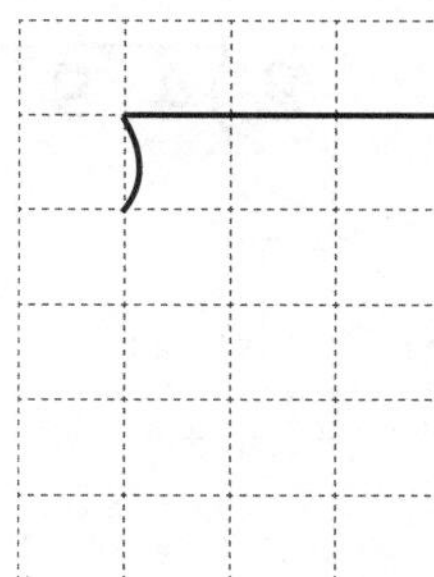

❾ 425÷5

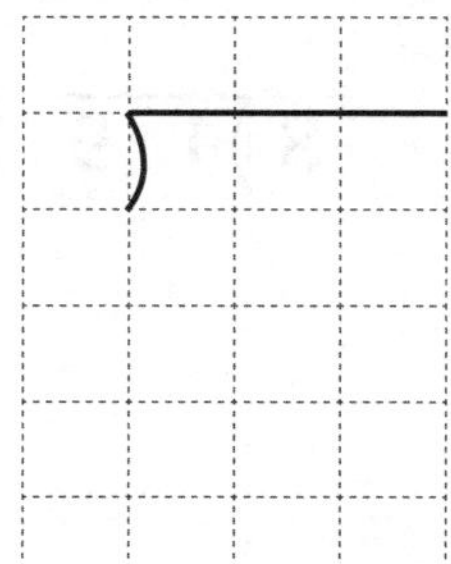

❿ 592÷8

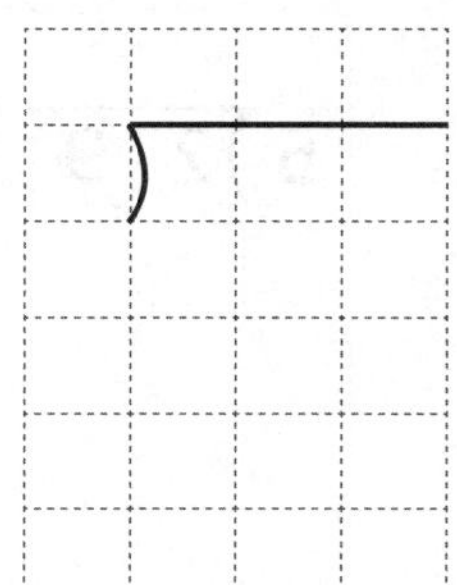

⓫ 828÷9

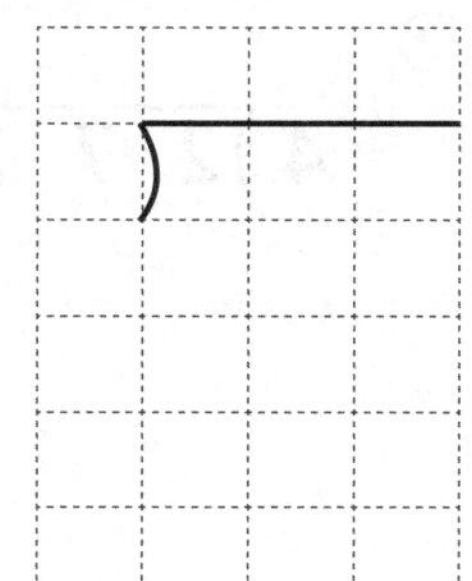

⓬ 147÷3

자기 점수에 ○표 하세요

맞힌 개수	6개 이하	7~8개	9~10개	11~12개
학습 방법	개념을 다시 공부하세요.	조금 더 노력 하세요.	실수하면 안 돼요.	참 잘했어요.

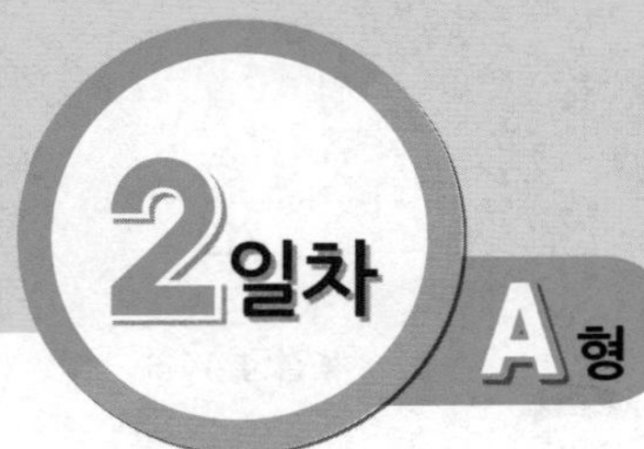

(세 자리 수) ÷ (한 자리 수)

월	일
분	초
	/12

나눗셈의 몫을 구하세요.

❶ $5\overline{)670}$

❷ $6\overline{)894}$

❸ $4\overline{)664}$

❹ $3\overline{)543}$

❺ $8\overline{)496}$

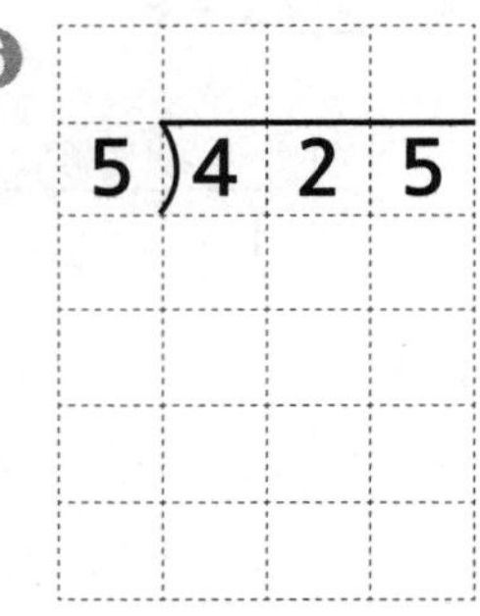

❻ $5\overline{)425}$

❼ $9\overline{)675}$

❽ $7\overline{)497}$

❾ $8\overline{)576}$

❿ $4\overline{)272}$

⓫ $5\overline{)295}$

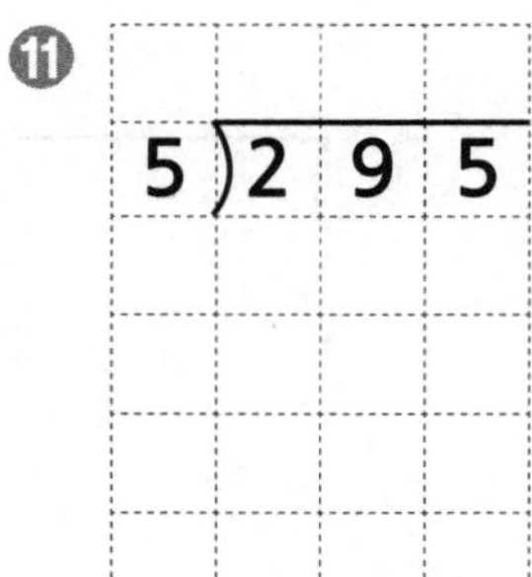

⓬ $8\overline{)192}$

자기 점수에 ○표 하세요

맞힌 개수	6개 이하	7~8개	9~10개	11~12개
학습 방법	개념을 다시 공부하세요.	조금 더 노력 하세요.	실수하면 안 돼요.	참 잘했어요.

(세 자리 수)÷(한 자리 수)

월	일
분	초
	/12

정답 45쪽

✎ 나눗셈의 몫을 구하세요.

❶ 928÷8

❷ 711÷3

❸ 846÷6

❹ 995÷5

❺ 434÷7

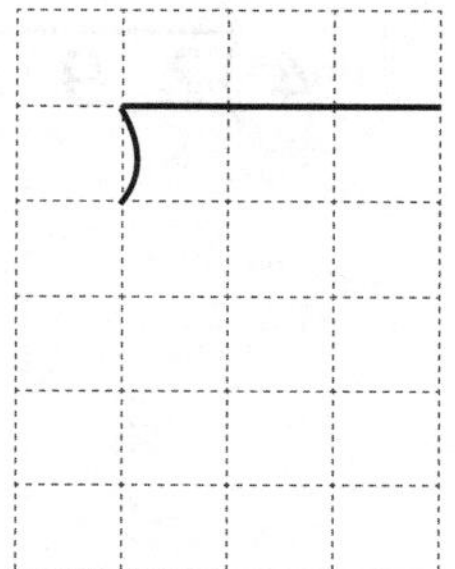

❻ 296÷4

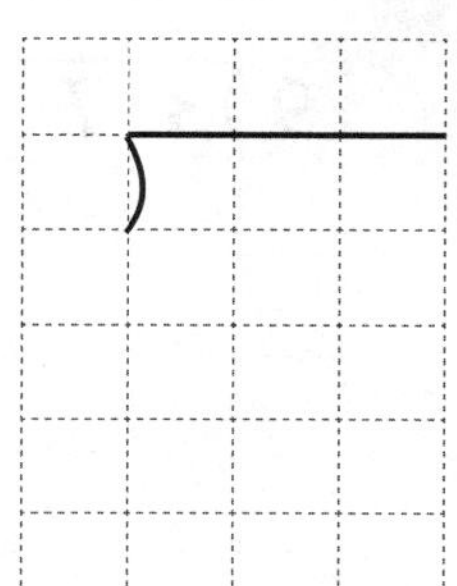

❼ 344÷8

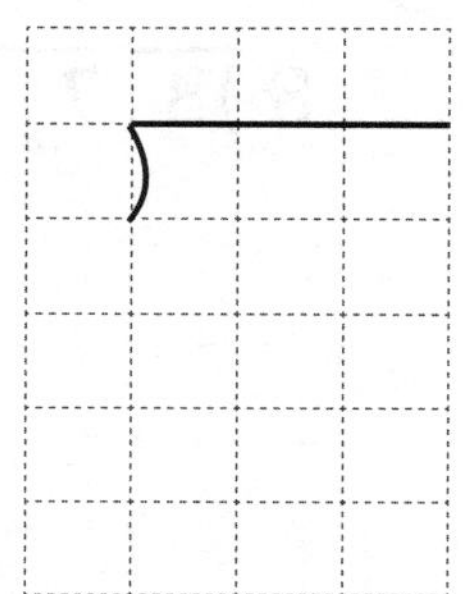

❽ 156÷6

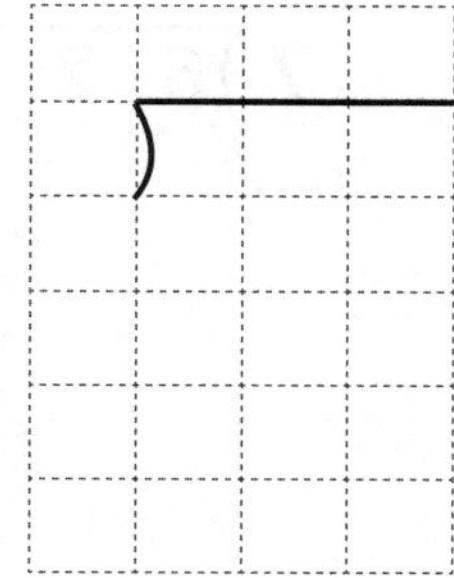

❾ 423÷9

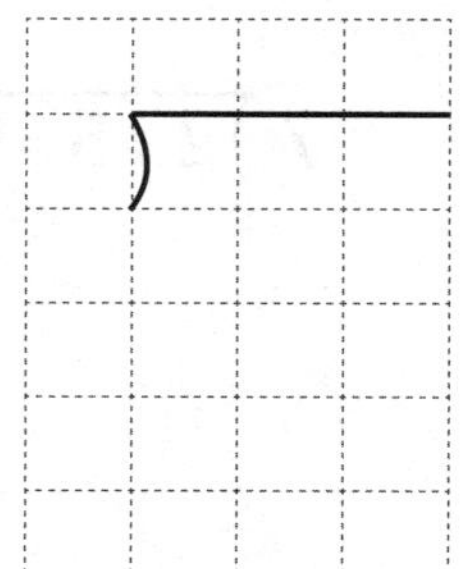

❿ 594÷6

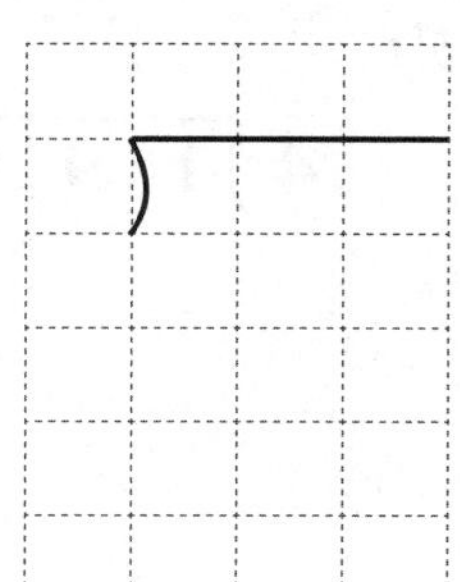

⓫ 425÷5

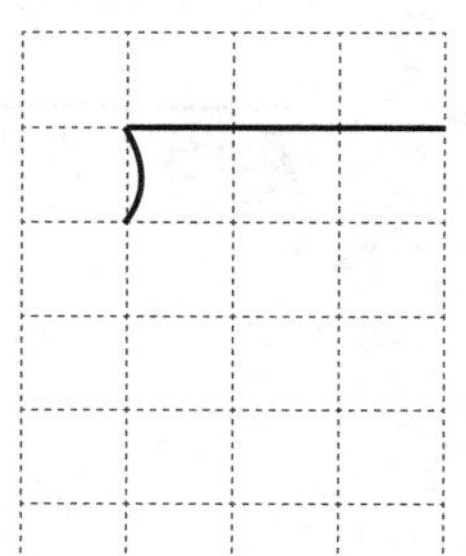

⓬ 144÷8

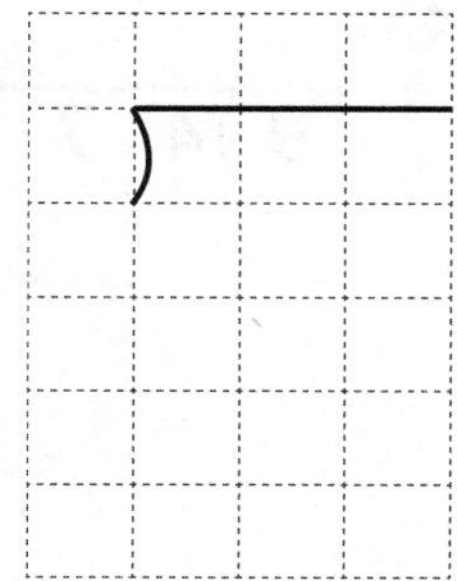

자기 점수에 ○표 하세요

맞힌 개수	6개 이하	7~8개	9~10개	11~12개
학습 방법	개념을 다시 공부하세요.	조금 더 노력하세요.	실수하면 안 돼요.	참 잘했어요.

(세 자리 수)÷(한 자리 수)

월 일
분 초
/12

✎ 나눗셈의 몫을 구하세요.

❶ 3)552

❷ 2)378

❸ 6)750

❹ 4)768

❺ 7)623

❻ 8)376

❼ 9)378

❽ 4)296

❾ 9)477

❿ 7)574

⓫ 4)196

⓬ 7)259

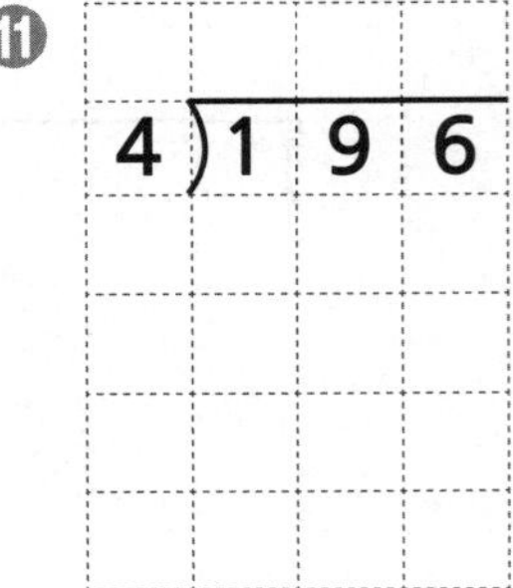

자기 점수에 ○표 하세요

맞힌 개수	6개 이하	7~8개	9~10개	11~12개
학습 방법	개념을 다시 공부하세요.	조금 더 노력하세요.	실수하면 안 돼요.	참 잘했어요.

(세 자리 수)÷(한 자리 수)

월 일
분 초
/12

정답 46쪽

나눗셈의 몫을 구하세요.

❶ 635÷5

❷ 942÷6

❸ 724÷4

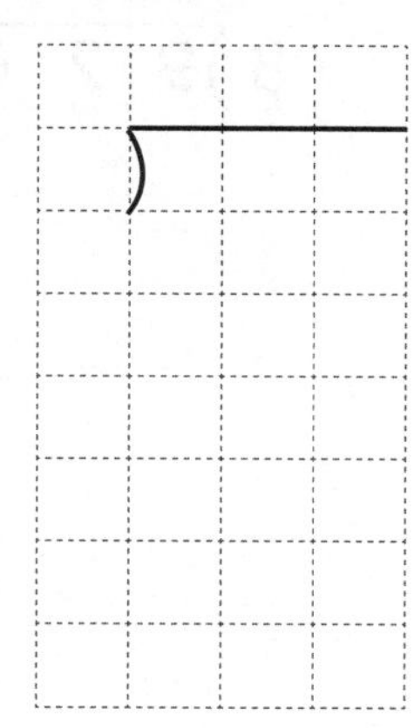

❹ 846÷3

❺ 588÷6

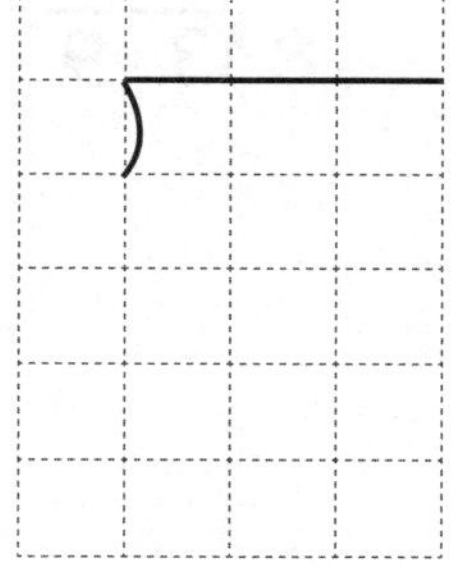

❻ 315÷5

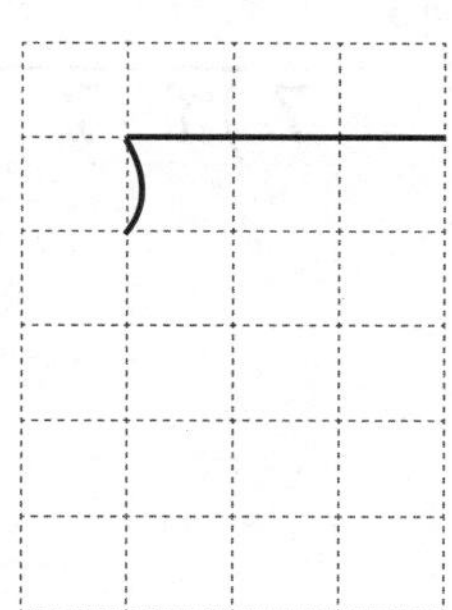

❼ 544÷8

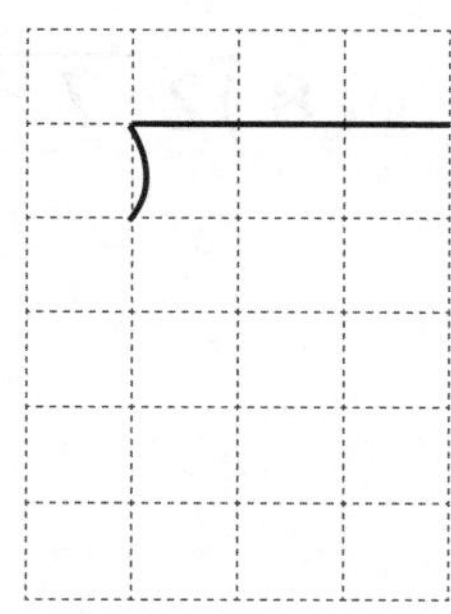

❽ 154÷7

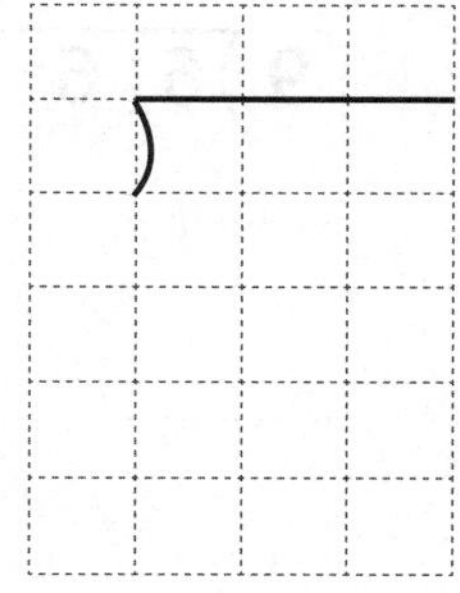

❾ 621÷9

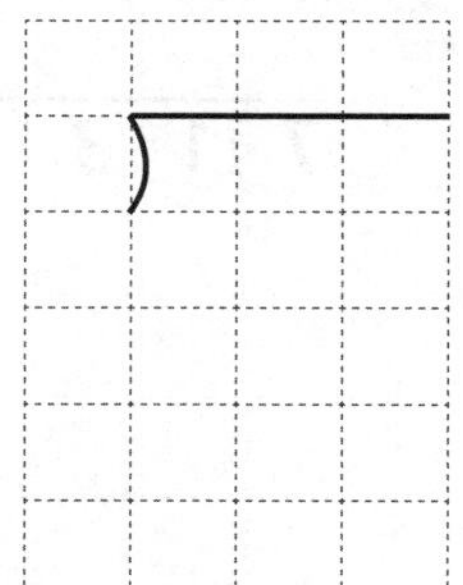

❿ 448÷8

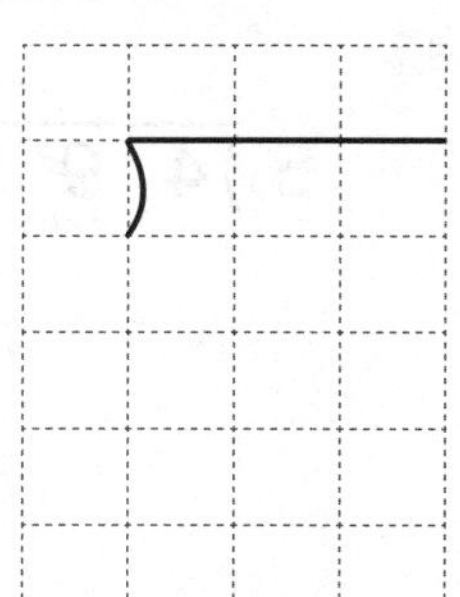

⓫ 534÷6

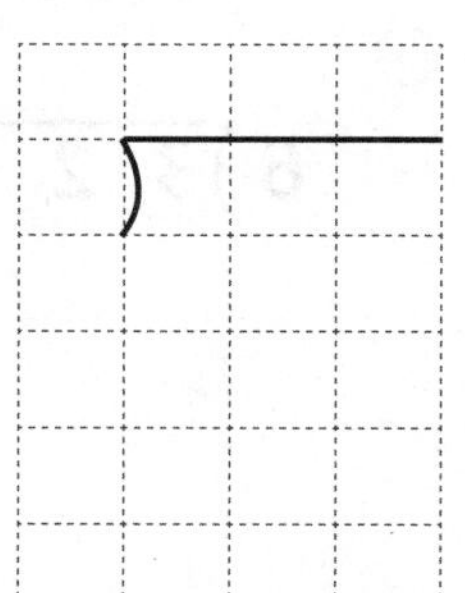

⓬ 296÷4

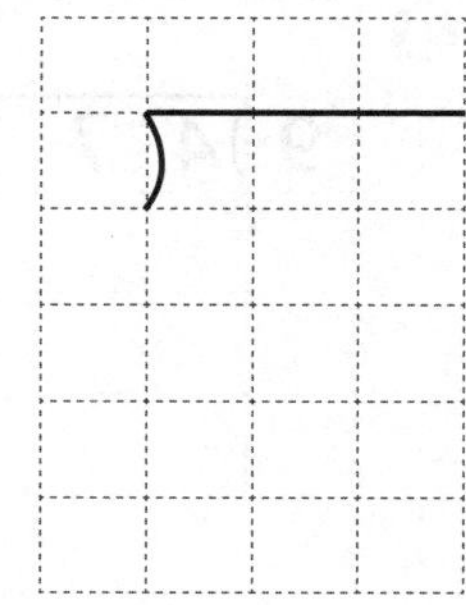

자기 점수에 ○표 하세요

맞힌 개수	6개 이하	7~8개	9~10개	11~12개
학습 방법	개념을 다시 공부하세요.	조금 더 노력하세요.	실수하면 안 돼요.	참 잘했어요.

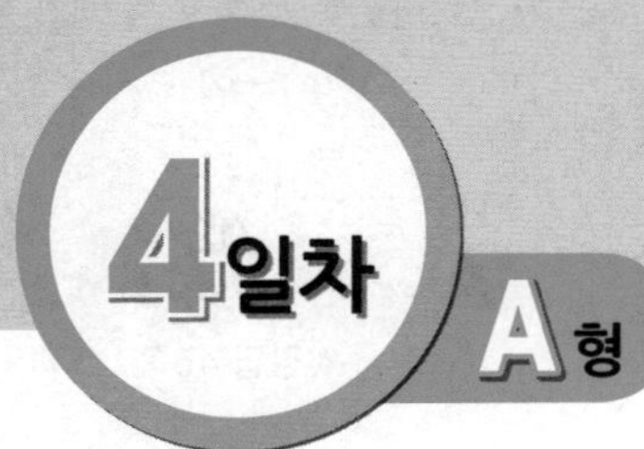

(세 자리 수)÷(한 자리 수)

월 일
분 초
/12

나눗셈의 몫을 구하세요.

❶ 3)786

❷ 8)920

❸ 5)630

❹ 6)708

❺ 9)666

❻ 8)272

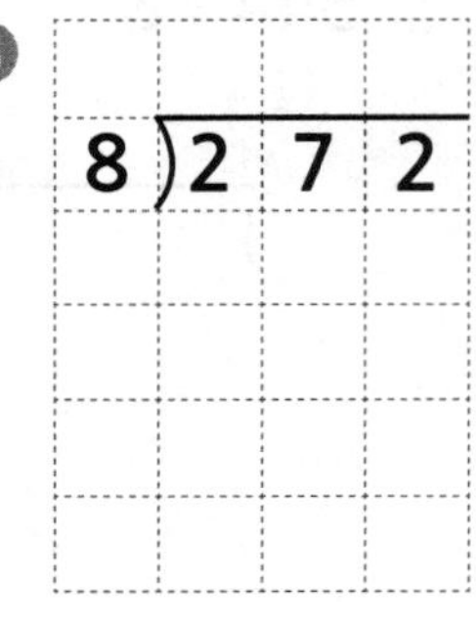

❼ 7)175

❽ 8)392

❾ 9)477

❿ 6)324

⓫ 5)495

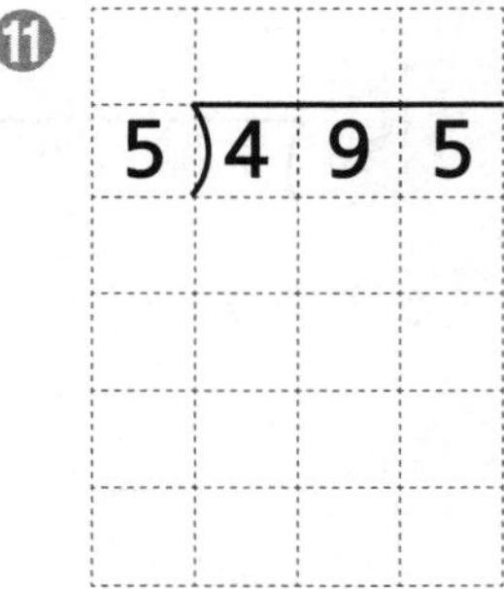

⓬ 7)133

자기 점수에 ○표 하세요

맞힌 개수	6개 이하	7~8개	9~10개	11~12개
학습 방법	개념을 다시 공부하세요.	조금 더 노력하세요.	실수하면 안 돼요.	참 잘했어요.

(세 자리 수)÷(한 자리 수)

월 일
분 초
/12

정답 47쪽

나눗셈의 몫을 구하세요.

❶ 948÷4

❷ 984÷6

❸ 336÷2

❹ 612÷4

❺ 516÷6

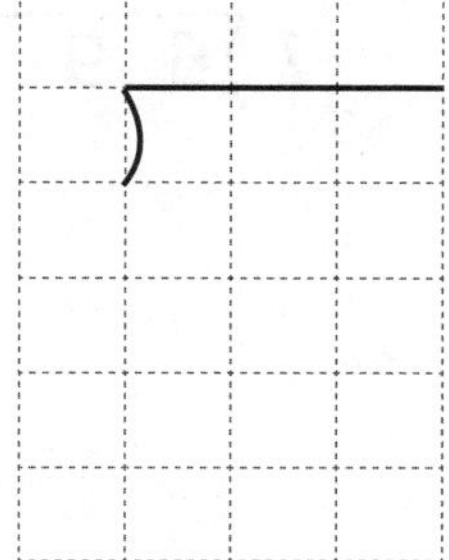

❻ 296÷8

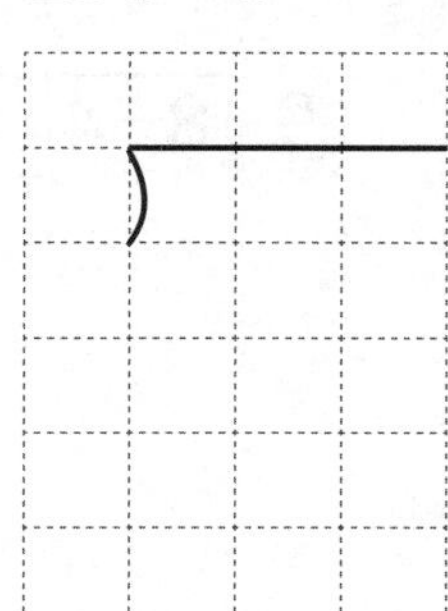

❼ 342÷9

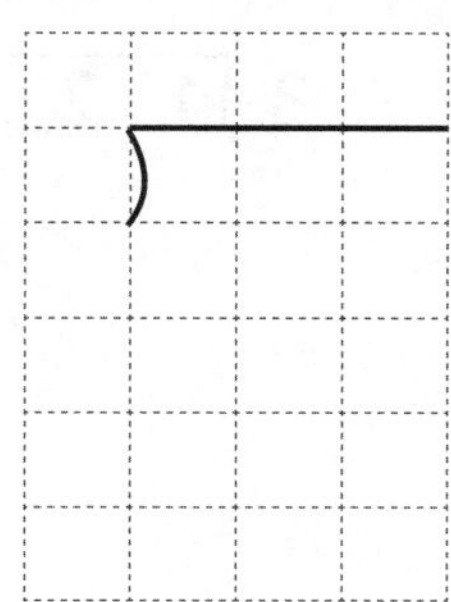

❽ 228÷4

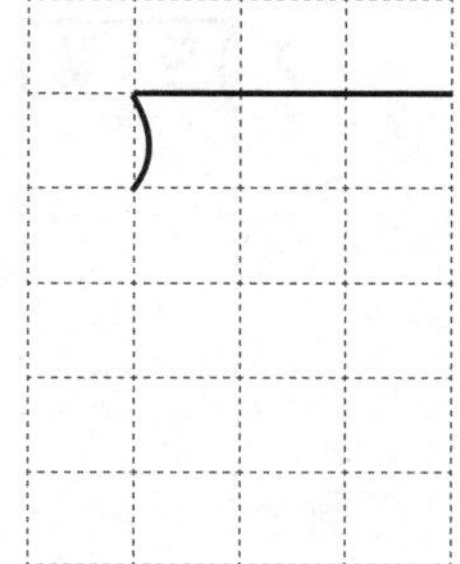

❾ 175÷5

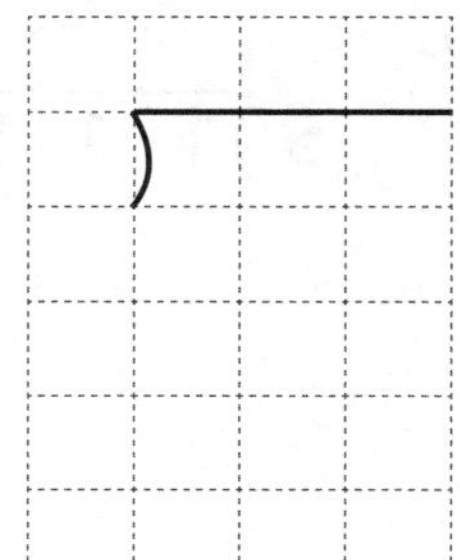

❿ 693÷7

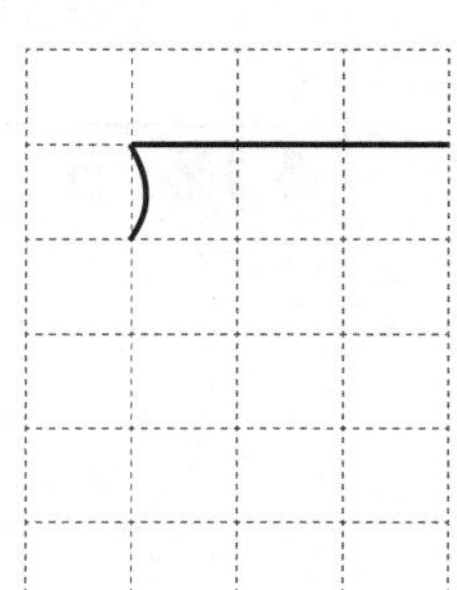

⓫ 427÷7

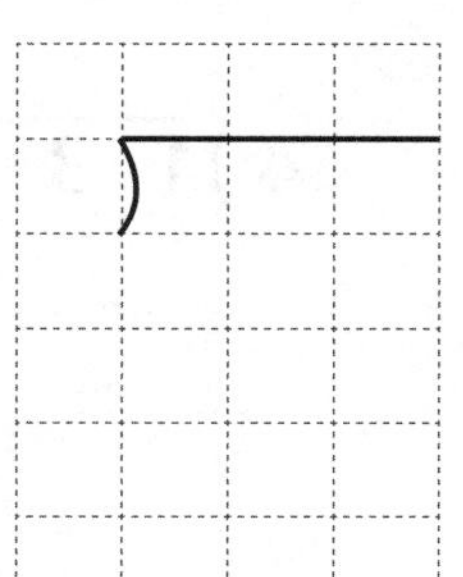

⓬ 624÷8

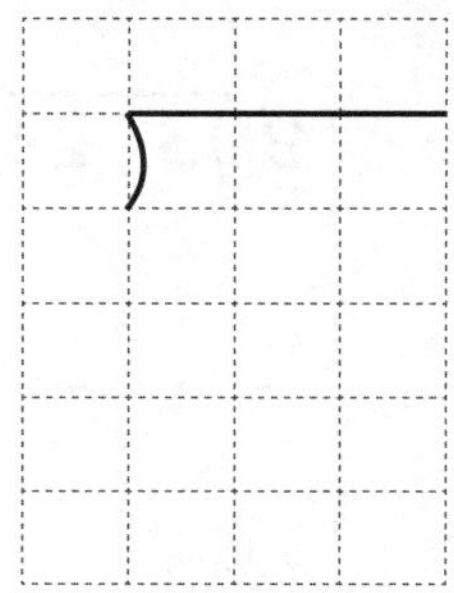

자기 점수에 ○표 하세요

맞힌 개수	6개 이하	7~8개	9~10개	11~12개
학습 방법	개념을 다시 공부하세요.	조금 더 노력 하세요.	실수하면 안 돼요.	참 잘했어요.

(세 자리 수)÷(한 자리 수)

월	일
분	초
	/12

나눗셈의 몫을 구하세요.

❶ 7)966

❷ 8)936

❸ 6)738

❹ 3)948

❺ 7)574

❻ 3)129

❼ 9)846

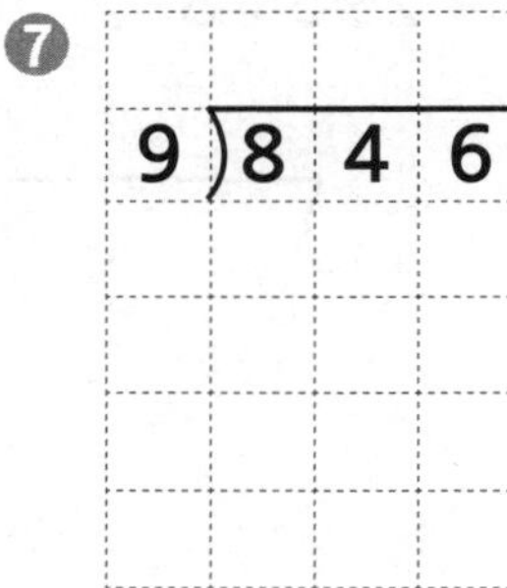

❽ 7)693

❾ 9)324

❿ 4)136

⓫ 4)252

⓬ 5)115

자기 점수에 ○표 하세요

맞힌 개수	6개 이하	7~8개	9~10개	11~12개
학습 방법	개념을 다시 공부하세요.	조금 더 노력하세요.	실수하면 안 돼요.	참 잘했어요.

(세 자리 수)÷(한 자리 수)

월	일
분	초
	/12

정답 48쪽

나눗셈의 몫을 구하세요.

❶ 843÷3

❷ 992÷8

❸ 846÷6

❹ 726÷3

❺ 144÷8

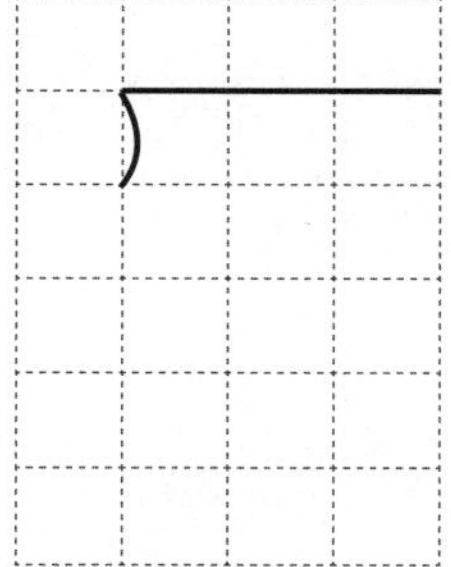

❻ 434÷7

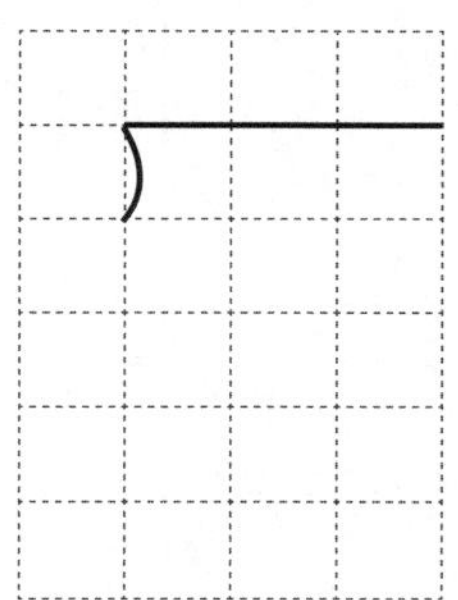

❼ 534÷6

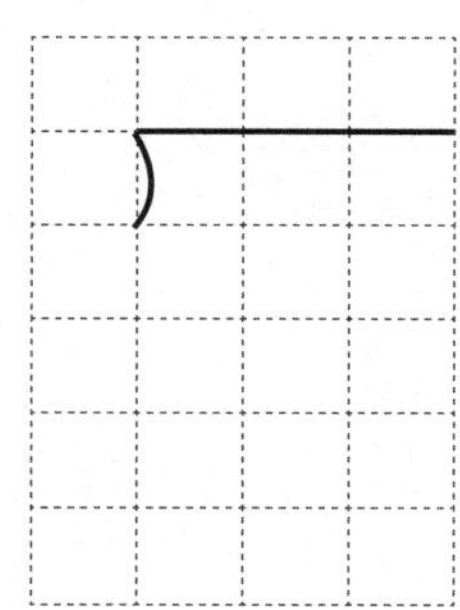

❽ 621÷9

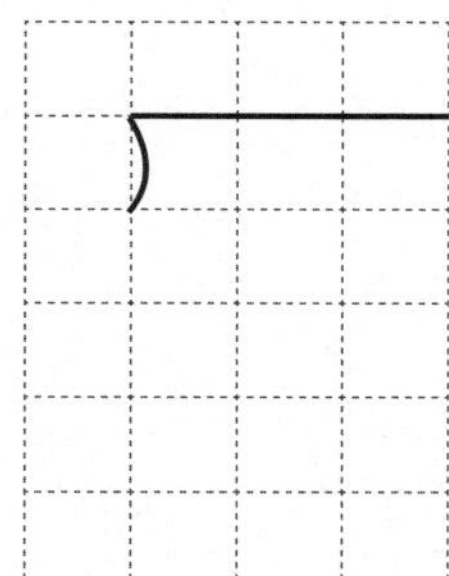

❾ 228÷4

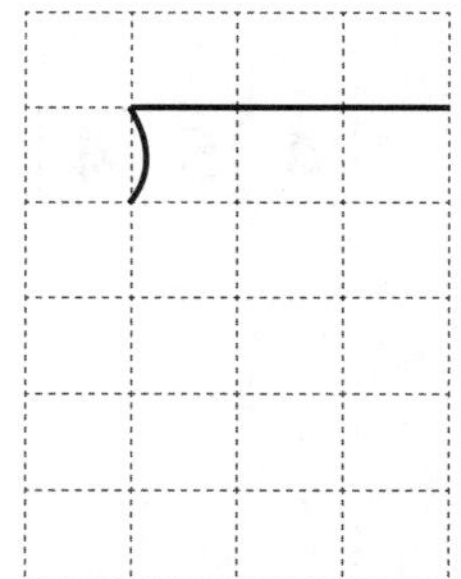

❿ 147÷3

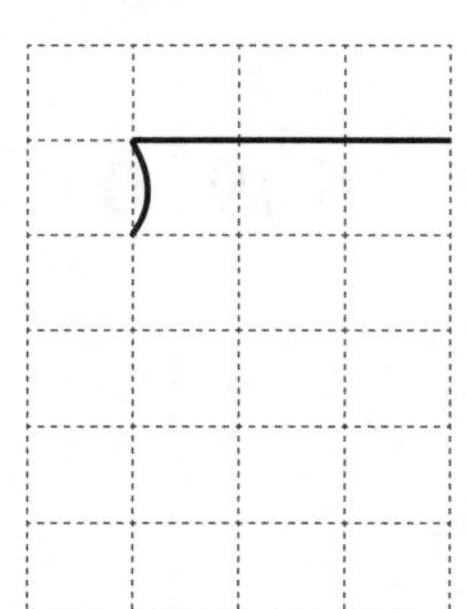

⓫ 686÷7

⓬ 592÷8

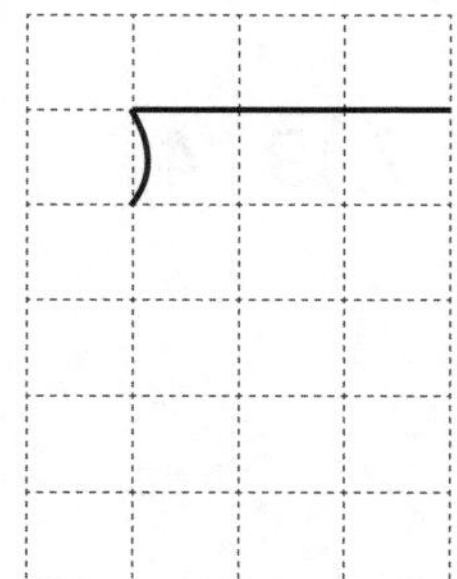

자기 점수에 ○표 하세요

맞힌 개수	6개 이하	7~8개	9~10개	11~12개
학습 방법	개념을 다시 공부하세요.	조금 더 노력하세요.	실수하면 안 돼요.	참 잘했어요.

세 단계 묶어 풀기 057 ~ 059단계
(두/세 자리 수)÷(한 자리 수)

월 일
분 초
/12

정답 49쪽

✎ 나눗셈의 몫을 구하세요.

❶

2)94

❷ 3)45

❸ 7)84

❹ 2)78

❺
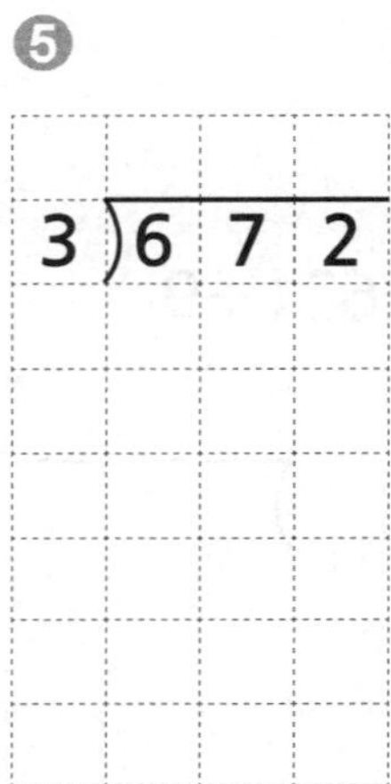
3)672

❻

4)492

❼

8)592

❽

3)147

✎ 나눗셈의 몫과 나머지를 구하세요.

❾ 7)94

❿
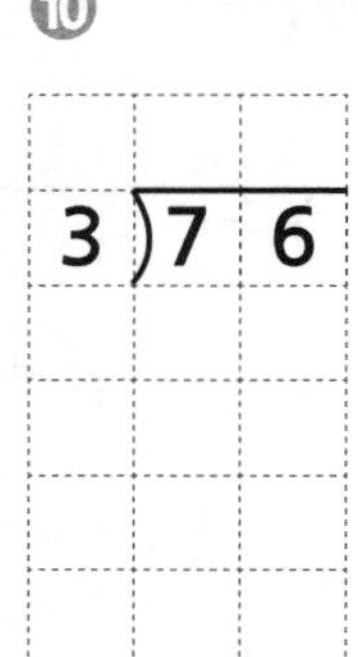
3)76

⓫
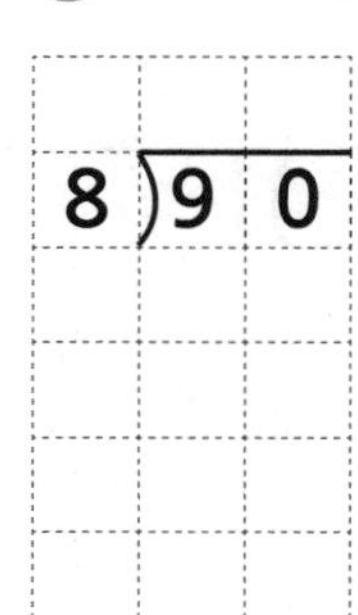
8)90

⓬ 4)54

재미있는 수학이야기

거울 계산

거울을 갖고 놀아 본 적 있나요? 거울 속 세상은 참 신기하지요?
거울에 비친 것은 모두 똑같은 모양인데 뭔가 달라져 있습니다. 오른쪽과 왼쪽이 바뀌었다는 것을 확실하게 알아차리지는 못했지만 뭔가 미묘하게 바뀐 모습이 신기하게 느껴져요. 이런 거울 대칭이 곱셈구구 속에도 있습니다.
다음은 9의 단 곱셈구구 배열을 거울 대칭이 되게 바꾸어 놓은 거예요.

1×9= 9	90=10×9
2×9=18	81=9×9
3×9=27	72=8×9
4×9=36	63=7×9
5×9=45	54=6×9

거울 계산을 하나 더 소개할게요.

9+9=18	81=9×9
24+3=27	72=3×24
47+2=49	94=2×47
497+2=499	994=2×497

왼쪽은 덧셈이고 오른쪽은 곱셈으로 되어 있다는 것, 아래 두 줄에서 47과 497이 거울상이 아니라 그대로 쓰였다는 것만 제외하면 이 계산도 멋진 거울 대칭을 이루네요.
또 다른 거울 계산이 없나 친구들도 찾아 보세요.

들이와 무게의 덧셈과 뺄셈

◆스스로 학습 관리표◆

• 매일 맞힌 개수를 적고, 걸린 시간만큼 색칠해 보세요.
(눈금 1칸은 1분이며, 초는 표의 상단에 적으세요.)

• 하루하루 지날수록 실력이 자라고, 계산 속도가
빨라지는 것을 눈으로 직접 확인할 수 있습니다.

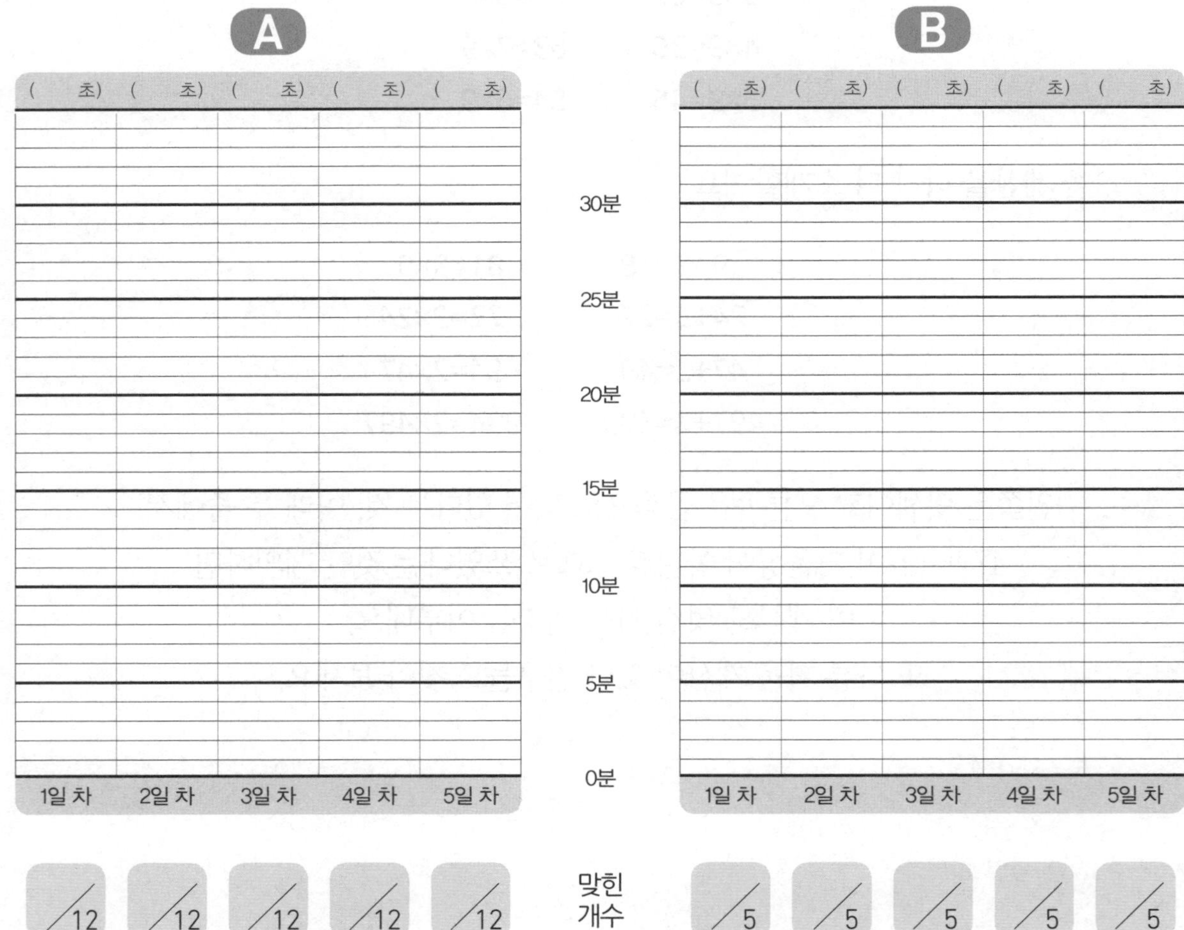

◆개념 포인트◆

들이의 덧셈과 뺄셈

들이의 단위에는 L와 mL 등이 있고, L는 L끼리, mL는 mL끼리 더하고 빼서 들이의 덧셈과 뺄셈을 할 수 있습니다.
이때 1L=1000mL이므로 mL끼리 더한 값이 1000보다 크면 1000mL를 1L로 받아올림하고 mL끼리 뺄 수 없으면 1L를 1000mL로 받아내림하여 계산합니다.

무게의 덧셈과 뺄셈

무게의 단위에는 kg, g, t 등이 있고, kg은 kg끼리, g은 g끼리 더하고 빼서 무게의 덧셈과 뺄셈을 할 수 있습니다.
이때 1kg=1000g이므로 g끼리 더한 값이 1000보다 크면 1000g을 1kg으로 받아올림하여 계산하고 g끼리 뺄 수 없으면 1kg을 1000g으로 받아내림하여 계산합니다.

예시

들이의 덧셈과 뺄셈

	1L	300mL
+	2L	400mL
	3L	700mL

	8L	500mL
−	7L	200mL
	1L	300mL

무게의 덧셈과 뺄셈

	3kg	200g
+	4kg	500g
	7kg	700g

	6kg	900g
−	5kg	600g
	1kg	300g

같은 단위끼리 덧셈, 뺄셈하고 1L=1000mL, 1kg=1000g임을 이용하여 받아올림과 받아내림하여 계산하도록 지도해 주세요.

들이와 무게의 덧셈과 뺄셈

월	일
분	초
	/12

같은 단위끼리 계산할 때
받아올림과 받아내림을
이용해!

✎ 계산을 하세요.

❶

	5L	200mL
+	1L	400mL
	L	mL

❷

	3L	600mL
+	2L	100mL
	L	mL

❸

	1L	600mL
+	4L	900mL
	L	mL

❹

	3L	500mL
−	1L	200mL
	L	mL

❺

	4L	900mL
−	3L	500mL
	L	mL

❻

	7L	100mL
−	3L	400mL
	L	mL

❼

	2kg	500g
+	4kg	300g
	kg	g

❽

	3kg	400g
+	3kg	700g
	kg	g

❾

	1kg	900g
+	2kg	700g
	kg	g

❿

	7kg	800g
−	3kg	200g
	kg	g

⓫

	4kg	100g
−	1kg	200g
	kg	g

⓬

	5kg	300g
−	3kg	400g
	kg	g

자기 점수에 ○표 하세요

맞힌 개수	7개 이하	8~9개	10~11개	12개
학습 방법	개념을 다시 공부하세요.	조금 더 노력 하세요.	실수하면 안 돼요.	참 잘했어요.

들이와 무게의 덧셈과 뺄셈

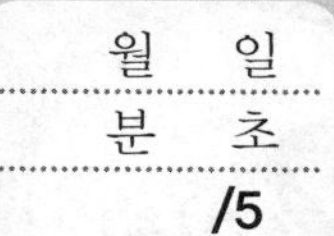

정답 50쪽

같은 단위끼리 뺄 수 없으면 1000을 받아내림해 줘!

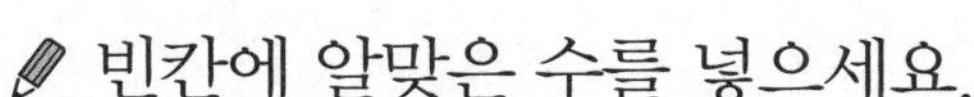

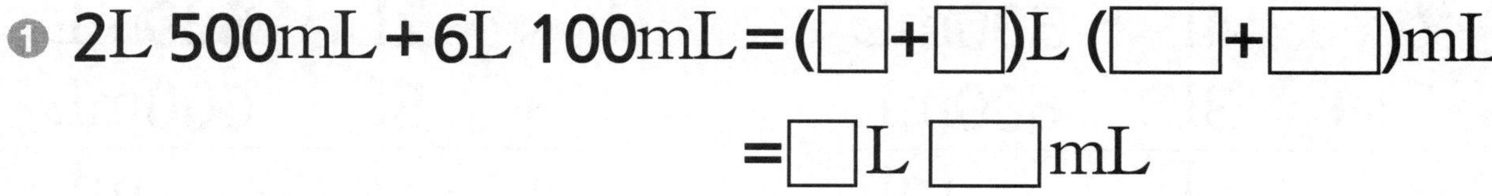

❶ 2L 500mL+6L 100mL=(□+□)L (□+□)mL
=□L □mL

❷ 6L 200mL+1L 900mL=(□+□)L (□+□)mL
=□L □mL
=□L □mL

❸ 6L 900mL−3L 100mL=(□−□)L (□−□)mL
=□L □mL

❹ 4kg 300g+7kg 400g=(□+□)kg (□+□)g
=□kg □g

❺ 5kg 300g−2kg 600g=(□−□)kg (□−□)g
=(□−□)kg (□−□)g
=□kg □g

자기 점수에 ○표 하세요

맞힌 개수	2개 이하	3개	4개	5개
학습 방법	개념을 다시 공부하세요.	조금 더 노력하세요.	실수하면 안 돼요.	참 잘했어요.

2일차 A형

들이와 무게의 덧셈과 뺄셈

월 일
분 초
/12

✎ 계산을 하세요.

❶
	4L	300mL
+	3L	600mL
	L	mL

❷
	2L	800mL
+	5L	600mL
	L	mL

❸
	7L	600mL
+	8L	100mL
	L	mL

❹
	7L	900mL
−	3L	300mL
	L	mL

❺
	6L	700mL
−	4L	900mL
	L	mL

❻
	7L	400mL
−	1L	800mL
	L	mL

❼
	5kg	100g
+	2kg	600g
	kg	g

❽
	4kg	300g
+	2kg	900g
	kg	g

❾
	3kg	800g
+	1kg	500g
	kg	g

❿
	5kg	900g
−	2kg	100g
	kg	g

⓫
	4kg	200g
−	2kg	900g
	kg	g

⓬
	9kg	500g
−	2kg	700g
	kg	g

자기 점수에 ○표 하세요

맞힌 개수	7개 이하	8~9개	10~11개	12개
학습 방법	개념을 다시 공부하세요.	조금 더 노력 하세요.	실수하면 안 돼요.	참 잘했어요.

들이와 무게의 덧셈과 뺄셈

월	일
분	초
	/5

정답 51쪽

빈칸에 알맞은 수를 넣으세요.

❶ 1L 500mL+2L 200mL=(□+□)L (□+□)mL
=□L □mL

❷ 3L 900mL+4L 200mL=(□+□)L (□+□)mL
=□L □mL
=□L □mL

❸ 9L 200mL−1L 900mL=(□−□)L (□−□)mL
=(□−□)L (□−□)mL
=□L □mL

❹ 4kg 700g+3kg 400g=(□+□)kg (□+□)g
=□kg □g
=□kg □g

❺ 8kg 800g−3kg 900g=(□−□)kg (□−□)g
=(□−□)kg (□−□)g
=□kg □g

자기 점수에 ○표 하세요

맞힌 개수	2개 이하	3개	4개	5개
학습 방법	개념을 다시 공부하세요.	조금 더 노력하세요.	실수하면 안 돼요.	참 잘했어요.

들이와 무게의 덧셈과 뺄셈

월	일
분	초
	/12

✎ 계산을 하세요.

❶
	4L	800mL
+	3L	700mL
	L	mL

❷
	4L	600mL
+	2L	500mL
	L	mL

❸
	5L	700mL
+	3L	700mL
	L	mL

❹
	6L	400mL
−	3L	500mL
	L	mL

❺
	7L	200mL
−	3L	400mL
	L	mL

❻
	8L	100mL
−	3L	700mL
	L	mL

❼
	2kg	500g
+	3kg	900g
	kg	g

❽
	1kg	800g
+	2kg	400g
	kg	g

❾
	4kg	700g
+	2kg	600g
	kg	g

❿
	8kg	300g
−	3kg	700g
	kg	g

⓫
	6kg	600g
−	4kg	700g
	kg	g

⓬
	7kg	800g
−	3kg	900g
	kg	g

자기 점수에 ○표 하세요

맞힌 개수	7개 이하	8~9개	10~11개	12개
학습 방법	개념을 다시 공부하세요.	조금 더 노력 하세요.	실수하면 안 돼요.	참 잘했어요.

들이와 무게의 덧셈과 뺄셈

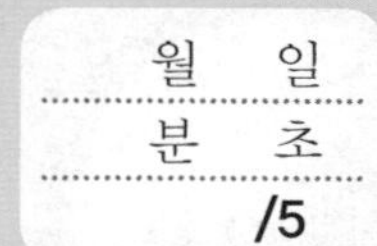

정답 52쪽

빈칸에 알맞은 수를 넣으세요.

❶ 2L 600mL + 3L 500mL = (□+□)L (□+□)mL
= □L □mL
= □L □mL

❷ 4L 700mL + 3L 600mL = (□+□)L (□+□)mL
= □L □mL
= □L □mL

❸ 8L 500mL − 2L 700mL = (□−□)L (□−□)mL
= (□−□)L (□−□)mL
= □L □mL

❹ 3kg 900g + 1kg 800g = (□+□)kg (□+□)g
= □kg □g
= □kg □g

❺ 9kg 100g − 5kg 700g = (□−□)kg (□−□)g
= (□−□)kg (□−□)g
= □kg □g

자기 점수에 ○표 하세요

맞힌 개수	2개 이하	3개	4개	5개
학습 방법	개념을 다시 공부하세요.	조금 더 노력 하세요.	실수하면 안 돼요.	참 잘했어요.

들이와 무게의 덧셈과 뺄셈

월 일
분 초
/12

✎ 계산을 하세요.

❶

	3L	900mL
+	2L	800mL
	L	mL

❷

	2L	600mL
+	5L	800mL
	L	mL

❸

	6L	700mL
+	3L	400mL
	L	mL

❹

	7L	100mL
−	4L	800mL
	L	mL

❺

	4L	300mL
−	2L	700mL
	L	mL

❻

	9L	400mL
−	1L	500mL
	L	mL

❼

	1kg	600g
+	7kg	700g
	kg	g

❽

	9kg	300g
+	6kg	200g
	kg	g

❾

	5kg	800g
+	6kg	500g
	kg	g

❿

	8kg	600g
−	5kg	700g
	kg	g

⓫

	6kg	400g
−	2kg	800g
	kg	g

⓬

	9kg	700g
−	3kg	800g
	kg	g

자기 점수에 ○표 하세요

맞힌 개수	7개 이하	8~9개	10~11개	12개
학습 방법	개념을 다시 공부하세요.	조금 더 노력하세요.	실수하면 안 돼요.	참 잘했어요.

들이와 무게의 덧셈과 뺄셈

월 일
분 초
/5

정답 53쪽

빈칸에 알맞은 수를 넣으세요.

❶ 6L 600mL + 1L 900mL = (□+□)L (□+□)mL
= □L □mL
= □L □mL

❷ 7L 200mL − 1L 600mL = (□−□)L (□−□)mL
= (□−□)L (□−□)mL
= □L □mL

❸ 5kg 800g + 3kg 900g = (□+□)kg (□+□)g
= □kg □g
= □kg □g

❹ 6kg 800g + 5kg 700g = (□+□)kg (□+□)g
= □kg □g
= □kg □g

❺ 9kg 600g − 3kg 800g = (□−□)kg (□−□)g
= (□−□)kg (□−□)g
= □kg □g

자기 점수에 ○표 하세요

맞힌 개수	2개 이하	3개	4개	5개
학습 방법	개념을 다시 공부하세요.	조금 더 노력하세요.	실수하면 안 돼요.	참 잘했어요.

들이와 무게의 덧셈과 뺄셈

월 일
분 초
/12

✎ 계산을 하세요.

❶

	7L	500mL
+	1L	600mL
	L	mL

❷

	2L	400mL
+	8L	300mL
	L	mL

❸

	8L	800mL
+	7L	300mL
	L	mL

❹

	4L	100mL
−	1L	600mL
	L	mL

❺

	6L	100mL
−	2L	900mL
	L	mL

❻

	8L	800mL
−	3L	900mL
	L	mL

❼

	3kg	900g
+	1kg	300g
	kg	g

❽

	2kg	700g
+	5kg	600g
	kg	g

❾

	8kg	400g
+	6kg	900g
	kg	g

❿

	5kg	600g
−	3kg	700g
	kg	g

⓫

	8kg	200g
−	1kg	800g
	kg	g

⓬

	9kg	700g
−	2kg	800g
	kg	g

자기 점수에 ○표 하세요

맞힌 개수	7개 이하	8~9개	10~11개	12개
학습 방법	개념을 다시 공부하세요.	조금 더 노력하세요.	실수하면 안 돼요.	참 잘했어요.

들이와 무게의 덧셈과 뺄셈

월 일
분 초
/5

정답 54쪽

빈칸에 알맞은 수를 넣으세요.

❶ 3L 600mL+5L 800mL=(□+□)L (□+□)mL
=□L □mL
=□L □mL

❷ 5L 200mL−3L 900mL=(□−□)L (□−□)mL
=(□−□)L (□−□)mL
=□L □mL

❸ 7kg 900g+1kg 800g=(□+□)kg (□+□)g
=□kg □g
=□kg □g

❹ 9kg 100g−1kg 900g=(□−□)kg (□−□)g
=(□−□)kg (□−□)g
=□kg □g

❺ 7kg 300g−2kg 900g=(□−□)kg (□−□)g
=(□−□)kg (□−□)g
=□kg □g

자기 점수에 ○표 하세요

맞힌 개수	2개 이하	3개	4개	5개
학습 방법	개념을 다시 공부하세요.	조금 더 노력하세요.	실수하면 안 돼요.	참 잘했어요.

전체 묶어 풀기 051 ~ 060단계
자연수의 곱셈과 나눗셈 발전

월 일
분 초
/11

정답 55쪽

곱셈을 하세요.

❶ 578×8

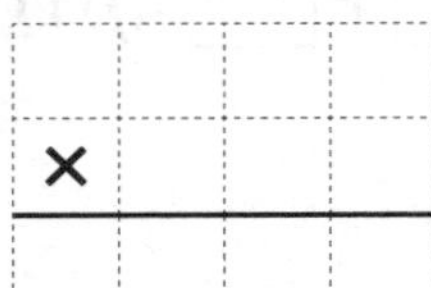

❷ 74×38

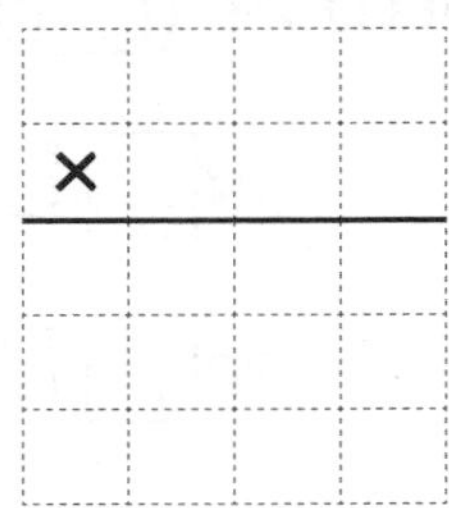

❸ 99×82

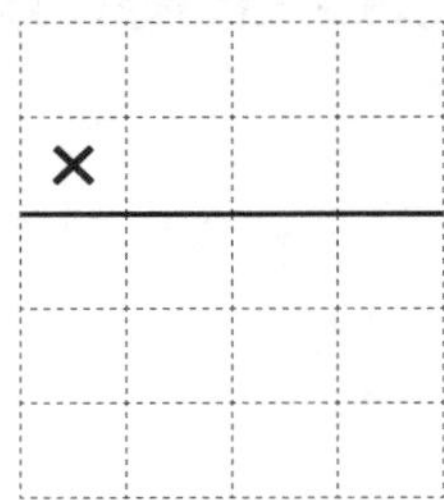

나눗셈을 하세요.

❹ 2)94

❺

❻

❼

❽ 77÷5

❾ 91÷7

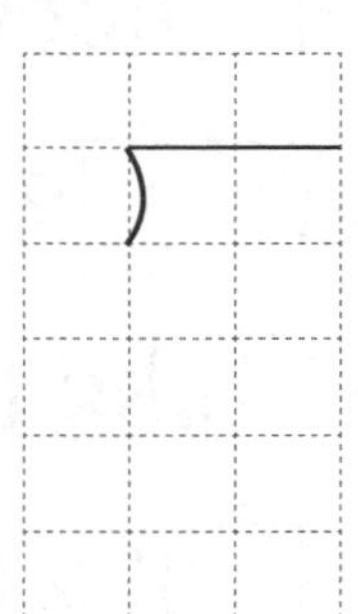

❿ 351÷9

⓫ 429÷3

창의력 쑥쑥! 수학 퀴즈

나눗셈에 관한 문제를 하나 풀어 봅시다.
2로 나누어떨어지지 않고,
3으로도 나누어떨어지지 않는 수는 굉장히 많습니다.
그런 수들 중에서 제일 작은 수는 1이지요.
두 번째 수는 5이고요. 그렇다면 101번째 수는 얼마일까요?

답 어떻게 풀어야 할지 모르겠다고요? 우선 연필을 들고 손을 움직이다 보면 생각이 나고 답을 찾을 수 있답니다. 1부터 시작하여 몇 개의 숫자를 써 보며, 해당하는 숫자를 찾아봅시다.

1, 2, 3, 4, 5, 6, 7, 8, 9, 10, 11, 12, 13, 14, 15, 16, 17, 18, 19, 20, 21 …….

숫자들을 3개씩 묶어서 생각해보면
(1, 2, 3) (4, 5, 6) (7, 8, 9) (10, 11, 12) (13, 14, 15) (16, 17, 18) (19, 20, 21) …….

3개씩 묶인 묶음의 마지막 숫자는 3으로 나누어떨어지네요. 그러니까 묶음에서 마지막 숫자는 우리가 찾는 수가 아닙니다. 묶음의 앞 2개의 숫자는 연속되는 수이기 때문에 짝수가 하나씩 있습니다. 짝수는 2로 나누어떨어지니까 둘 중 하나는 우리가 찾는 수가 아니에요. 그렇다면 3개씩 묶은 묶음 안에는 2로 나누어떨어지지 않고, 3으로도 나누어떨어지지도 않는 수가 딱 하나씩만 있다는 것을 알 수 있네요.
우리가 찾는 101번째 숫자는 3개씩 묶은 것의 101번째 묶음 안에 있습니다. 3개씩 묶은 것의 100번째 묶음은 (298, 299, 300)이고, 101번째 묶음은 (301, 302, 303)입니다. 우리가 찾는 101번째 수는 바로 301이에요.

우와~ 벌써 한 권을 다 풀었어요!
실력과 성적이 쑥쑥 올라가는 소리 들리죠?

《계산의 신》 7권에서는 조금 더 큰 단위의 수를 배우고, 곱셈과 나눗셈을 확실하게 마무리할 거예요. 자~그럼 함께 공부해 볼까요?^^

개발 책임 이운영
편집 관리 이채원
디자인 이현지 임성자
온라인 강진식
마케팅 박진용
관리 장희정
용지 영지페이퍼
인쇄 제본 벽호·GKC
유통 북앤북

학부모 체험단의 교재 Review

강현아 (서울_신중초) **김명진** (서울_신도초) **김정선** (원주_문막초) **김진영** (서울_백운초)
나현경 (인천_원당초) **방윤정** (서울_강서초) **안조혁** (전주_온빛초) **오정화** (광주_양산초)
이향숙 (서울_금양초) **이혜선** (서울_홍파초) **전예원** (서울_금양초)

♥ <계산의 신>은 초등학교 학생들의 기본 계산력을 향상시킬 수 있는 최적의 교재입니다. 처음에는 반복 계산이 많아 아이가 지루해하고 계산 실수를 많이 하는 것 같았는데, 점점 계산 속도가 빨라지고 실수도 확연히 줄어 아주 좋았어요.^^

- 서울 서초구 신중초등학교 학부모 강현아

♥ 우리 아이는 수학을 싫어해서 수학 문제집을 좀처럼 풀지 않으려 했는데, 의외로 <계산의 신>은 하루에 2쪽씩 꾸준히 푸네요. 너무 신기하고 뿌듯하여 아이에게 물었더니 "이 책은 숫자만 있어서 쉬운 것 같고, 빨리빨리 풀 수 있어서 좋아요." 라고 하네요. 요즘은 일반 문제집도 집중하여 잘 푸는 것 같아 기특합니다.^^ <계산의 신>은 우리 아이에게 수학에 대한 흥미와 재미를 주는 고마운 책입니다.

- 전주 덕진구 온빛초등학교 학부모 안조혁

♥ 초등 3학년인 우리 아이는 수학을 잘하는 편은 아니지만 제 나름대로 하루에 4~6쪽을 풀었어요. 그러면서 "엄마, 이 책 다 풀고 책 제목처럼 계산의 신이 될 거예요~" 하며 능청떠는 아이의 모습이 정말 예쁘고 대견하네요. <계산의 신>이 비록 계산력을 연습시키는 쉬운 교재이지만 이 교재로 인해 우리 아이가 수학에 관심을 갖고, 앞으로도 수학을 계속 좋아했으면 하는 바람입니다.

- 광주 북구 양산초등학교 학부모 오정화

♥ <계산의 신>은 학부모의 마음까지 헤아려 만든 좋은 책인 것 같아요. 아이가 평소 '시간의 합과 차'를 어려워하여 걱정을 많이 했었는데, <계산의 신>은 그 부분까지 상세하게 다루고 있어 무척 좋았어요. 학생들이 힘들어하는 부분까지 세심하게 파악하여 만든 문제집이라고 생각해요.

- 서울 용산구 금양초등학교 학부모 이향숙

《계산의 신》은

★ 최신 교육과정에 맞춘 단계별 계산 프로그램으로 계산법 완벽 습득
★ '단계별 묶어 풀기', '전체 묶어 풀기'로 체계적 복습까지 한 번에!
★ 좌뇌와 우뇌를 고르게 계발하는 수학 이야기와 수학 퀴즈로 창의성 쑥쑥!

아이들이 수학 문제를 풀 때 자꾸 실수하는 이유는 바로 계산력이 부족하기 때문입니다.
계산 문제에서 실수를 줄이면 점수가 오르고, 점수가 오르면 수학에 자신감이 생깁니다.
아이들에게 《계산의 신》으로 수학의 재미와 자신감을 심어 주세요.

	《계산의 신》 권별 핵심 내용		
초등 1학년	1권	자연수의 덧셈과 뺄셈 기본(1)	합과 차가 9까지인 덧셈과 뺄셈 받아올림/내림이 없는 (두 자리 수)±(한 자리 수)
	2권	자연수의 덧셈과 뺄셈 기본(2)	받아올림/내림이 없는 (두 자리 수)±(두 자리 수) 받아올림/내림이 있는 (한/두 자리 수)±(한 자리 수)
초등 2학년	3권	자연수의 덧셈과 뺄셈 발전	(두 자리 수)±(한 자리 수) (두 자리 수)±(두 자리 수)
	4권	네 자리 수/곱셈구구	네 자리 수 곱셈구구
초등 3학년	5권	자연수의 덧셈과 뺄셈/곱셈과 나눗셈	(세 자리 수)±(세 자리 수), (두 자리 수)×(한 자리 수) 곱셈구구 범위에서의 나눗셈
	6권	자연수의 곱셈과 나눗셈 발전	(세 자리 수)×(한 자리 수), (두 자리 수)×(두 자리 수) (두/세 자리 수)÷(한 자리 수)
초등 4학년	7권	자연수의 곱셈과 나눗셈 심화	(세 자리 수)×(두 자리 수) (두/세 자리 수)÷(두 자리 수)
	8권	분수와 소수의 덧셈과 뺄셈 기본	분모가 같은 분수의 덧셈과 뺄셈 소수의 덧셈과 뺄셈
초등 5학년	9권	자연수의 혼합 계산/분수의 덧셈과 뺄셈	자연수의 혼합 계산, 약수와 배수, 약분과 통분 분모가 다른 분수의 덧셈과 뺄셈
	10권	분수와 소수의 곱셈	(분수)×(자연수), (분수)×(분수) (소수)×(자연수), (소수)×(소수)
초등 6학년	11권	분수와 소수의 나눗셈 기본	(분수)÷(자연수), (소수)÷(자연수) (자연수)÷(자연수)
	12권	분수와 소수의 나눗셈 발전	(분수)÷(분수), (자연수)÷(분수), (소수)÷(소수), (자연수)÷(소수), 비례식과 비례배분

KAIST 출신 수학 선생님들이 집필한

송명진·박종하 지음

6
초등 3-2

자연수의 곱셈과
나눗셈 발전

정답 및 풀이

송명진·박종하 지음

6
초등
3학년 2학기

정 답

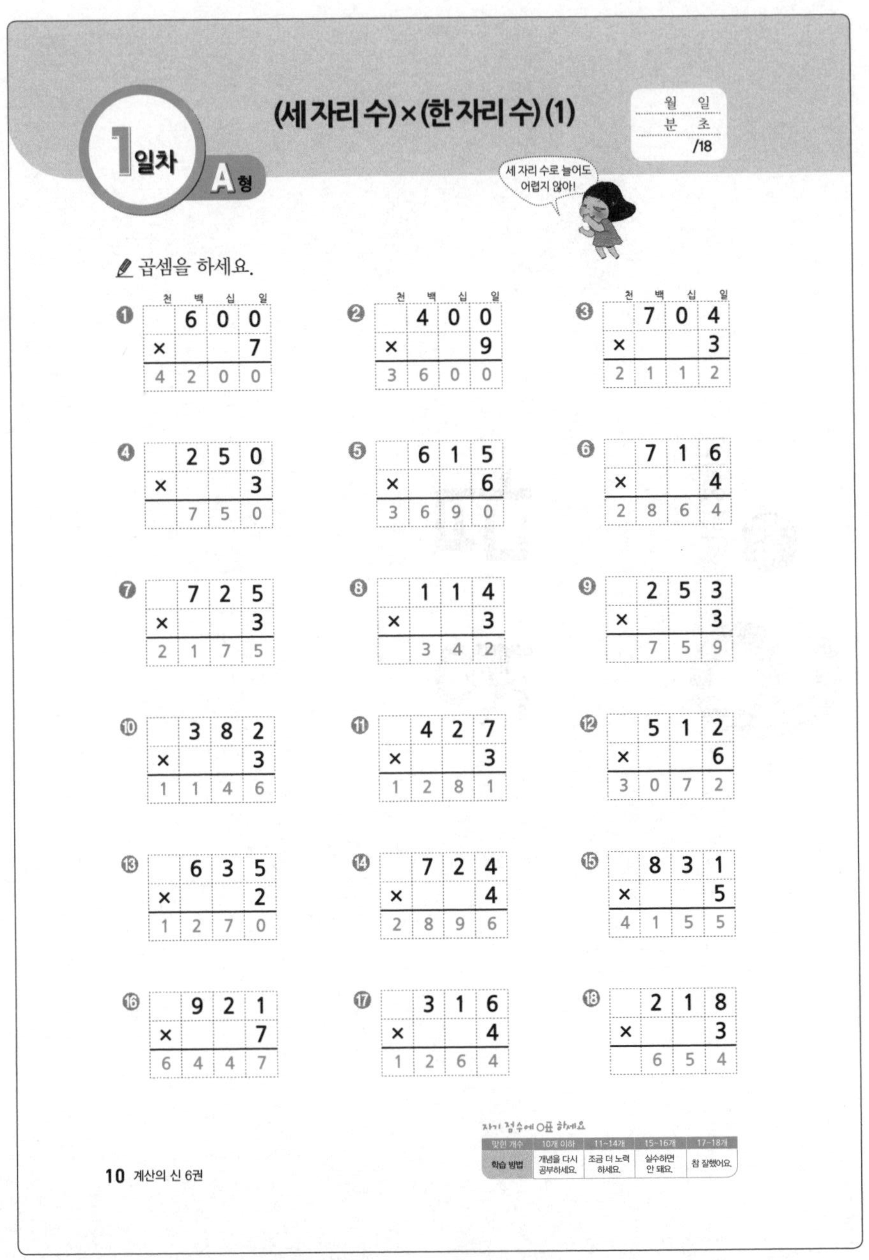

1일차 A형 (세 자리 수)×(한 자리 수)(1)

월 일
분 초
/18

세 자리 수로 늘어도
어렵지 않아!

곱셈을 하세요.

(천 백 십 일)

❶ 600 × 7 = 4200

❷ 400 × 9 = 3600

❸ 704 × 3 = 2112

❹ 250 × 3 = 750

❺ 615 × 6 = 3690

❻ 716 × 4 = 2864

❼ 725 × 3 = 2175

❽ 114 × 3 = 342

❾ 253 × 3 = 759

❿ 382 × 3 = 1146

⓫ 427 × 3 = 1281

⓬ 512 × 6 = 3072

⓭ 635 × 2 = 1270

⓮ 724 × 4 = 2896

⓯ 831 × 5 = 4155

⓰ 921 × 7 = 6447

⓱ 316 × 4 = 1264

⓲ 218 × 3 = 654

자기 점수에 ○표 하세요.

맞힌 개수	10개 이하	11~14개	15~16개	17~18개
학습 방법	개념을 다시 공부하세요.	조금 더 노력 하세요.	실수하면 안 돼요.	참 잘했어요.

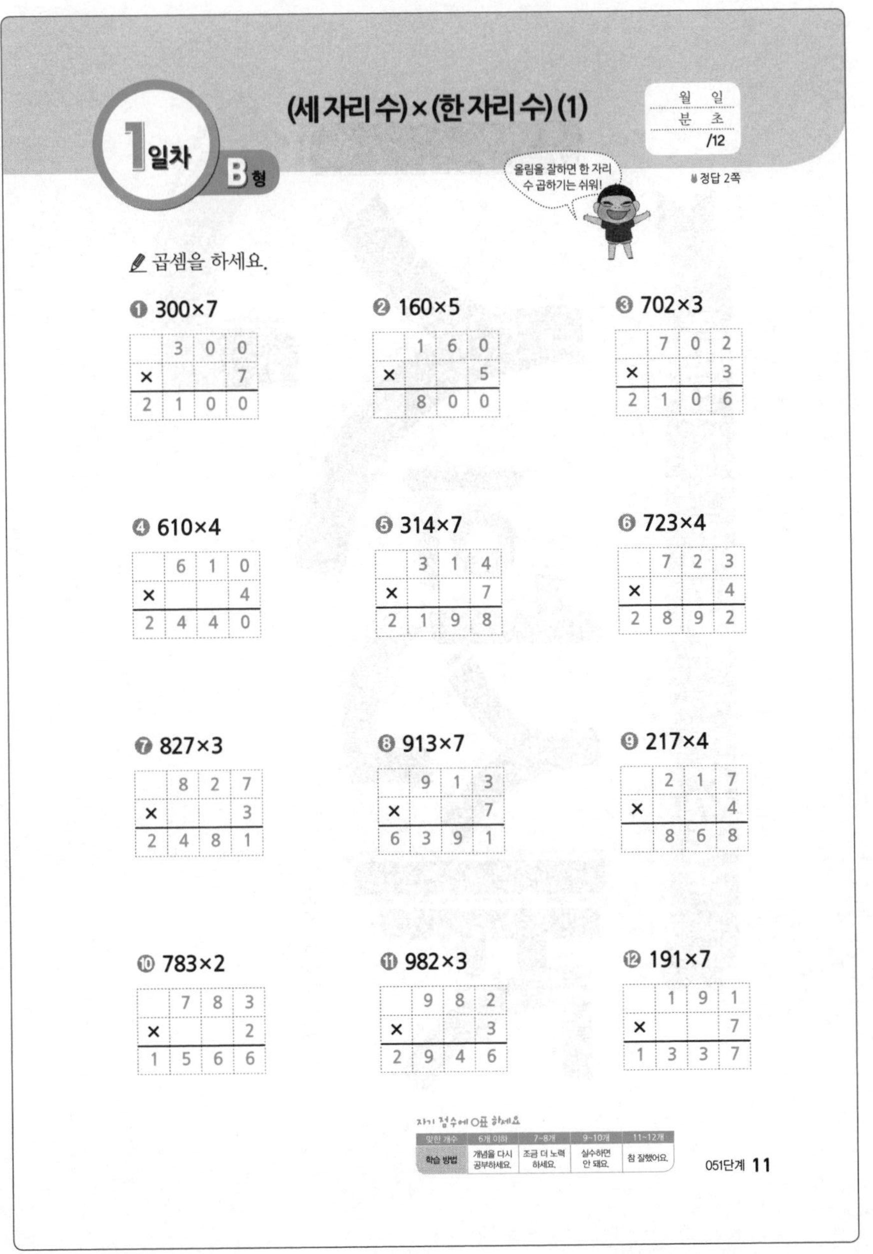

1일차 B형 (세 자리 수)×(한 자리 수)(1)

월 일
분 초
/12

올림을 잘하면 한 자리
수 곱하기는 쉬워!

정답 2쪽

곱셈을 하세요.

❶ 300×7 = 2100

❷ 160×5 = 800

❸ 702×3 = 2106

❹ 610×4 = 2440

❺ 314×7 = 2198

❻ 723×4 = 2892

❼ 827×3 = 2481

❽ 913×7 = 6391

❾ 217×4 = 868

❿ 783×2 = 1566

⓫ 982×3 = 2946

⓬ 191×7 = 1337

자기 점수에 ○표 하세요.

맞힌 개수	6개 이하	7~8개	9~10개	11~12개
학습 방법	개념을 다시 공부하세요.	조금 더 노력 하세요.	실수하면 안 돼요.	참 잘했어요.

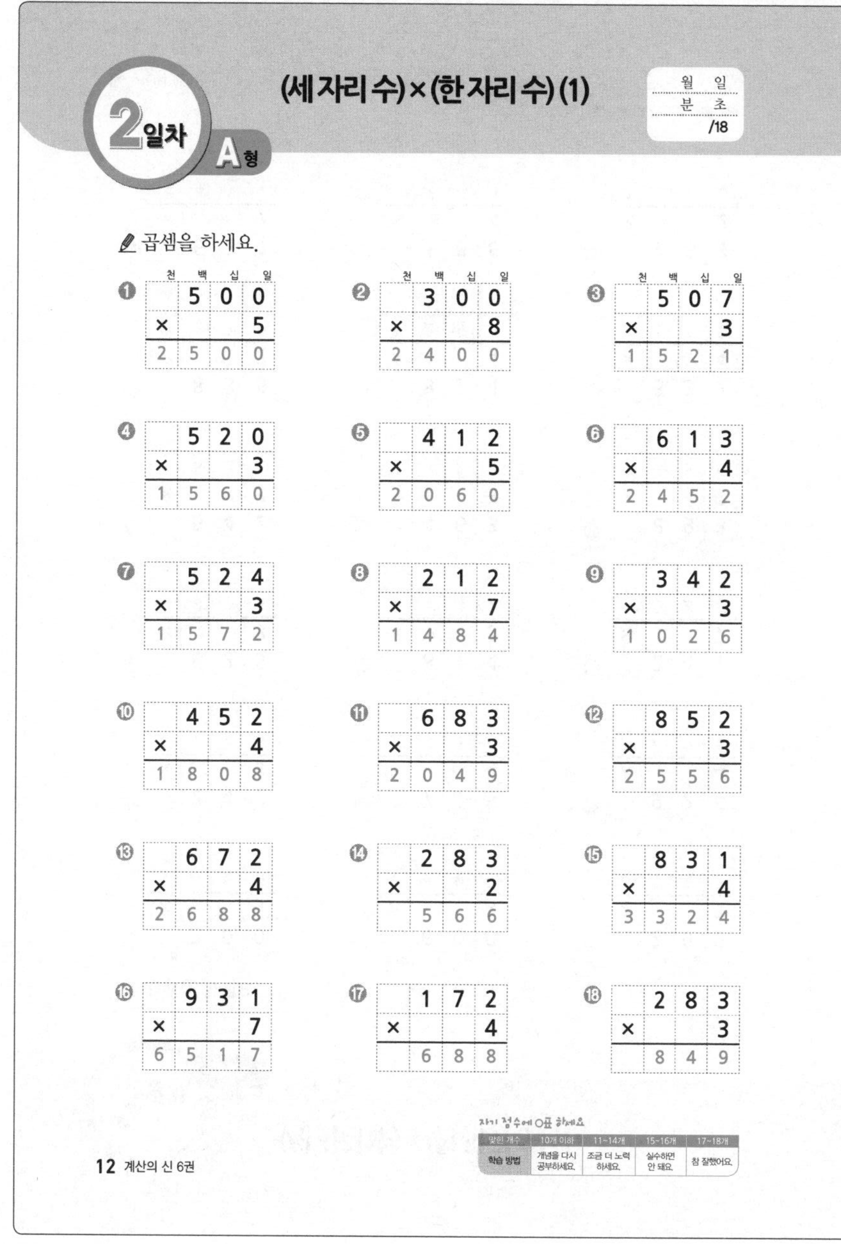

2일차 A형 (세 자리 수)×(한 자리 수)(1)

월 일 / 분 초 / /18

곱셈을 하세요.

1. 500 × 5 = 2500
2. 300 × 8 = 2400
3. 507 × 3 = 1521
4. 520 × 3 = 1560
5. 412 × 5 = 2060
6. 613 × 4 = 2452
7. 524 × 3 = 1572
8. 212 × 7 = 1484
9. 342 × 3 = 1026
10. 452 × 4 = 1808
11. 683 × 3 = 2049
12. 852 × 3 = 2556
13. 672 × 4 = 2688
14. 283 × 2 = 566
15. 831 × 4 = 3324
16. 931 × 7 = 6517
17. 172 × 4 = 688
18. 283 × 3 = 849

자기 점수에 ○표 하세요.

맞힌 개수	10개 이하	11~14개	15~16개	17~18개
학습 방법	개념을 다시 공부하세요.	조금 더 노력 하세요.	실수하면 안 돼요.	참 잘했어요.

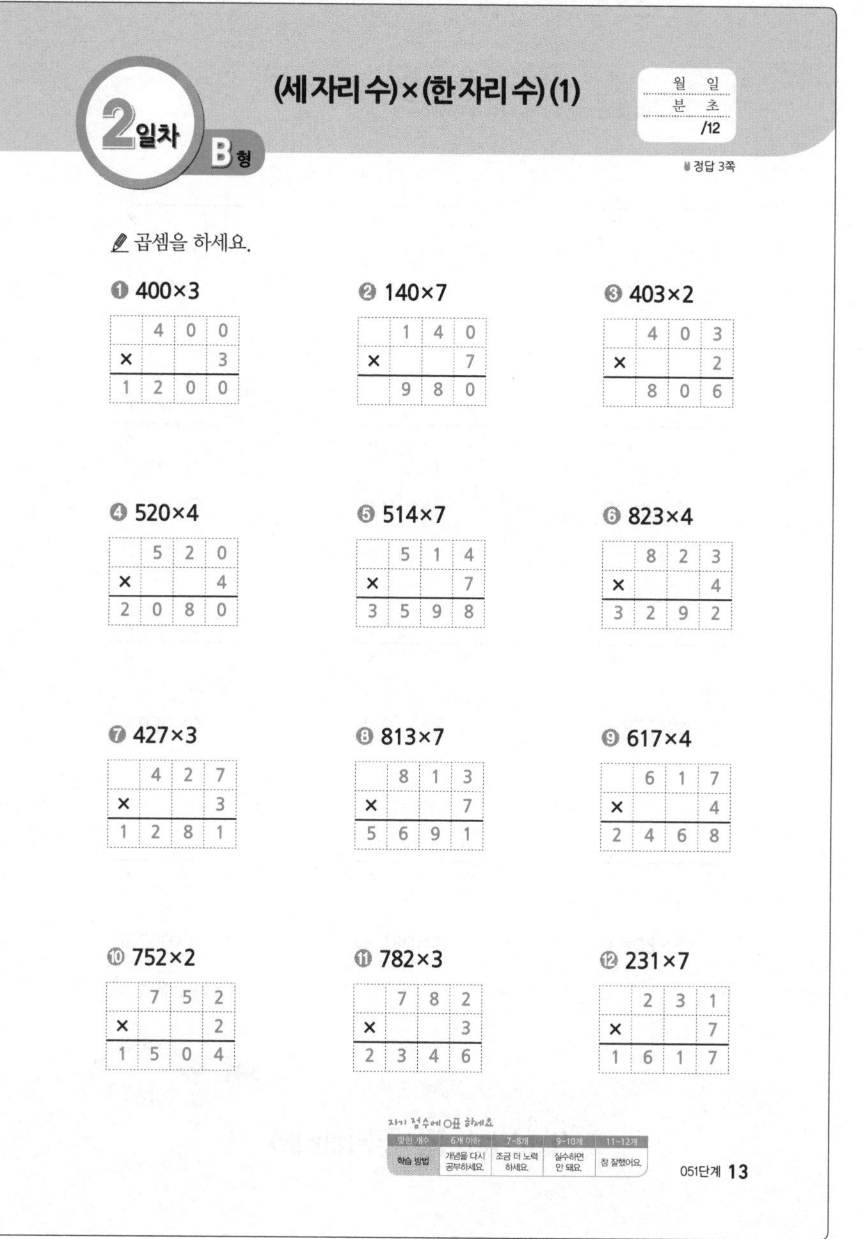

2일차 B형 (세 자리 수)×(한 자리 수)(1)

월 일 / 분 초 / /12

정답 3쪽

곱셈을 하세요.

1. 400×3 = 1200
2. 140×7 = 980
3. 403×2 = 806
4. 520×4 = 2080
5. 514×7 = 3598
6. 823×4 = 3292
7. 427×3 = 1281
8. 813×7 = 5691
9. 617×4 = 2468
10. 752×2 = 1504
11. 782×3 = 2346
12. 231×7 = 1617

자기 점수에 ○표 하세요.

맞힌 개수	6개 이하	7~8개	9~10개	11~12개
학습 방법	개념을 다시 공부하세요.	조금 더 노력 하세요.	실수하면 안 돼요.	참 잘했어요.

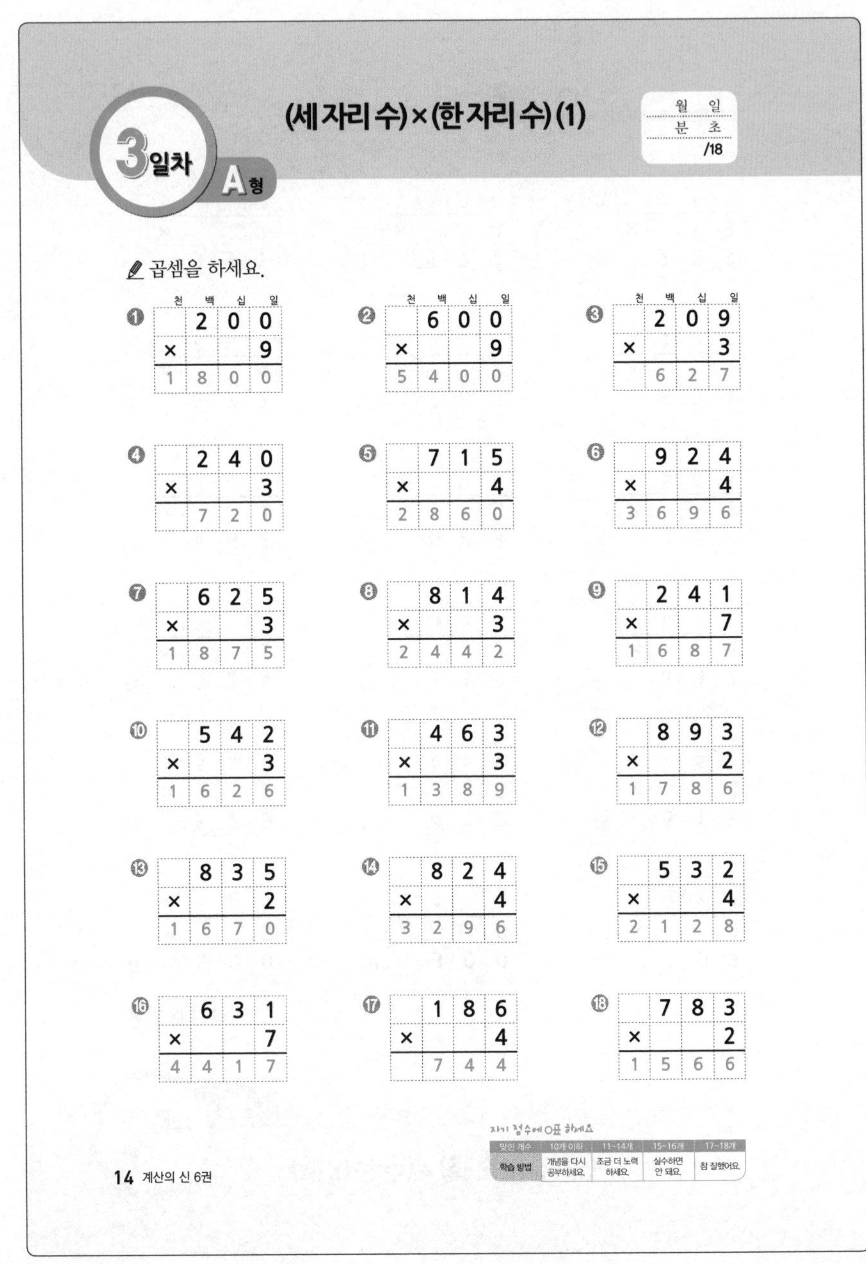

3일차 A형 (세 자리 수)×(한 자리 수)(1)

월 일 / 분 초 / /18

곱셈을 하세요.

1. 200 × 9 = 1800
2. 600 × 9 = 5400
3. 209 × 3 = 627
4. 240 × 3 = 720
5. 715 × 4 = 2860
6. 924 × 4 = 3696
7. 625 × 3 = 1875
8. 814 × 3 = 2442
9. 241 × 7 = 1687
10. 542 × 3 = 1626
11. 463 × 3 = 1389
12. 893 × 2 = 1786
13. 835 × 2 = 1670
14. 824 × 4 = 3296
15. 532 × 4 = 2128
16. 631 × 7 = 4417
17. 186 × 4 = 744
18. 783 × 2 = 1566

자기 점수에 ○표 하세요.

맞은 개수	10개 이하	11~14개	15~16개	17~18개
학습 방법	개념을 다시 공부하세요.	조금 더 노력하세요.	실수하면 안 돼요.	참 잘했어요.

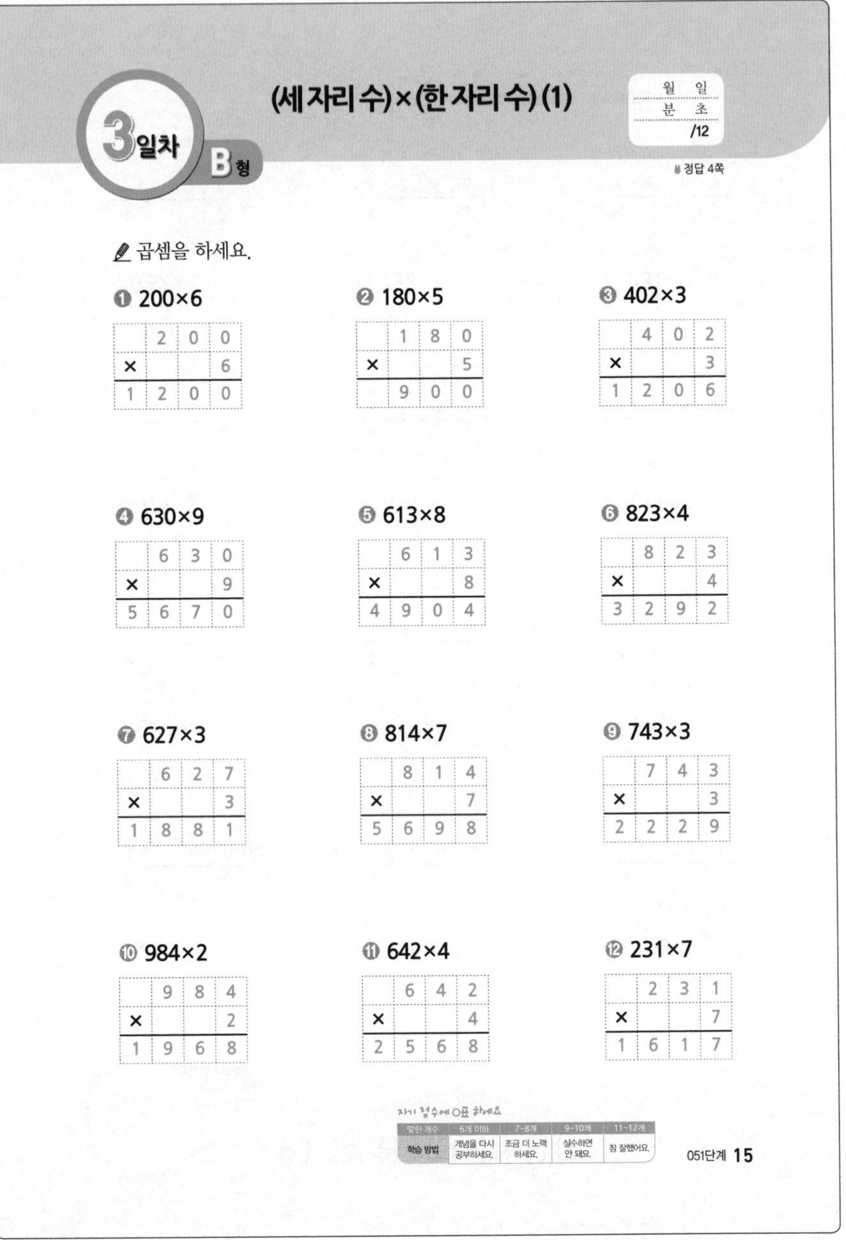

3일차 B형 (세 자리 수)×(한 자리 수)(1)

월 일 / 분 초 / /12

정답 4쪽

곱셈을 하세요.

1. 200×6 = 1200
2. 180×5 = 900
3. 402×3 = 1206
4. 630×9 = 5670
5. 613×8 = 4904
6. 823×4 = 3292
7. 627×3 = 1881
8. 814×7 = 5698
9. 743×3 = 2229
10. 984×2 = 1968
11. 642×4 = 2568
12. 231×7 = 1617

자기 점수에 ○표 하세요.

맞은 개수	6개 이하	7~8개	9~10개	11~12개
학습 방법	개념을 다시 공부하세요.	조금 더 노력하세요.	실수하면 안 돼요.	참 잘했어요.

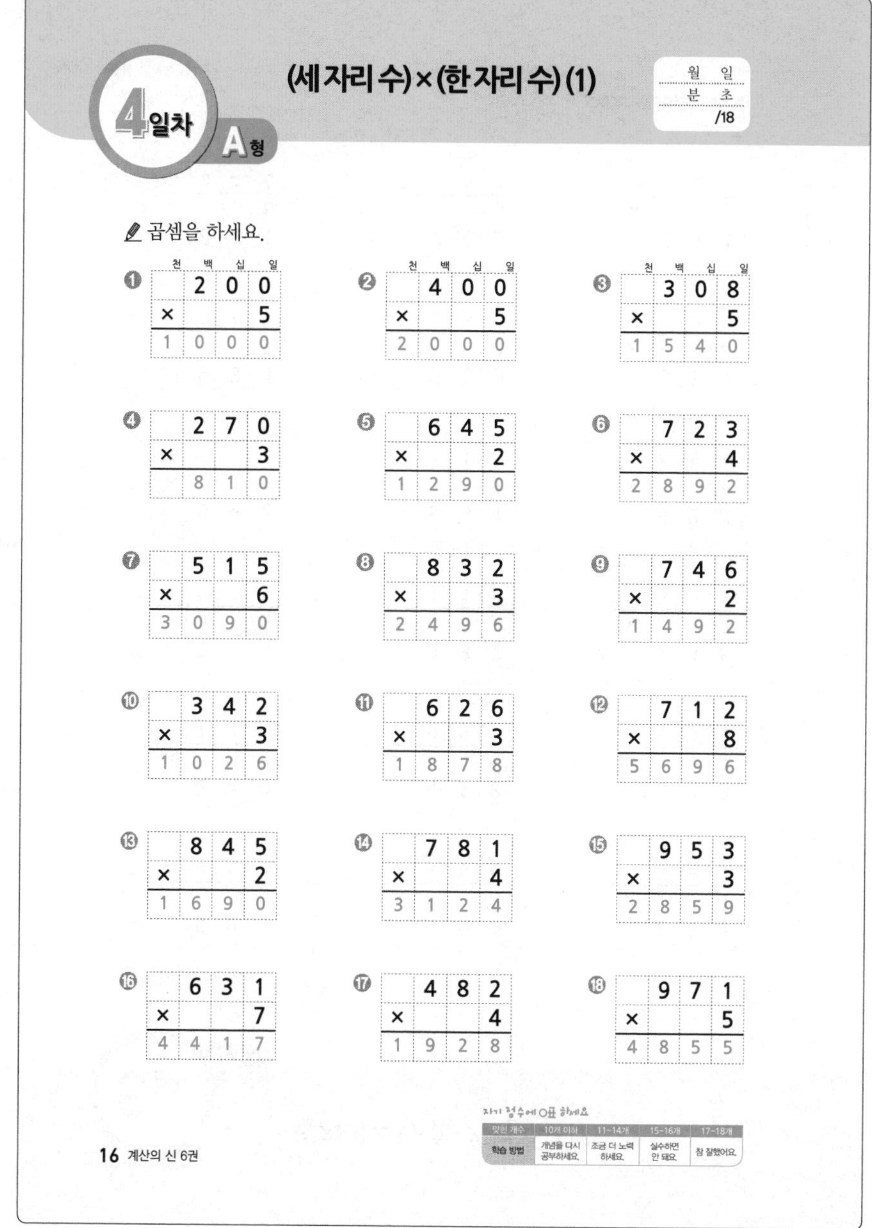

4일차 A형 (세 자리 수)×(한 자리 수)(1)

월 일 / 분 초 / /18

곱셈을 하세요.

(천 백 십 일)

❶	200 × 5	1000
❷	400 × 5	2000
❸	308 × 5	1540
❹	270 × 3	810
❺	645 × 2	1290
❻	723 × 4	2892
❼	515 × 6	3090
❽	832 × 3	2496
❾	746 × 2	1492
❿	342 × 3	1026
⓫	626 × 3	1878
⓬	712 × 8	5696
⓭	845 × 2	1690
⓮	781 × 4	3124
⓯	953 × 3	2859
⓰	631 × 7	4417
⓱	482 × 4	1928
⓲	971 × 5	4855

자기 점수에 ○표 하세요.

맞은 개수	10개 이하	11~14개	15~16개	17~18개
학습 방법	개념을 다시 공부하세요.	조금 더 노력하세요.	실수하면 안 돼요.	참 잘했어요.

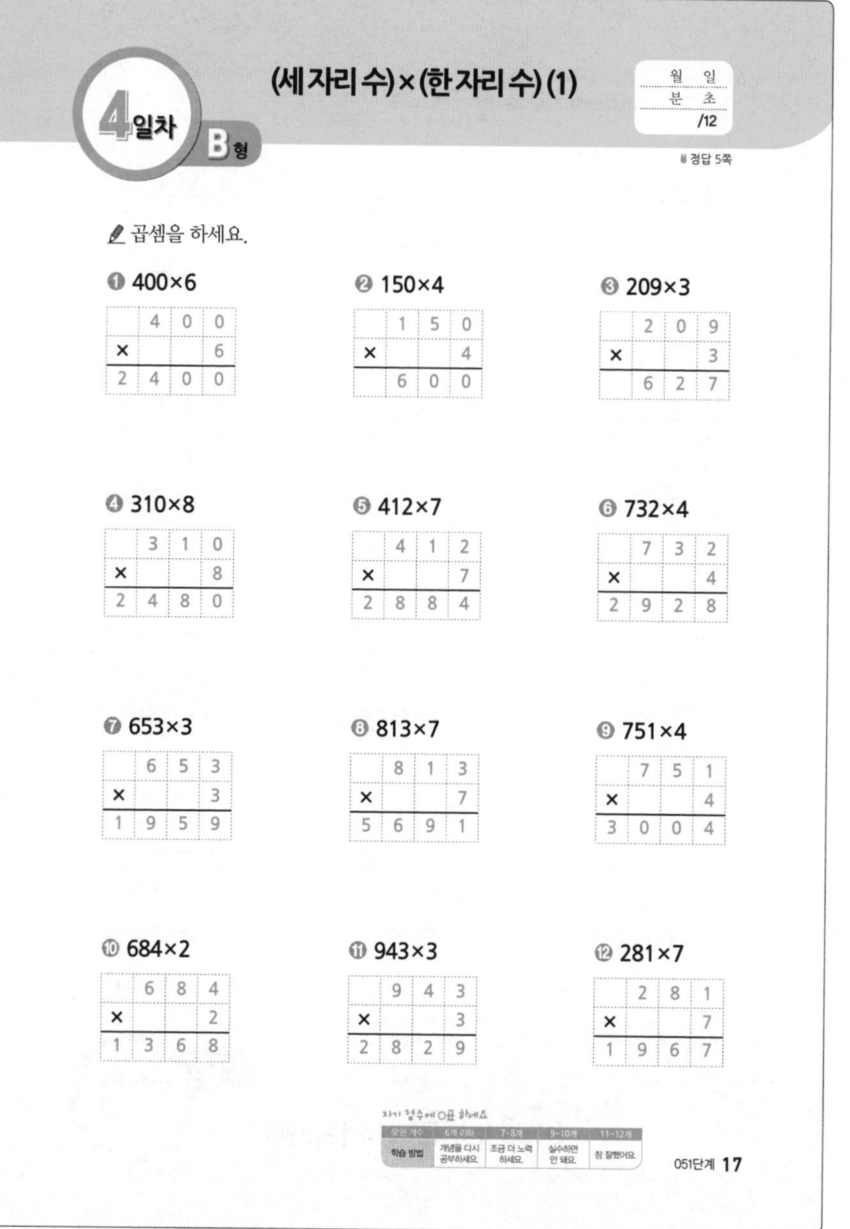

4일차 B형 (세 자리 수)×(한 자리 수)(1)

월 일 / 분 초 / /12

정답 5쪽

곱셈을 하세요.

❶	400×6	2400
❷	150×4	600
❸	209×3	627
❹	310×8	2480
❺	412×7	2884
❻	732×4	2928
❼	653×3	1959
❽	813×7	5691
❾	751×4	3004
❿	684×2	1368
⓫	943×3	2829
⓬	281×7	1967

자기 점수에 ○표 하세요.

맞은 개수	6개 이하	7~8개	9~10개	11~12개
학습 방법	개념을 다시 공부하세요.	조금 더 노력하세요.	실수하면 안 돼요.	참 잘했어요.

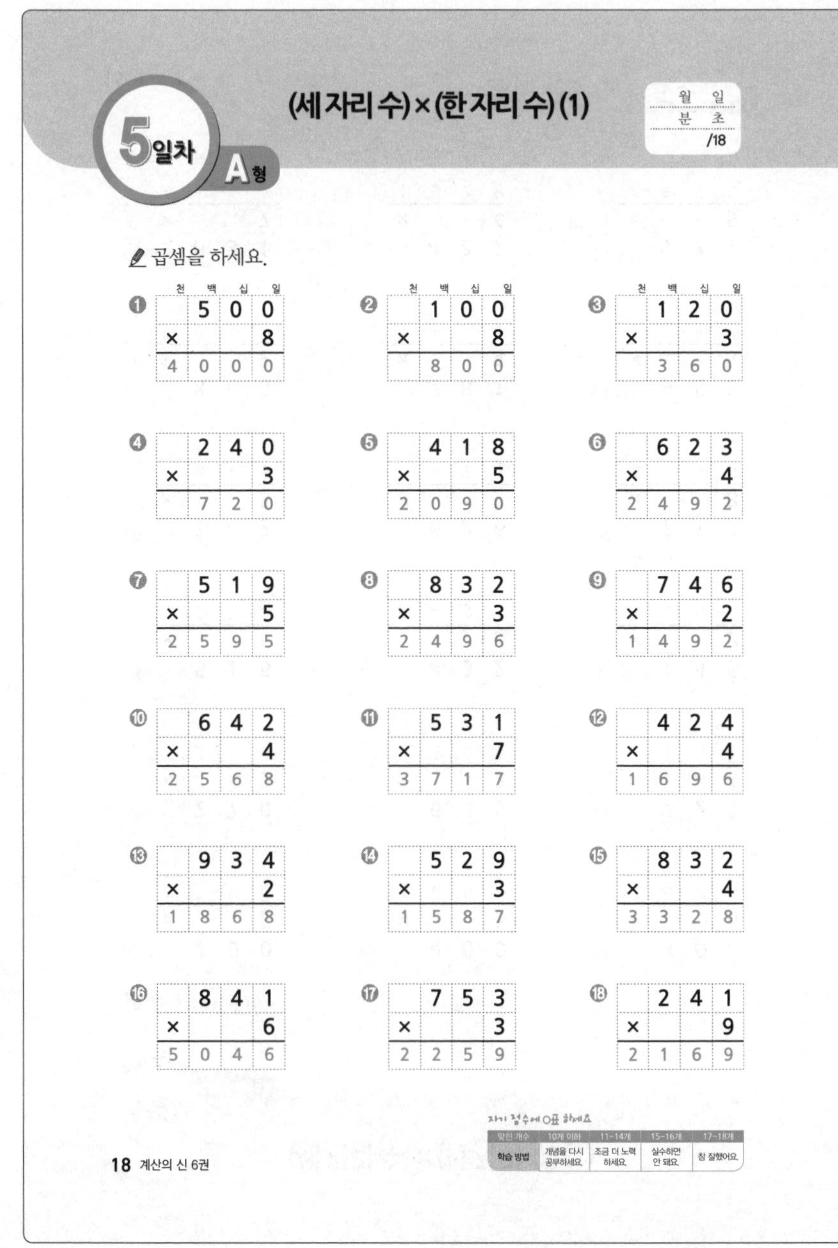

5일차 A형 (세 자리 수)×(한 자리 수)(1)

월 일 / 분 초 / /18

곱셈을 하세요.

❶ 500×8=4000
❷ 100×8=800
❸ 120×3=360
❹ 240×3=720
❺ 418×5=2090
❻ 623×4=2492
❼ 519×5=2595
❽ 832×3=2496
❾ 746×2=1492
❿ 642×4=2568
⓫ 531×7=3717
⓬ 424×4=1696
⓭ 934×2=1868
⓮ 529×3=1587
⓯ 832×4=3328
⓰ 841×6=5046
⓱ 753×3=2259
⓲ 241×9=2169

자기 점수에 ○표 하세요

맞힌 개수	10개 이하	11~14개	15~16개	17~18개
학습 방법	개념을 다시 공부하세요.	조금 더 노력 하세요.	실수하면 안 돼요.	참 잘했어요.

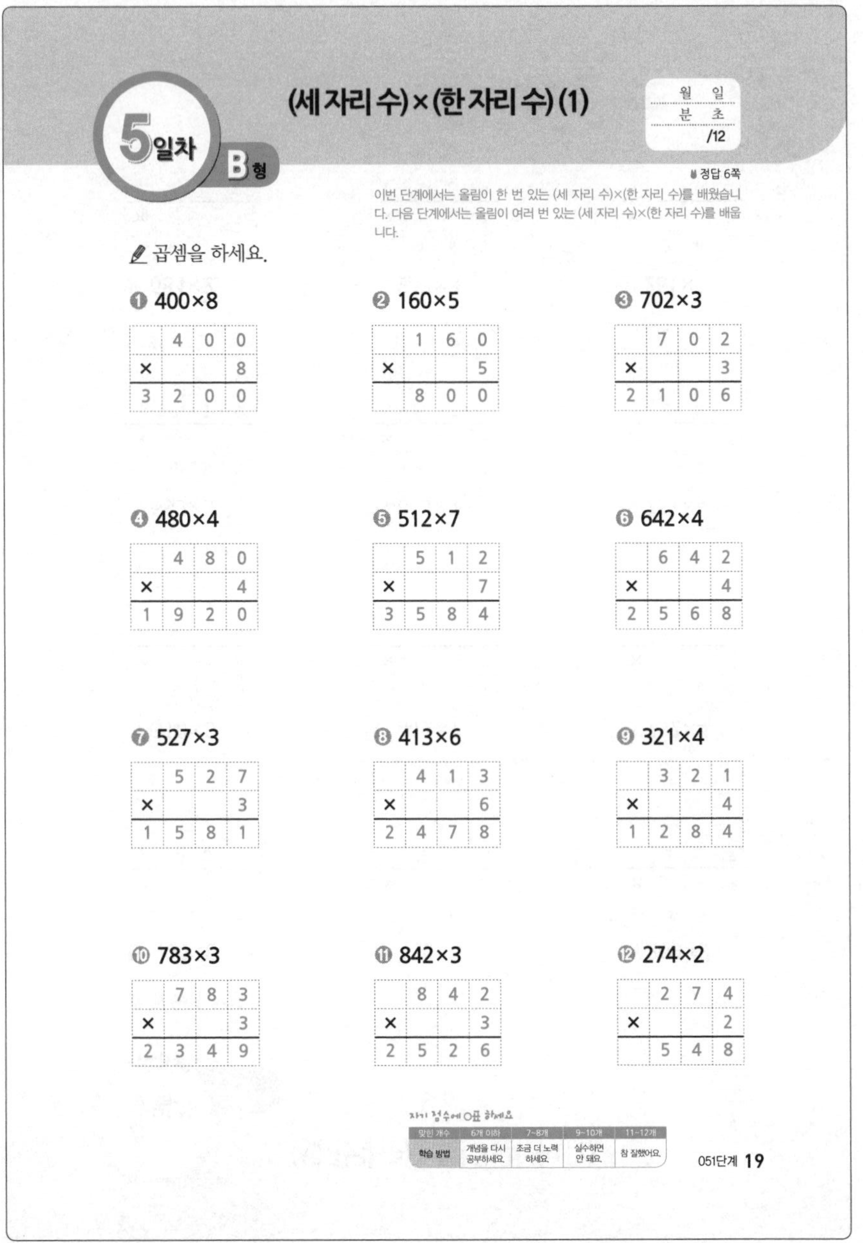

5일차 B형 (세 자리 수)×(한 자리 수)(1)

월 일 / 분 초 / /12

정답 6쪽

이번 단계에서는 올림이 한 번 있는 (세 자리 수)×(한 자리 수)를 배웠습니다. 다음 단계에서는 올림이 여러 번 있는 (세 자리 수)×(한 자리 수)를 배웁니다.

곱셈을 하세요.

❶ 400×8=3200
❷ 160×5=800
❸ 702×3=2106
❹ 480×4=1920
❺ 512×7=3584
❻ 642×4=2568
❼ 527×3=1581
❽ 413×6=2478
❾ 321×4=1284
❿ 783×3=2349
⓫ 842×3=2526
⓬ 274×2=548

자기 점수에 ○표 하세요

맞힌 개수	6개 이하	7~8개	9~10개	11~12개
학습 방법	개념을 다시 공부하세요.	조금 더 노력 하세요.	실수하면 안 돼요.	참 잘했어요.

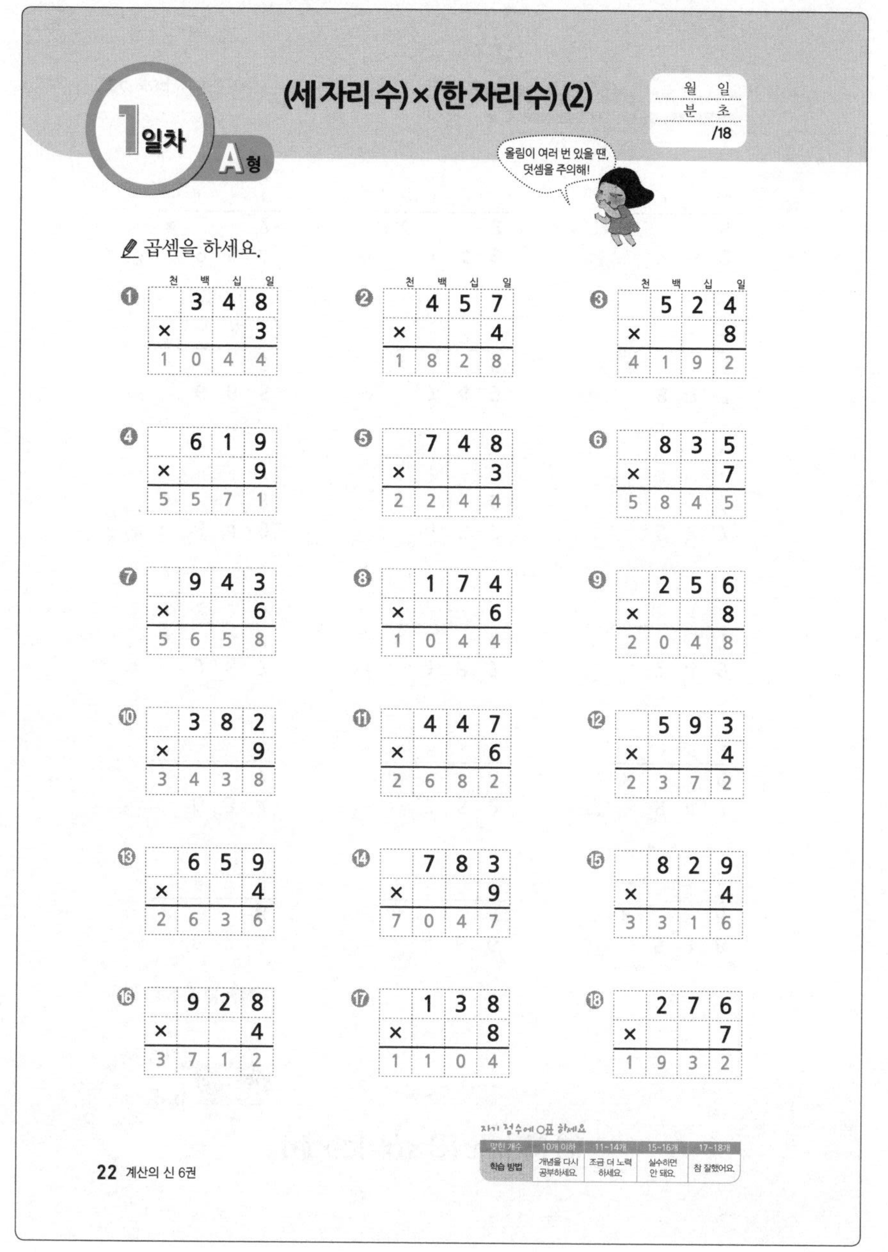

1일차 A형

(세 자리 수)×(한 자리 수)(2)

월 일 / 분 초 / /18

올림이 여러 번 있을 땐, 덧셈을 주의해!

곱셈을 하세요.

천 백 십 일

1. 348 × 3 = 1044
2. 457 × 4 = 1828
3. 524 × 8 = 4192
4. 619 × 9 = 5571
5. 748 × 3 = 2244
6. 835 × 7 = 5845
7. 943 × 6 = 5658
8. 174 × 6 = 1044
9. 256 × 8 = 2048
10. 382 × 9 = 3438
11. 447 × 6 = 2682
12. 593 × 4 = 2372
13. 659 × 4 = 2636
14. 783 × 9 = 7047
15. 829 × 4 = 3316
16. 928 × 4 = 3712
17. 138 × 8 = 1104
18. 276 × 7 = 1932

자기 점수에 ○표 하세요.

맞힌 개수	10개 이하	11~14개	15~16개	17~18개
학습 방법	개념을 다시 공부하세요.	조금 더 노력 하세요.	실수하면 안 돼요.	참 잘했어요.

22 계산의 신 6권

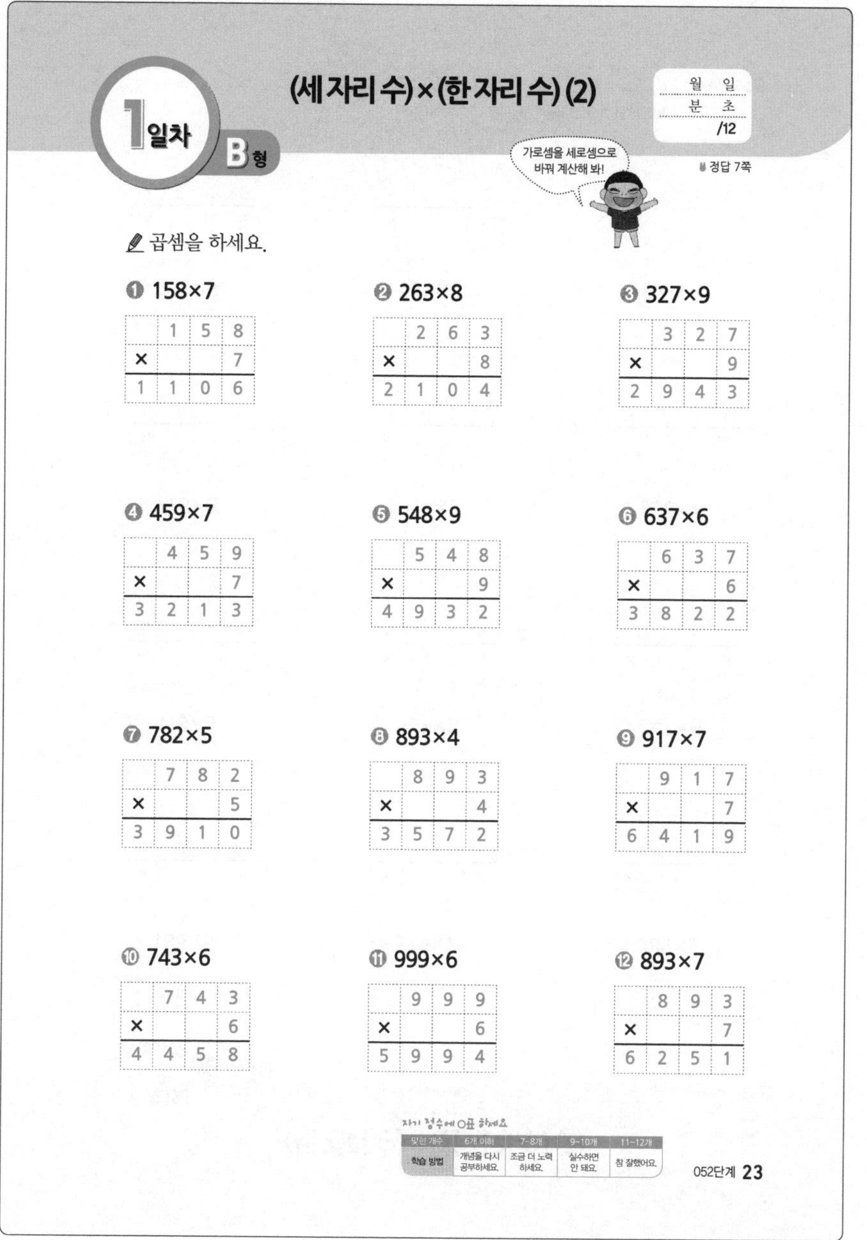

1일차 B형

(세 자리 수)×(한 자리 수)(2)

월 일 / 분 초 / /12

가로셈을 세로셈으로 바꿔 계산해 봐!

정답 7쪽

곱셈을 하세요.

1. 158×7 = 1106
2. 263×8 = 2104
3. 327×9 = 2943
4. 459×7 = 3213
5. 548×9 = 4932
6. 637×6 = 3822
7. 782×5 = 3910
8. 893×4 = 3572
9. 917×7 = 6419
10. 743×6 = 4458
11. 999×6 = 5994
12. 893×7 = 6251

자기 점수에 ○표 하세요.

맞힌 개수	6개 이하	7~8개	9~10개	11~12개
학습 방법	개념을 다시 공부하세요.	조금 더 노력 하세요.	실수하면 안 돼요.	참 잘했어요.

052단계 23

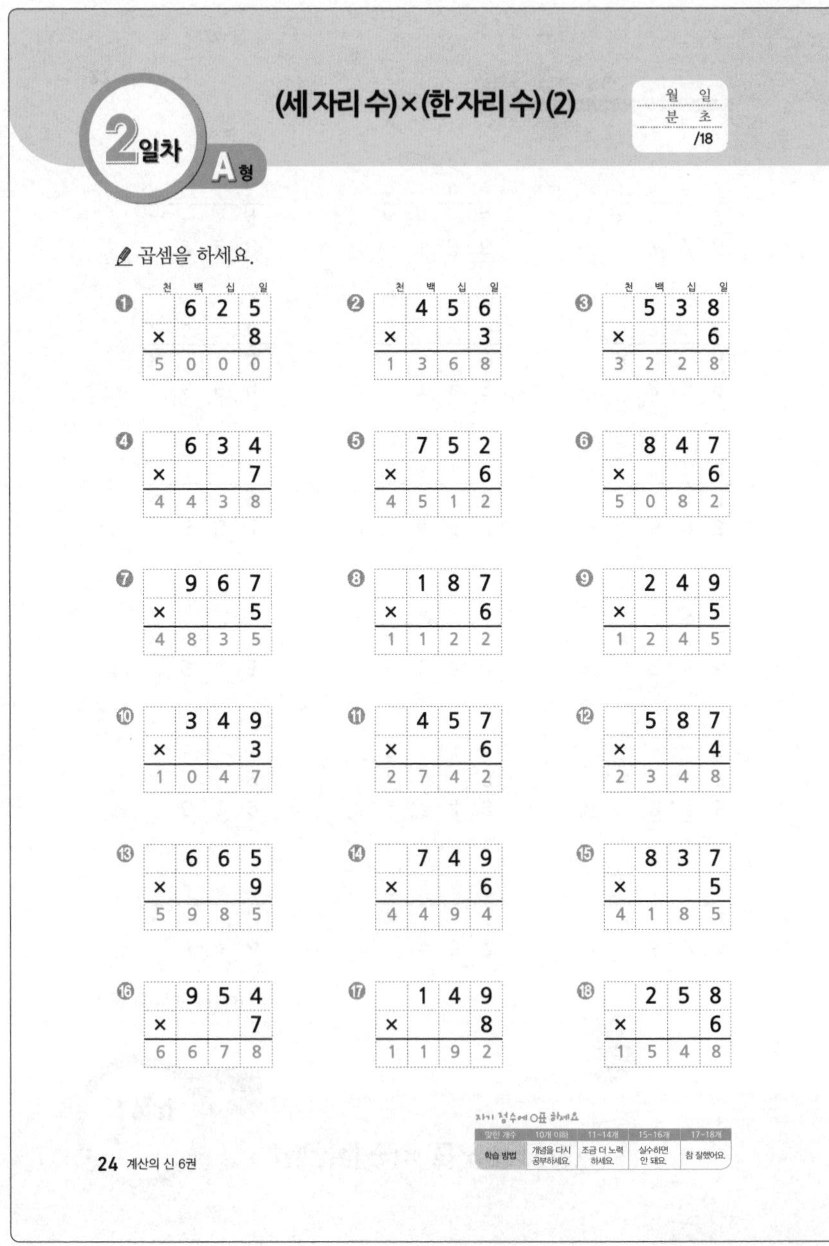

2일차 A형 (세 자리 수)×(한 자리 수)(2)

월 일 / 분 초 / /18

곱셈을 하세요.

1. 625×8 = 5000
2. 456×3 = 1368
3. 538×6 = 3228
4. 634×7 = 4438
5. 752×6 = 4512
6. 847×6 = 5082
7. 967×5 = 4835
8. 187×6 = 1122
9. 249×5 = 1245
10. 349×3 = 1047
11. 457×6 = 2742
12. 587×4 = 2348
13. 665×9 = 5985
14. 749×6 = 4494
15. 837×5 = 4185
16. 954×7 = 6678
17. 149×8 = 1192
18. 258×6 = 1548

자기 점수에 ○표 하세요.

맞은 개수	10개 이하	11~14개	15~16개	17~18개
학습 방법	개념을 다시 공부하세요.	조금 더 노력 하세요.	실수하면 안 돼요.	참 잘했어요.

24 계산의 신 6권

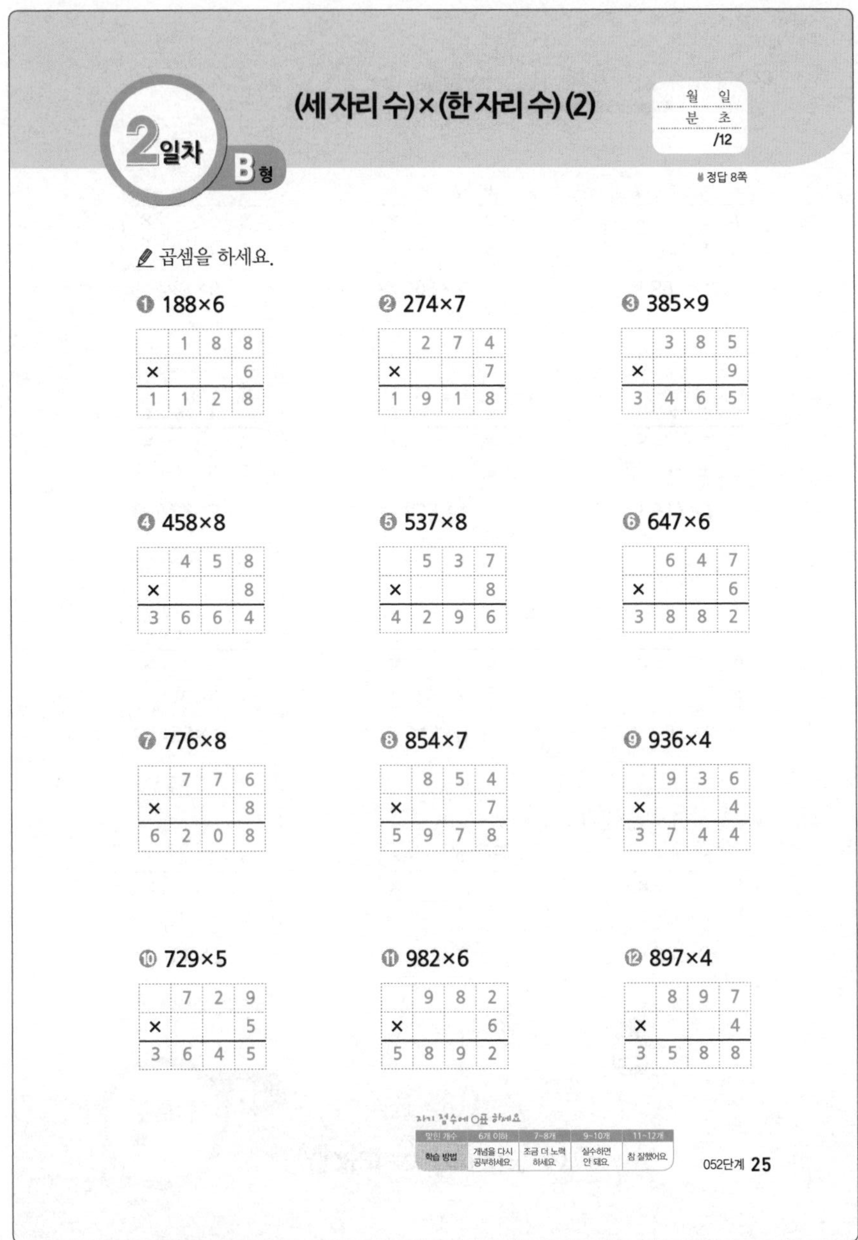

2일차 B형 (세 자리 수)×(한 자리 수)(2)

월 일 / 분 초 / /12

정답 8쪽

곱셈을 하세요.

1. 188×6 = 1128
2. 274×7 = 1918
3. 385×9 = 3465
4. 458×8 = 3664
5. 537×8 = 4296
6. 647×6 = 3882
7. 776×8 = 6208
8. 854×7 = 5978
9. 936×4 = 3744
10. 729×5 = 3645
11. 982×6 = 5892
12. 897×4 = 3588

자기 점수에 ○표 하세요.

맞은 개수	6개 이하	7~8개	9~10개	11~12개
학습 방법	개념을 다시 공부하세요.	조금 더 노력 하세요.	실수하면 안 돼요.	참 잘했어요.

052단계 25

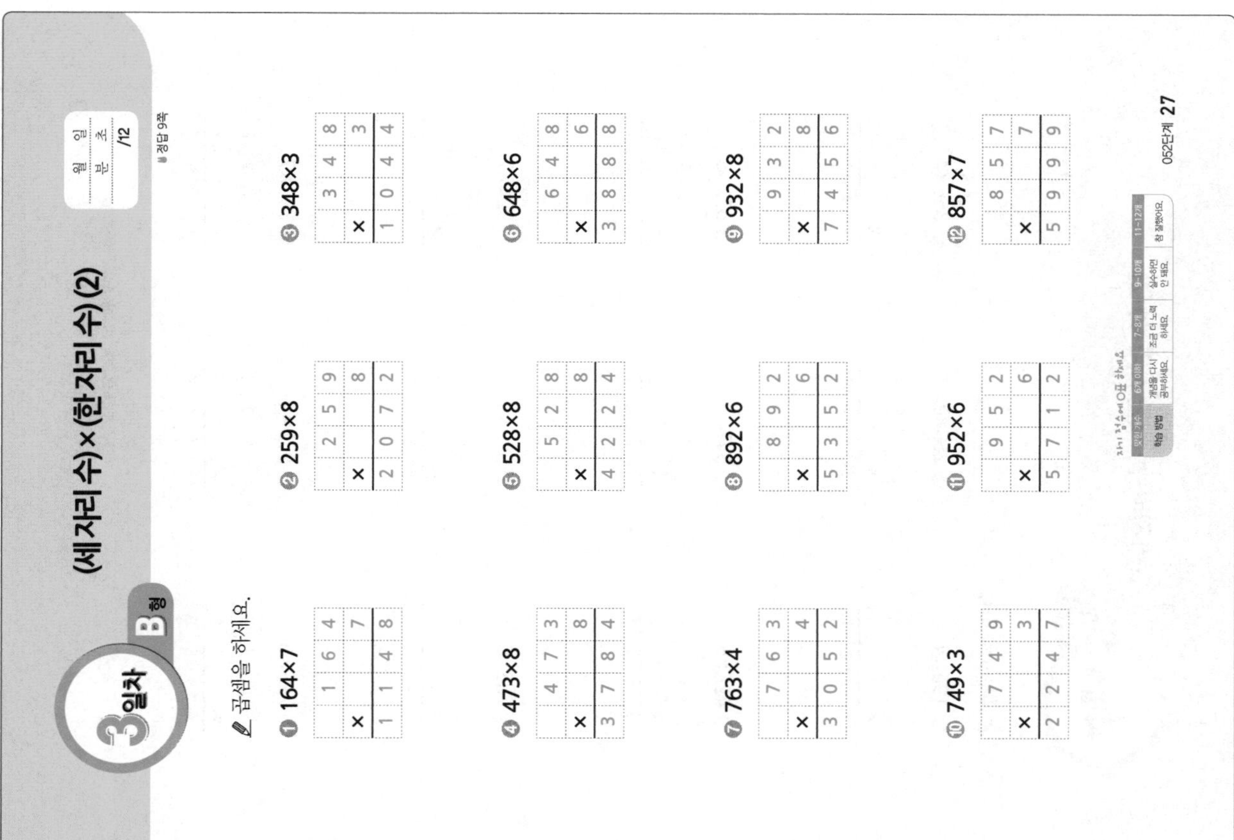

3일차 B형

(세 자리 수)×(한 자리 수) (2)

월 일 / 분 초 / /12

▮정답 9쪽

곱셈을 하세요.

❶ 164×7

	1	6	4
×			7
1	1	4	8

❷ 259×8

	2	5	9
×			8
2	0	7	2

❸ 348×3

	3	4	8
×			3
1	0	4	4

❹ 473×8

	4	7	3
×			8
3	7	8	4

❺ 528×8

	5	2	8
×			8
4	2	2	4

❻ 648×6

	6	4	8
×			6
3	8	8	8

❼ 763×4

	7	6	3
×			4
3	0	5	2

❽ 892×6

	8	9	2
×			6
5	3	5	2

❾ 932×8

	9	3	2
×			8
7	4	5	6

❿ 749×3

	7	4	9
×			3
2	2	4	7

⓫ 952×6

	9	5	2
×			6
5	7	1	2

⓬ 857×7

	8	5	7
×			7
5	9	9	9

자기 점수에 ○표 하세요

맞힌 개수	6개 이하	7~8개	9~10개	11~12개
학습 방법	개념을 다시 공부하세요.	조금 더 노력하세요.	실수하면 안 돼요.	참 잘했어요.

052단계 27

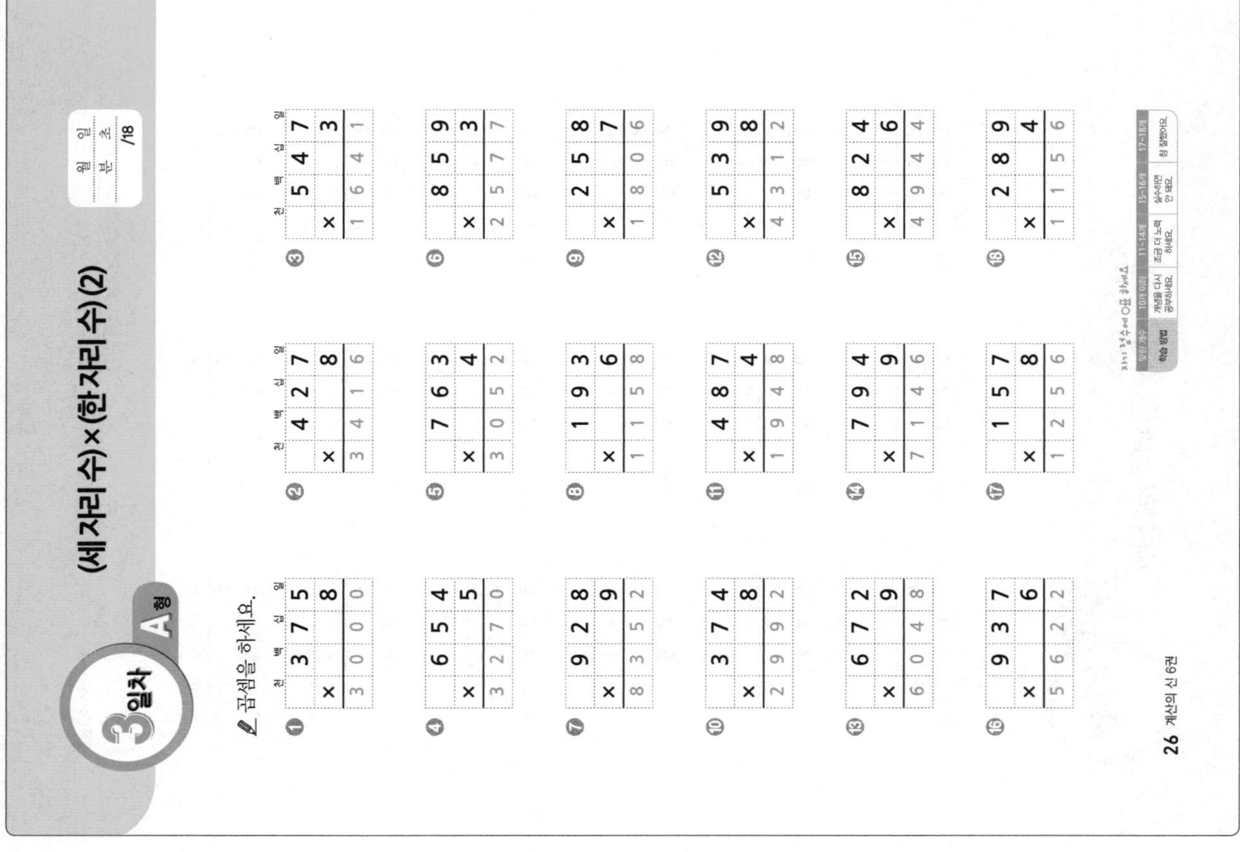

3일차 A형

(세 자리 수)×(한 자리 수) (2)

월 일 / 분 초 / /18

곱셈을 하세요.

❶

천	백	십	일
	3	7	5
×			8
3	0	0	0

❷

천	백	십	일
	4	2	7
×			8
3	4	1	6

❸

천	백	십	일
	5	4	7
×			3
1	6	4	1

❹

	6	5	4
×			5
3	2	7	0

❺

	7	6	3
×			4
3	0	5	2

❻

	8	5	9
×			3
2	5	7	7

❼

	9	2	8
×			9
8	3	5	2

❽

	1	9	3
×			6
1	1	5	8

❾

	2	5	8
×			7
1	8	0	6

❿

	3	7	4
×			8
2	9	9	2

⓫

	4	8	7
×			4
1	9	4	8

⓬

	5	3	9
×			8
4	3	1	2

⓭

	6	7	2
×			9
6	0	4	8

⓮

	7	9	4
×			9
7	1	4	6

⓯

	8	2	4
×			6
4	9	4	4

⓰

	9	3	7
×			6
5	6	2	2

⓱

	1	5	7
×			8
1	2	5	6

⓲

	2	8	9
×			4
1	1	5	6

자기 점수에 ○표 하세요

맞힌 개수	10개 이하	11~14개	15~16개	17~18개
학습 방법	개념을 다시 공부하세요.	조금 더 노력하세요.	실수하면 안 돼요.	참 잘했어요.

26 계산의 신 6권

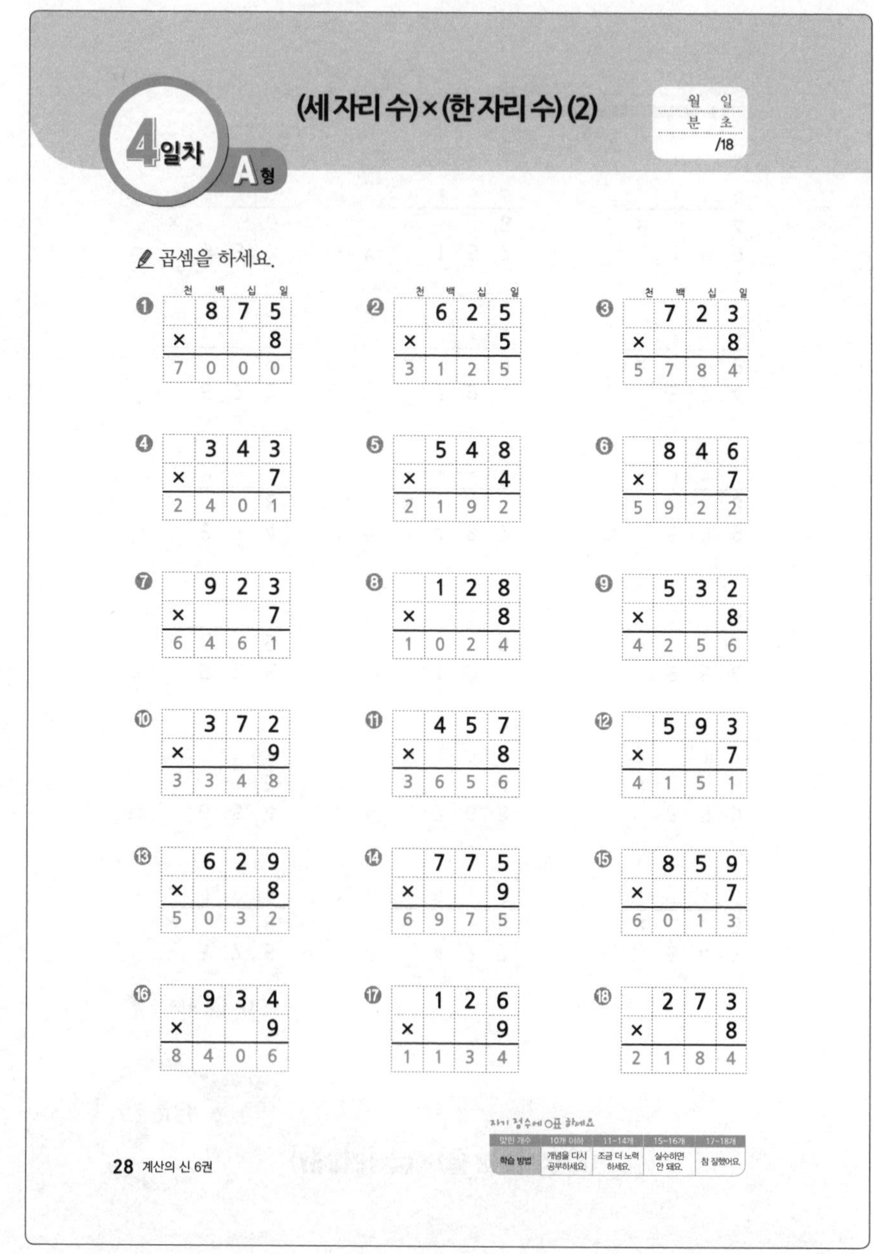

4일차 A형 (세 자리 수)×(한 자리 수)(2)

월 일 / 분 초 / /18

곱셈을 하세요.

(천 백 십 일)

① 875 × 8 = 7000
② 625 × 5 = 3125
③ 723 × 8 = 5784
④ 343 × 7 = 2401
⑤ 548 × 4 = 2192
⑥ 846 × 7 = 5922
⑦ 923 × 7 = 6461
⑧ 128 × 8 = 1024
⑨ 532 × 8 = 4256
⑩ 372 × 9 = 3348
⑪ 457 × 8 = 3656
⑫ 593 × 7 = 4151
⑬ 629 × 8 = 5032
⑭ 775 × 9 = 6975
⑮ 859 × 7 = 6013
⑯ 934 × 9 = 8406
⑰ 126 × 9 = 1134
⑱ 273 × 8 = 2184

자기 점수에 ○표 하세요.

맞힌 개수	10개 이하	11~14개	15~16개	17~18개
학습 방법	개념을 다시 공부하세요.	조금 더 노력하세요.	실수하면 안 돼요.	참 잘했어요.

28 계산의 신 6권

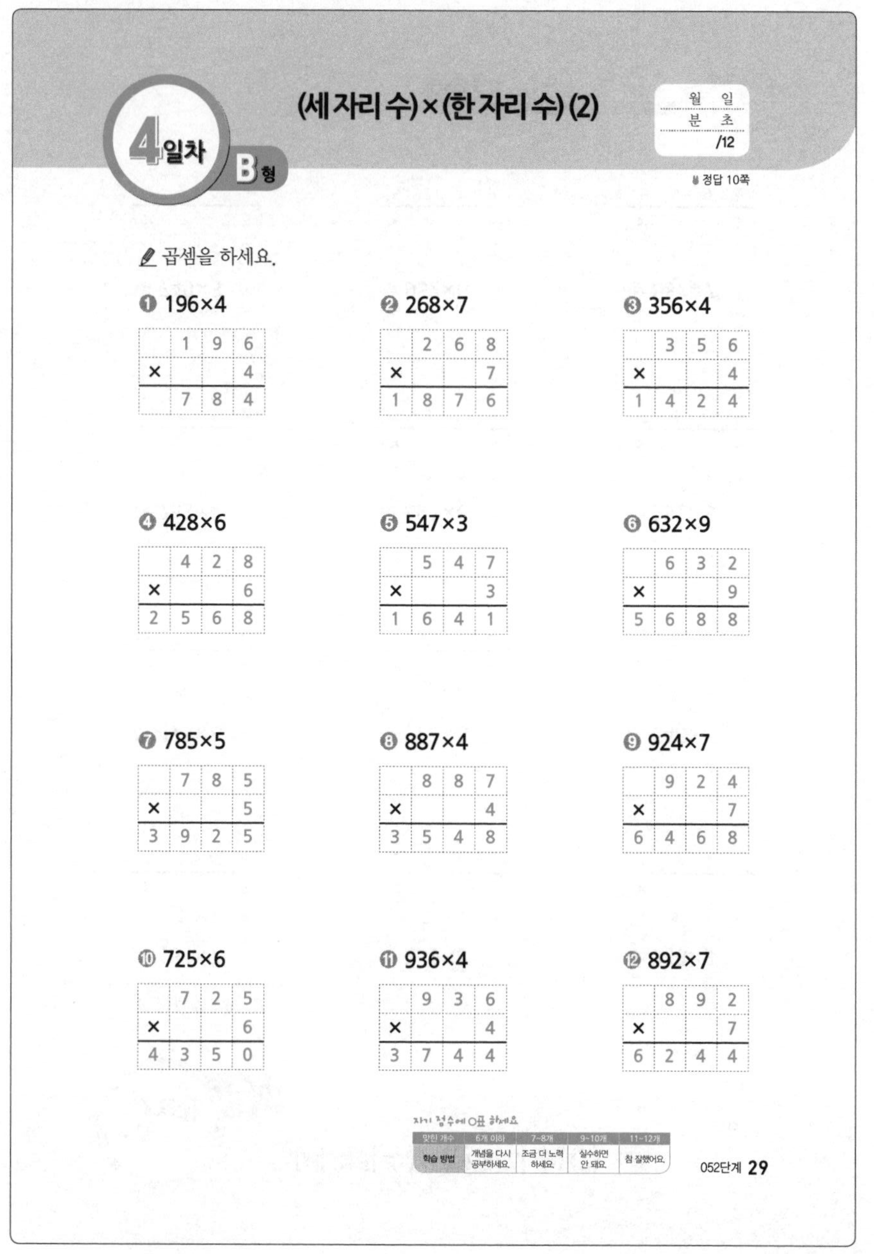

4일차 B형 (세 자리 수)×(한 자리 수)(2)

월 일 / 분 초 / /12

정답 10쪽

곱셈을 하세요.

① 196×4 = 784
② 268×7 = 1876
③ 356×4 = 1424
④ 428×6 = 2568
⑤ 547×3 = 1641
⑥ 632×9 = 5688
⑦ 785×5 = 3925
⑧ 887×4 = 3548
⑨ 924×7 = 6468
⑩ 725×6 = 4350
⑪ 936×4 = 3744
⑫ 892×7 = 6244

자기 점수에 ○표 하세요.

맞힌 개수	6개 이하	7~8개	9~10개	11~12개
학습 방법	개념을 다시 공부하세요.	조금 더 노력하세요.	실수하면 안 돼요.	참 잘했어요.

052단계 29

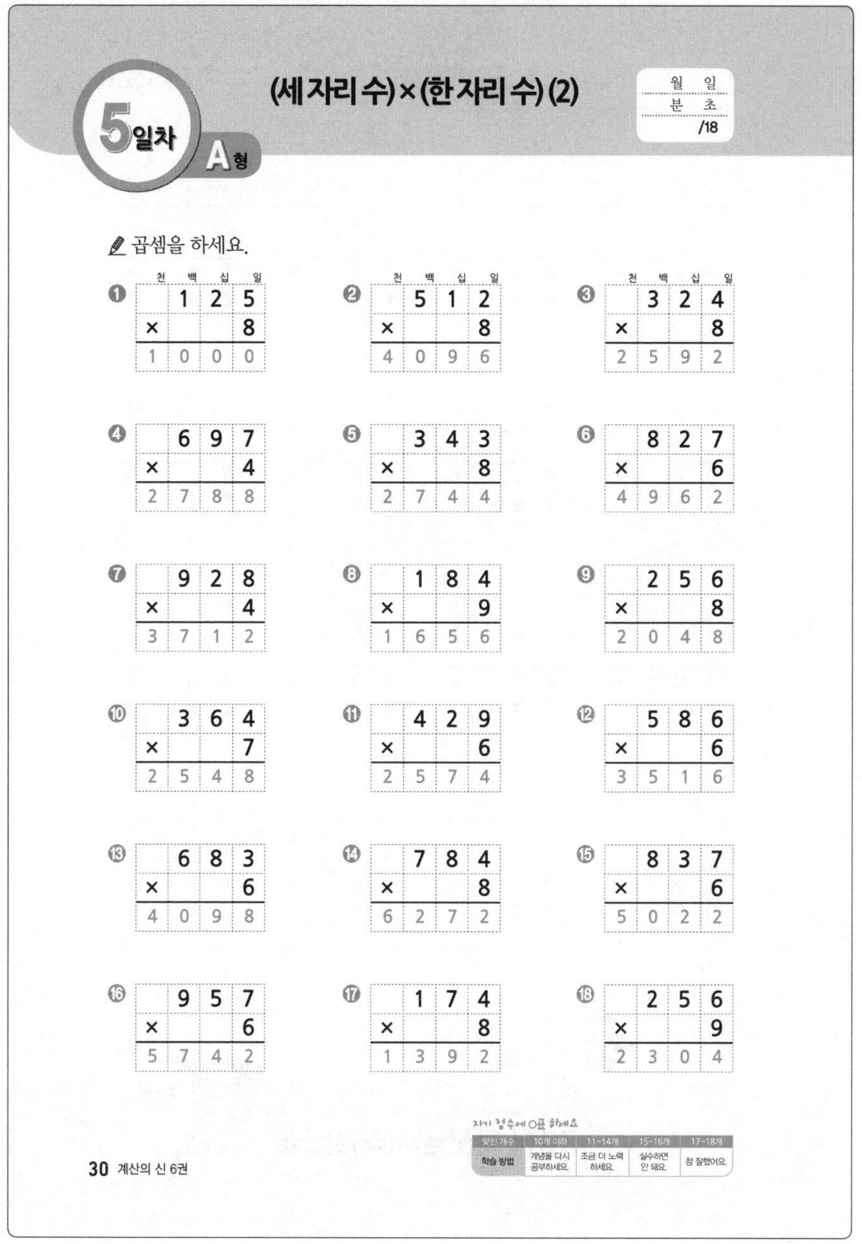

5일차 A형 (세 자리 수)×(한 자리 수) (2)

월 일 / 분 초 / /18

곱셈을 하세요.

(천 백 십 일)

1. 125 × 8 = 1000
2. 512 × 8 = 4096
3. 324 × 8 = 2592
4. 697 × 4 = 2788
5. 343 × 8 = 2744
6. 827 × 6 = 4962
7. 928 × 4 = 3712
8. 184 × 9 = 1656
9. 256 × 8 = 2048
10. 364 × 7 = 2548
11. 429 × 6 = 2574
12. 586 × 6 = 3516
13. 683 × 6 = 4098
14. 784 × 8 = 6272
15. 837 × 6 = 5022
16. 957 × 6 = 5742
17. 174 × 8 = 1392
18. 256 × 9 = 2304

자기 점수에 ○표 하세요

맞힌 개수	10개 이하	11~14개	15~16개	17~18개
학습 방법	개념을 다시 공부하세요.	조금 더 노력 하세요.	실수하면 안 돼요.	참 잘했어요.

30 계산의 신 6권

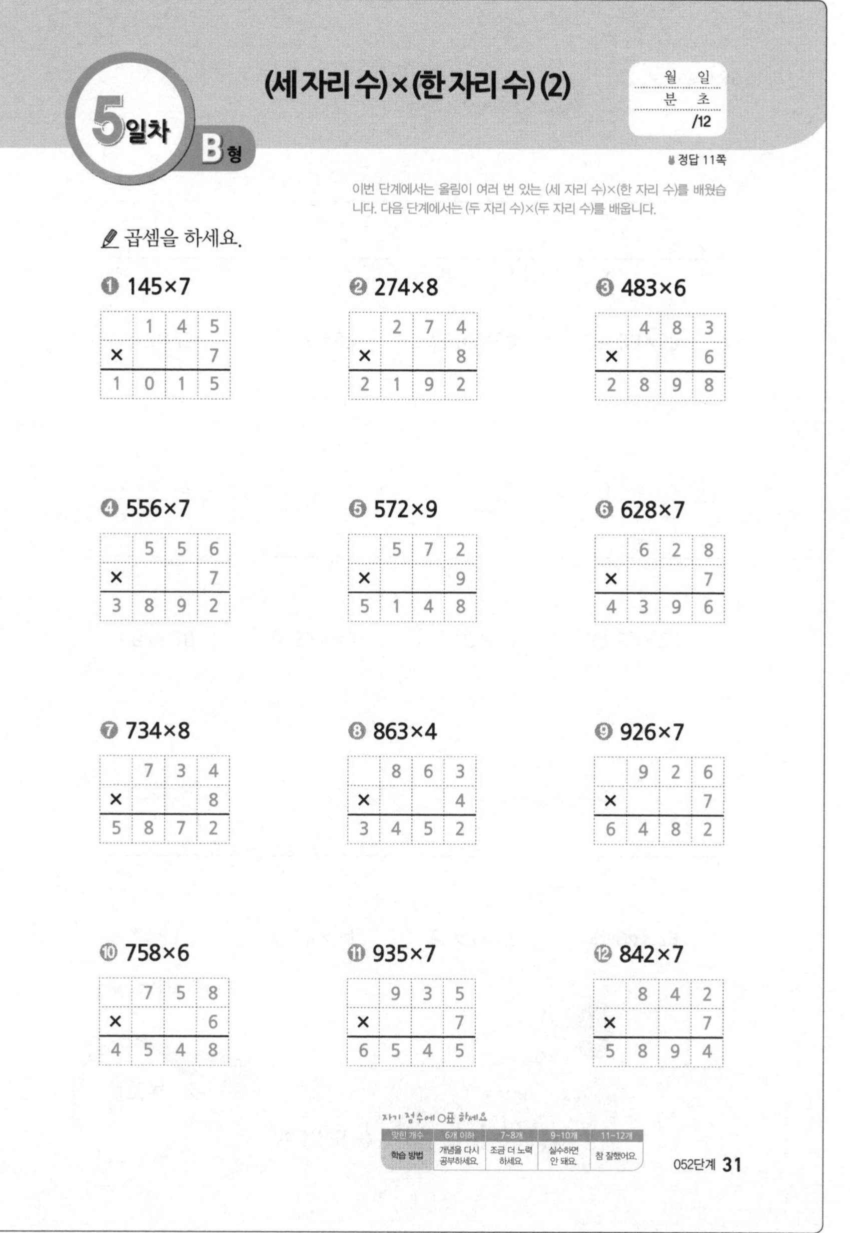

5일차 B형 (세 자리 수)×(한 자리 수) (2)

월 일 / 분 초 / /12

정답 11쪽

이번 단계에서는 올림이 여러 번 있는 (세 자리 수)×(한 자리 수)를 배웠습니다. 다음 단계에서는 (두 자리 수)×(두 자리 수)를 배웁니다.

곱셈을 하세요.

1. 145×7 = 1015
2. 274×8 = 2192
3. 483×6 = 2898
4. 556×7 = 3892
5. 572×9 = 5148
6. 628×7 = 4396
7. 734×8 = 5872
8. 863×4 = 3452
9. 926×7 = 6482
10. 758×6 = 4548
11. 935×7 = 6545
12. 842×7 = 5894

자기 점수에 ○표 하세요

맞힌 개수	6개 이하	7~8개	9~10개	11~12개
학습 방법	개념을 다시 공부하세요.	조금 더 노력 하세요.	실수하면 안 돼요.	참 잘했어요.

052단계 31

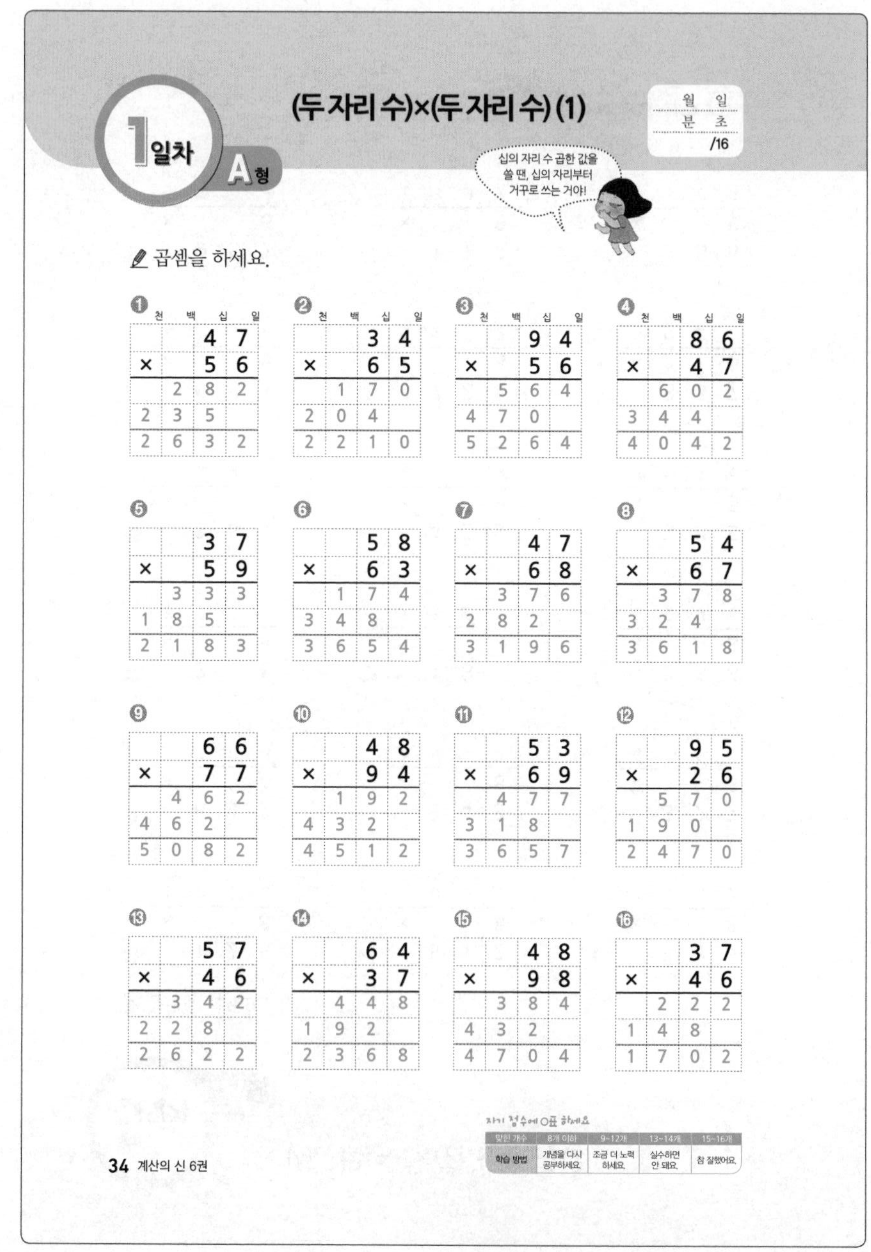

1일차 A형 (두 자리 수)×(두 자리 수) (1)

월 일 / 분 초 / /16

십의 자리 수 곱한 값을 쓸 땐, 십의 자리부터 거꾸로 쓰는 거야!

곱셈을 하세요.

❶ 47 × 56 = 282 + 235 → 2632

❷ 34 × 65 = 170 + 204 → 2210

❸ 94 × 56 = 564 + 470 → 5264

❹ 86 × 47 = 602 + 344 → 4042

❺ 37 × 59 = 333 + 185 → 2183

❻ 58 × 63 = 174 + 348 → 3654

❼ 47 × 68 = 376 + 282 → 3196

❽ 54 × 67 = 378 + 324 → 3618

❾ 66 × 77 = 462 + 462 → 5082

❿ 48 × 94 = 192 + 432 → 4512

⓫ 53 × 69 = 477 + 318 → 3657

⓬ 95 × 26 = 570 + 190 → 2470

⓭ 57 × 46 = 342 + 228 → 2622

⓮ 64 × 37 = 448 + 192 → 2368

⓯ 48 × 98 = 384 + 432 → 4704

⓰ 37 × 46 = 222 + 148 → 1702

자기 점수에 ○표 하세요

맞은 개수	8개 이하	9~12개	13~14개	15~16개
학습 방법	개념을 다시 공부하세요.	조금 더 노력하세요.	실수하면 안 돼요.	참 잘했어요.

34 계산의 신 6권

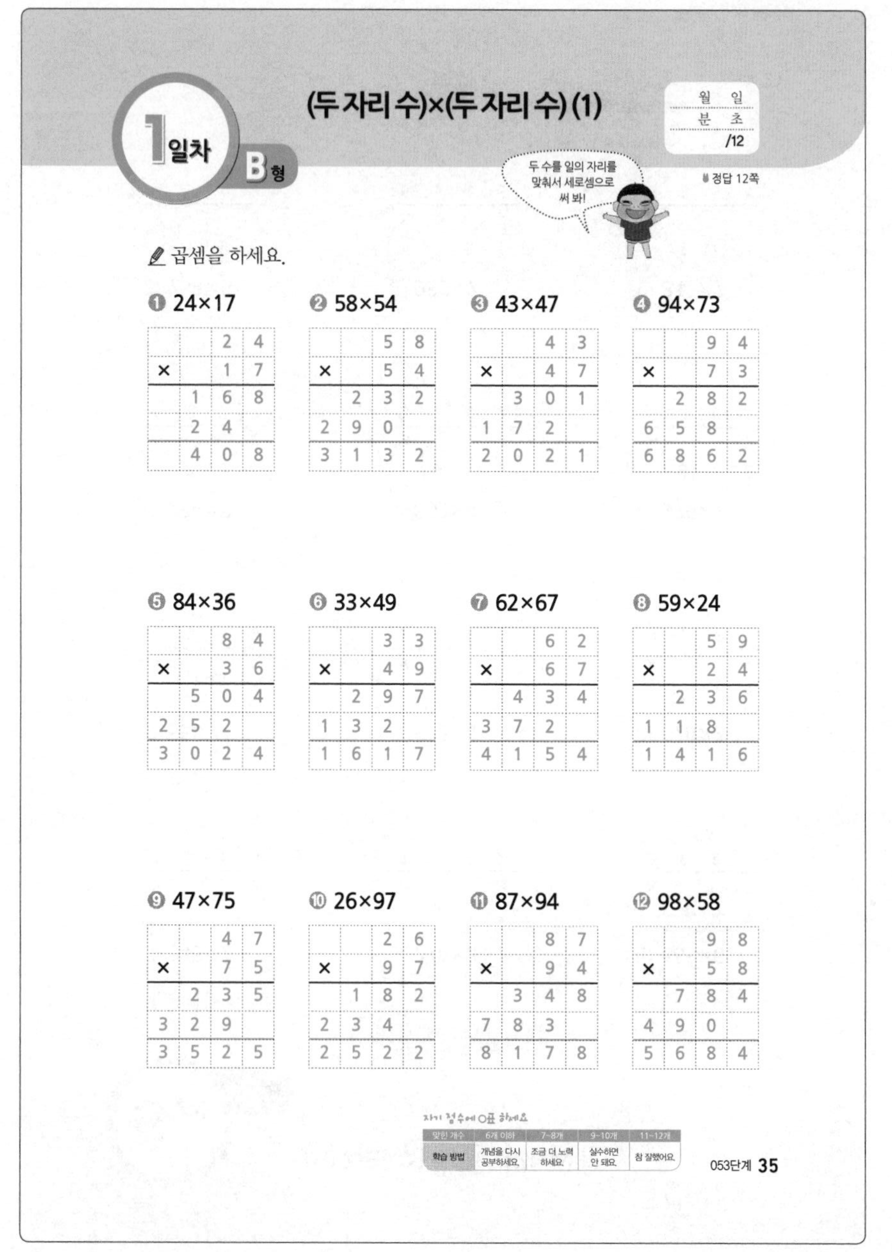

1일차 B형 (두 자리 수)×(두 자리 수) (1)

월 일 / 분 초 / /12

두 수를 일의 자리를 맞춰서 세로셈으로 써 봐!

정답 12쪽

곱셈을 하세요.

❶ 24×17 = 168 + 24 → 408

❷ 58×54 = 232 + 290 → 3132

❸ 43×47 = 301 + 172 → 2021

❹ 94×73 = 282 + 658 → 6862

❺ 84×36 = 504 + 252 → 3024

❻ 33×49 = 297 + 132 → 1617

❼ 62×67 = 434 + 372 → 4154

❽ 59×24 = 236 + 118 → 1416

❾ 47×75 = 235 + 329 → 3525

❿ 26×97 = 182 + 234 → 2522

⓫ 87×94 = 348 + 783 → 8178

⓬ 98×58 = 784 + 490 → 5684

자기 점수에 ○표 하세요

맞은 개수	6개 이하	7~8개	9~10개	11~12개
학습 방법	개념을 다시 공부하세요.	조금 더 노력하세요.	실수하면 안 돼요.	참 잘했어요.

053단계 35

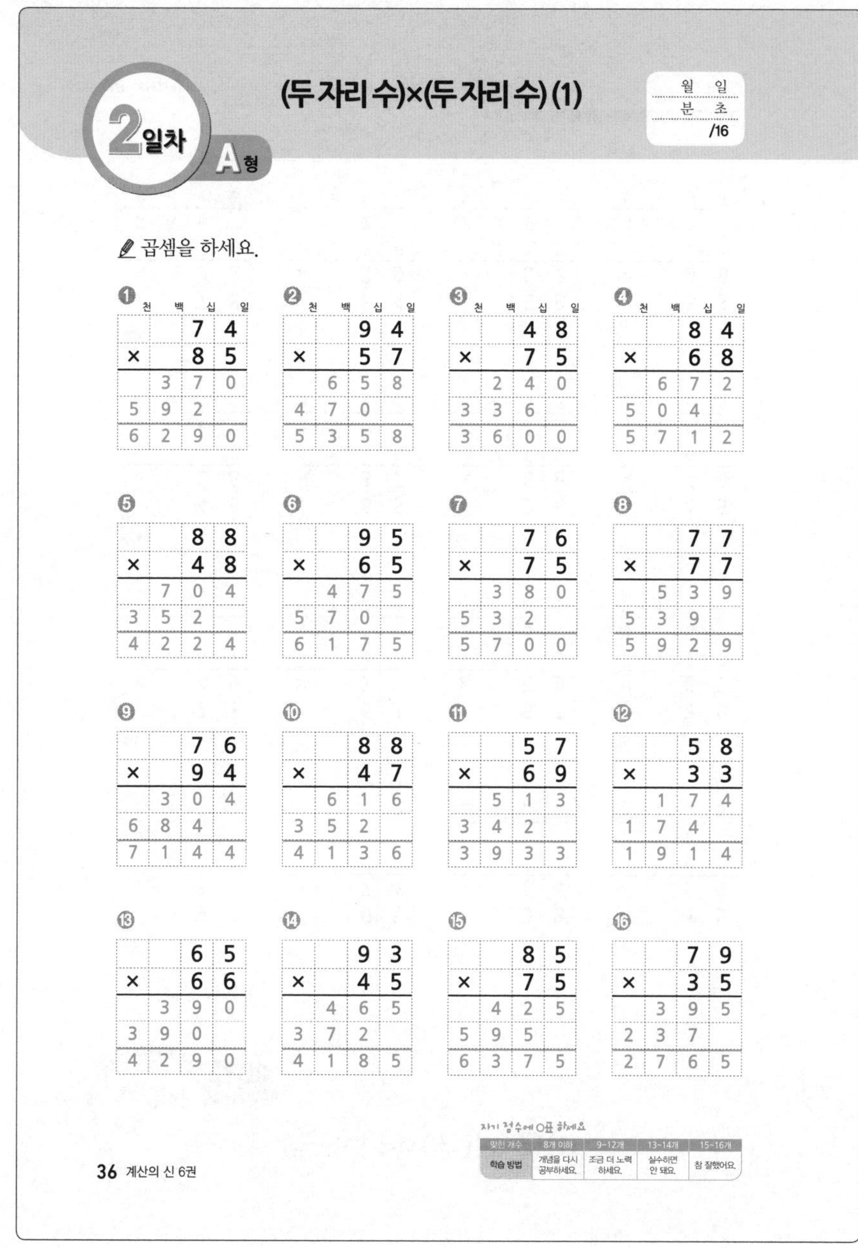

2일차 A형

(두 자리 수)×(두 자리 수) (1)

월 일
분 초
/16

곱셈을 하세요.

천 백 십 일

1. 74 × 85: 370, 592, 6290
2. 94 × 57: 658, 470, 5358
3. 48 × 75: 240, 336, 3600
4. 84 × 68: 672, 504, 5712
5. 88 × 48: 704, 352, 4224
6. 95 × 65: 475, 570, 6175
7. 76 × 75: 380, 532, 5700
8. 77 × 77: 539, 539, 5929
9. 76 × 94: 304, 684, 7144
10. 88 × 47: 616, 352, 4136
11. 57 × 69: 513, 342, 3933
12. 58 × 33: 174, 174, 1914
13. 65 × 66: 390, 390, 4290
14. 93 × 45: 465, 372, 4185
15. 85 × 75: 425, 595, 6375
16. 79 × 35: 395, 237, 2765

자기 점수에 ○표 하세요

맞힌 개수	8개 이하	9~12개	13~14개	15~16개
학습 방법	개념을 다시 공부하세요.	조금 더 노력하세요.	실수하면 안 돼요.	참 잘했어요.

36 계산의 신 6권

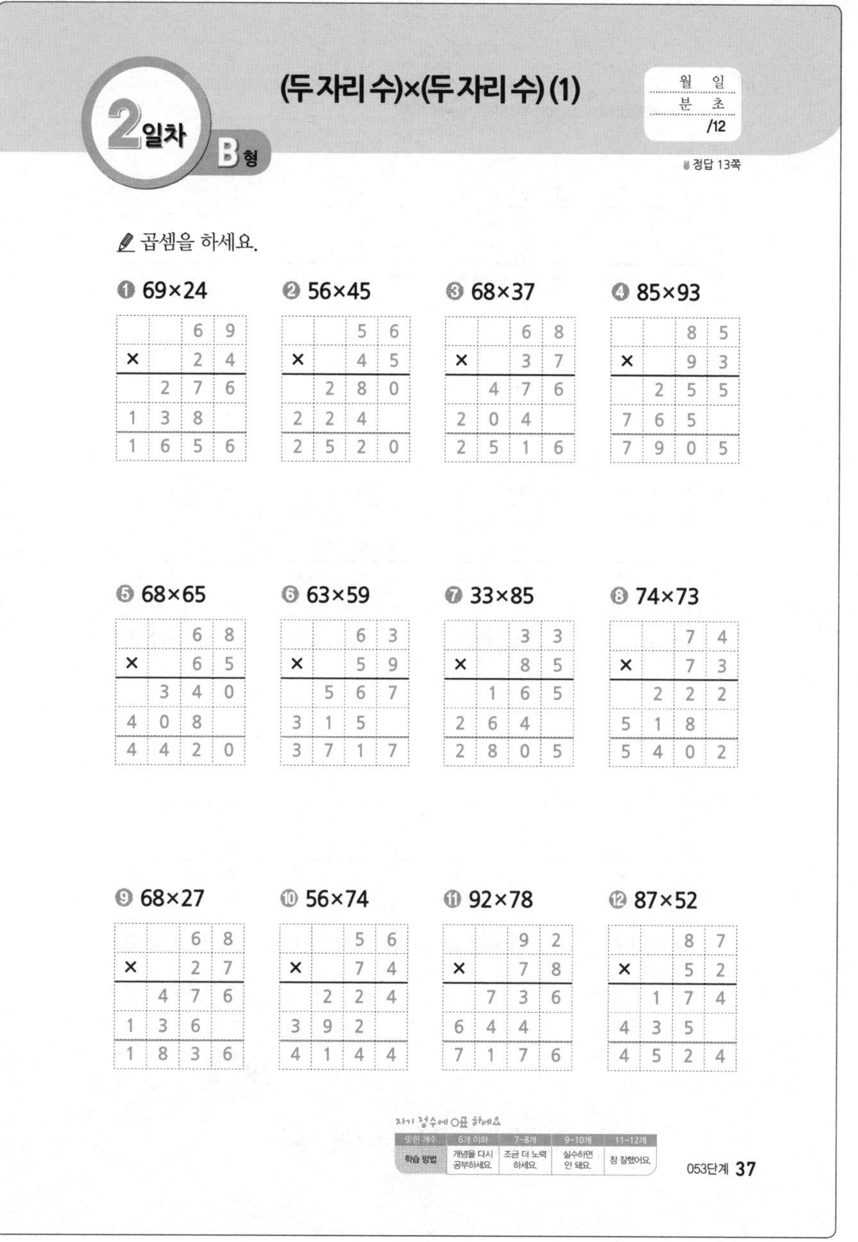

2일차 B형

(두 자리 수)×(두 자리 수) (1)

월 일
분 초
/12

정답 13쪽

곱셈을 하세요.

1. 69×24: 276, 138, 1656
2. 56×45: 280, 224, 2520
3. 68×37: 476, 204, 2516
4. 85×93: 255, 765, 7905
5. 68×65: 340, 408, 4420
6. 63×59: 567, 315, 3717
7. 33×85: 165, 264, 2805
8. 74×73: 222, 518, 5402
9. 68×27: 476, 136, 1836
10. 56×74: 224, 392, 4144
11. 92×78: 736, 644, 7176
12. 87×52: 174, 435, 4524

자기 점수에 ○표 하세요

맞힌 개수	6개 이하	7~8개	9~10개	11~12개
학습 방법	개념을 다시 공부하세요.	조금 더 노력하세요.	실수하면 안 돼요.	참 잘했어요.

053단계 37

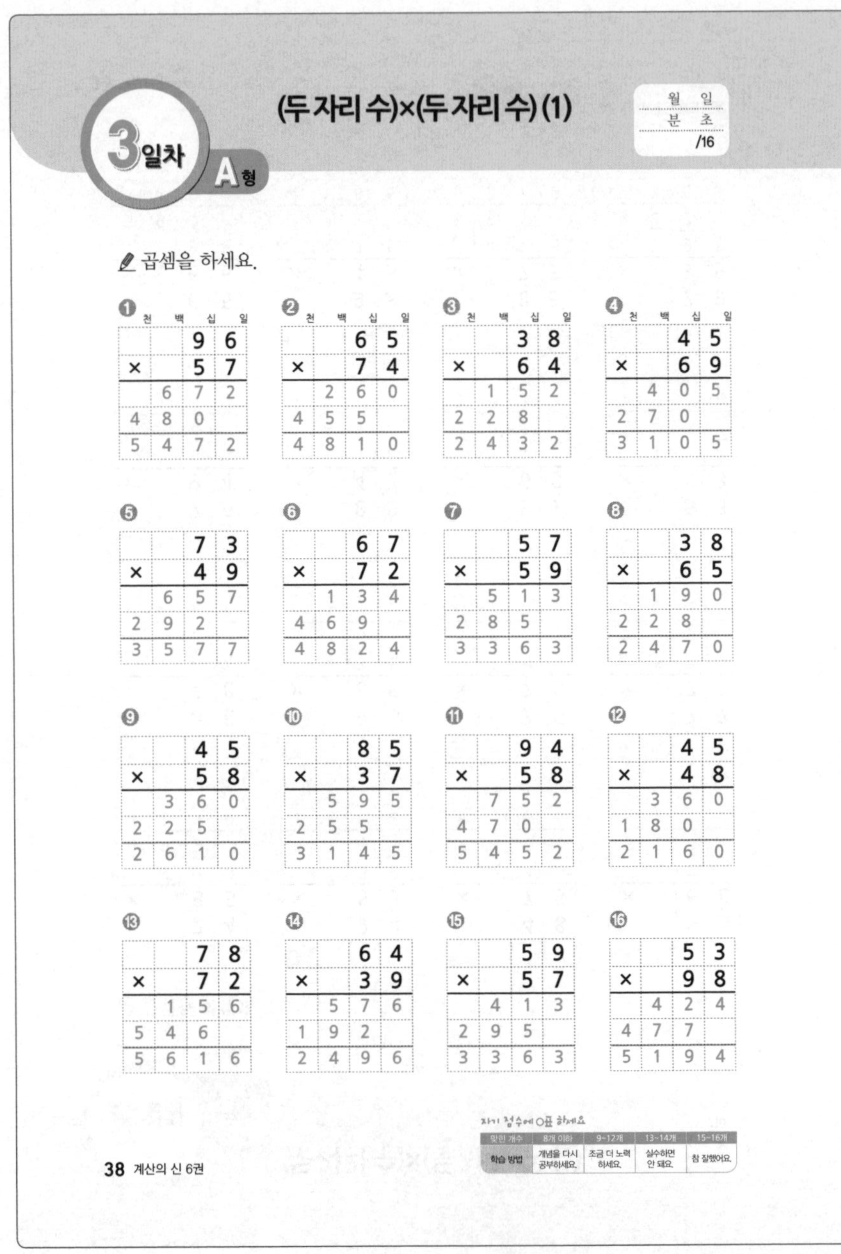

3일차 A형

(두 자리 수)×(두 자리 수) (1)

월 일
분 초
/16

곱셈을 하세요.

❶ 96×57: 672, 480 → 5472
❷ 65×74: 260, 455 → 4810
❸ 38×64: 152, 228 → 2432
❹ 45×69: 405, 270 → 3105
❺ 73×49: 657, 292 → 3577
❻ 67×72: 134, 469 → 4824
❼ 57×59: 513, 285 → 3363
❽ 38×65: 190, 228 → 2470
❾ 45×58: 360, 225 → 2610
❿ 85×37: 595, 255 → 3145
⓫ 94×58: 752, 470 → 5452
⓬ 45×48: 360, 180 → 2160
⓭ 78×72: 156, 546 → 5616
⓮ 64×39: 576, 192 → 2496
⓯ 59×57: 413, 295 → 3363
⓰ 53×98: 424, 477 → 5194

자기 점수에 ○표 하세요

맞힌 개수	8개 이하	9~12개	13~14개	15~16개
학습 방법	개념을 다시 공부하세요.	조금 더 노력하세요.	실수하면 안 돼요.	참 잘했어요.

38 계산의 신 6권

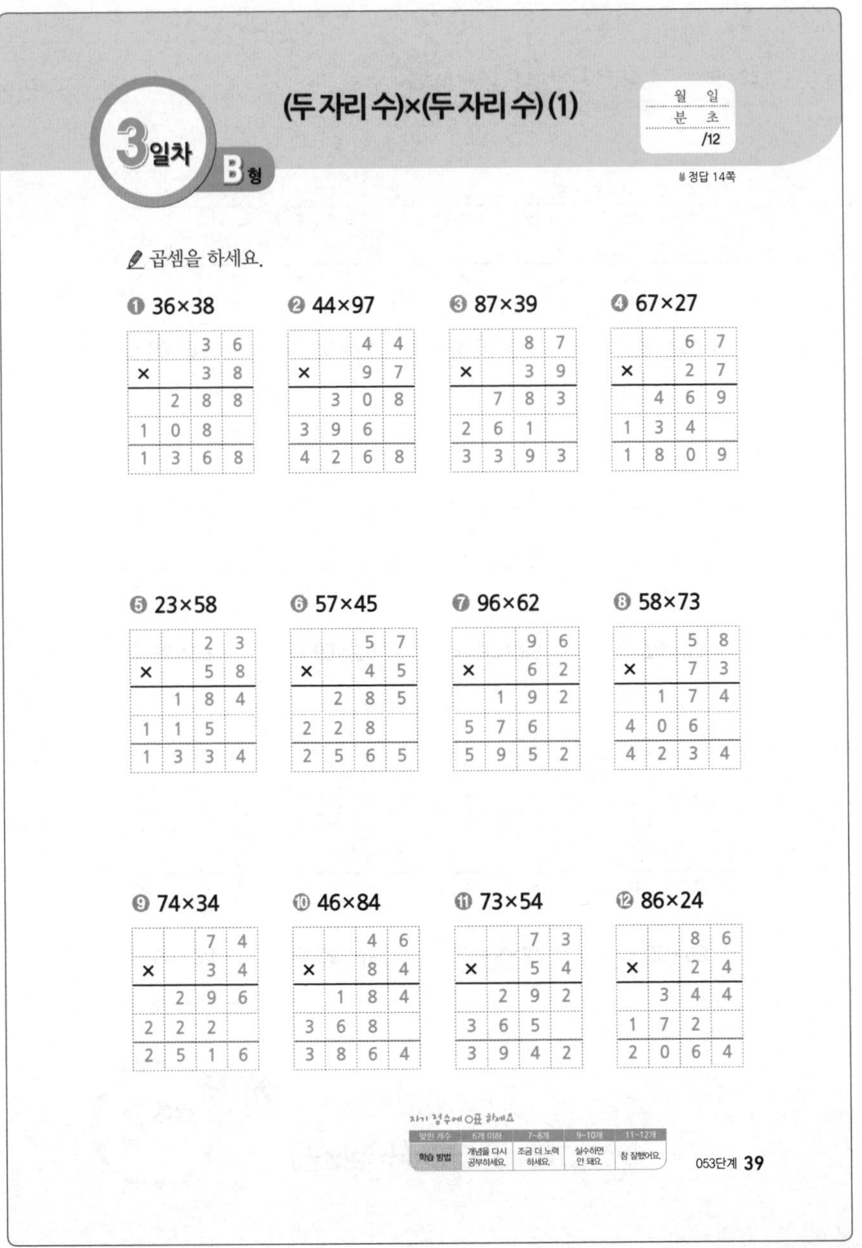

3일차 B형

(두 자리 수)×(두 자리 수) (1)

월 일
분 초
/12

정답 14쪽

곱셈을 하세요.

❶ 36×38: 288, 108 → 1368
❷ 44×97: 308, 396 → 4268
❸ 87×39: 783, 261 → 3393
❹ 67×27: 469, 134 → 1809
❺ 23×58: 184, 115 → 1334
❻ 57×45: 285, 228 → 2565
❼ 96×62: 192, 576 → 5952
❽ 58×73: 174, 406 → 4234
❾ 74×34: 296, 222 → 2516
❿ 46×84: 184, 368 → 3864
⓫ 73×54: 292, 365 → 3942
⓬ 86×24: 344, 172 → 2064

자기 점수에 ○표 하세요

맞힌 개수	6개 이하	7~8개	9~10개	11~12개
학습 방법	개념을 다시 공부하세요.	조금 더 노력하세요.	실수하면 안 돼요.	참 잘했어요.

053단계 39

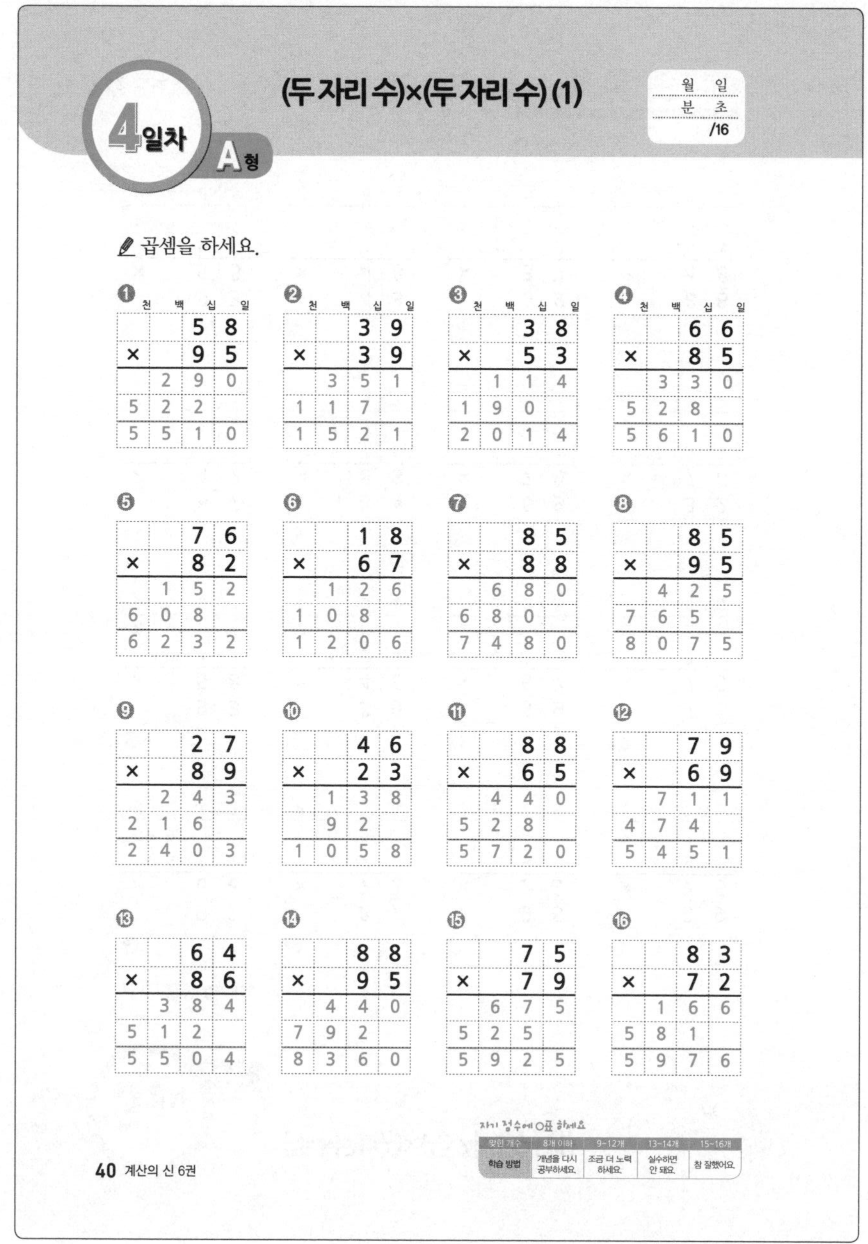

4일차 A형

(두 자리 수)×(두 자리 수)(1)

월 일
분 초
/16

곱셈을 하세요.

(천 백 십 일)

1. 58 × 95 — 290, 522, 5510
2. 39 × 39 — 351, 117, 1521
3. 38 × 53 — 114, 190, 2014
4. 66 × 85 — 330, 528, 5610
5. 76 × 82 — 152, 608, 6232
6. 18 × 67 — 126, 108, 1206
7. 85 × 88 — 680, 680, 7480
8. 85 × 95 — 425, 765, 8075
9. 27 × 89 — 243, 216, 2403
10. 46 × 23 — 138, 92, 1058
11. 88 × 65 — 440, 528, 5720
12. 79 × 69 — 711, 474, 5451
13. 64 × 86 — 384, 512, 5504
14. 88 × 95 — 440, 792, 8360
15. 75 × 79 — 675, 525, 5925
16. 83 × 72 — 166, 581, 5976

자기 점수에 ○표 하세요

맞힌 개수	8개 이하	9~12개	13~14개	15~16개
학습 방법	개념을 다시 공부하세요.	조금 더 노력하세요.	실수하면 안 돼요.	참 잘했어요.

40 계산의 신 6권

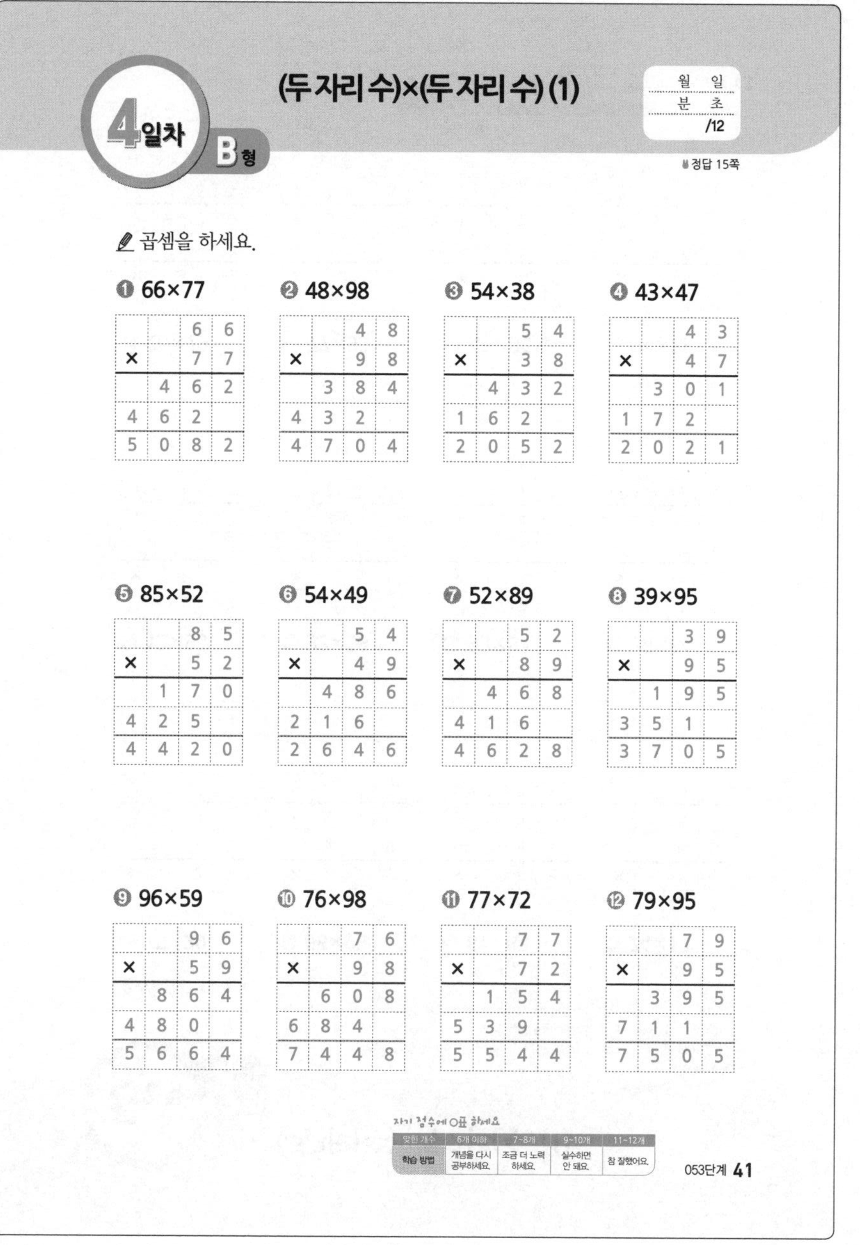

4일차 B형

(두 자리 수)×(두 자리 수)(1)

월 일
분 초
/12

※정답 15쪽

곱셈을 하세요.

1. 66×77 — 462, 462, 5082
2. 48×98 — 384, 432, 4704
3. 54×38 — 432, 162, 2052
4. 43×47 — 301, 172, 2021
5. 85×52 — 170, 425, 4420
6. 54×49 — 486, 216, 2646
7. 52×89 — 468, 416, 4628
8. 39×95 — 195, 351, 3705
9. 96×59 — 864, 480, 5664
10. 76×98 — 608, 684, 7448
11. 77×72 — 154, 539, 5544
12. 79×95 — 395, 711, 7505

자기 점수에 ○표 하세요

맞힌 개수	6개 이하	7~8개	9~10개	11~12개
학습 방법	개념을 다시 공부하세요.	조금 더 노력하세요.	실수하면 안 돼요.	참 잘했어요.

053단계 41

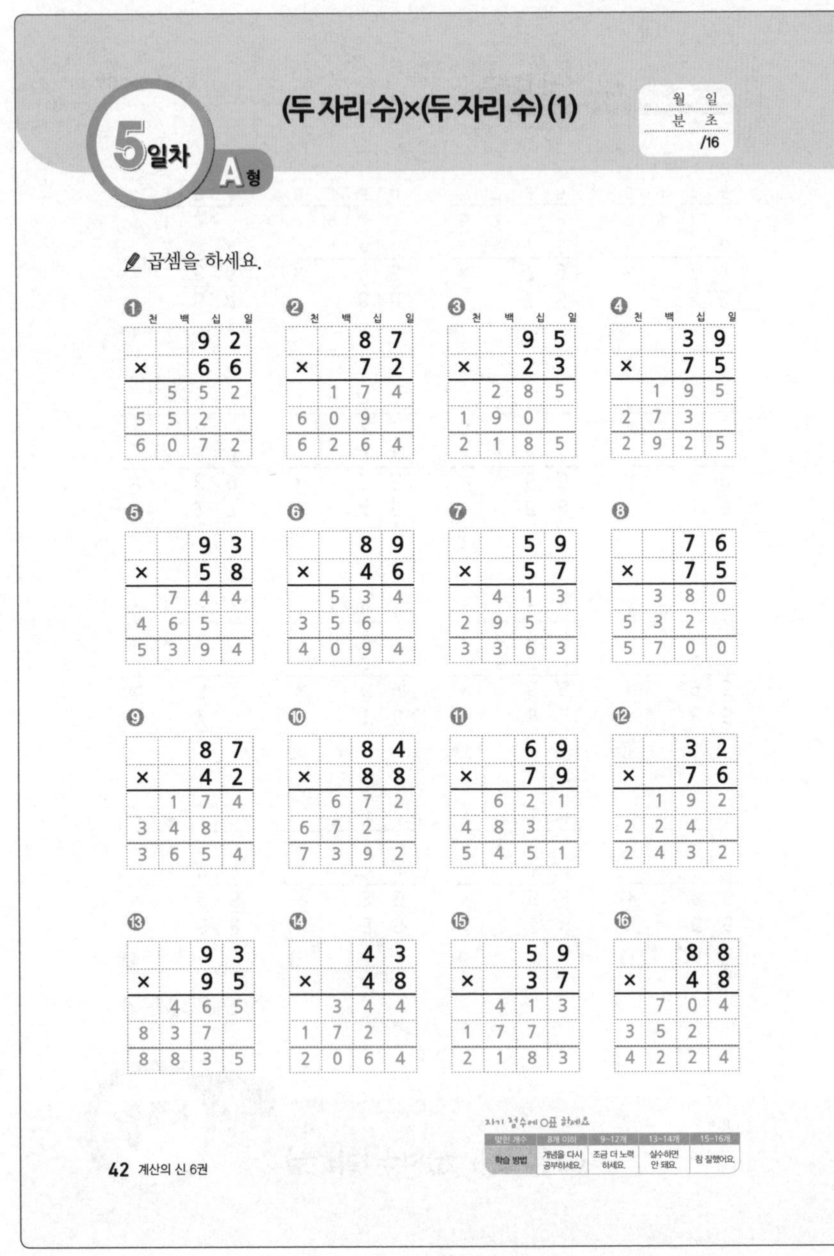

5일차 A형

(두 자리 수)×(두 자리 수)(1)

월 일 / 분 초 / /16

곱셈을 하세요.

❶ 92 × 66 = 552 + 5520 → 6072

❷ 87 × 72 = 174 + 6090 → 6264

❸ 95 × 23 = 285 + 1900 → 2185

❹ 39 × 75 = 195 + 2730 → 2925

❺ 93 × 58 = 744 + 4650 → 5394

❻ 89 × 46 = 534 + 3560 → 4094

❼ 59 × 57 = 413 + 2950 → 3363

❽ 76 × 75 = 380 + 5320 → 5700

❾ 87 × 42 = 174 + 3480 → 3654

❿ 84 × 88 = 672 + 6720 → 7392

⓫ 69 × 79 = 621 + 4830 → 5451

⓬ 32 × 76 = 192 + 2240 → 2432

⓭ 93 × 95 = 465 + 8370 → 8835

⓮ 43 × 48 = 344 + 1720 → 2064

⓯ 59 × 37 = 413 + 1770 → 2183

⓰ 88 × 48 = 704 + 3520 → 4224

자기 점수에 ○표 하세요

맞힌 개수	8개 이하	9~12개	13~14개	15~16개
학습 방법	개념을 다시 공부하세요.	조금 더 노력 하세요.	실수하면 안 돼요.	참 잘했어요.

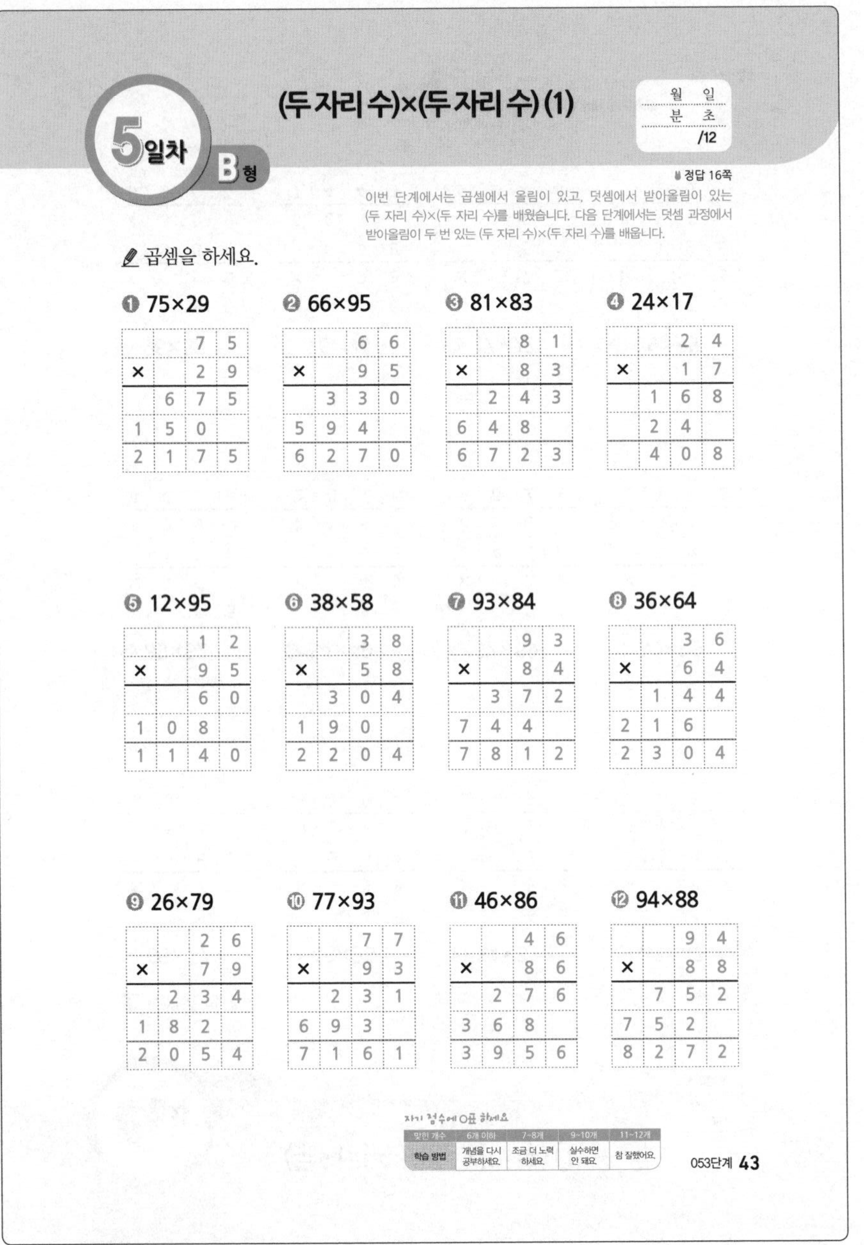

5일차 B형

(두 자리 수)×(두 자리 수)(1)

월 일 / 분 초 / /12

정답 16쪽

이번 단계에서는 곱셈에서 올림이 있고, 덧셈에서 받아올림이 있는 (두 자리 수)×(두 자리 수)를 배웠습니다. 다음 단계에서는 덧셈 과정에서 받아올림이 두 번 있는 (두 자리 수)×(두 자리 수)를 배웁니다.

곱셈을 하세요.

❶ 75×29 = 675 + 1500 → 2175

❷ 66×95 = 330 + 5940 → 6270

❸ 81×83 = 243 + 6480 → 6723

❹ 24×17 = 168 + 240 → 408

❺ 12×95 = 60 + 1080 → 1140

❻ 38×58 = 304 + 1900 → 2204

❼ 93×84 = 372 + 7440 → 7812

❽ 36×64 = 144 + 2160 → 2304

❾ 26×79 = 234 + 1820 → 2054

❿ 77×93 = 231 + 6930 → 7161

⓫ 46×86 = 276 + 3680 → 3956

⓬ 94×88 = 752 + 7520 → 8272

자기 점수에 ○표 하세요

맞힌 개수	6개 이하	7~8개	9~10개	11~12개
학습 방법	개념을 다시 공부하세요.	조금 더 노력 하세요.	실수하면 안 돼요.	참 잘했어요.

세 단계 묶어 풀기 O51 ~ O53단계
(세 자리 수)×(한 자리 수)/(두 자리 수)×(두 자리 수)

월 일 / 분 초 / /16

정답 17쪽

곱셈을 하세요.

❶ 329×8

	3	2	9
×			8
2	6	3	2

❷ 462×3

	4	6	2
×			3
1	3	8	6

❸ 628×7

	6	2	8
×			7
4	3	9	6

❹ 574×9

	5	7	4
×			9
5	1	6	6

❺ 189×8

	1	8	9
×			8
1	5	1	2

❻ 264×6

	2	6	4
×			6
1	5	8	4

❼ 578×8

	5	7	8
×			8
4	6	2	4

❽ 679×8

	6	7	9
×			8
5	4	3	2

❾ 541×7

	5	4	1
×			7
3	7	8	7

❿ 357×6

	3	5	7
×			6
2	1	4	2

⓫ 643×9

	6	4	3
×			9
5	7	8	7

⓬ 427×8

	4	2	7
×			8
3	4	1	6

⓭ 23×18

		2	3
×		1	8
	1	8	4
	2	3	
	4	1	4

⓮ 17×43

		1	7
×		4	3
		5	1
	6	8	
	7	3	1

⓯ 37×46

		3	7
×		4	6
	2	2	2
1	4	8	
1	7	0	2

⓰ 63×38

		6	3
×		3	8
	5	0	4
1	8	9	
2	3	9	4

44 계산의 신 6권

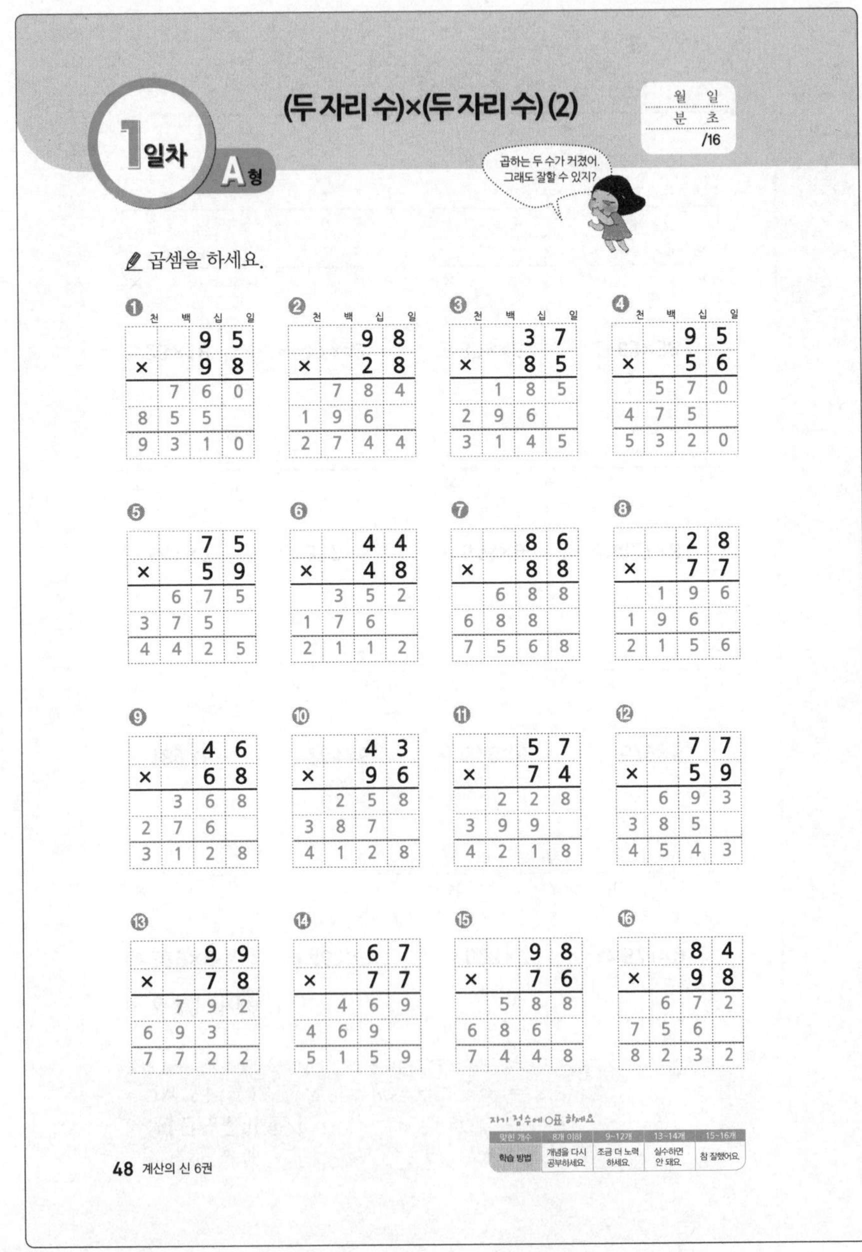

1일차 A형 (두 자리 수)×(두 자리 수) (2)

월 일 / 분 초 / /16

곱셈을 하세요.

(천 백 십 일)

❶ 95 × 98 → 760, 855, 9310

❷ 98 × 28 → 784, 196, 2744

❸ 37 × 85 → 185, 296, 3145

❹ 95 × 56 → 570, 475, 5320

❺ 75 × 59 → 675, 375, 4425

❻ 44 × 48 → 352, 176, 2112

❼ 86 × 88 → 688, 688, 7568

❽ 28 × 77 → 196, 196, 2156

❾ 46 × 68 → 368, 276, 3128

❿ 43 × 96 → 258, 387, 4128

⓫ 57 × 74 → 228, 399, 4218

⓬ 77 × 59 → 693, 385, 4543

⓭ 99 × 78 → 792, 693, 7722

⓮ 67 × 77 → 469, 469, 5159

⓯ 98 × 76 → 588, 686, 7448

⓰ 84 × 98 → 672, 756, 8232

자기 점수에 ○표 하세요

맞힌 개수	8개 이하	9~12개	13~14개	15~16개
학습 방법	개념을 다시 공부하세요.	조금 더 노력하세요.	실수하면 안 돼요.	참 잘했어요.

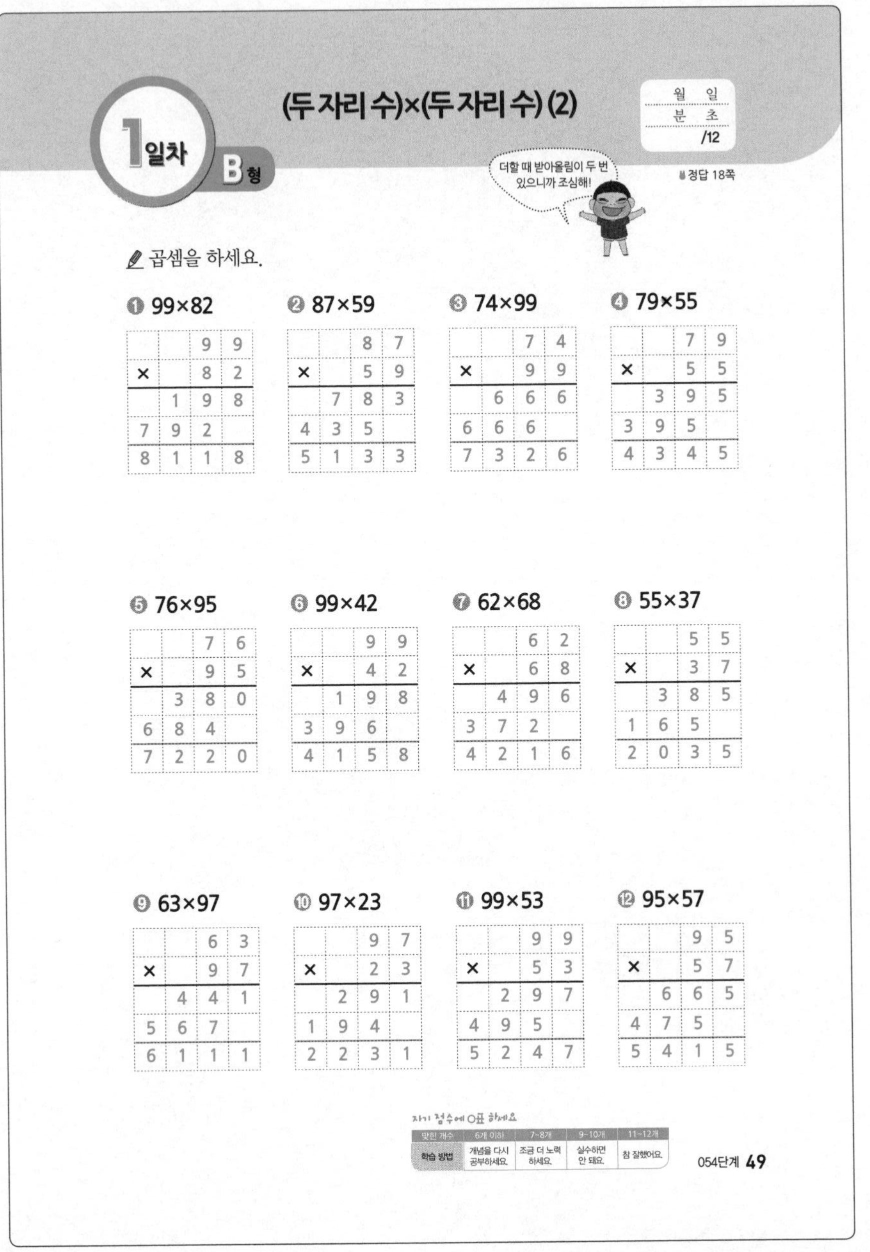

1일차 B형 (두 자리 수)×(두 자리 수) (2)

월 일 / 분 초 / /12

정답 18쪽

곱셈을 하세요.

❶ 99×82 → 198, 792, 8118

❷ 87×59 → 783, 435, 5133

❸ 74×99 → 666, 666, 7326

❹ 79×55 → 395, 395, 4345

❺ 76×95 → 380, 684, 7220

❻ 99×42 → 198, 396, 4158

❼ 62×68 → 496, 372, 4216

❽ 55×37 → 385, 165, 2035

❾ 63×97 → 441, 567, 6111

❿ 97×23 → 291, 194, 2231

⓫ 99×53 → 297, 495, 5247

⓬ 95×57 → 665, 475, 5415

자기 점수에 ○표 하세요

맞힌 개수	6개 이하	7~8개	9~10개	11~12개
학습 방법	개념을 다시 공부하세요.	조금 더 노력하세요.	실수하면 안 돼요.	참 잘했어요.

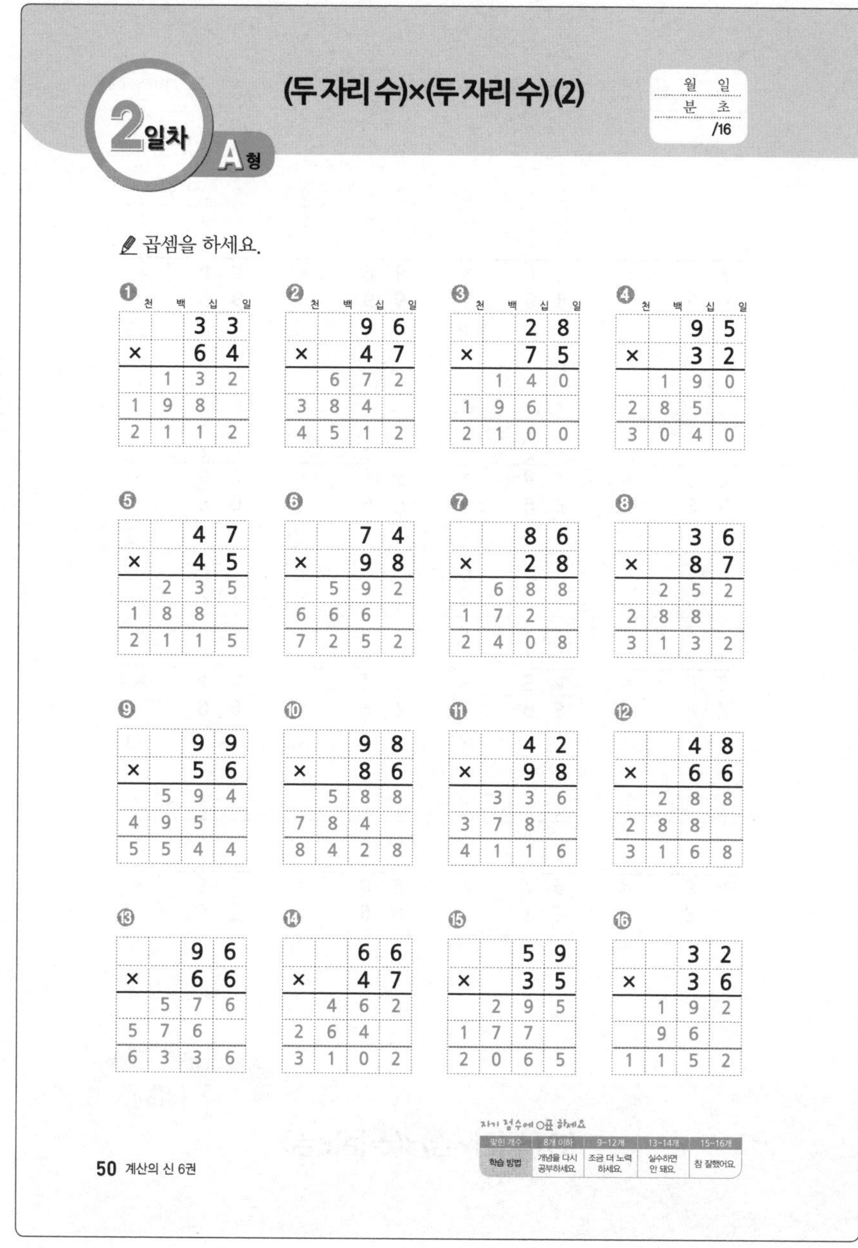

2일차 A형

(두 자리 수)×(두 자리 수) (2)

월 일
분 초
/16

곱셈을 하세요.

❶ 33 × 64 : 132, 198, 2112

❷ 96 × 47 : 672, 384, 4512

❸ 28 × 75 : 140, 196, 2100

❹ 95 × 32 : 190, 285, 3040

❺ 47 × 45 : 235, 188, 2115

❻ 74 × 98 : 592, 666, 7252

❼ 86 × 28 : 688, 172, 2408

❽ 36 × 87 : 252, 288, 3132

❾ 99 × 56 : 594, 495, 5544

❿ 98 × 86 : 588, 784, 8428

⓫ 42 × 98 : 336, 378, 4116

⓬ 48 × 66 : 288, 288, 3168

⓭ 96 × 66 : 576, 576, 6336

⓮ 66 × 47 : 462, 264, 3102

⓯ 59 × 35 : 295, 177, 2065

⓰ 32 × 36 : 192, 96, 1152

자기 점수에 ○표 하세요.

맞힌 개수	8개 이하	9~12개	13~14개	15~16개
학습 방법	개념을 다시 공부하세요.	조금 더 노력 하세요.	실수하면 안 돼요.	참 잘했어요.

50 계산의 신 6권

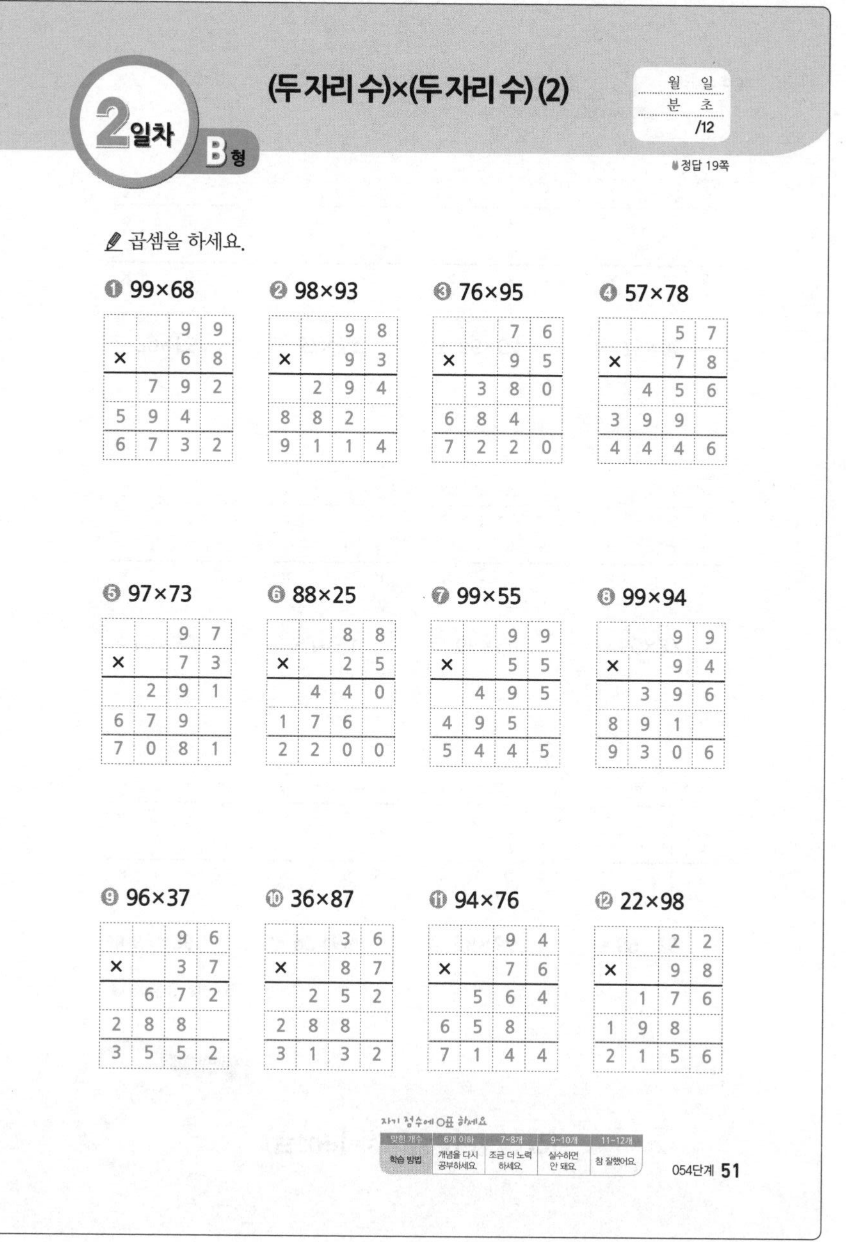

2일차 B형

(두 자리 수)×(두 자리 수) (2)

월 일
분 초
/12

정답 19쪽

곱셈을 하세요.

❶ 99×68 : 792, 594, 6732

❷ 98×93 : 294, 882, 9114

❸ 76×95 : 380, 684, 7220

❹ 57×78 : 456, 399, 4446

❺ 97×73 : 291, 679, 7081

❻ 88×25 : 440, 176, 2200

❼ 99×55 : 495, 495, 5445

❽ 99×94 : 396, 891, 9306

❾ 96×37 : 672, 288, 3552

❿ 36×87 : 252, 288, 3132

⓫ 94×76 : 564, 658, 7144

⓬ 22×98 : 176, 198, 2156

자기 점수에 ○표 하세요.

맞힌 개수	6개 이하	7~8개	9~10개	11~12개
학습 방법	개념을 다시 공부하세요.	조금 더 노력 하세요.	실수하면 안 돼요.	참 잘했어요.

054단계 51

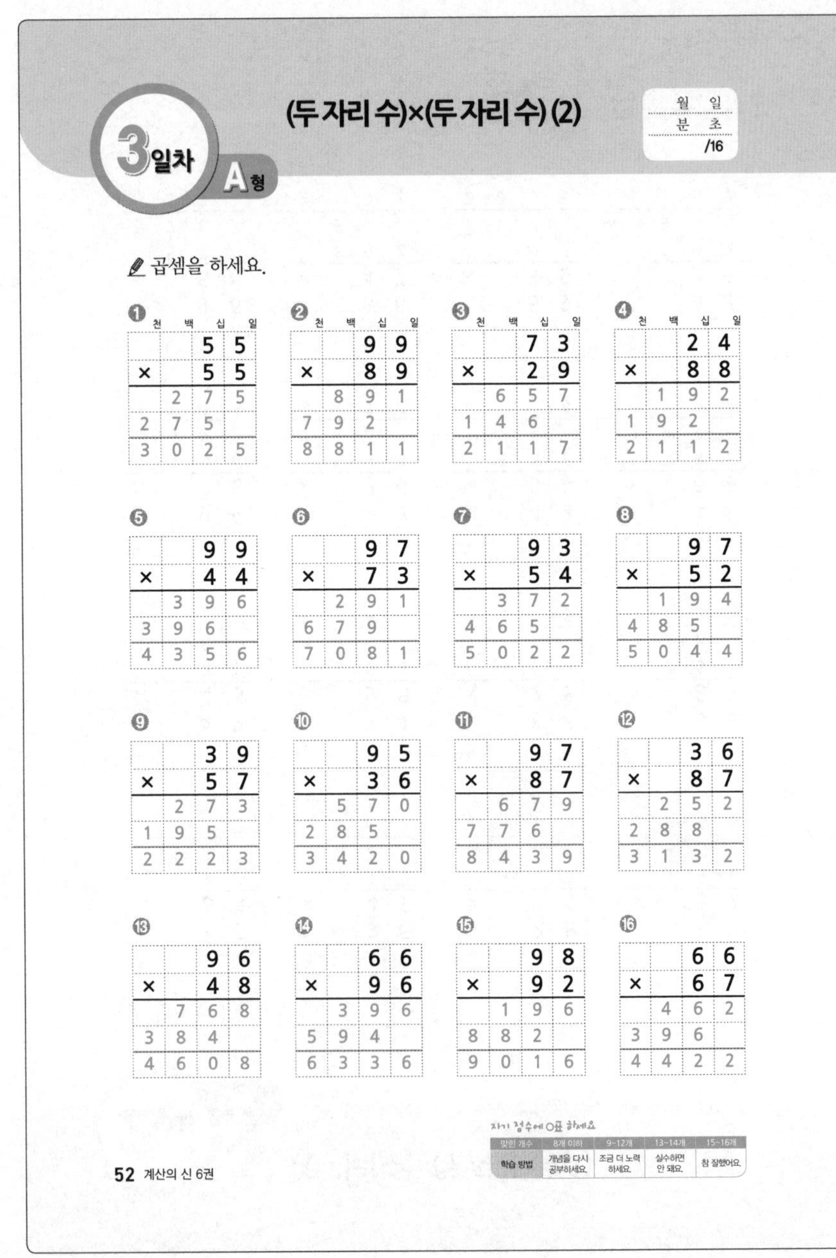

3일차 A형 (두 자리 수)×(두 자리 수) (2)

월 일 분 초 /16

곱셈을 하세요.

번호	곱셈	부분곱 1	부분곱 2	답
❶	55 × 55	275	275	3025
❷	99 × 89	891	792	8811
❸	73 × 29	657	146	2117
❹	24 × 88	192	192	2112
❺	99 × 44	396	396	4356
❻	97 × 73	291	679	7081
❼	93 × 54	372	465	5022
❽	97 × 52	194	485	5044
❾	39 × 57	273	195	2223
❿	95 × 36	570	285	3420
⓫	97 × 87	679	776	8439
⓬	36 × 87	252	288	3132
⓭	96 × 48	768	384	4608
⓮	66 × 96	396	594	6336
⓯	98 × 92	196	882	9016
⓰	66 × 67	462	396	4422

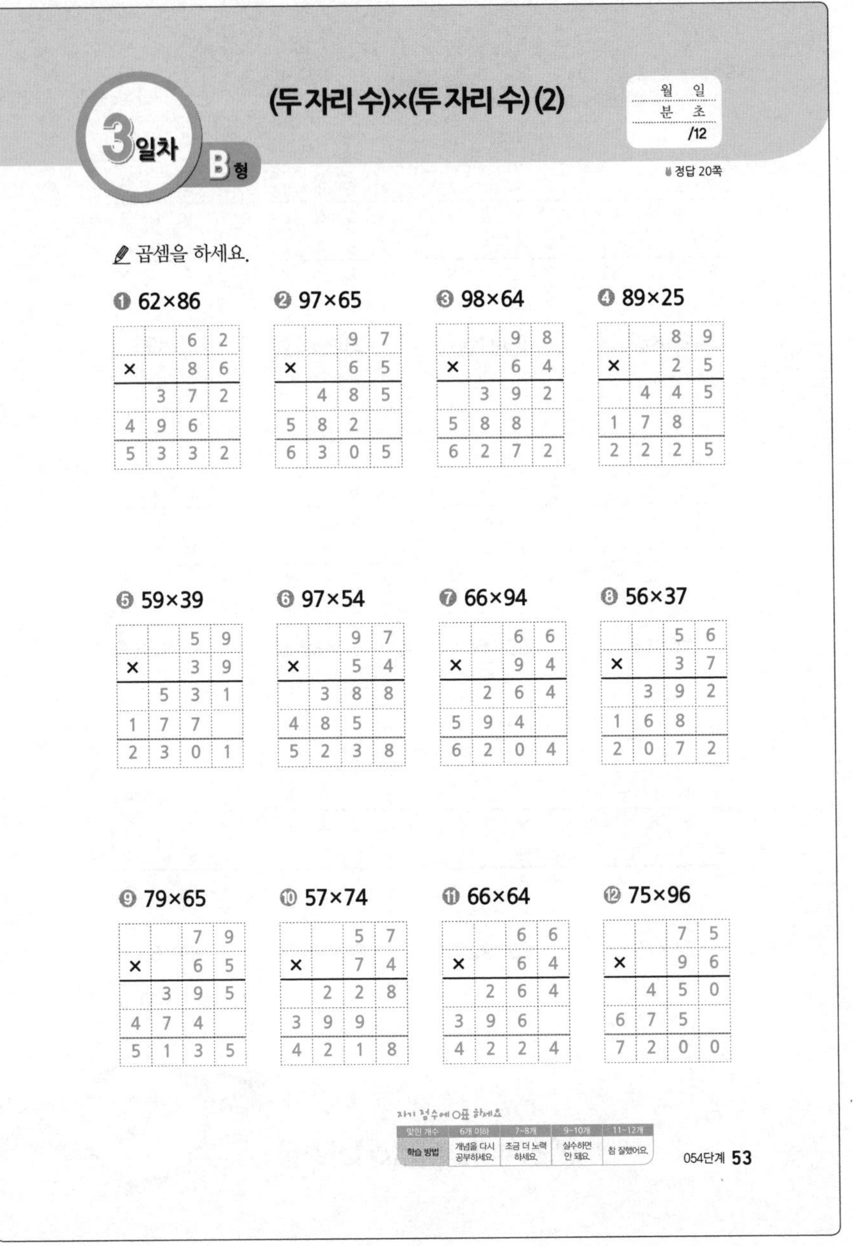

3일차 B형 (두 자리 수)×(두 자리 수) (2)

월 일 분 초 /12

정답 20쪽

곱셈을 하세요.

번호	곱셈	부분곱 1	부분곱 2	답
❶	62×86	372	496	5332
❷	97×65	485	582	6305
❸	98×64	392	588	6272
❹	89×25	445	178	2225
❺	59×39	531	177	2301
❻	97×54	388	485	5238
❼	66×94	264	594	6204
❽	56×37	392	168	2072
❾	79×65	395	474	5135
❿	57×74	228	399	4218
⓫	66×64	264	396	4224
⓬	75×96	450	675	7200

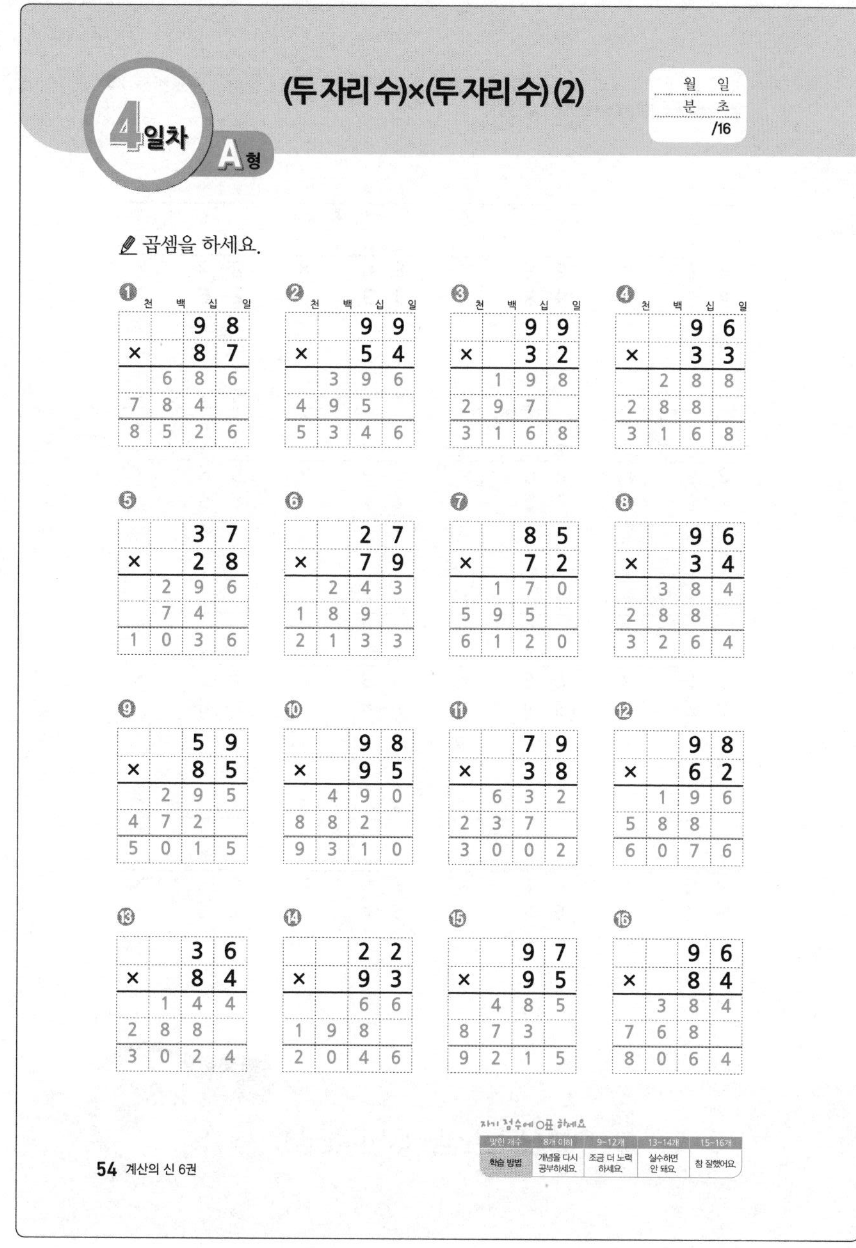

4일차 A형 (두 자리 수)×(두 자리 수) (2)

월 일
분 초
/16

곱셈을 하세요.

❶ 천 백 십 일
98
× 87
686
784
8526

❷
99
× 54
396
495
5346

❸
99
× 32
198
297
3168

❹
96
× 33
288
288
3168

❺
37
× 28
296
74
1036

❻
27
× 79
243
189
2133

❼
85
× 72
170
595
6120

❽
96
× 34
384
288
3264

❾
59
× 85
295
472
5015

❿
98
× 95
490
882
9310

⓫
79
× 38
632
237
3002

⓬
98
× 62
196
588
6076

⓭
36
× 84
144
288
3024

⓮
22
× 93
66
198
2046

⓯
97
× 95
485
873
9215

⓰
96
× 84
384
768
8064

자기 점수에 ○표 하세요

맞힌 개수	8개 이하	9~12개	13~14개	15~16개
학습 방법	개념을 다시 공부하세요.	조금 더 노력 하세요.	실수하면 안 돼요.	참 잘했어요.

54 계산의 신 6권

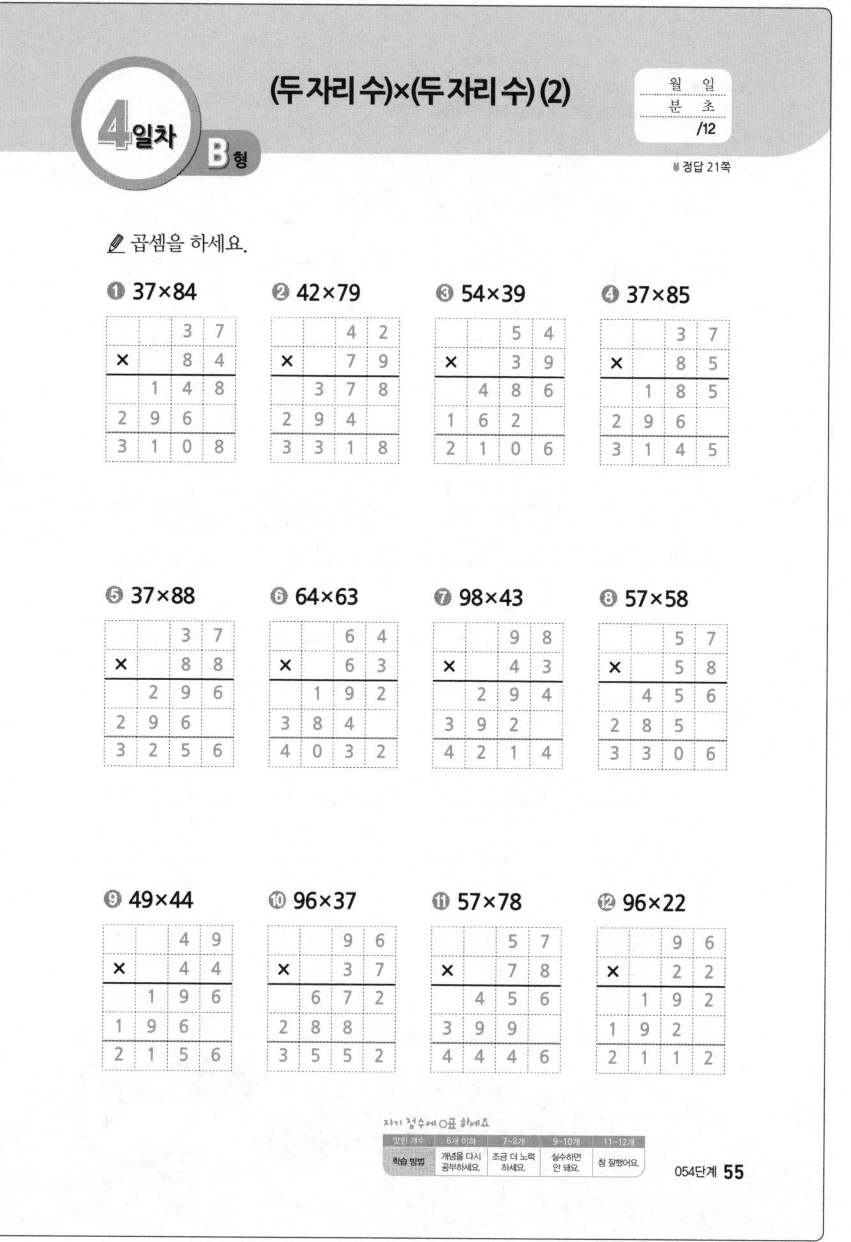

4일차 B형 (두 자리 수)×(두 자리 수) (2)

월 일
분 초
/12

정답 21쪽

곱셈을 하세요.

❶ 37×84
37
× 84
148
296
3108

❷ 42×79
42
× 79
378
294
3318

❸ 54×39
54
× 39
486
162
2106

❹ 37×85
37
× 85
185
296
3145

❺ 37×88
37
× 88
296
296
3256

❻ 64×63
64
× 63
192
384
4032

❼ 98×43
98
× 43
294
392
4214

❽ 57×58
57
× 58
456
285
3306

❾ 49×44
49
× 44
196
196
2156

❿ 96×37
96
× 37
672
288
3552

⓫ 57×78
57
× 78
456
399
4446

⓬ 96×22
96
× 22
192
192
2112

자기 점수에 ○표 하세요

맞힌 개수	6개 이하	7~8개	9~10개	11~12개
학습 방법	개념을 다시 공부하세요.	조금 더 노력 하세요.	실수하면 안 돼요.	참 잘했어요.

054단계 55

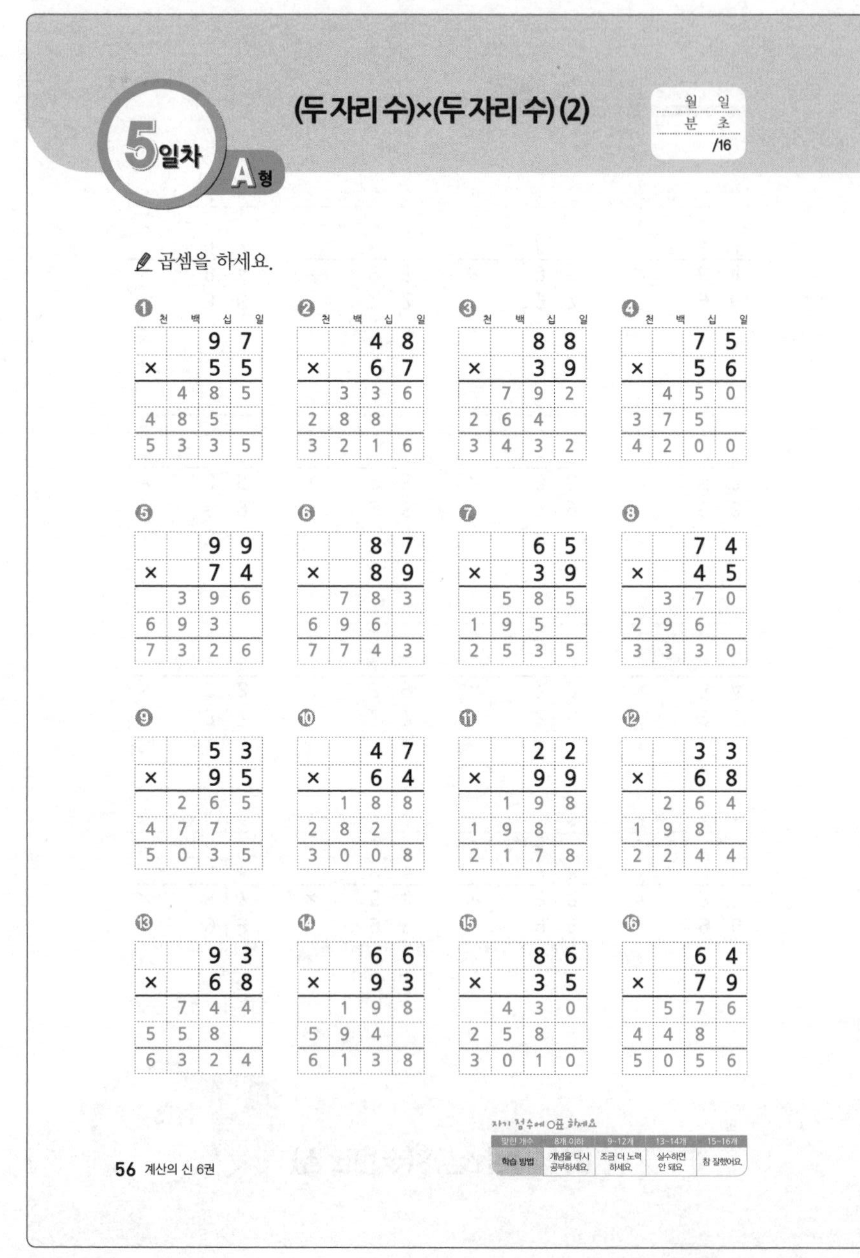

5일차 A형 (두 자리 수)×(두 자리 수) (2)

월 일 / 분 초 / /16

곱셈을 하세요.

① 97×55: 485, 485, 5335
② 48×67: 336, 288, 3216
③ 88×39: 792, 264, 3432
④ 75×56: 450, 375, 4200
⑤ 99×74: 396, 693, 7326
⑥ 87×89: 783, 696, 7743
⑦ 65×39: 585, 195, 2535
⑧ 74×45: 370, 296, 3330
⑨ 53×95: 265, 477, 5035
⑩ 47×64: 188, 282, 3008
⑪ 22×99: 198, 198, 2178
⑫ 33×68: 264, 198, 2244
⑬ 93×68: 744, 558, 6324
⑭ 66×93: 198, 594, 6138
⑮ 86×35: 430, 258, 3010
⑯ 64×79: 576, 448, 5056

자기 점수에 ○표 하세요

맞힌 개수	8개 이하	9~12개	13~14개	15~16개
학습 방법	개념을 다시 공부하세요.	조금 더 노력 하세요.	실수하면 안 돼요.	참 잘했어요.

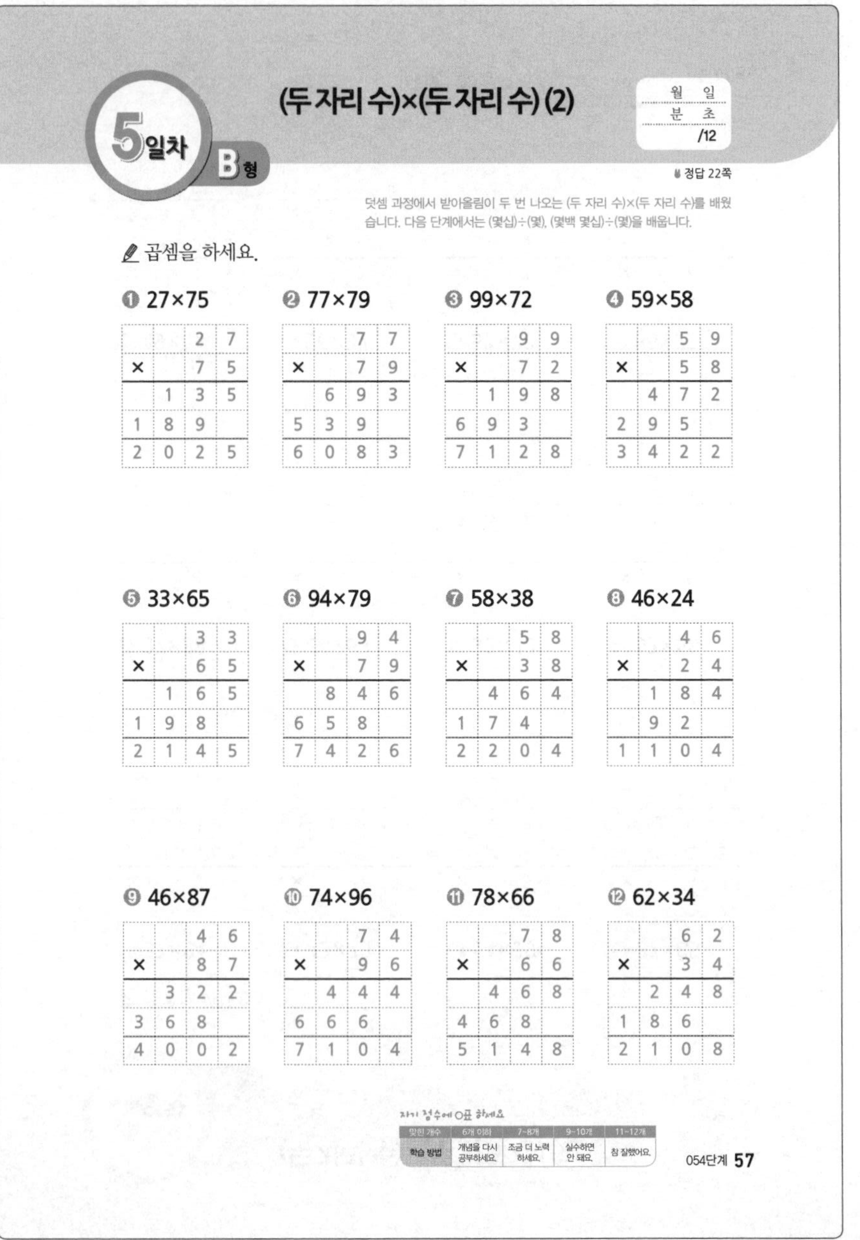

5일차 B형 (두 자리 수)×(두 자리 수) (2)

월 일 / 분 초 / /12

정답 22쪽

덧셈 과정에서 받아올림이 두 번 나오는 (두 자리 수)×(두 자리 수)를 배웠습니다. 다음 단계에서는 (몇십)÷(몇), (몇백 몇십)÷(몇)을 배웁니다.

곱셈을 하세요.

① 27×75: 135, 189, 2025
② 77×79: 693, 539, 6083
③ 99×72: 198, 693, 7128
④ 59×58: 472, 295, 3422
⑤ 33×65: 165, 198, 2145
⑥ 94×79: 846, 658, 7426
⑦ 58×38: 464, 174, 2204
⑧ 46×24: 184, 92, 1104
⑨ 46×87: 322, 368, 4002
⑩ 74×96: 444, 666, 7104
⑪ 78×66: 468, 468, 5148
⑫ 62×34: 248, 186, 2108

자기 점수에 ○표 하세요

맞힌 개수	6개 이하	7~8개	9~10개	11~12개
학습 방법	개념을 다시 공부하세요.	조금 더 노력 하세요.	실수하면 안 돼요.	참 잘했어요.

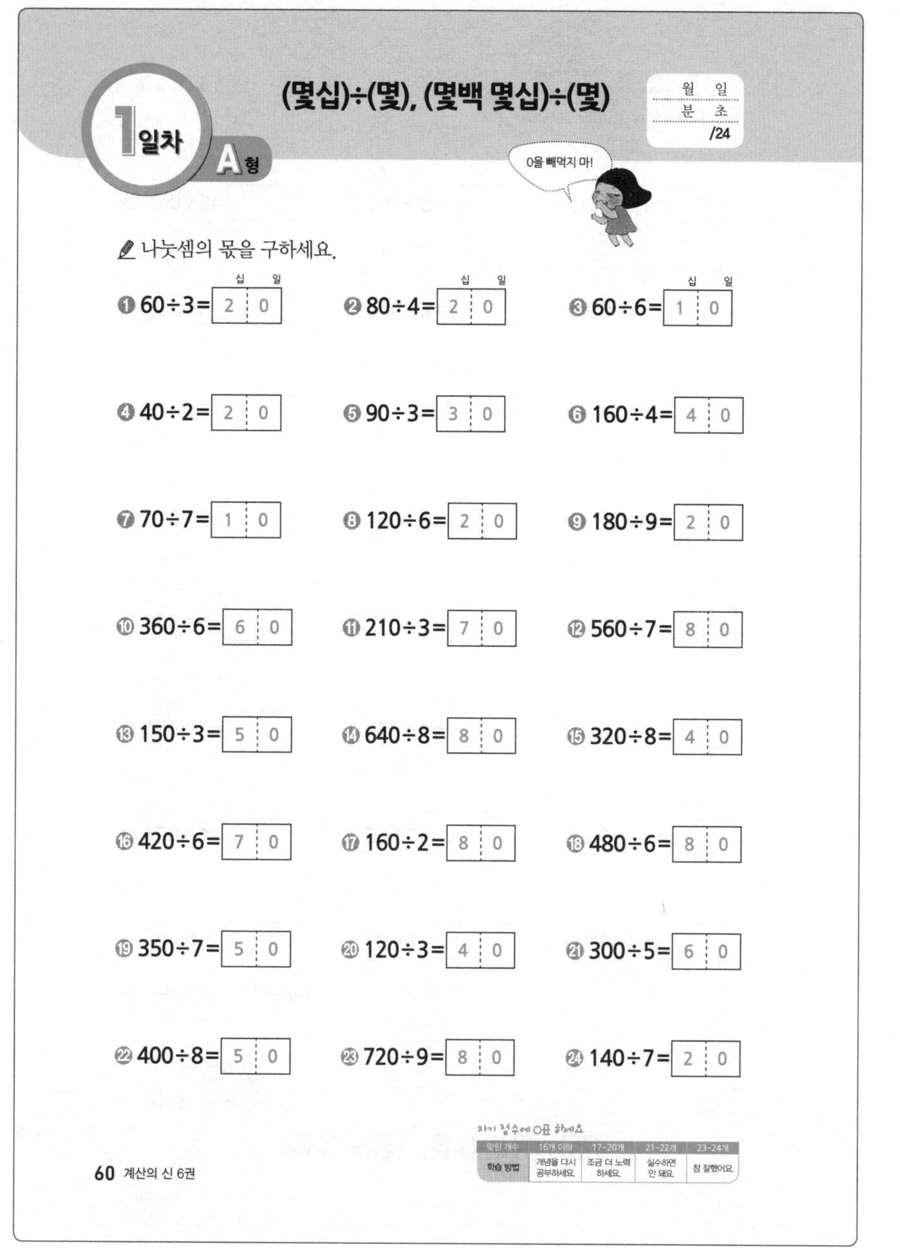

1일차 A형 (몇십)÷(몇), (몇백 몇십)÷(몇)

월 일 / 분 초 / /24

0을 빼먹지 마!

나눗셈의 몫을 구하세요.

① 60÷3= 20	② 80÷4= 20	③ 60÷6= 10
④ 40÷2= 20	⑤ 90÷3= 30	⑥ 160÷4= 40
⑦ 70÷7= 10	⑧ 120÷6= 20	⑨ 180÷9= 20
⑩ 360÷6= 60	⑪ 210÷3= 70	⑫ 560÷7= 80
⑬ 150÷3= 50	⑭ 640÷8= 80	⑮ 320÷8= 40
⑯ 420÷6= 70	⑰ 160÷2= 80	⑱ 480÷6= 80
⑲ 350÷7= 50	⑳ 120÷3= 40	㉑ 300÷5= 60
㉒ 400÷8= 50	㉓ 720÷9= 80	㉔ 140÷7= 20

자기 점수에 ○표 하세요.

맞힌 개수	16개 이하	17~20개	21~22개	23~24개
학습 방법	개념을 다시 공부하세요.	조금 더 노력하세요.	실수하면 안 돼요.	참 잘했어요.

60 계산의 신 6권

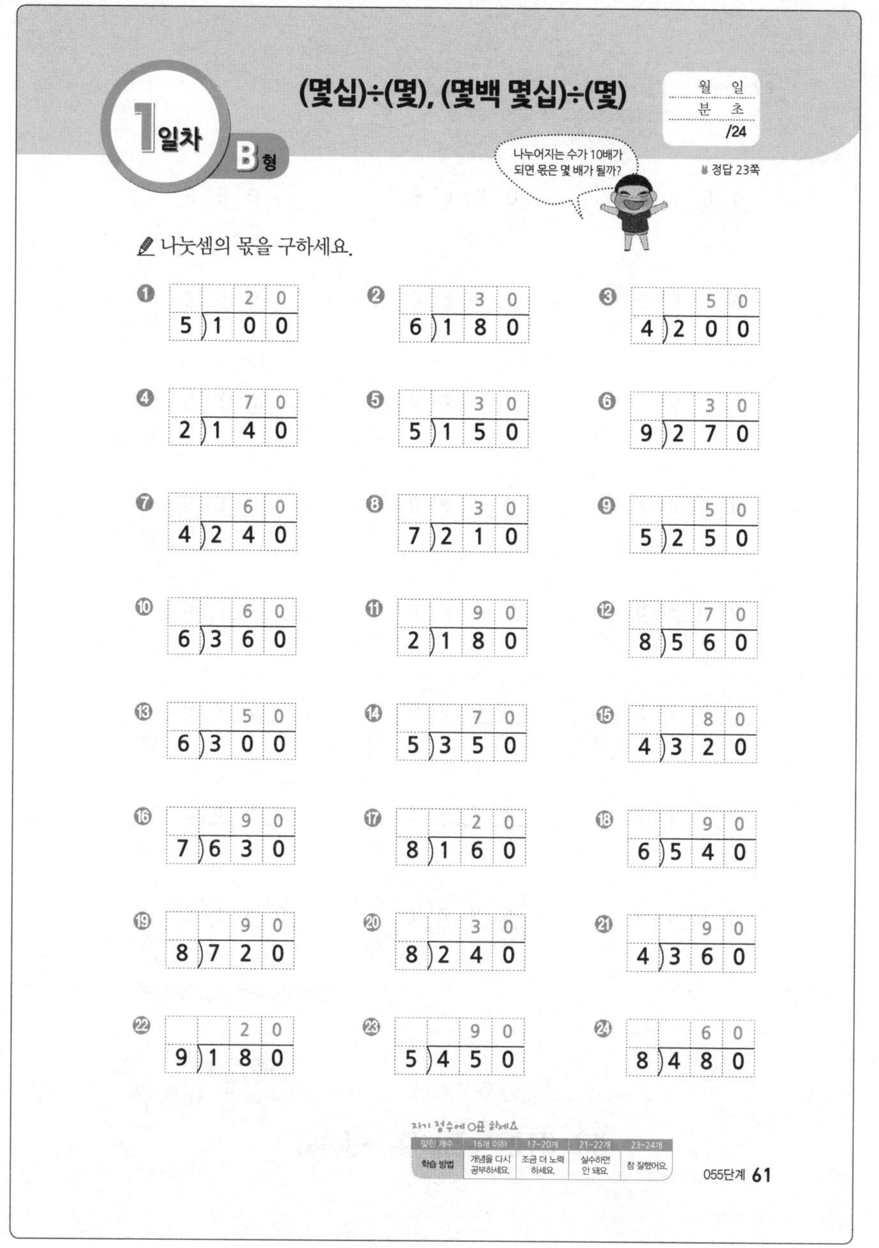

1일차 B형 (몇십)÷(몇), (몇백 몇십)÷(몇)

월 일 / 분 초 / /24

나누어지는 수가 10배가 되면 몫은 몇 배가 될까?

정답 23쪽

나눗셈의 몫을 구하세요.

① 5)100 몫 20	② 6)180 몫 30	③ 4)200 몫 50
④ 2)140 몫 70	⑤ 5)150 몫 30	⑥ 9)270 몫 30
⑦ 4)240 몫 60	⑧ 7)210 몫 30	⑨ 5)250 몫 50
⑩ 6)360 몫 60	⑪ 2)180 몫 90	⑫ 8)560 몫 70
⑬ 6)300 몫 50	⑭ 5)350 몫 70	⑮ 4)320 몫 80
⑯ 7)630 몫 90	⑰ 8)160 몫 20	⑱ 6)540 몫 90
⑲ 8)720 몫 90	⑳ 8)240 몫 30	㉑ 4)360 몫 90
㉒ 9)180 몫 20	㉓ 5)450 몫 90	㉔ 8)480 몫 60

자기 점수에 ○표 하세요.

맞힌 개수	16개 이하	17~20개	21~22개	23~24개
학습 방법	개념을 다시 공부하세요.	조금 더 노력하세요.	실수하면 안 돼요.	참 잘했어요.

055단계 61

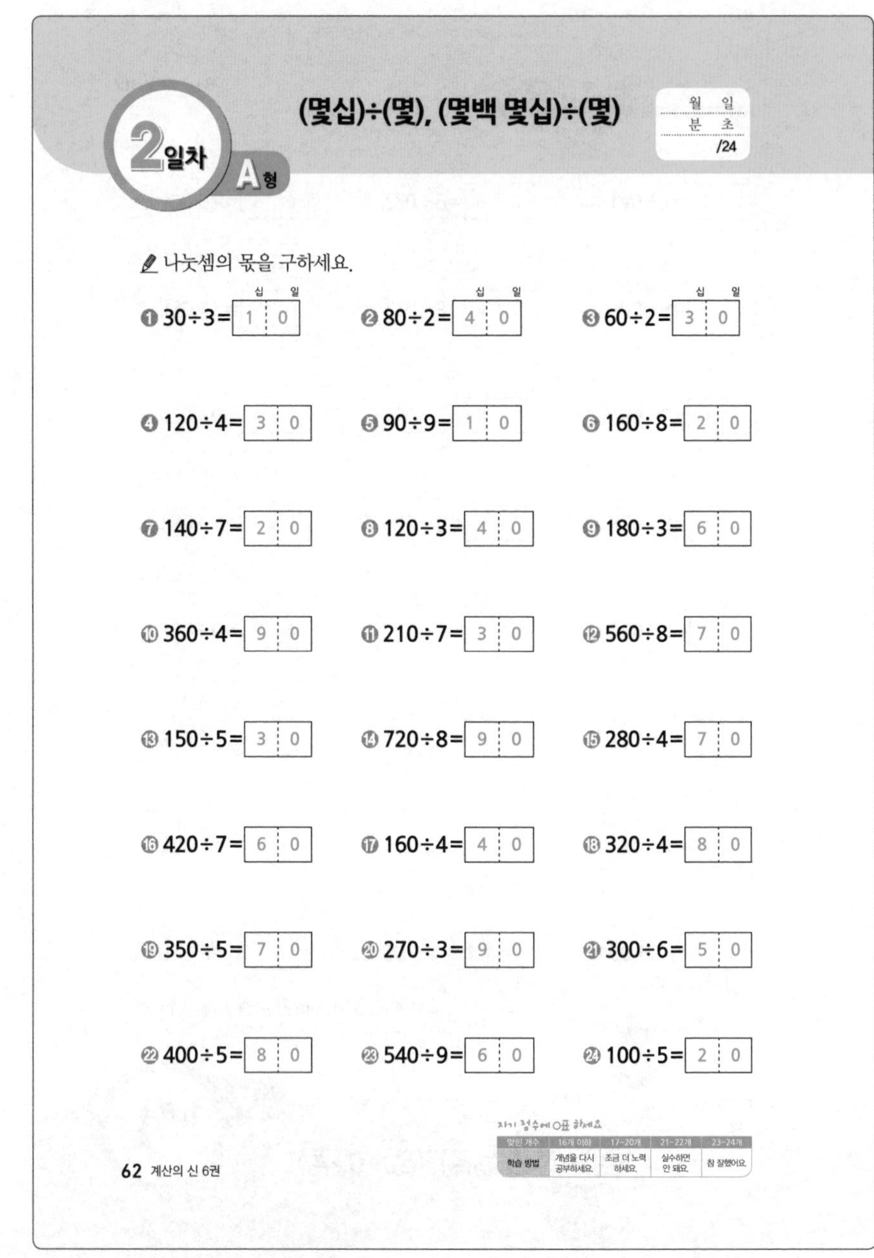

2일차 A형 (몇십)÷(몇), (몇백 몇십)÷(몇)

월 일 / 분 초 / /24

나눗셈의 몫을 구하세요.

❶ 30÷3=10 ❷ 80÷2=40 ❸ 60÷2=30

❹ 120÷4=30 ❺ 90÷9=10 ❻ 160÷8=20

❼ 140÷7=20 ❽ 120÷3=40 ❾ 180÷3=60

❿ 360÷4=90 ⓫ 210÷7=30 ⓬ 560÷8=70

⓭ 150÷5=30 ⓮ 720÷8=90 ⓯ 280÷4=70

⓰ 420÷7=60 ⓱ 160÷4=40 ⓲ 320÷4=80

⓳ 350÷5=70 ⓴ 270÷3=90 ㉑ 300÷6=50

㉒ 400÷5=80 ㉓ 540÷9=60 ㉔ 100÷5=20

자기 점수에 ○표 하세요

맞힌 개수	16개 이하	17~20개	21~22개	23~24개
학습 방법	개념을 다시 공부하세요.	조금 더 노력 하세요.	실수하면 안 돼요.	참 잘했어요.

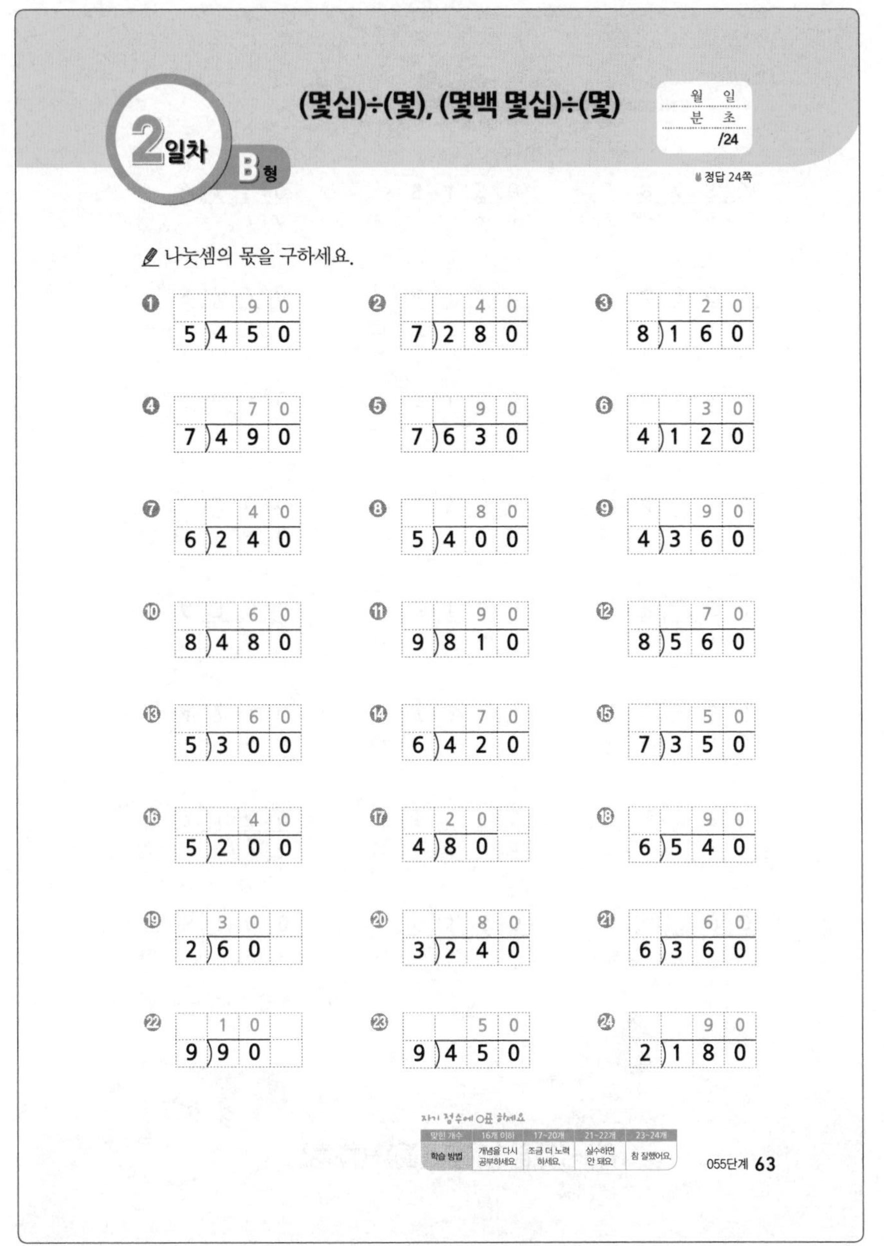

2일차 B형 (몇십)÷(몇), (몇백 몇십)÷(몇)

월 일 / 분 초 / /24

정답 24쪽

나눗셈의 몫을 구하세요.

❶ 450÷5=90 ❷ 280÷7=40 ❸ 160÷8=20

❹ 490÷7=70 ❺ 630÷7=90 ❻ 120÷4=30

❼ 240÷6=40 ❽ 400÷5=80 ❾ 360÷4=90

❿ 480÷8=60 ⓫ 810÷9=90 ⓬ 560÷8=70

⓭ 300÷5=60 ⓮ 420÷6=70 ⓯ 350÷7=50

⓰ 200÷5=40 ⓱ 80÷4=20 ⓲ 540÷6=90

⓳ 60÷2=30 ⓴ 240÷3=80 ㉑ 360÷6=60

㉒ 90÷9=10 ㉓ 450÷9=50 ㉔ 180÷2=90

자기 점수에 ○표 하세요

맞힌 개수	16개 이하	17~20개	21~22개	23~24개
학습 방법	개념을 다시 공부하세요.	조금 더 노력 하세요.	실수하면 안 돼요.	참 잘했어요.

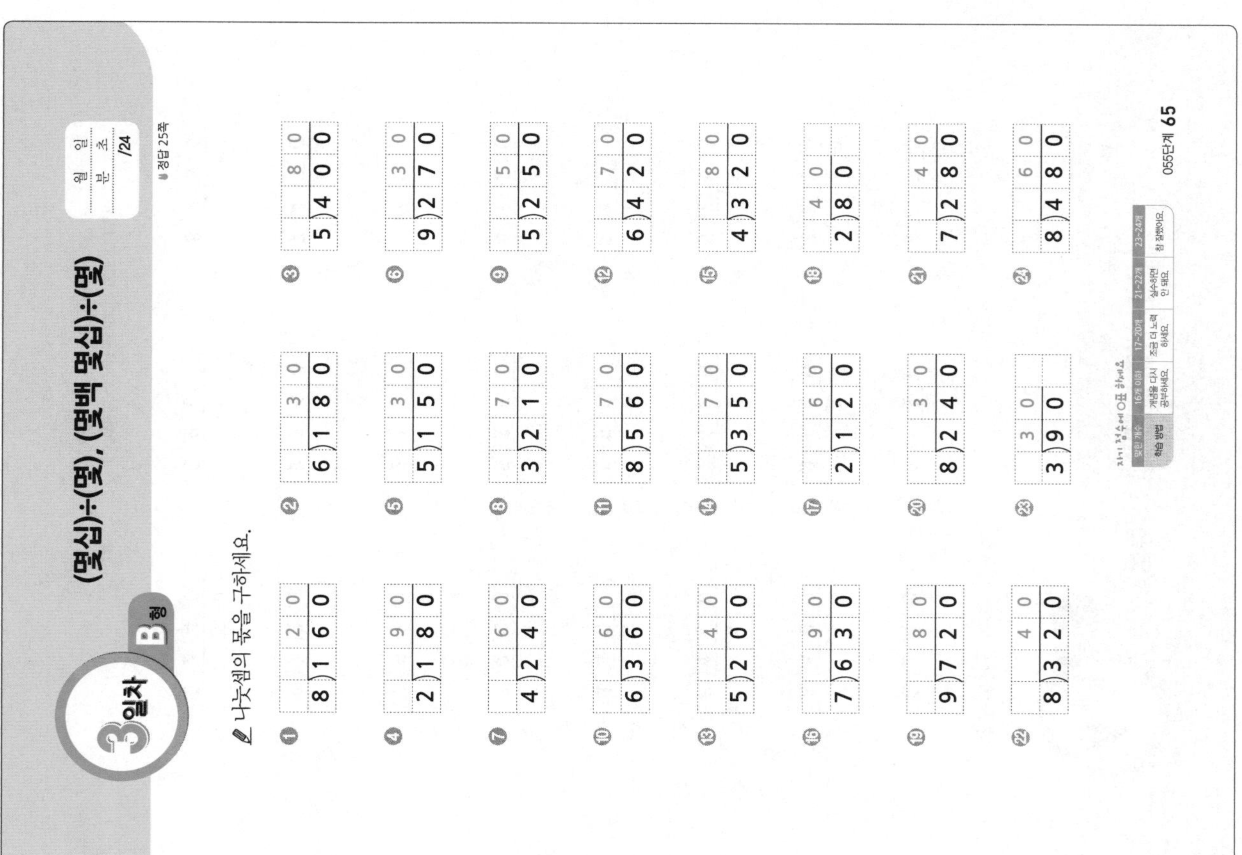

3일차 B형

(몇십)÷(몇), (몇백 몇십)÷(몇)

월 일 / 분 초 / /24

정답 25쪽

나눗셈의 몫을 구하세요.

① 8)160 = 20
② 6)180 = 30
③ 5)400 = 80
④ 2)180 = 90
⑤ 5)150 = 30
⑥ 9)270 = 30
⑦ 4)240 = 60
⑧ 3)210 = 70
⑨ 5)250 = 50
⑩ 6)360 = 60
⑪ 8)560 = 70
⑫ 6)420 = 70
⑬ 5)200 = 40
⑭ 5)350 = 70
⑮ 4)320 = 80
⑯ 7)630 = 90
⑰ 2)120 = 60
⑱ 2)80 = 40
⑲ 9)720 = 80
⑳ 8)240 = 30
㉑ 7)280 = 40
㉒ 8)320 = 40
㉓ 3)90 = 30
㉔ 8)480 = 60

자기 점수에 ○표 하세요

맞힌 개수	16개 이하	17~20개	21~22개	23~24개
학습 방법	개념을 다시 공부하세요.	조금 더 노력하세요.	실수하면 안 돼요.	참 잘했어요.

055단계 65

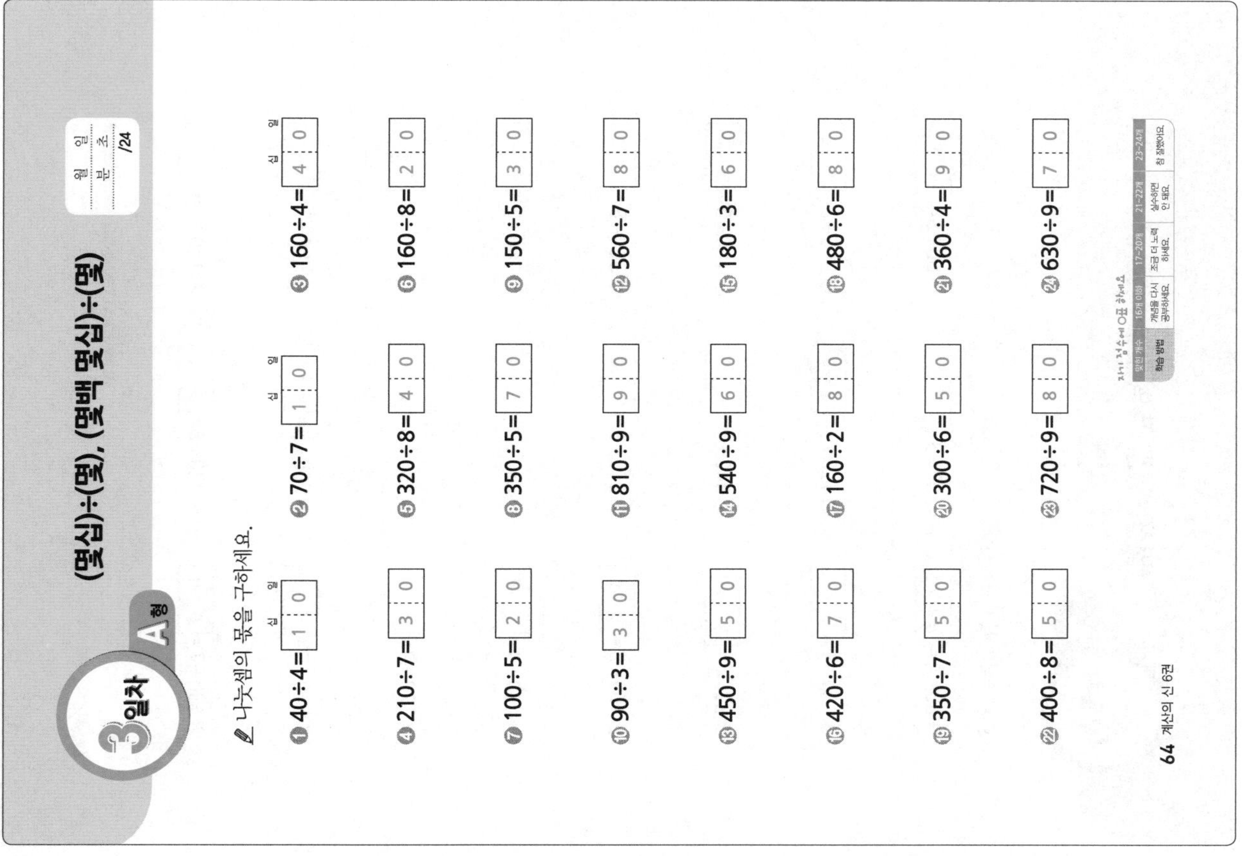

3일차 A형

(몇십)÷(몇), (몇백 몇십)÷(몇)

월 일 / 분 초 / /24

나눗셈의 몫을 구하세요.

① 40÷4=10
② 70÷7=10
③ 160÷4=40
④ 210÷7=30
⑤ 320÷8=40
⑥ 160÷8=20
⑦ 100÷5=20
⑧ 350÷5=70
⑨ 150÷5=30
⑩ 90÷3=30
⑪ 810÷9=90
⑫ 560÷7=80
⑬ 450÷9=50
⑭ 540÷9=60
⑮ 180÷3=60
⑯ 420÷6=70
⑰ 160÷2=80
⑱ 480÷6=80
⑲ 350÷7=50
⑳ 300÷6=50
㉑ 360÷4=90
㉒ 400÷8=50
㉓ 720÷9=80
㉔ 630÷9=70

자기 점수에 ○표 하세요

맞힌 개수	16개 이하	17~20개	21~22개	23~24개
학습 방법	개념을 다시 공부하세요.	조금 더 노력하세요.	실수하면 안 돼요.	참 잘했어요.

64 계산의 신 6권

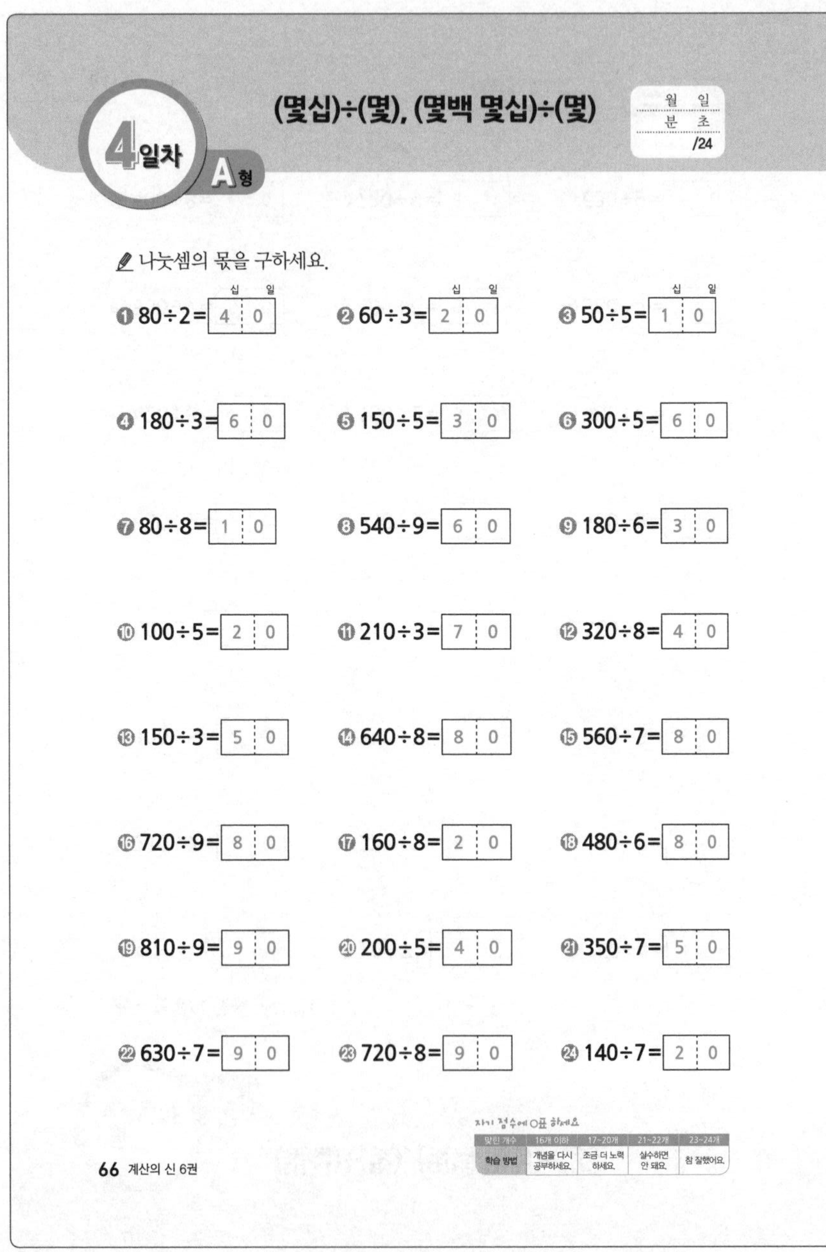

4일차 A형 (몇십)÷(몇), (몇백 몇십)÷(몇)

월 일 / 분 초 / /24

나눗셈의 몫을 구하세요.

① 80÷2=40 ② 60÷3=20 ③ 50÷5=10

④ 180÷3=60 ⑤ 150÷5=30 ⑥ 300÷5=60

⑦ 80÷8=10 ⑧ 540÷9=60 ⑨ 180÷6=30

⑩ 100÷5=20 ⑪ 210÷3=70 ⑫ 320÷8=40

⑬ 150÷3=50 ⑭ 640÷8=80 ⑮ 560÷7=80

⑯ 720÷9=80 ⑰ 160÷8=20 ⑱ 480÷6=80

⑲ 810÷9=90 ⑳ 200÷5=40 ㉑ 350÷7=50

㉒ 630÷7=90 ㉓ 720÷8=90 ㉔ 140÷7=20

자기 점수에 ○표 하세요

맞힌 개수	16개 이하	17~20개	21~22개	23~24개
학습 방법	개념을 다시 공부하세요.	조금 더 노력하세요.	실수하면 안 돼요.	참 잘했어요.

66 계산의 신 6권

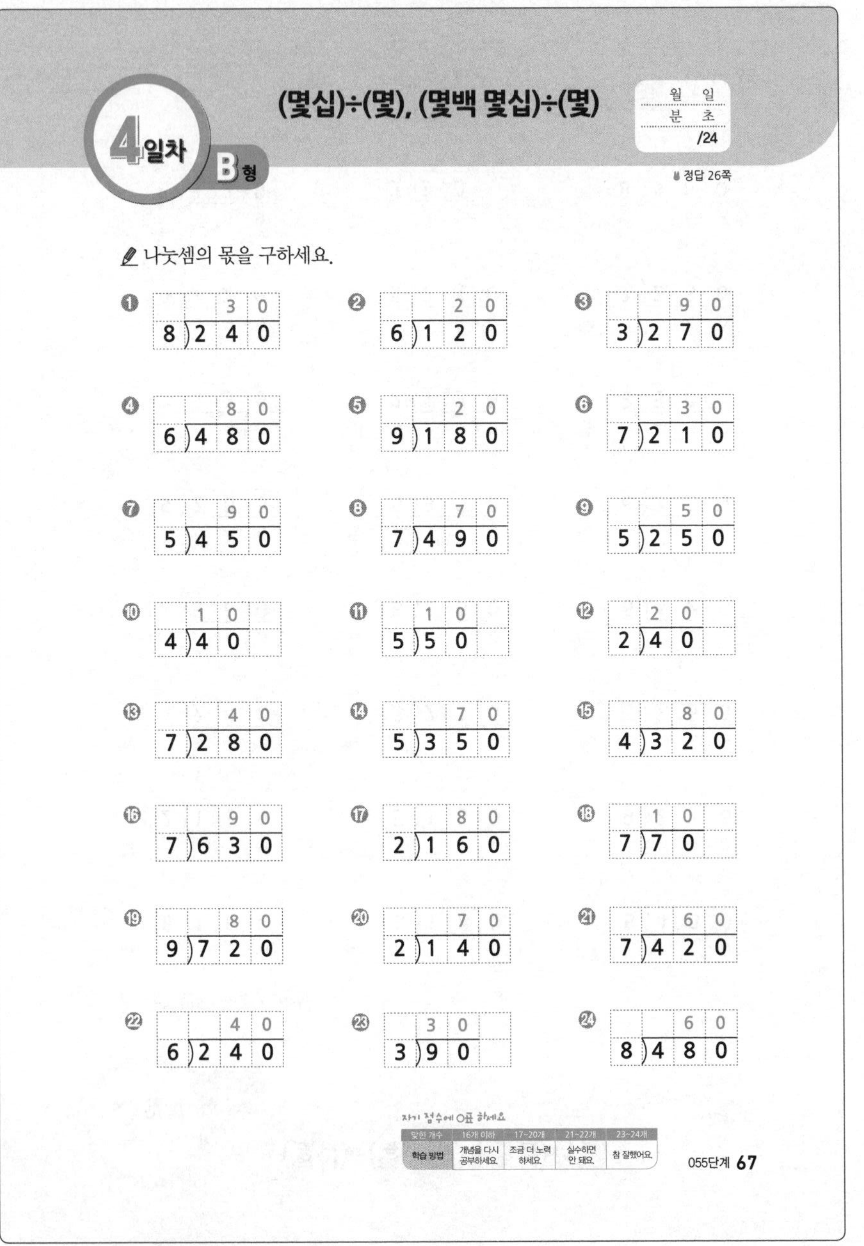

4일차 B형 (몇십)÷(몇), (몇백 몇십)÷(몇)

월 일 / 분 초 / /24

정답 26쪽

나눗셈의 몫을 구하세요.

① 8)240 = 30 ② 6)120 = 20 ③ 3)270 = 90

④ 6)480 = 80 ⑤ 9)180 = 20 ⑥ 7)210 = 30

⑦ 5)450 = 90 ⑧ 7)490 = 70 ⑨ 5)250 = 50

⑩ 4)40 = 10 ⑪ 5)50 = 10 ⑫ 2)40 = 20

⑬ 7)280 = 40 ⑭ 5)350 = 70 ⑮ 4)320 = 80

⑯ 7)630 = 90 ⑰ 2)160 = 80 ⑱ 7)70 = 10

⑲ 9)720 = 80 ⑳ 2)140 = 70 ㉑ 7)420 = 60

㉒ 6)240 = 40 ㉓ 3)90 = 30 ㉔ 8)480 = 60

자기 점수에 ○표 하세요

맞힌 개수	16개 이하	17~20개	21~22개	23~24개
학습 방법	개념을 다시 공부하세요.	조금 더 노력하세요.	실수하면 안 돼요.	참 잘했어요.

055단계 67

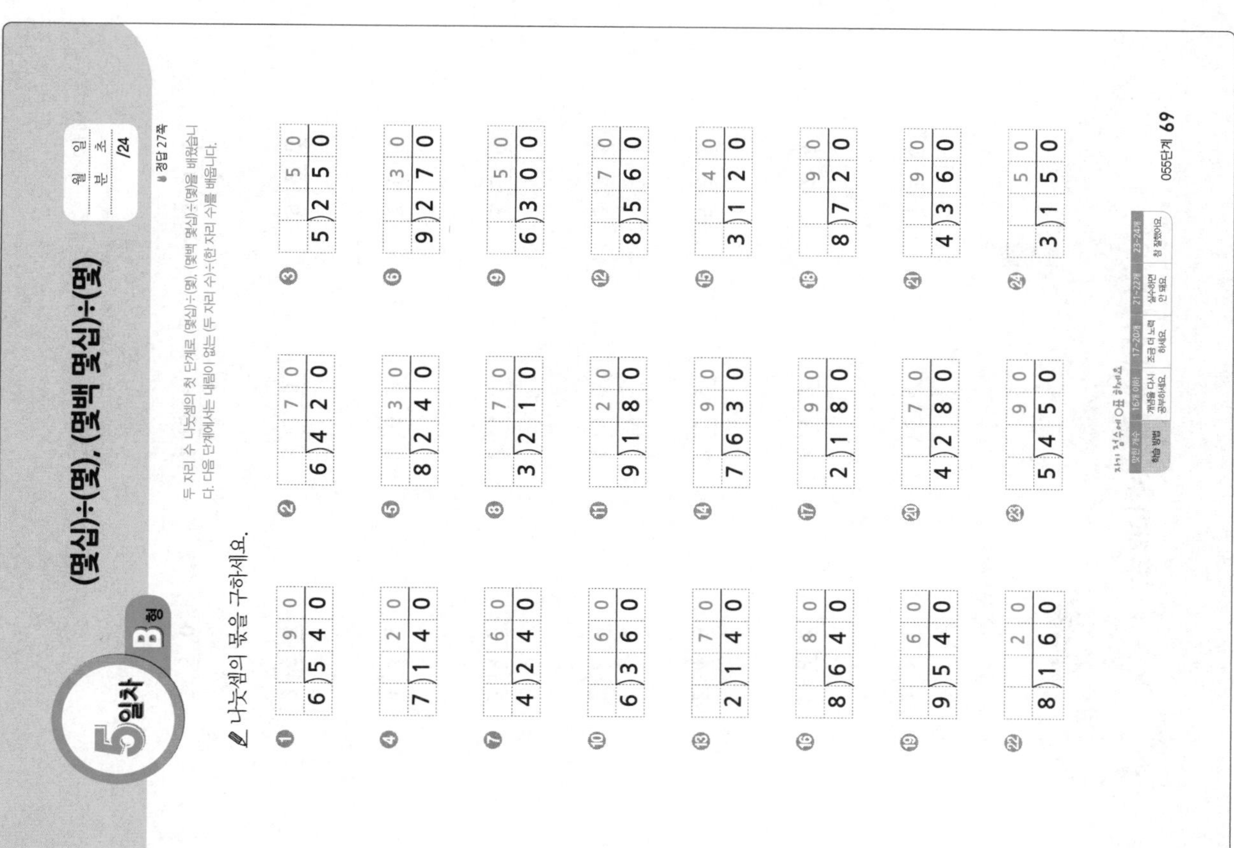

5일차 B형

(몇십)÷(몇), (몇백 몇십)÷(몇)

월 일 / 분 초 / /24

정답 27쪽

두 자리 수 나눗셈의 첫 단계로 (몇십)÷(몇), (몇백 몇십)÷(몇)을 배웠습니다. 다음 단계에서는 내림이 없는 (두 자리 수)÷(한 자리 수)를 배웁니다.

나눗셈의 몫을 구하세요.

① 6)540 → 90
② 6)420 → 70
③ 5)250 → 50
④ 7)140 → 20
⑤ 8)240 → 30
⑥ 9)270 → 30
⑦ 4)240 → 60
⑧ 3)210 → 70
⑨ 6)300 → 50
⑩ 6)360 → 60
⑪ 9)180 → 20
⑫ 8)560 → 70
⑬ 2)140 → 70
⑭ 7)630 → 90
⑮ 3)120 → 40
⑯ 8)640 → 80
⑰ 2)180 → 90
⑱ 8)720 → 90
⑲ 9)540 → 60
⑳ 4)280 → 70
㉑ 4)360 → 90
㉒ 8)160 → 20
㉓ 5)450 → 90
㉔ 3)150 → 50

자기 점수에 ○표 하세요.

맞힌 개수	16개 이하	17~20개	21~22개	23~24개
학습 방법	개념을 다시 공부하세요.	조금 더 노력하세요.	실수하면 안 돼요.	참 잘했어요.

055단계 69

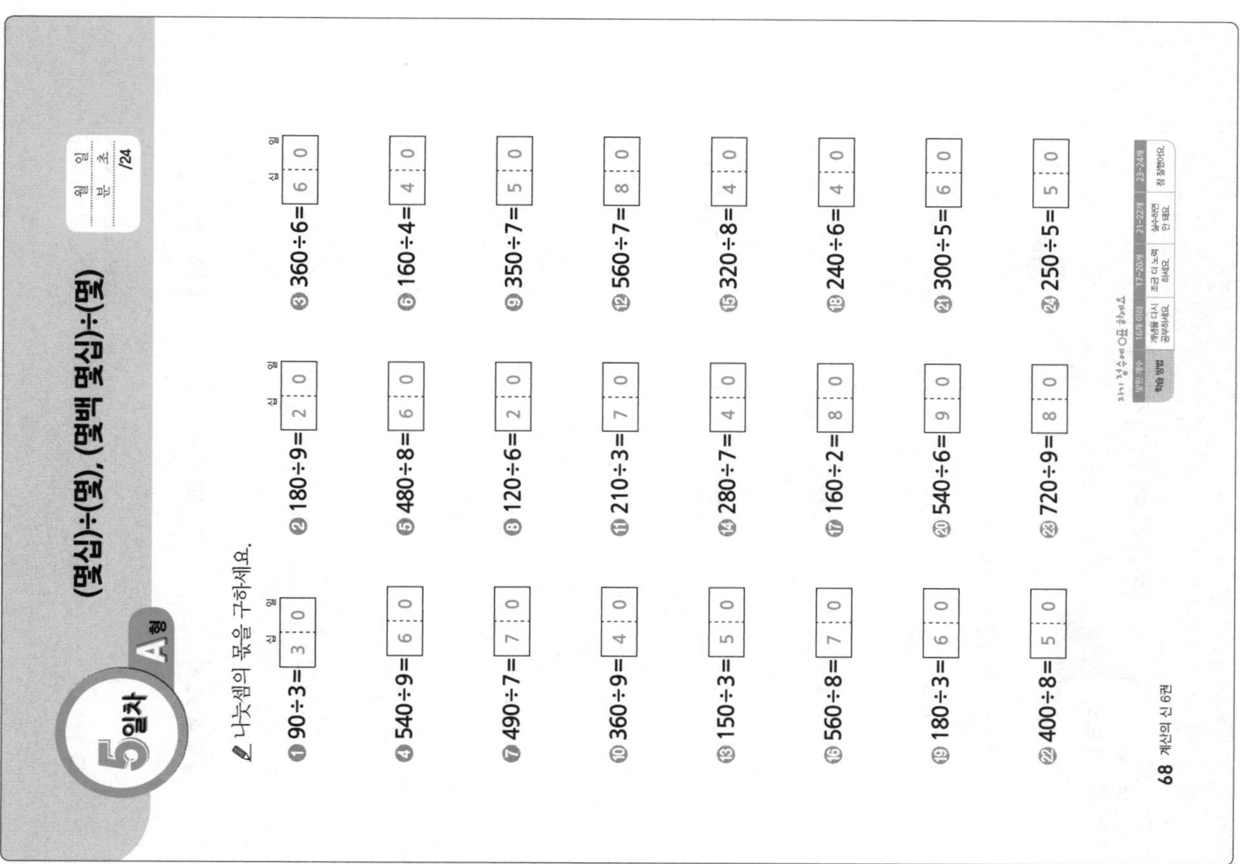

5일차 A형

(몇십)÷(몇), (몇백 몇십)÷(몇)

월 일 / 분 초 / /24

나눗셈의 몫을 구하세요.

① 90÷3=30
② 180÷9=20
③ 360÷6=60
④ 540÷9=60
⑤ 480÷8=60
⑥ 160÷4=40
⑦ 490÷7=70
⑧ 120÷6=20
⑨ 350÷7=50
⑩ 360÷9=40
⑪ 210÷3=70
⑫ 560÷7=80
⑬ 150÷3=50
⑭ 280÷7=40
⑮ 320÷8=40
⑯ 560÷8=70
⑰ 160÷2=80
⑱ 240÷6=40
⑲ 180÷3=60
⑳ 540÷6=90
㉑ 300÷5=60
㉒ 400÷8=50
㉓ 720÷9=80
㉔ 250÷5=50

자기 점수에 ○표 하세요.

맞힌 개수	16개 이하	17~20개	21~22개	23~24개
학습 방법	개념을 다시 공부하세요.	조금 더 노력하세요.	실수하면 안 돼요.	참 잘했어요.

68 계산의 신 6권

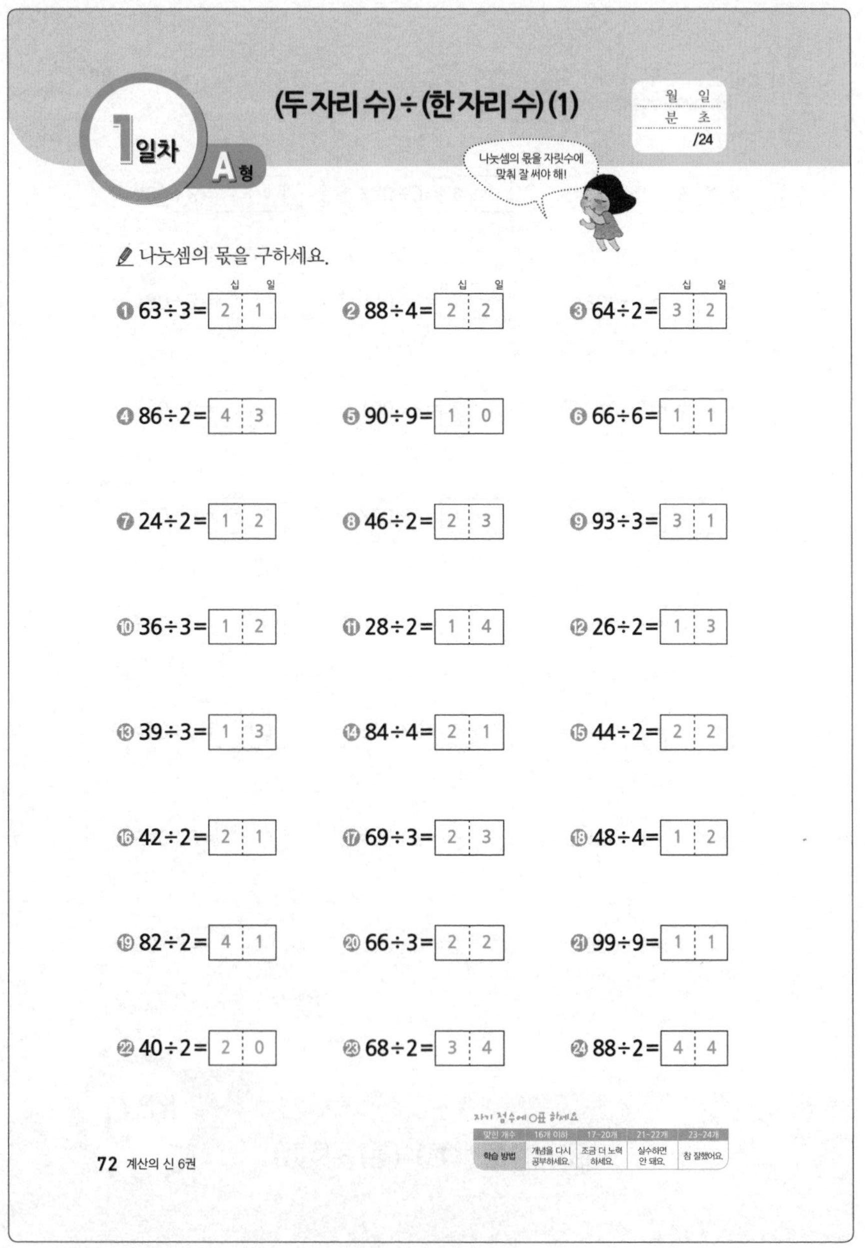

1일차 A형

(두 자리 수)÷(한 자리 수)(1)

월 일
분 초
/24

나눗셈의 몫을 자릿수에 맞춰 잘 써야 해!

나눗셈의 몫을 구하세요.

십 일

① 63÷3= 2 1
② 88÷4= 2 2
③ 64÷2= 3 2
④ 86÷2= 4 3
⑤ 90÷9= 1 0
⑥ 66÷6= 1 1
⑦ 24÷2= 1 2
⑧ 46÷2= 2 3
⑨ 93÷3= 3 1
⑩ 36÷3= 1 2
⑪ 28÷2= 1 4
⑫ 26÷2= 1 3
⑬ 39÷3= 1 3
⑭ 84÷4= 2 1
⑮ 44÷2= 2 2
⑯ 42÷2= 2 1
⑰ 69÷3= 2 3
⑱ 48÷4= 1 2
⑲ 82÷2= 4 1
⑳ 66÷3= 2 2
㉑ 99÷9= 1 1
㉒ 40÷2= 2 0
㉓ 68÷2= 3 4
㉔ 88÷2= 4 4

자기 점수에 ○표 하세요.

맞힌 개수	16개 이하	17~20개	21~22개	23~24개
학습 방법	개념을 다시 공부하세요.	조금 더 노력하세요.	실수하면 안 돼요.	참 잘했어요.

72 계산의 신 6권

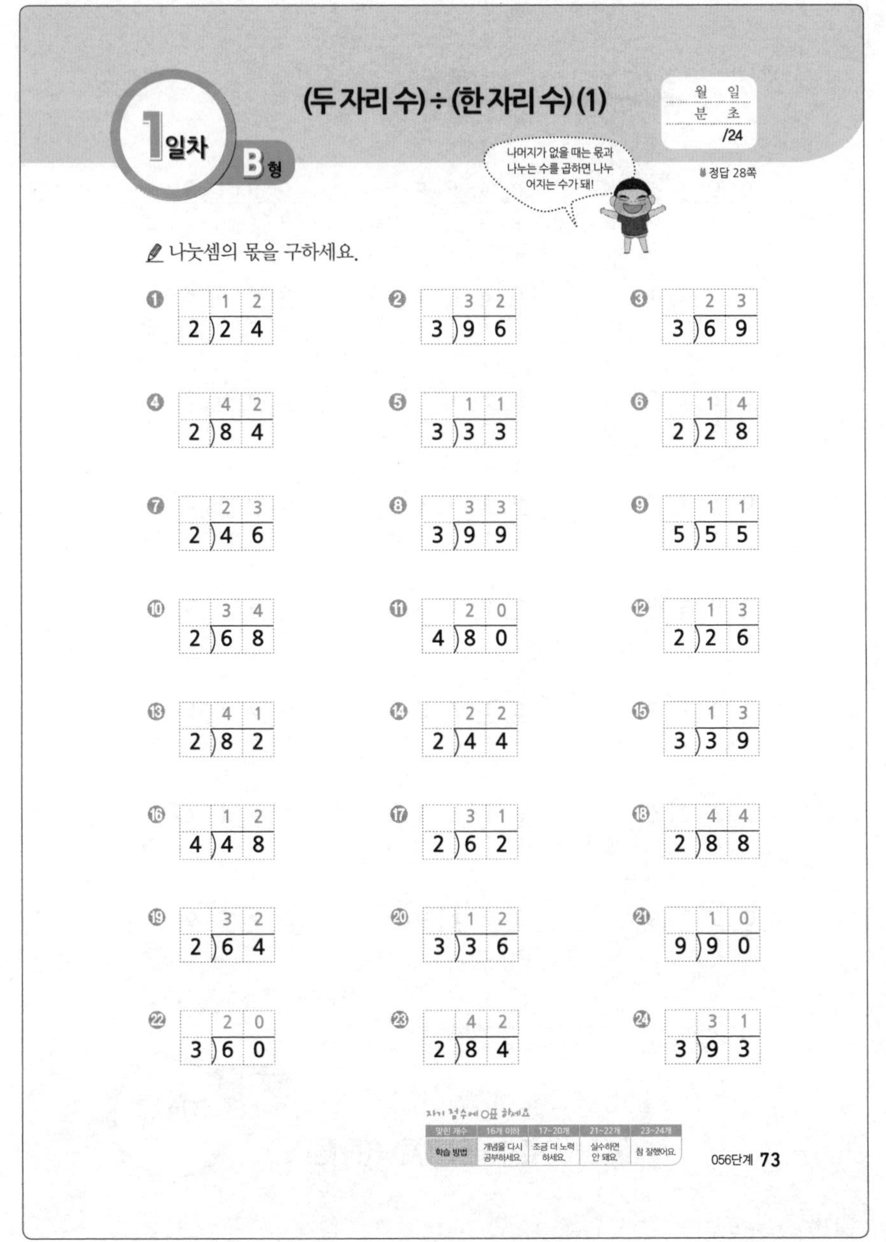

1일차 B형

(두 자리 수)÷(한 자리 수)(1)

월 일
분 초
/24

나머지가 없을 때는 몫과 나누는 수를 곱하면 나누어지는 수가 돼!

※ 정답 28쪽

나눗셈의 몫을 구하세요.

① 2)24 → 12
② 3)96 → 32
③ 3)69 → 23
④ 2)84 → 42
⑤ 3)33 → 11
⑥ 2)28 → 14
⑦ 2)46 → 23
⑧ 3)99 → 33
⑨ 5)55 → 11
⑩ 2)68 → 34
⑪ 4)80 → 20
⑫ 2)26 → 13
⑬ 2)82 → 41
⑭ 2)44 → 22
⑮ 3)39 → 13
⑯ 4)48 → 12
⑰ 2)62 → 31
⑱ 2)88 → 44
⑲ 2)64 → 32
⑳ 3)36 → 12
㉑ 9)90 → 10
㉒ 3)60 → 20
㉓ 2)84 → 42
㉔ 3)93 → 31

자기 점수에 ○표 하세요.

맞힌 개수	16개 이하	17~20개	21~22개	23~24개
학습 방법	개념을 다시 공부하세요.	조금 더 노력하세요.	실수하면 안 돼요.	참 잘했어요.

056단계 73

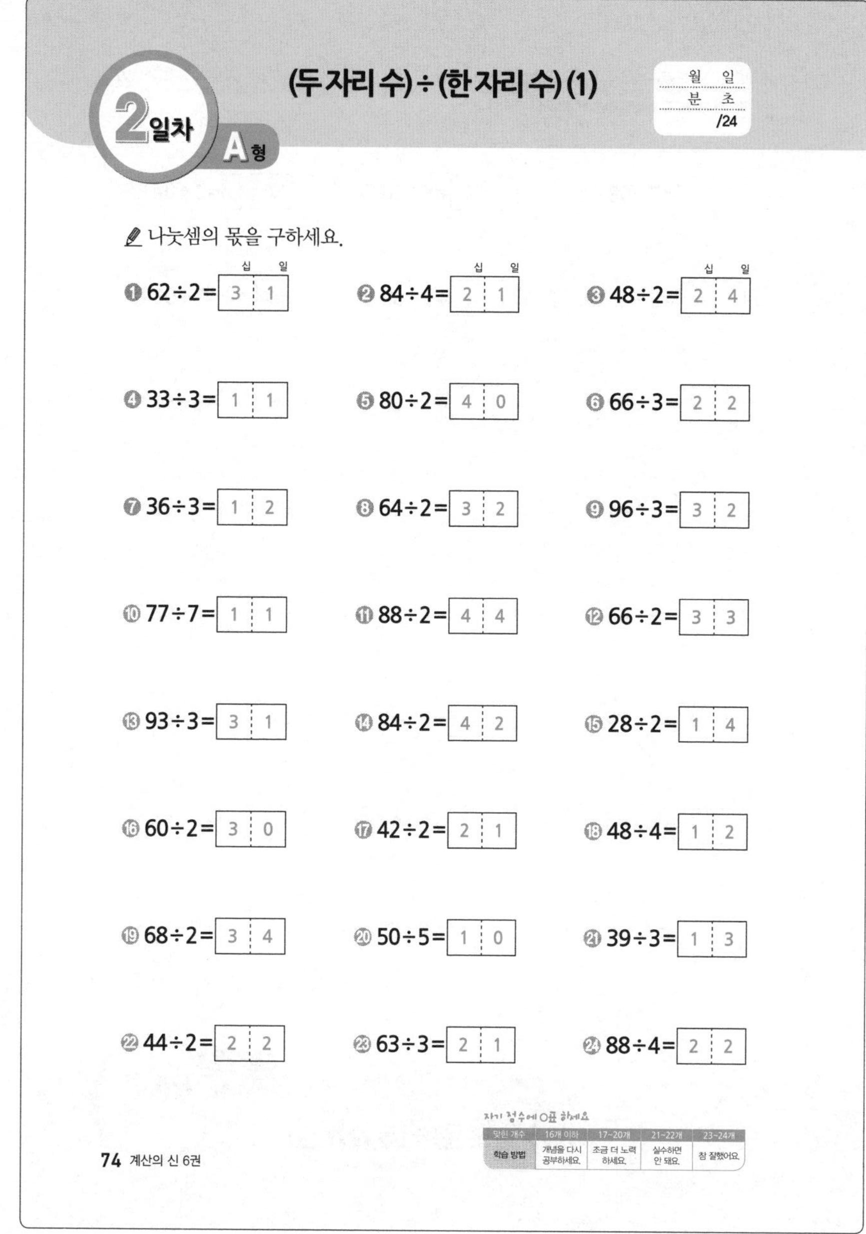

2일차 A형 (두 자리 수)÷(한 자리 수)(1)

월 일 / 분 초 / /24

나눗셈의 몫을 구하세요.

① 62÷2=31	② 84÷4=21	③ 48÷2=24
④ 33÷3=11	⑤ 80÷2=40	⑥ 66÷3=22
⑦ 36÷3=12	⑧ 64÷2=32	⑨ 96÷3=32
⑩ 77÷7=11	⑪ 88÷2=44	⑫ 66÷2=33
⑬ 93÷3=31	⑭ 84÷2=42	⑮ 28÷2=14
⑯ 60÷2=30	⑰ 42÷2=21	⑱ 48÷4=12
⑲ 68÷2=34	⑳ 50÷5=10	㉑ 39÷3=13
㉒ 44÷2=22	㉓ 63÷3=21	㉔ 88÷4=22

자기 점수에 ○표 하세요

맞힌 개수	16개 이하	17~20개	21~22개	23~24개
학습 방법	개념을 다시 공부하세요.	조금 더 노력하세요.	실수하면 안 돼요.	참 잘했어요.

74 계산의 신 6권

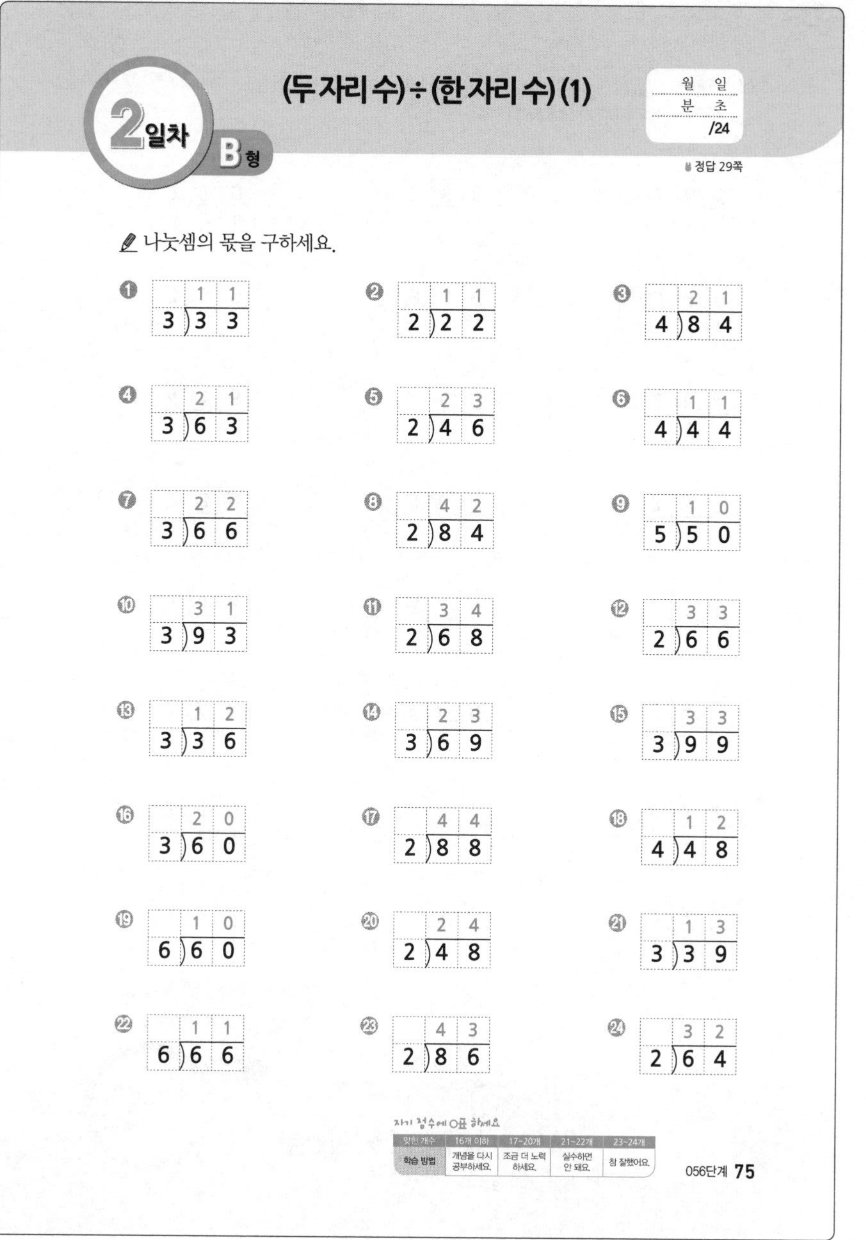

2일차 B형 (두 자리 수)÷(한 자리 수)(1)

월 일 / 분 초 / /24

정답 29쪽

나눗셈의 몫을 구하세요.

① 33÷3=11	② 22÷2=11	③ 84÷4=21
④ 63÷3=21	⑤ 46÷2=23	⑥ 44÷4=11
⑦ 66÷3=22	⑧ 84÷2=42	⑨ 50÷5=10
⑩ 93÷3=31	⑪ 68÷2=34	⑫ 66÷2=33
⑬ 36÷3=12	⑭ 69÷3=23	⑮ 99÷3=33
⑯ 60÷3=20	⑰ 88÷2=44	⑱ 48÷4=12
⑲ 60÷6=10	⑳ 48÷2=24	㉑ 39÷3=13
㉒ 66÷6=11	㉓ 86÷2=43	㉔ 64÷2=32

자기 점수에 ○표 하세요

맞힌 개수	16개 이하	17~20개	21~22개	23~24개
학습 방법	개념을 다시 공부하세요.	조금 더 노력하세요.	실수하면 안 돼요.	참 잘했어요.

056단계 75

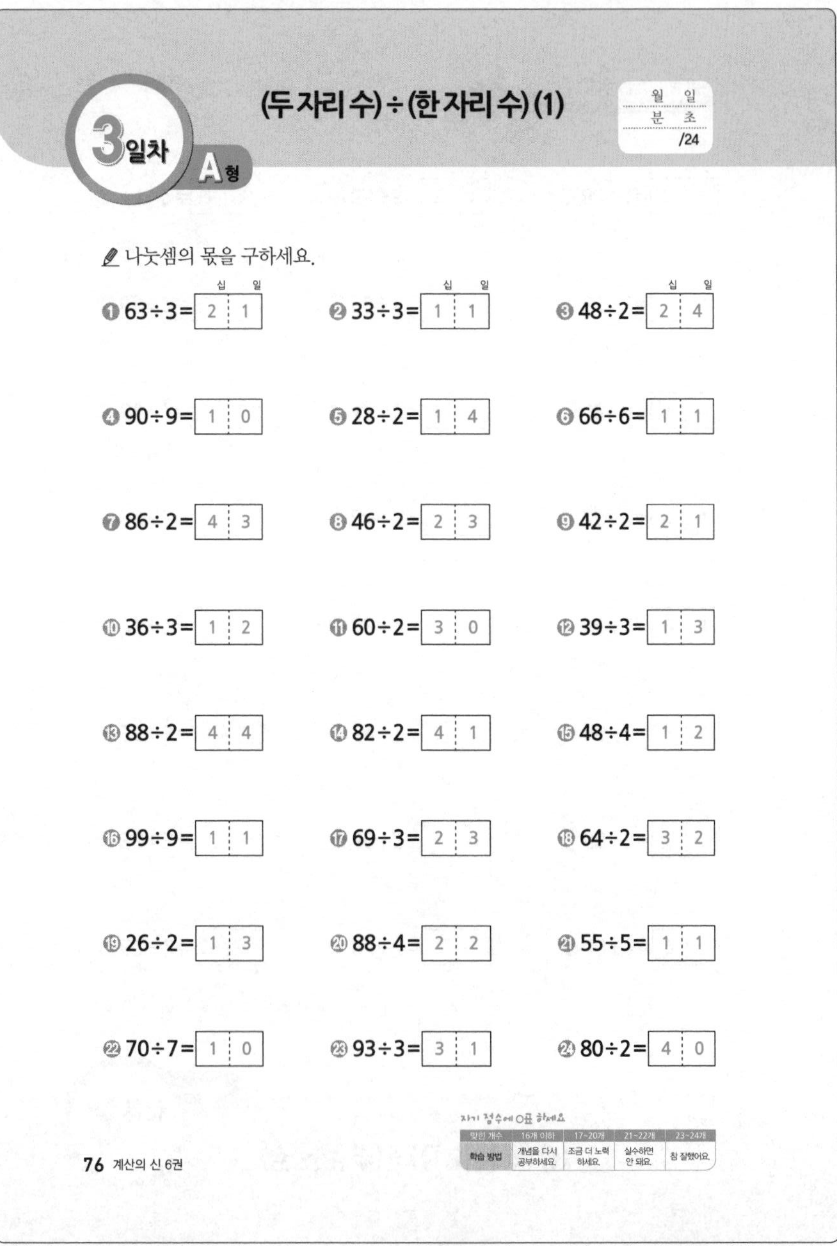

3일차 A형 (두 자리 수)÷(한 자리 수)(1)

월 일 / 분 초 / /24

나눗셈의 몫을 구하세요.

❶ 63÷3=21　❷ 33÷3=11　❸ 48÷2=24

❹ 90÷9=10　❺ 28÷2=14　❻ 66÷6=11

❼ 86÷2=43　❽ 46÷2=23　❾ 42÷2=21

❿ 36÷3=12　⓫ 60÷2=30　⓬ 39÷3=13

⓭ 88÷2=44　⓮ 82÷2=41　⓯ 48÷4=12

⓰ 99÷9=11　⓱ 69÷3=23　⓲ 64÷2=32

⓳ 26÷2=13　⓴ 88÷4=22　㉑ 55÷5=11

㉒ 70÷7=10　㉓ 93÷3=31　㉔ 80÷2=40

자기 점수에 ○표 하세요.

맞힌 개수	16개 이하	17~20개	21~22개	23~24개
학습 방법	개념을 다시 공부하세요.	조금 더 노력하세요.	실수하면 안 돼요.	참 잘했어요.

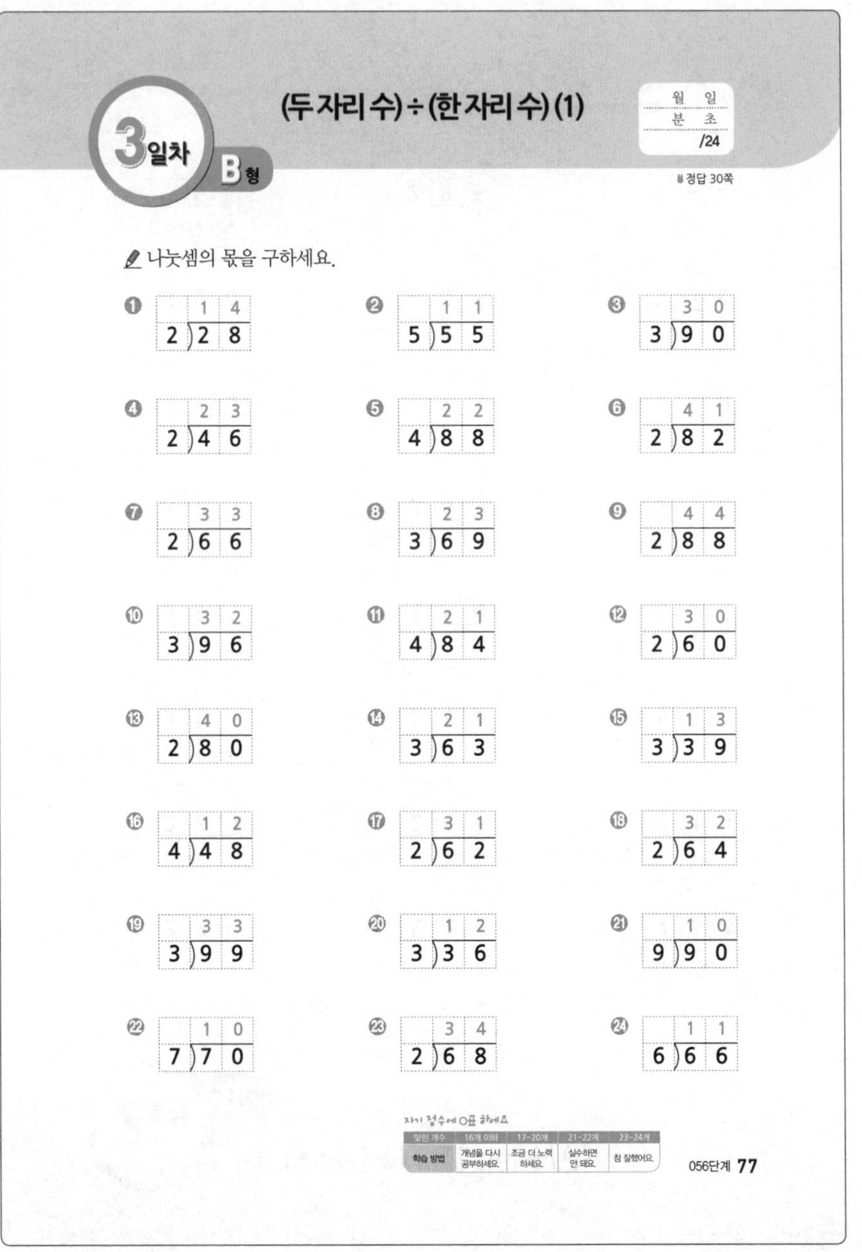

3일차 B형 (두 자리 수)÷(한 자리 수)(1)

월 일 / 분 초 / /24

정답 30쪽

나눗셈의 몫을 구하세요.

❶ 28÷2=14　❷ 55÷5=11　❸ 90÷3=30

❹ 46÷2=23　❺ 88÷4=22　❻ 82÷2=41

❼ 66÷2=33　❽ 69÷3=23　❾ 88÷2=44

❿ 96÷3=32　⓫ 84÷4=21　⓬ 60÷2=30

⓭ 80÷2=40　⓮ 63÷3=21　⓯ 39÷3=13

⓰ 48÷4=12　⓱ 62÷2=31　⓲ 64÷2=32

⓳ 99÷3=33　⓴ 36÷3=12　㉑ 90÷9=10

㉒ 70÷7=10　㉓ 68÷2=34　㉔ 66÷6=11

자기 점수에 ○표 하세요.

맞힌 개수	16개 이하	17~20개	21~22개	23~24개
학습 방법	개념을 다시 공부하세요.	조금 더 노력하세요.	실수하면 안 돼요.	참 잘했어요.

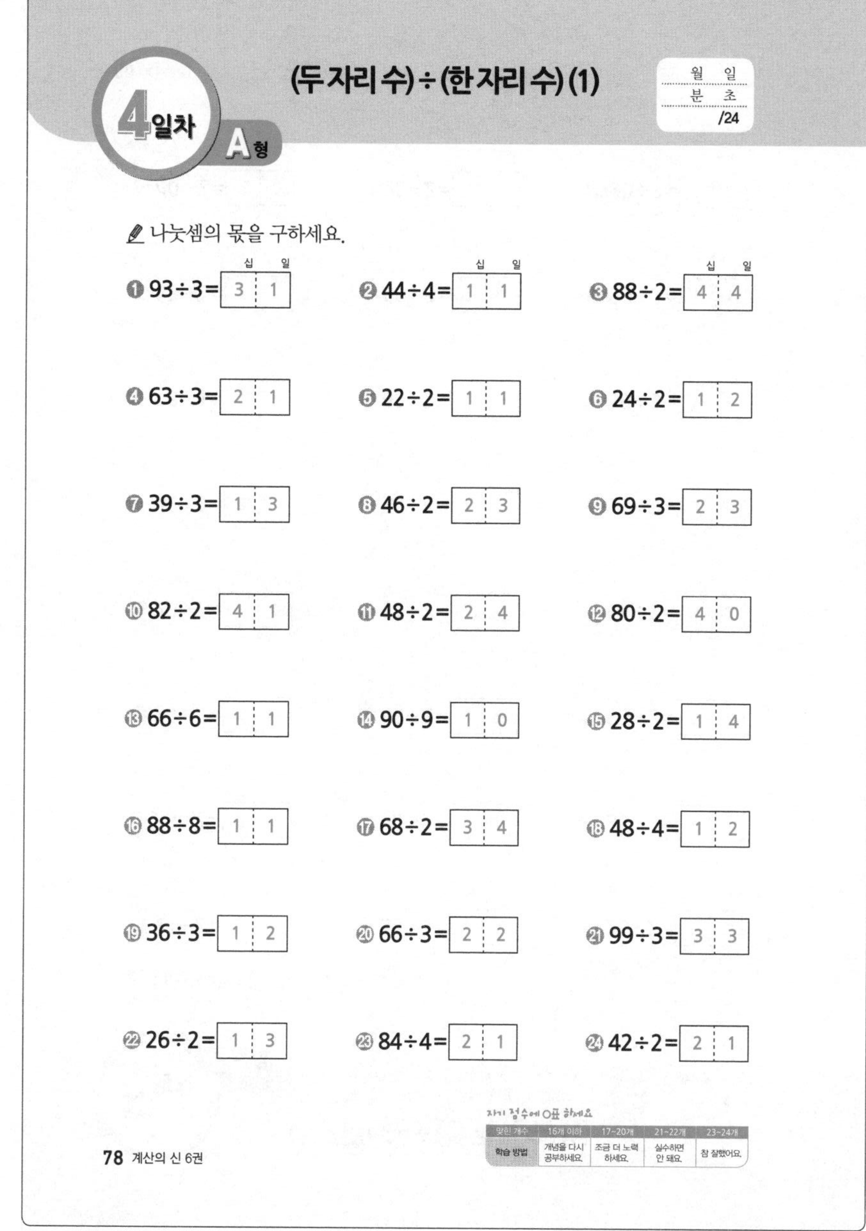

4일차 A형

(두 자리 수)÷(한 자리 수)(1)

월 일 / 분 초 / /24

✎ 나눗셈의 몫을 구하세요.

❶ 93÷3=31	❷ 44÷4=11	❸ 88÷2=44
❹ 63÷3=21	❺ 22÷2=11	❻ 24÷2=12
❼ 39÷3=13	❽ 46÷2=23	❾ 69÷3=23
❿ 82÷2=41	⓫ 48÷2=24	⓬ 80÷2=40
⓭ 66÷6=11	⓮ 90÷9=10	⓯ 28÷2=14
⓰ 88÷8=11	⓱ 68÷2=34	⓲ 48÷4=12
⓳ 36÷3=12	⓴ 66÷3=22	㉑ 99÷3=33
㉒ 26÷2=13	㉓ 84÷4=21	㉔ 42÷2=21

자기 점수에 ○표 하세요

맞은 개수	16개 이하	17~20개	21~22개	23~24개
학습 방법	개념을 다시 공부하세요.	조금 더 노력하세요.	실수하면 안 돼요.	참 잘했어요.

78 계산의 신 6권

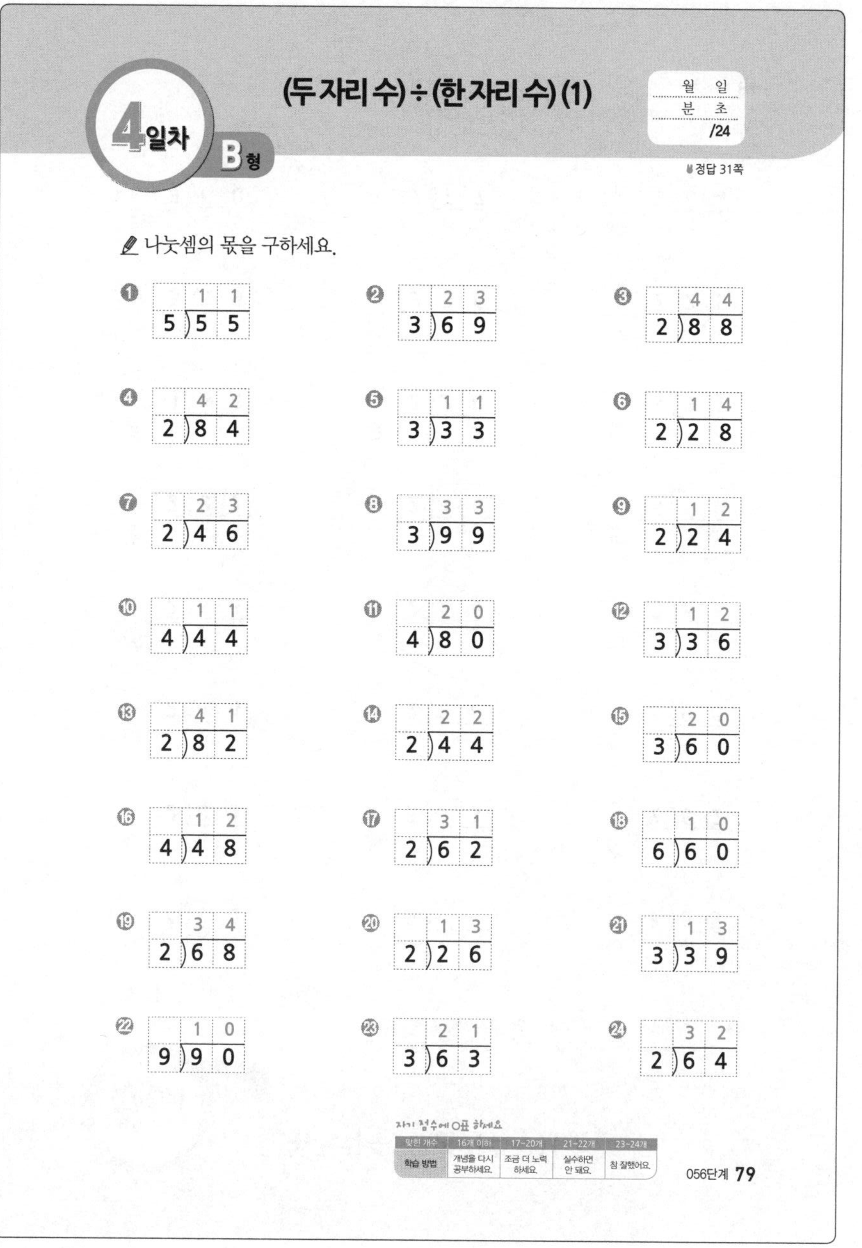

4일차 B형

(두 자리 수)÷(한 자리 수)(1)

월 일 / 분 초 / /24

※정답 31쪽

✎ 나눗셈의 몫을 구하세요.

❶ 55÷5 → 11	❷ 69÷3 → 23	❸ 88÷2 → 44
❹ 84÷2 → 42	❺ 33÷3 → 11	❻ 28÷2 → 14
❼ 46÷2 → 23	❽ 99÷3 → 33	❾ 24÷2 → 12
❿ 44÷4 → 11	⓫ 80÷4 → 20	⓬ 36÷3 → 12
⓭ 82÷2 → 41	⓮ 44÷2 → 22	⓯ 60÷3 → 20
⓰ 48÷4 → 12	⓱ 62÷2 → 31	⓲ 60÷6 → 10
⓳ 68÷2 → 34	⓴ 26÷2 → 13	㉑ 39÷3 → 13
㉒ 90÷9 → 10	㉓ 63÷3 → 21	㉔ 64÷2 → 32

자기 점수에 ○표 하세요

맞은 개수	16개 이하	17~20개	21~22개	23~24개
학습 방법	개념을 다시 공부하세요.	조금 더 노력하세요.	실수하면 안 돼요.	참 잘했어요.

056단계 79

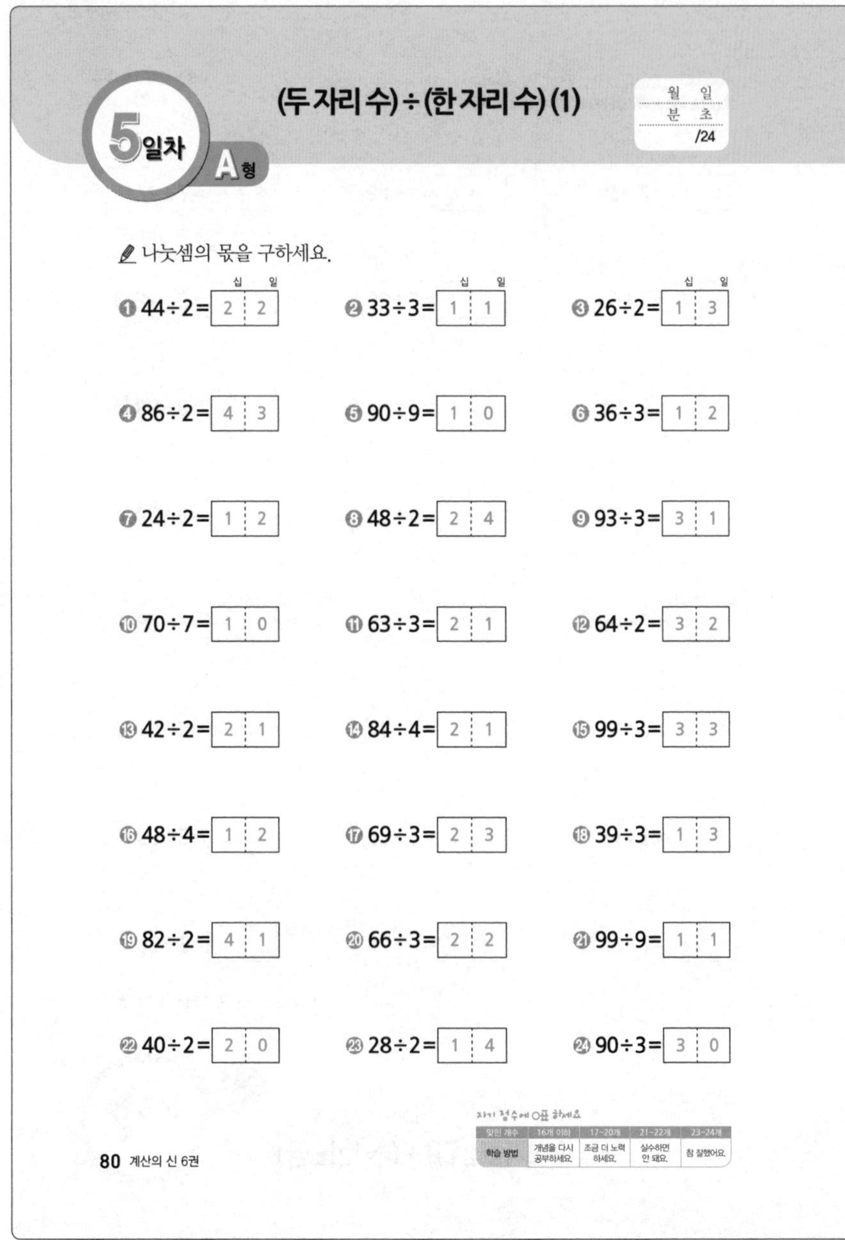

5일차 A형 (두 자리 수)÷(한 자리 수)(1)

월 일 / 분 초 / /24

나눗셈의 몫을 구하세요.

① 44÷2=22	② 33÷3=11	③ 26÷2=13
④ 86÷2=43	⑤ 90÷9=10	⑥ 36÷3=12
⑦ 24÷2=12	⑧ 48÷2=24	⑨ 93÷3=31
⑩ 70÷7=10	⑪ 63÷3=21	⑫ 64÷2=32
⑬ 42÷2=21	⑭ 84÷4=21	⑮ 99÷3=33
⑯ 48÷4=12	⑰ 69÷3=23	⑱ 39÷3=13
⑲ 82÷2=41	⑳ 66÷3=22	㉑ 99÷9=11
㉒ 40÷2=20	㉓ 28÷2=14	㉔ 90÷3=30

자기 점수에 O표 하세요.

맞힌 개수	16개 이하	17~20개	21~22개	23~24개
학습 방법	개념을 다시 공부하세요.	조금 더 노력하세요.	실수하면 안 돼요.	참 잘했어요.

80 계산의 신 6권

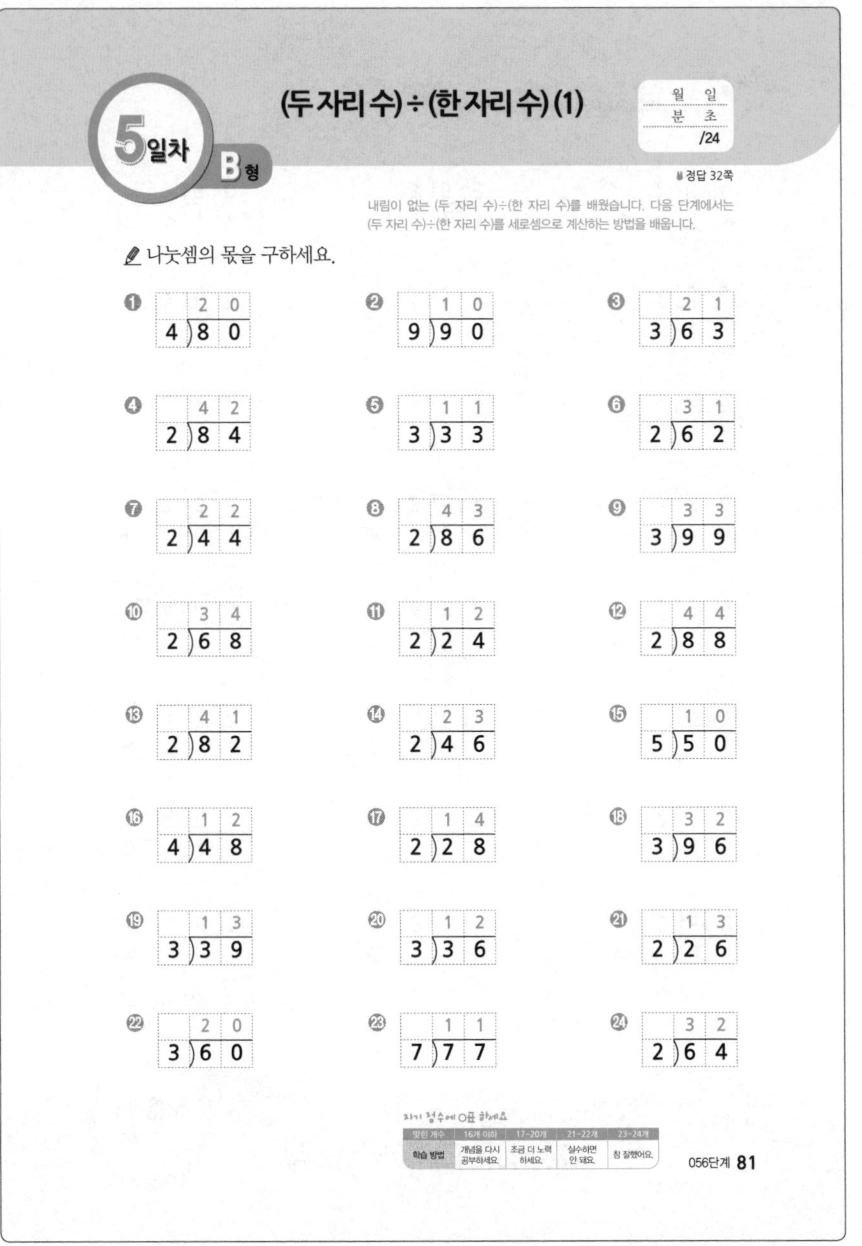

5일차 B형 (두 자리 수)÷(한 자리 수)(1)

월 일 / 분 초 / /24

정답 32쪽

내림이 없는 (두 자리 수)÷(한 자리 수)를 배웠습니다. 다음 단계에서는 (두 자리 수)÷(한 자리 수)를 세로셈으로 계산하는 방법을 배웁니다.

나눗셈의 몫을 구하세요.

① 4)80 → 20	② 9)90 → 10	③ 3)63 → 21
④ 2)84 → 42	⑤ 3)33 → 11	⑥ 2)62 → 31
⑦ 2)44 → 22	⑧ 2)86 → 43	⑨ 3)99 → 33
⑩ 2)68 → 34	⑪ 2)24 → 12	⑫ 2)88 → 44
⑬ 2)82 → 41	⑭ 2)46 → 23	⑮ 5)50 → 10
⑯ 4)48 → 12	⑰ 2)28 → 14	⑱ 3)96 → 32
⑲ 3)39 → 13	⑳ 3)36 → 12	㉑ 2)26 → 13
㉒ 3)60 → 20	㉓ 7)77 → 11	㉔ 2)64 → 32

자기 점수에 O표 하세요.

맞힌 개수	16개 이하	17~20개	21~22개	23~24개
학습 방법	개념을 다시 공부하세요.	조금 더 노력하세요.	실수하면 안 돼요.	참 잘했어요.

056단계 81

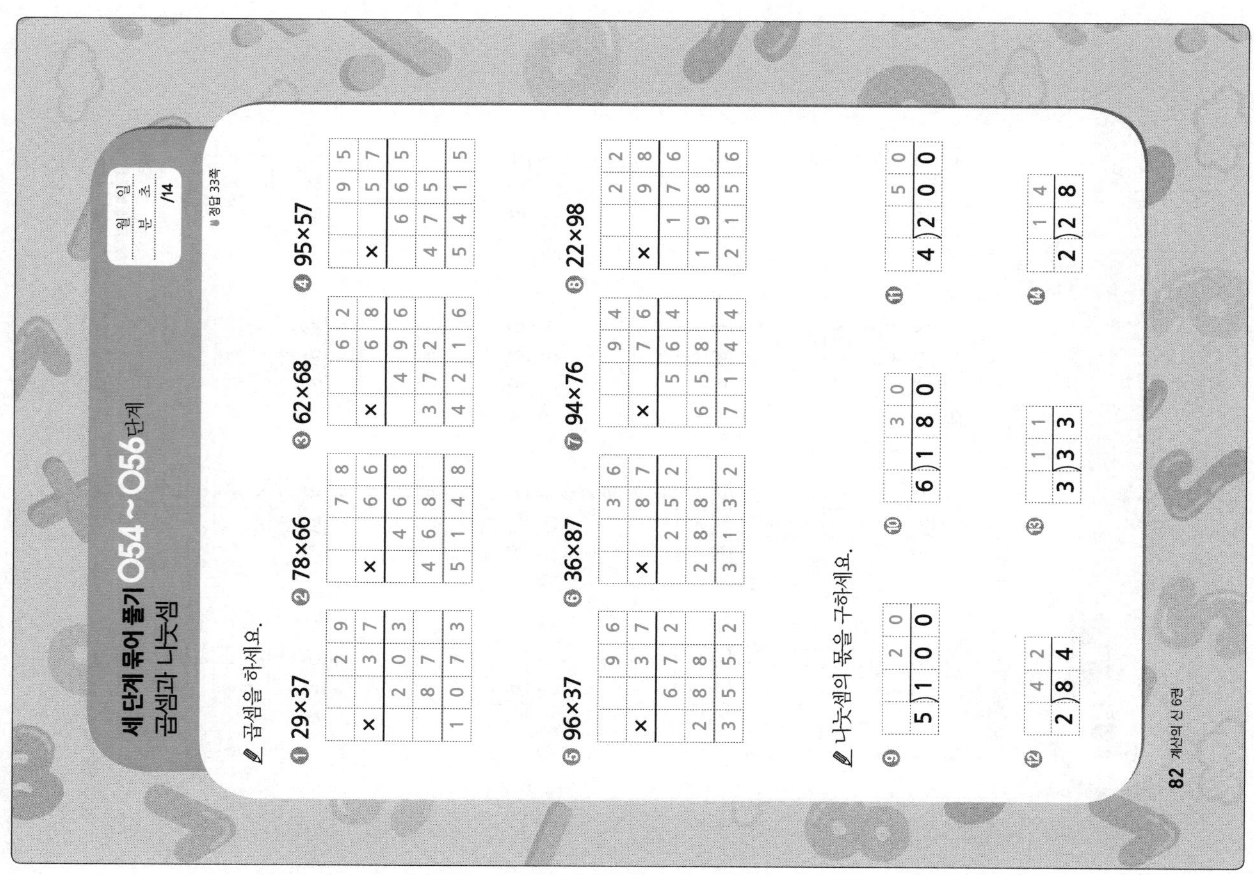

세 단계 묶어 풀기 054 ~ 056단계
곱셈과 나눗셈

월 일
분 초
/14

정답 33쪽

곱셈을 하세요.

❶ 29×37

		2	9
×		3	7
	2	0	3
	8	7	
1	0	7	3

❷ 78×66

		7	8
×		6	6
	4	6	8
4	6	8	
5	1	4	8

❸ 62×68

		6	2
×		6	8
	4	9	6
3	7	2	
4	2	1	6

❹ 95×57

		9	5
×		5	7
	6	6	5
4	7	5	
5	4	1	5

❺ 96×37

		9	6
×		3	7
	6	7	2
2	8	8	
3	5	5	2

❻ 36×87

		3	6
×		8	7
	2	5	2
2	8	8	
3	1	3	2

❼ 94×76

		9	4
×		7	6
	5	6	4
6	5	8	
7	1	4	4

❽ 22×98

		2	2
×		9	8
	1	7	6
1	9	8	
2	1	5	6

나눗셈의 몫을 구하세요.

❾ 5)100 → 20

❿ 6)180 → 30

⓫ 4)200 → 50

⓬ 2)84 → 42

⓭ 3)33 → 11

⓮ 2)28 → 14

82 계산의 신 6권

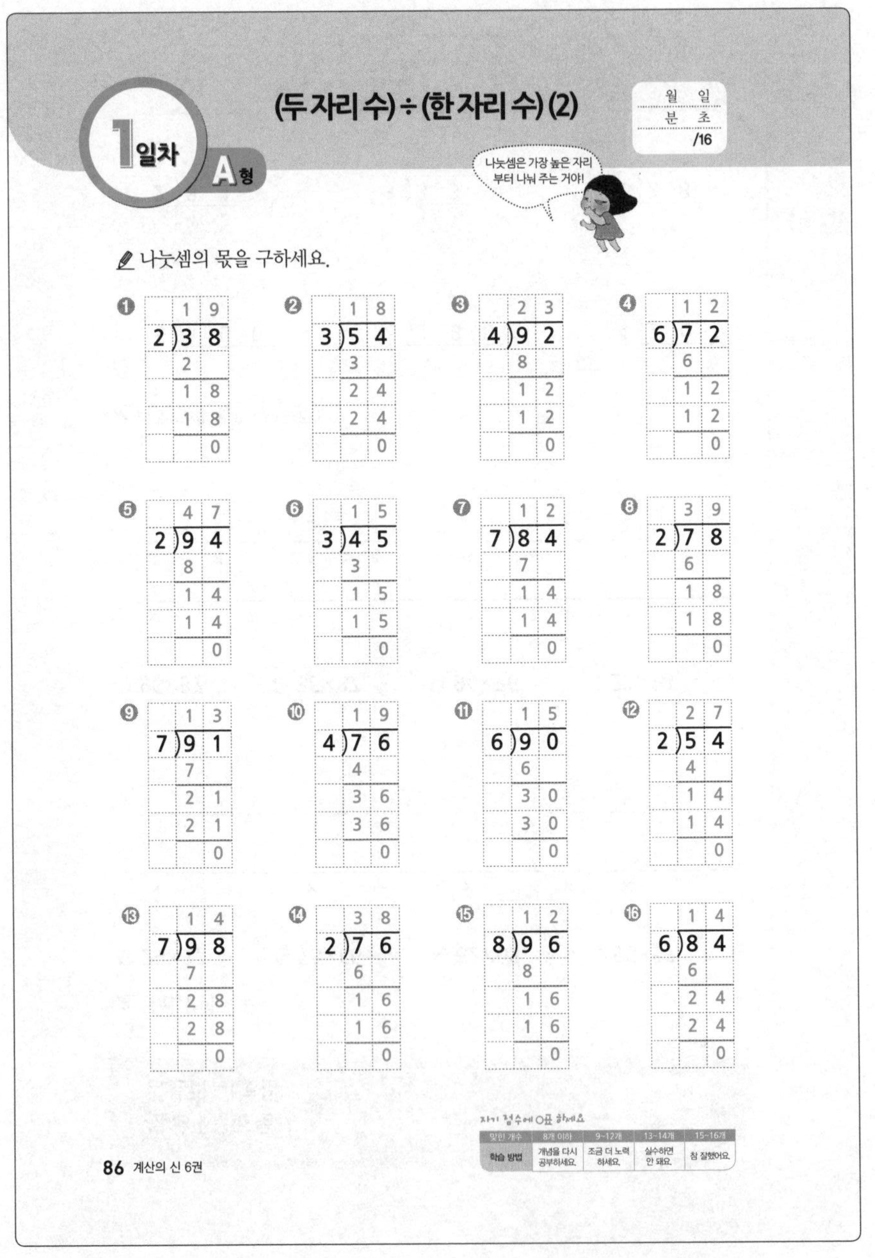

1일차 A형 (두 자리 수)÷(한 자리 수)(2)

월 일
분 초
/16

나눗셈의 몫을 구하세요.

❶ 19
2)38
2
18
18
0

❷ 18
3)54
3
24
24
0

❸ 23
4)92
8
12
12
0

❹ 12
6)72
6
12
12
0

❺ 47
2)94
8
14
14
0

❻ 15
3)45
3
15
15
0

❼ 12
7)84
7
14
14
0

❽ 39
2)78
6
18
18
0

❾ 13
7)91
7
21
21
0

❿ 19
4)76
4
36
36
0

⓫ 15
6)90
6
30
30
0

⓬ 27
2)54
4
14
14
0

⓭ 14
7)98
7
28
28
0

⓮ 38
2)76
6
16
16
0

⓯ 12
8)96
8
16
16
0

⓰ 14
6)84
6
24
24
0

자기 점수에 ○표 하세요

맞힌 개수	8개 이하	9~12개	13~14개	15~16개
학습 방법	개념을 다시 공부하세요.	조금 더 노력 하세요.	실수하면 안 돼요.	참 잘했어요.

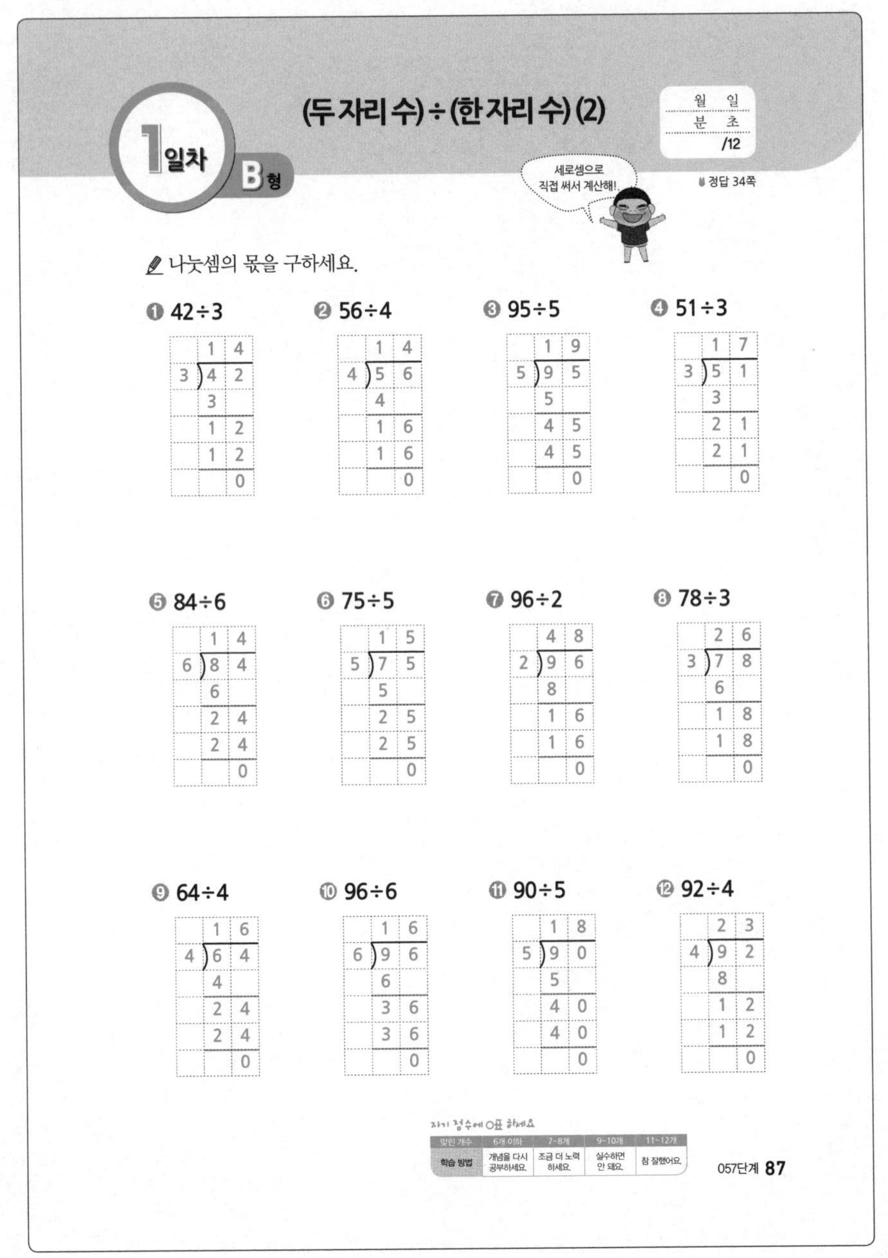

1일차 B형 (두 자리 수)÷(한 자리 수)(2)

월 일
분 초
/12

정답 34쪽

나눗셈의 몫을 구하세요.

❶ 42÷3
14
3)42
3
12
12
0

❷ 56÷4
14
4)56
4
16
16
0

❸ 95÷5
19
5)95
5
45
45
0

❹ 51÷3
17
3)51
3
21
21
0

❺ 84÷6
14
6)84
6
24
24
0

❻ 75÷5
15
5)75
5
25
25
0

❼ 96÷2
48
2)96
8
16
16
0

❽ 78÷3
26
3)78
6
18
18
0

❾ 64÷4
16
4)64
4
24
24
0

❿ 96÷6
16
6)96
6
36
36
0

⓫ 90÷5
18
5)90
5
40
40
0

⓬ 92÷4
23
4)92
8
12
12
0

자기 점수에 ○표 하세요

맞힌 개수	6개 이하	7~8개	9~10개	11~12개
학습 방법	개념을 다시 공부하세요.	조금 더 노력 하세요.	실수하면 안 돼요.	참 잘했어요.

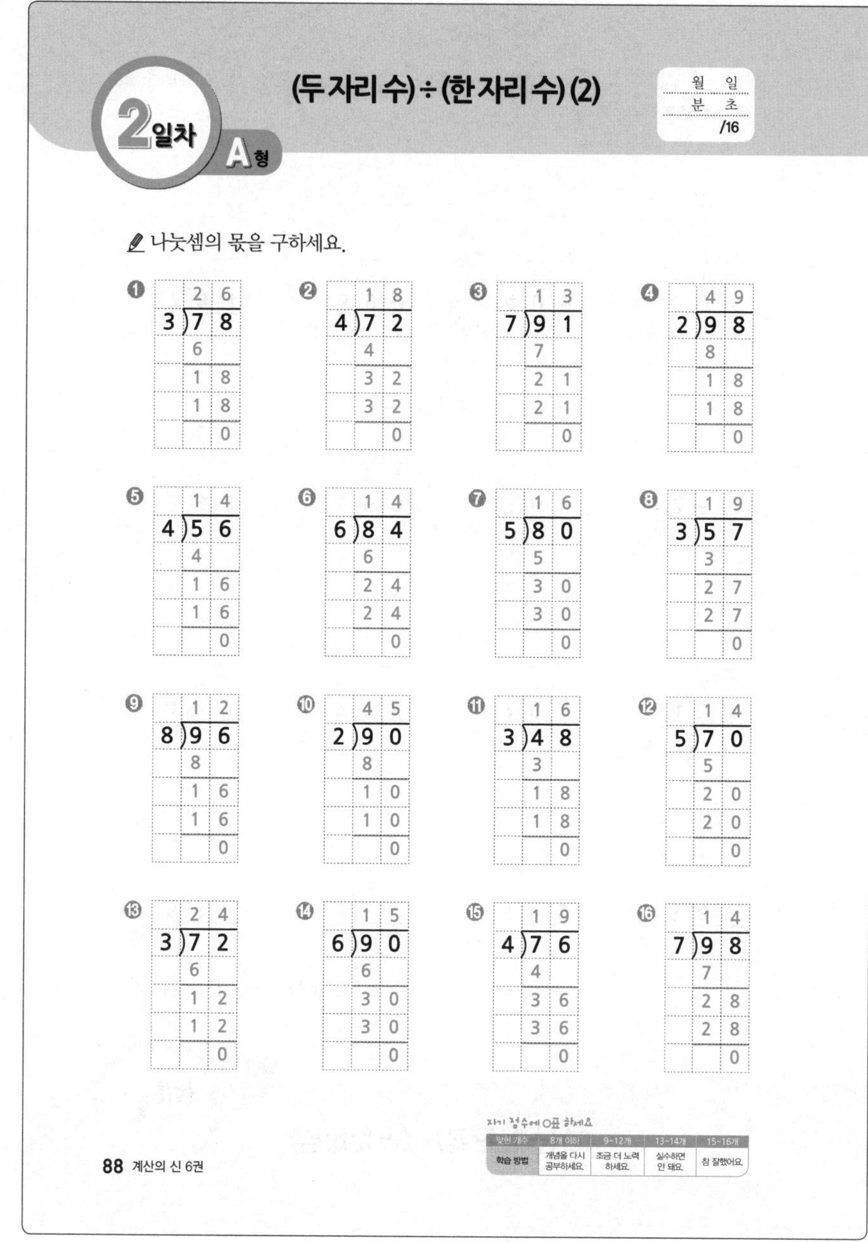

2일차 A형 (두 자리 수)÷(한 자리 수) (2)

월 일 / 분 초 / /16

나눗셈의 몫을 구하세요.

1. 26 / 3)78 / 6 / 18 / 18 / 0
2. 18 / 4)72 / 4 / 32 / 32 / 0
3. 13 / 7)91 / 7 / 21 / 21 / 0
4. 49 / 2)98 / 8 / 18 / 18 / 0
5. 14 / 4)56 / 4 / 16 / 16 / 0
6. 14 / 6)84 / 6 / 24 / 24 / 0
7. 16 / 5)80 / 5 / 30 / 30 / 0
8. 19 / 3)57 / 3 / 27 / 27 / 0
9. 12 / 8)96 / 8 / 16 / 16 / 0
10. 45 / 2)90 / 8 / 10 / 10 / 0
11. 16 / 3)48 / 3 / 18 / 18 / 0
12. 14 / 5)70 / 5 / 20 / 20 / 0
13. 24 / 3)72 / 6 / 12 / 12 / 0
14. 15 / 6)90 / 6 / 30 / 30 / 0
15. 19 / 4)76 / 4 / 36 / 36 / 0
16. 14 / 7)98 / 7 / 28 / 28 / 0

자기 점수에 ○표 하세요

맞힌 개수	8개 이하	9~12개	13~14개	15~16개
학습 방법	개념을 다시 공부하세요.	조금 더 노력하세요.	실수하면 안 돼요.	참 잘했어요.

88 계산의 신 6권

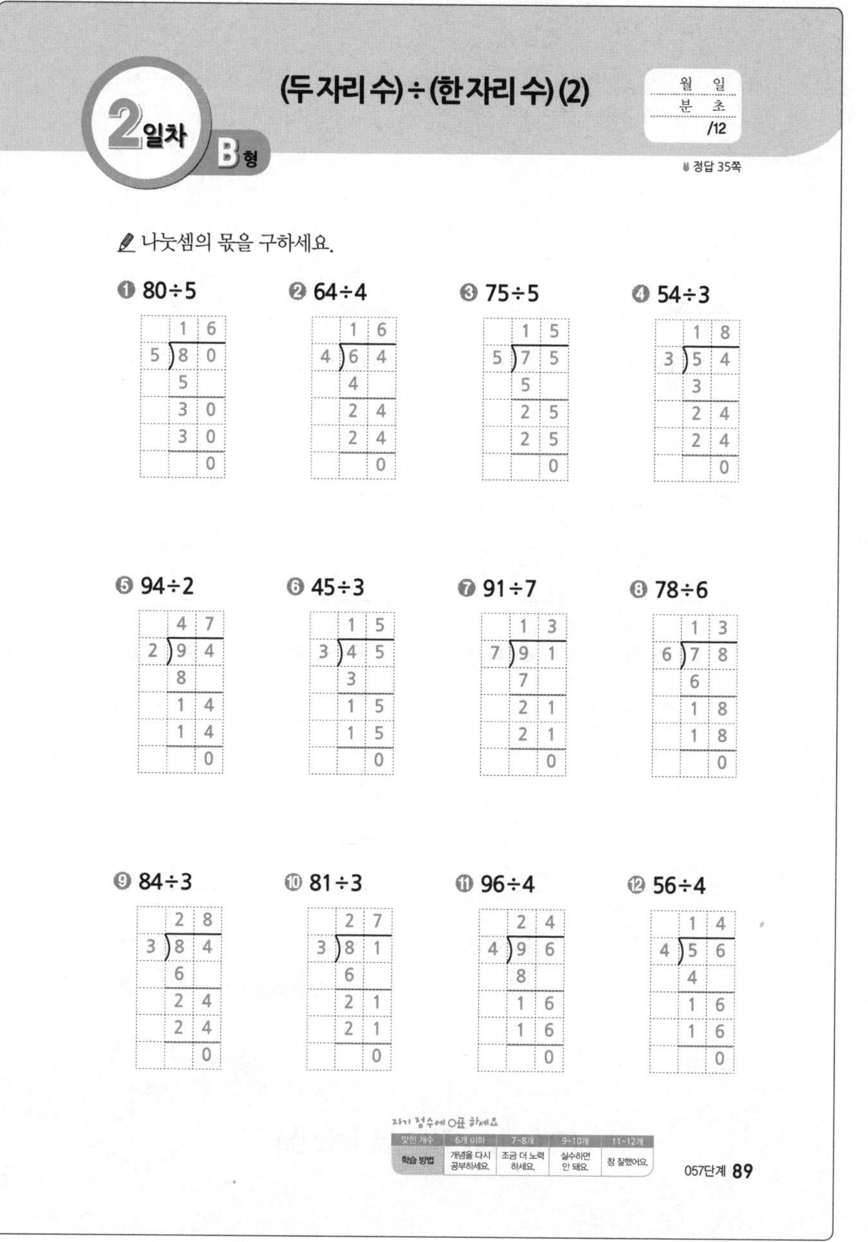

2일차 B형 (두 자리 수)÷(한 자리 수) (2)

월 일 / 분 초 / /12

정답 35쪽

나눗셈의 몫을 구하세요.

1. 80÷5 — 16 / 5)80 / 5 / 30 / 30 / 0
2. 64÷4 — 16 / 4)64 / 4 / 24 / 24 / 0
3. 75÷5 — 15 / 5)75 / 5 / 25 / 25 / 0
4. 54÷3 — 18 / 3)54 / 3 / 24 / 24 / 0
5. 94÷2 — 47 / 2)94 / 8 / 14 / 14 / 0
6. 45÷3 — 15 / 3)45 / 3 / 15 / 15 / 0
7. 91÷7 — 13 / 7)91 / 7 / 21 / 21 / 0
8. 78÷6 — 13 / 6)78 / 6 / 18 / 18 / 0
9. 84÷3 — 28 / 3)84 / 6 / 24 / 24 / 0
10. 81÷3 — 27 / 3)81 / 6 / 21 / 21 / 0
11. 96÷4 — 24 / 4)96 / 8 / 16 / 16 / 0
12. 56÷4 — 14 / 4)56 / 4 / 16 / 16 / 0

자기 점수에 ○표 하세요

맞힌 개수	6개 이하	7~8개	9~10개	11~12개
학습 방법	개념을 다시 공부하세요.	조금 더 노력하세요.	실수하면 안 돼요.	참 잘했어요.

057단계 89

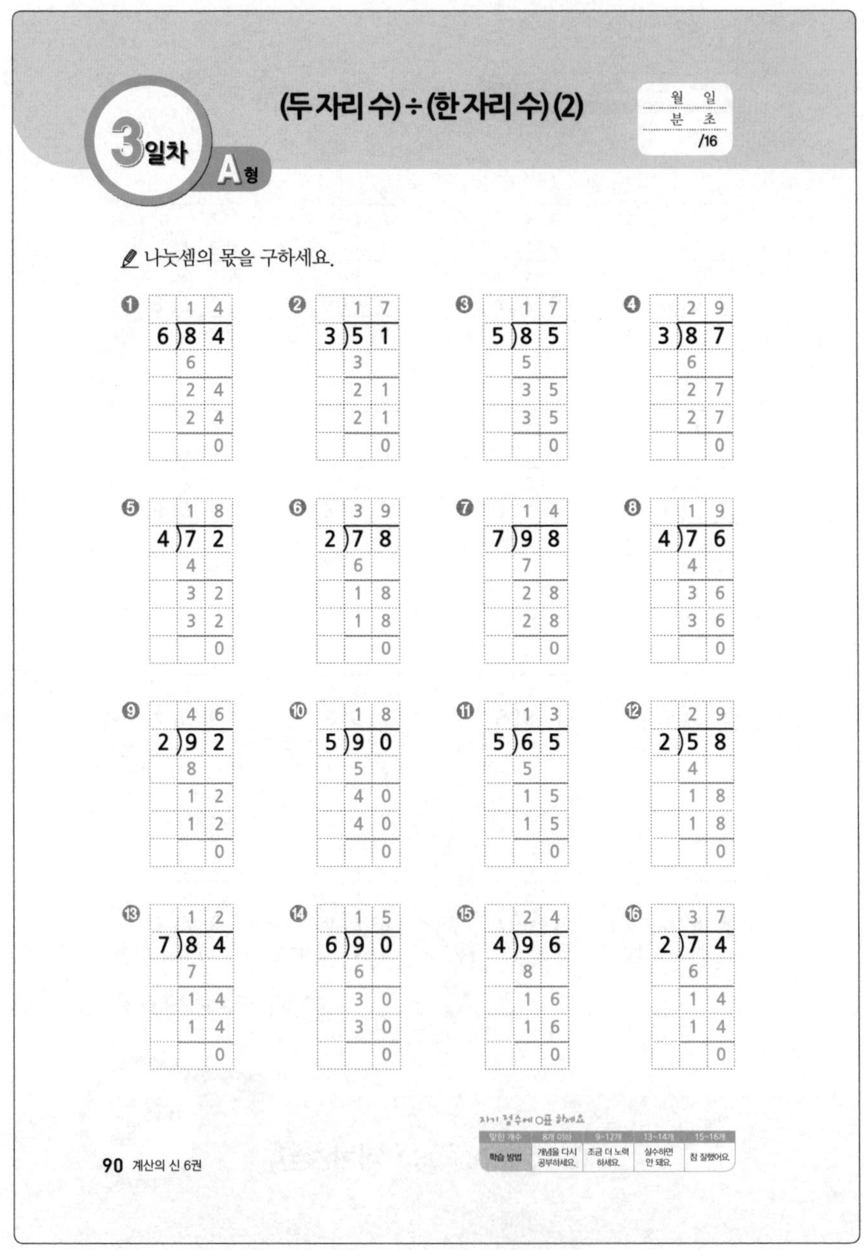

3일차 A형 (두 자리 수)÷(한 자리 수)(2)

월 일 / 분 초 / /16

나눗셈의 몫을 구하세요.

❶ 84÷6 = 14
❷ 51÷3 = 17
❸ 85÷5 = 17
❹ 87÷3 = 29
❺ 72÷4 = 18
❻ 78÷2 = 39
❼ 98÷7 = 14
❽ 76÷4 = 19
❾ 92÷2 = 46
❿ 90÷5 = 18
⓫ 65÷5 = 13
⓬ 58÷2 = 29
⓭ 84÷7 = 12
⓮ 90÷6 = 15
⓯ 96÷4 = 24
⓰ 74÷2 = 37

맞힌 개수	8개 이하	9~12개	13~14개	15~16개
학습 방법	개념을 다시 공부하세요.	조금 더 노력 하세요.	실수하면 안 돼요.	참 잘했어요.

90 계산의 신 6권

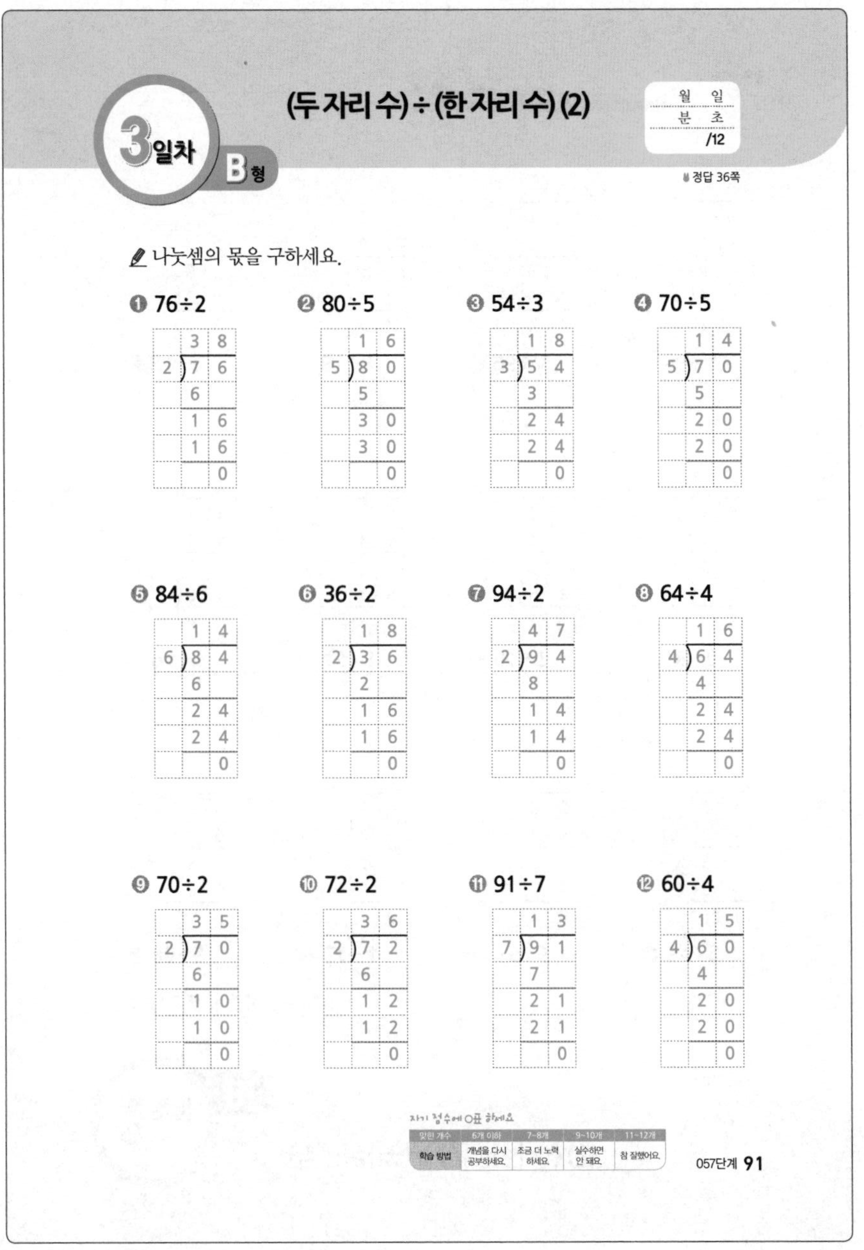

3일차 B형 (두 자리 수)÷(한 자리 수)(2)

월 일 / 분 초 / /12

정답 36쪽

나눗셈의 몫을 구하세요.

❶ 76÷2 = 38
❷ 80÷5 = 16
❸ 54÷3 = 18
❹ 70÷5 = 14
❺ 84÷6 = 14
❻ 36÷2 = 18
❼ 94÷2 = 47
❽ 64÷4 = 16
❾ 70÷2 = 35
❿ 72÷2 = 36
⓫ 91÷7 = 13
⓬ 60÷4 = 15

맞힌 개수	6개 이하	7~8개	9~10개	11~12개
학습 방법	개념을 다시 공부하세요.	조금 더 노력 하세요.	실수하면 안 돼요.	참 잘했어요.

057단계 91

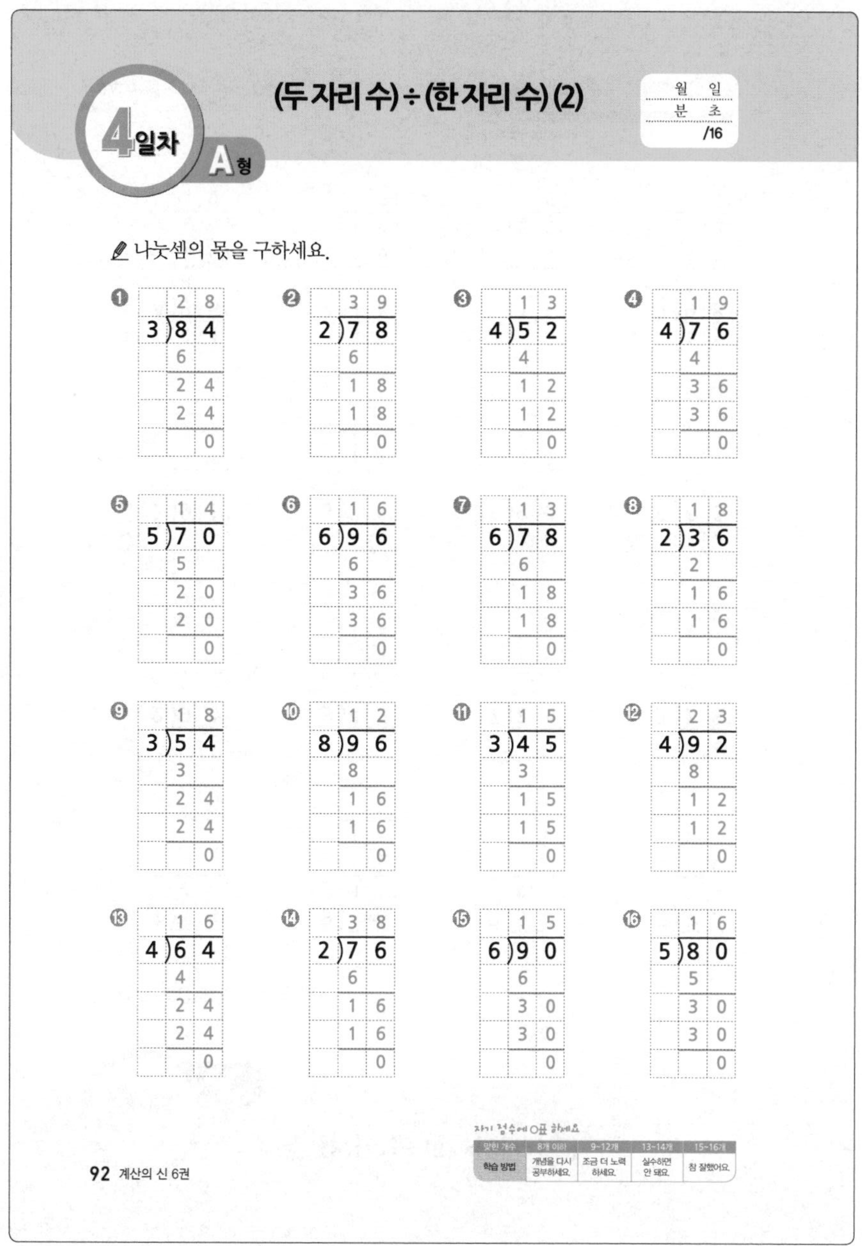

4일차 A형 (두 자리 수)÷(한 자리 수)(2)

월 일 / 분 초 / /16

나눗셈의 몫을 구하세요.

❶ 3)84 — 28 (6, 24, 24, 0)
❷ 2)78 — 39 (6, 18, 18, 0)
❸ 4)52 — 13 (4, 12, 12, 0)
❹ 4)76 — 19 (4, 36, 36, 0)
❺ 5)70 — 14 (5, 20, 20, 0)
❻ 6)96 — 16 (6, 36, 36, 0)
❼ 6)78 — 13 (6, 18, 18, 0)
❽ 2)36 — 18 (2, 16, 16, 0)
❾ 3)54 — 18 (3, 24, 24, 0)
❿ 8)96 — 12 (8, 16, 16, 0)
⓫ 3)45 — 15 (3, 15, 15, 0)
⓬ 4)92 — 23 (8, 12, 12, 0)
⓭ 4)64 — 16 (4, 24, 24, 0)
⓮ 2)76 — 38 (6, 16, 16, 0)
⓯ 6)90 — 15 (6, 30, 30, 0)
⓰ 5)80 — 16 (5, 30, 30, 0)

자기 점수에 ○표 하세요

맞힌 개수	8개 이하	9~12개	13~14개	15~16개
학습 방법	개념을 다시 공부하세요.	조금 더 노력 하세요.	실수하면 안 돼요.	참 잘했어요.

92 계산의 신 6권

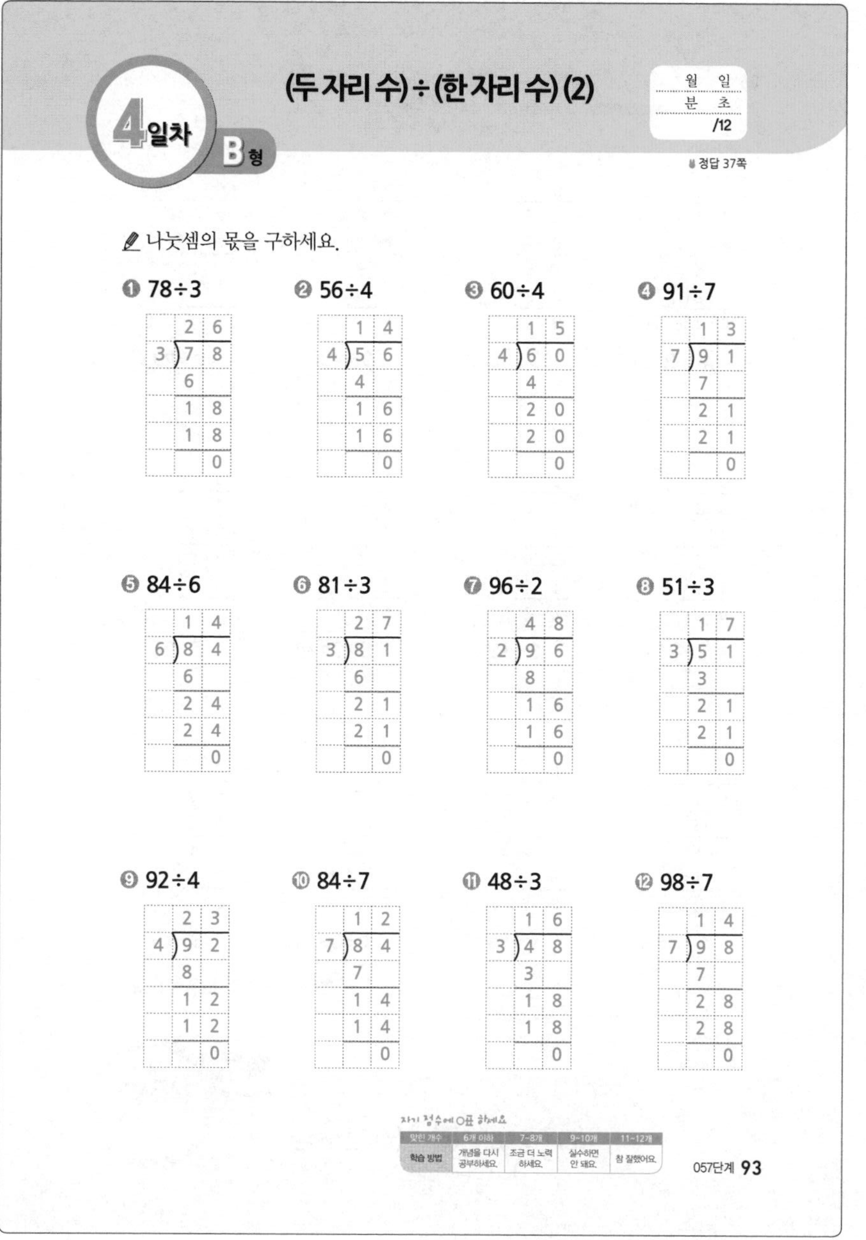

4일차 B형 (두 자리 수)÷(한 자리 수)(2)

월 일 / 분 초 / /12

※ 정답 37쪽

나눗셈의 몫을 구하세요.

❶ 78÷3 — 26 (3)78, 6, 18, 18, 0)
❷ 56÷4 — 14 (4)56, 4, 16, 16, 0)
❸ 60÷4 — 15 (4)60, 4, 20, 20, 0)
❹ 91÷7 — 13 (7)91, 7, 21, 21, 0)
❺ 84÷6 — 14 (6)84, 6, 24, 24, 0)
❻ 81÷3 — 27 (3)81, 6, 21, 21, 0)
❼ 96÷2 — 48 (2)96, 8, 16, 16, 0)
❽ 51÷3 — 17 (3)51, 3, 21, 21, 0)
❾ 92÷4 — 23 (4)92, 8, 12, 12, 0)
❿ 84÷7 — 12 (7)84, 7, 14, 14, 0)
⓫ 48÷3 — 16 (3)48, 3, 18, 18, 0)
⓬ 98÷7 — 14 (7)98, 7, 28, 28, 0)

자기 점수에 ○표 하세요

맞힌 개수	6개 이하	7~8개	9~10개	11~12개
학습 방법	개념을 다시 공부하세요.	조금 더 노력 하세요.	실수하면 안 돼요.	참 잘했어요.

057단계 93

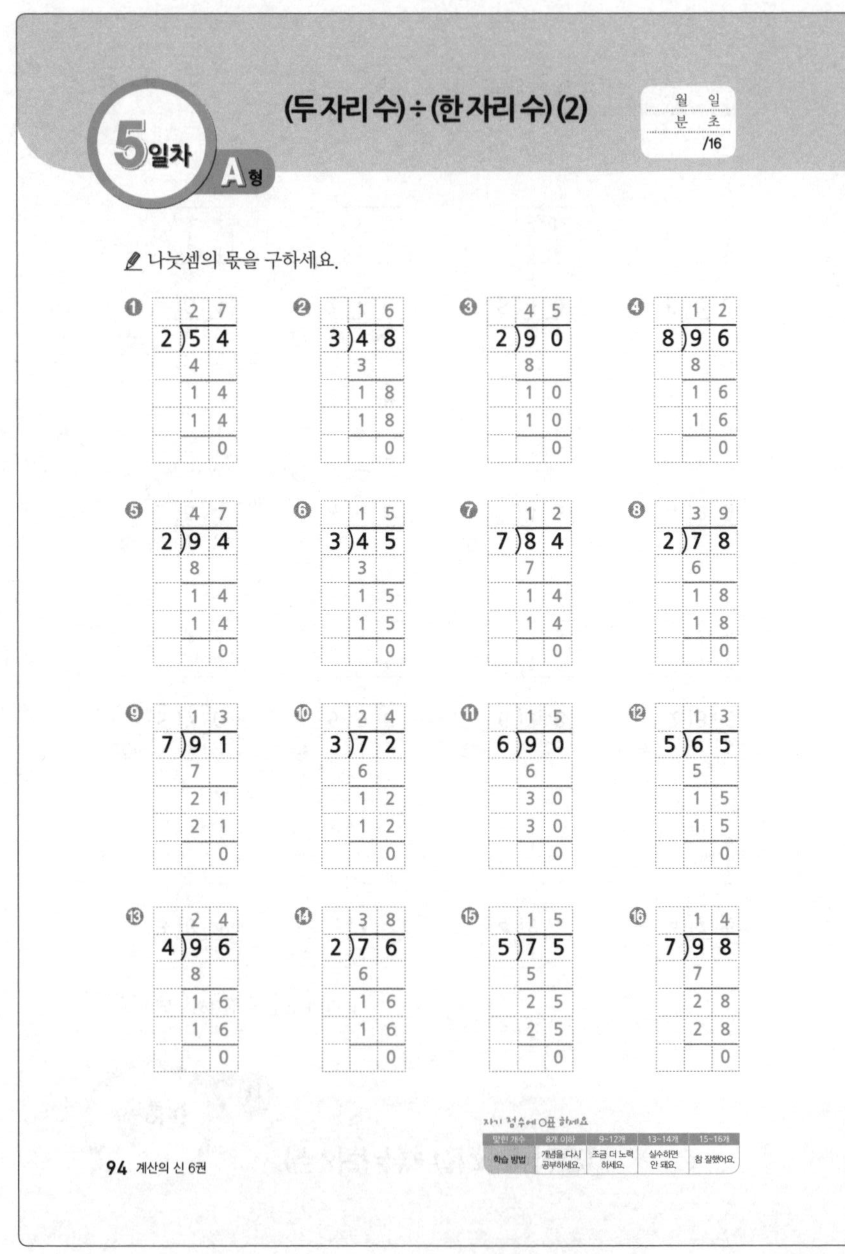

5일차 A형

(두 자리 수)÷(한 자리 수)(2)

월 일 / 분 초 / /16

나눗셈의 몫을 구하세요.

1. 54÷2 = 27
2. 48÷3 = 16
3. 90÷2 = 45
4. 96÷8 = 12
5. 94÷2 = 47
6. 45÷3 = 15
7. 84÷7 = 12
8. 78÷2 = 39
9. 91÷7 = 13
10. 72÷3 = 24
11. 90÷6 = 15
12. 65÷5 = 13
13. 96÷4 = 24
14. 76÷2 = 38
15. 75÷5 = 15
16. 98÷7 = 14

자기 점수에 ○표 하세요

맞힌 개수	8개 이하	9~12개	13~14개	15~16개
학습 방법	개념을 다시 공부하세요.	조금 더 노력 하세요.	실수하면 안 돼요.	참 잘했어요.

94 계산의 신 6권

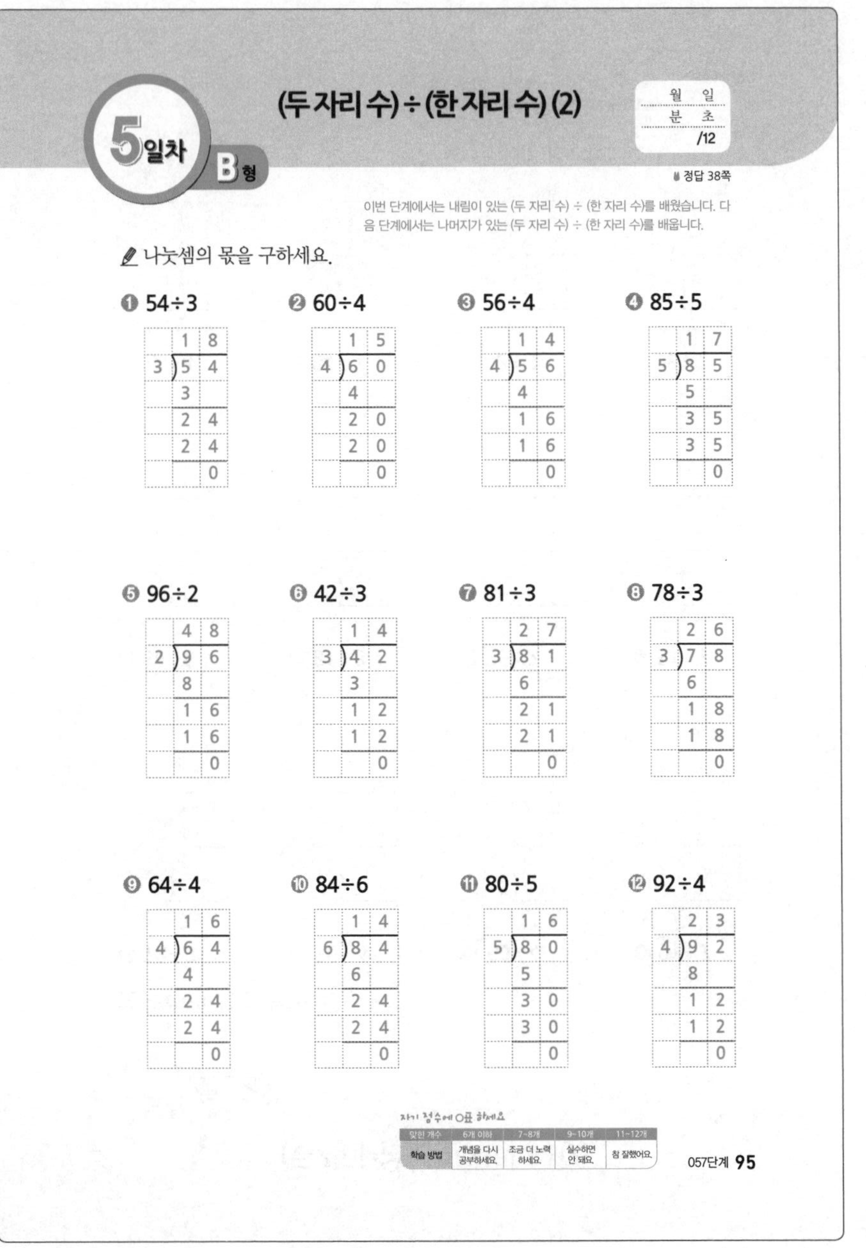

5일차 B형

(두 자리 수)÷(한 자리 수)(2)

월 일 / 분 초 / /12

정답 38쪽

이번 단계에서는 내림이 있는 (두 자리 수) ÷ (한 자리 수)를 배웠습니다. 다음 단계에서는 나머지가 있는 (두 자리 수) ÷ (한 자리 수)를 배웁니다.

나눗셈의 몫을 구하세요.

1. 54÷3 = 18
2. 60÷4 = 15
3. 56÷4 = 14
4. 85÷5 = 17
5. 96÷2 = 48
6. 42÷3 = 14
7. 81÷3 = 27
8. 78÷3 = 26
9. 64÷4 = 16
10. 84÷6 = 14
11. 80÷5 = 16
12. 92÷4 = 23

자기 점수에 ○표 하세요

맞힌 개수	6개 이하	7~8개	9~10개	11~12개
학습 방법	개념을 다시 공부하세요.	조금 더 노력 하세요.	실수하면 안 돼요.	참 잘했어요.

057단계 95

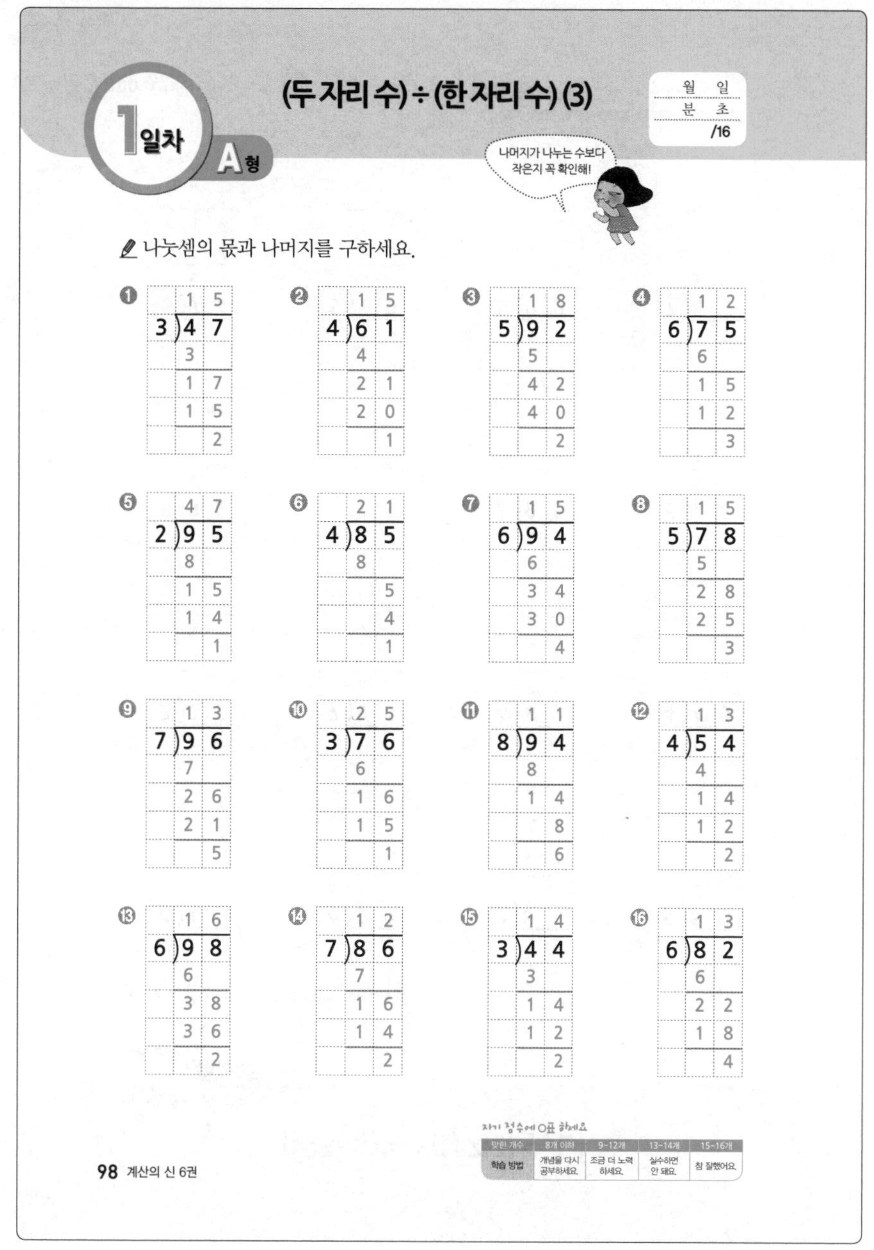

1일차 A형 (두 자리 수)÷(한 자리 수)(3)

월 일 / 분 초 / /16

나머지가 나누는 수보다 작은지 꼭 확인해!

나눗셈의 몫과 나머지를 구하세요.

❶ 15 / 3)47 / 3 / 17 / 15 / 2

❷ 15 / 4)61 / 4 / 21 / 20 / 1

❸ 18 / 5)92 / 5 / 42 / 40 / 2

❹ 12 / 6)75 / 6 / 15 / 12 / 3

❺ 47 / 2)95 / 8 / 15 / 14 / 1

❻ 21 / 4)85 / 8 / 5 / 4 / 1

❼ 15 / 6)94 / 6 / 34 / 30 / 4

❽ 15 / 5)78 / 5 / 28 / 25 / 3

❾ 13 / 7)96 / 7 / 26 / 21 / 5

❿ 25 / 3)76 / 6 / 16 / 15 / 1

⓫ 11 / 8)94 / 8 / 14 / 8 / 6

⓬ 13 / 4)54 / 4 / 14 / 12 / 2

⓭ 16 / 6)98 / 6 / 38 / 36 / 2

⓮ 12 / 7)86 / 7 / 16 / 14 / 2

⓯ 14 / 3)44 / 3 / 14 / 12 / 2

⓰ 13 / 6)82 / 6 / 22 / 18 / 4

자기 점수에 ○표 하세요

맞힌 개수	8개 이하	9~12개	13~14개	15~16개
학습 방법	개념을 다시 공부하세요.	조금 더 노력하세요.	실수하면 안 돼요.	참 잘했어요.

98 계산의 신 6권

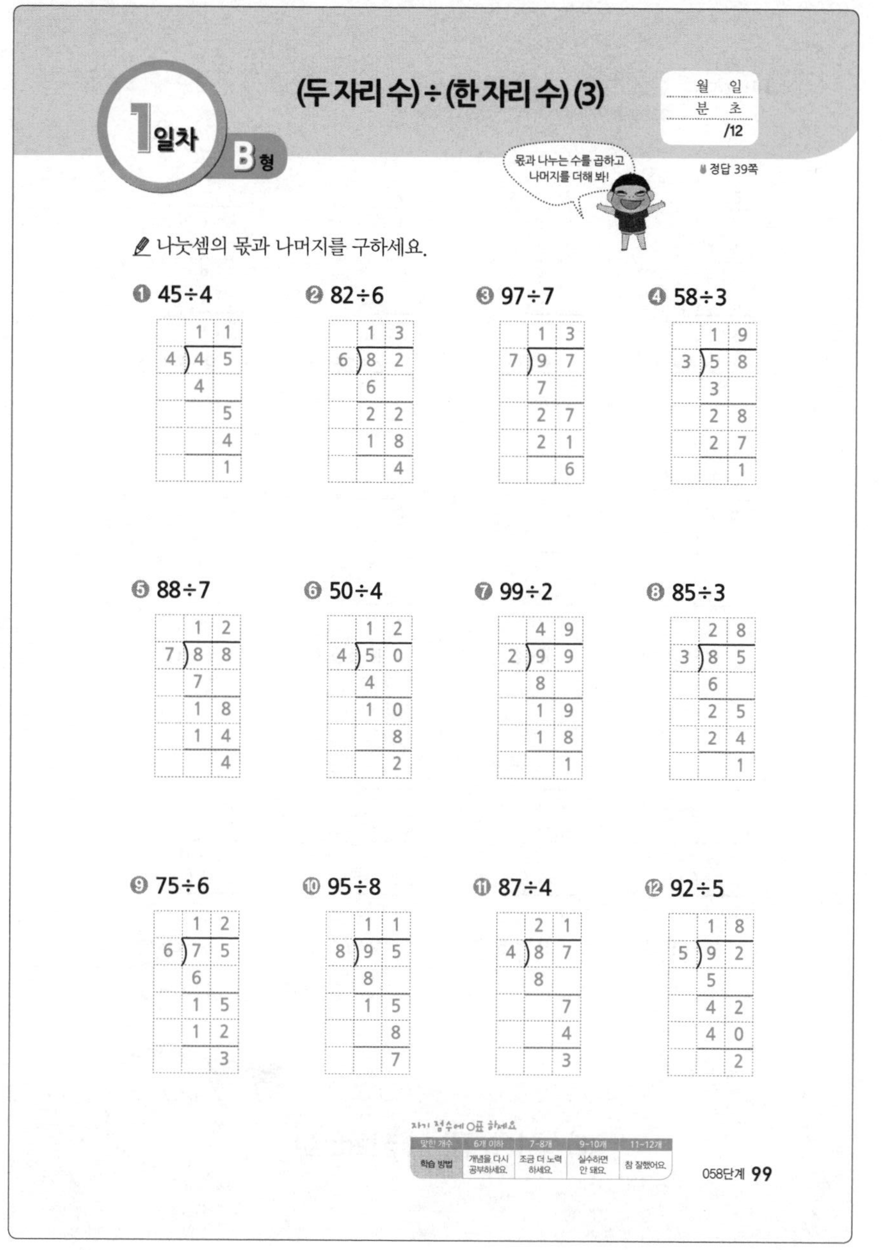

1일차 B형 (두 자리 수)÷(한 자리 수)(3)

월 일 / 분 초 / /12

몫과 나누는 수를 곱하고 나머지를 더해 봐!

정답 39쪽

나눗셈의 몫과 나머지를 구하세요.

❶ 45÷4: 11 / 4)45 / 4 / 5 / 4 / 1

❷ 82÷6: 13 / 6)82 / 6 / 22 / 18 / 4

❸ 97÷7: 13 / 7)97 / 7 / 27 / 21 / 6

❹ 58÷3: 19 / 3)58 / 3 / 28 / 27 / 1

❺ 88÷7: 12 / 7)88 / 7 / 18 / 14 / 4

❻ 50÷4: 12 / 4)50 / 4 / 10 / 8 / 2

❼ 99÷2: 49 / 2)99 / 8 / 19 / 18 / 1

❽ 85÷3: 28 / 3)85 / 6 / 25 / 24 / 1

❾ 75÷6: 12 / 6)75 / 6 / 15 / 12 / 3

❿ 95÷8: 11 / 8)95 / 8 / 15 / 8 / 7

⓫ 87÷4: 21 / 4)87 / 8 / 7 / 4 / 3

⓬ 92÷5: 18 / 5)92 / 5 / 42 / 40 / 2

자기 점수에 ○표 하세요

맞힌 개수	6개 이하	7~8개	9~10개	11~12개
학습 방법	개념을 다시 공부하세요.	조금 더 노력하세요.	실수하면 안 돼요.	참 잘했어요.

058단계 99

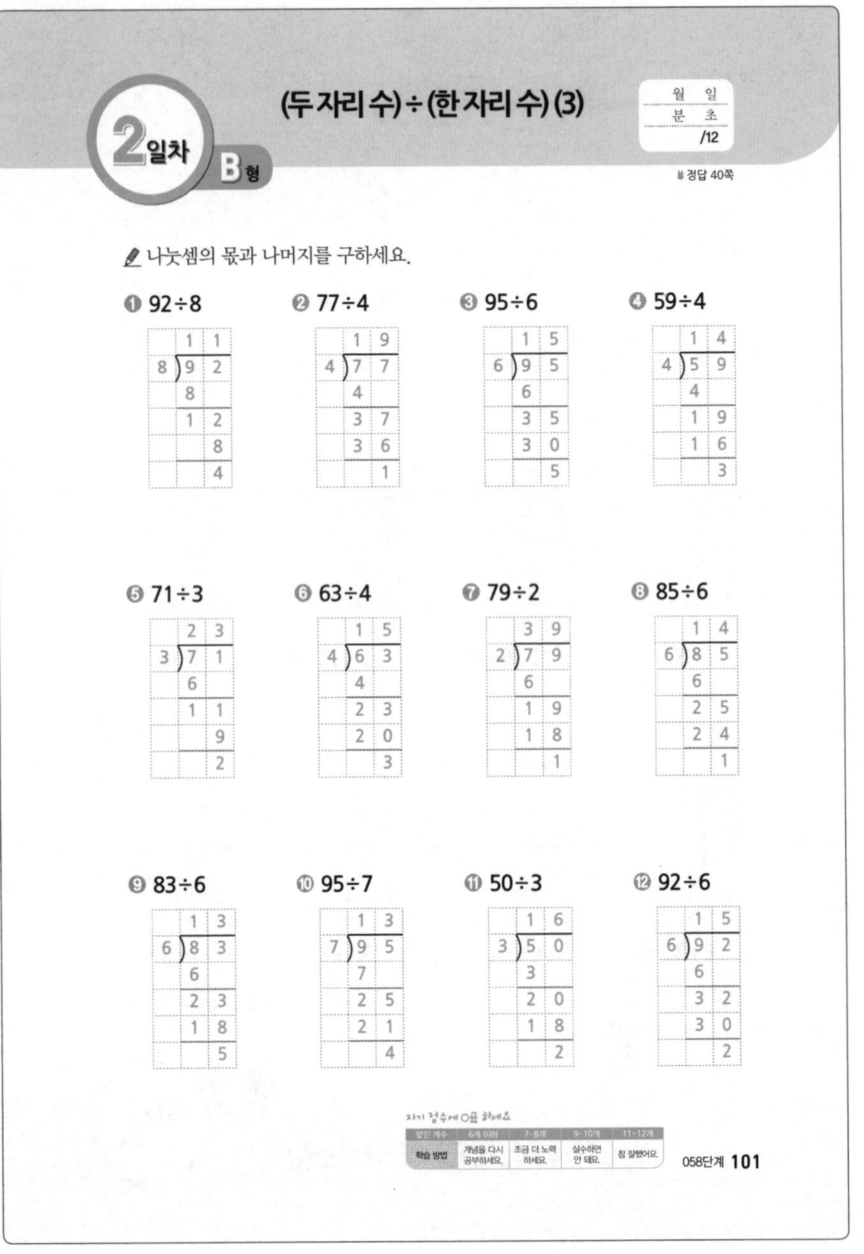

2일차 B형

(두 자리 수)÷(한 자리 수)(3)

월 일 / 분 초 / /12

정답 40쪽

나눗셈의 몫과 나머지를 구하세요.

❶ 92÷8
11
8)92
8
12
8
4

❷ 77÷4
19
4)77
4
37
36
1

❸ 95÷6
15
6)95
6
35
30
5

❹ 59÷4
14
4)59
4
19
16
3

❺ 71÷3
23
3)71
6
11
9
2

❻ 63÷4
15
4)63
4
23
20
3

❼ 79÷2
39
2)79
6
19
18
1

❽ 85÷6
14
6)85
6
25
24
1

❾ 83÷6
13
6)83
6
23
18
5

❿ 95÷7
13
7)95
7
25
21
4

⓫ 50÷3
16
3)50
3
20
18
2

⓬ 92÷6
15
6)92
6
32
30
2

자기 점수에 ○표 하세요

맞힌 개수	6개 이하	7~8개	9~10개	11~12개
학습 방법	개념을 다시 공부하세요.	조금 더 노력하세요.	실수하면 안 돼요.	참 잘했어요.

058단계 101

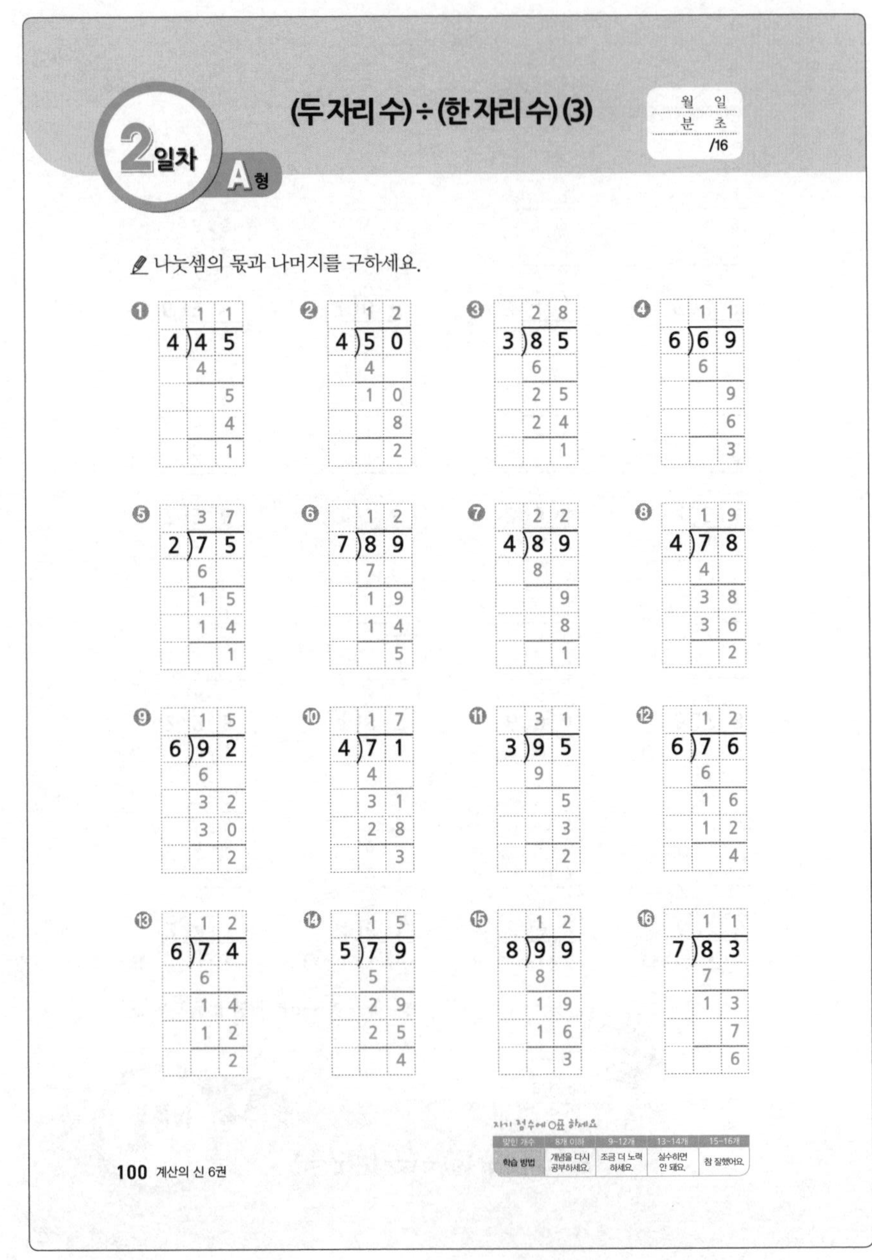

2일차 A형

(두 자리 수)÷(한 자리 수)(3)

월 일 / 분 초 / /16

나눗셈의 몫과 나머지를 구하세요.

❶
11
4)45
4
5
4
1

❷
12
4)50
4
10
8
2

❸
28
3)85
6
25
24
1

❹
11
6)69
6
9
6
3

❺
37
2)75
6
15
14
1

❻
12
7)89
7
19
14
5

❼
22
4)89
8
9
8
1

❽
19
4)78
4
38
36
2

❾
15
6)92
6
32
30
2

❿
17
4)71
4
31
28
3

⓫
31
3)95
9
5
3
2

⓬
12
6)76
6
16
12
4

⓭
12
6)74
6
14
12
2

⓮
15
5)79
5
29
25
4

⓯
12
8)99
8
19
16
3

⓰
11
7)83
7
13
7
6

100 계산의 신 6권

자기 점수에 ○표 하세요

맞힌 개수	8개 이하	9~12개	13~14개	15~16개
학습 방법	개념을 다시 공부하세요.	조금 더 노력하세요.	실수하면 안 돼요.	참 잘했어요.

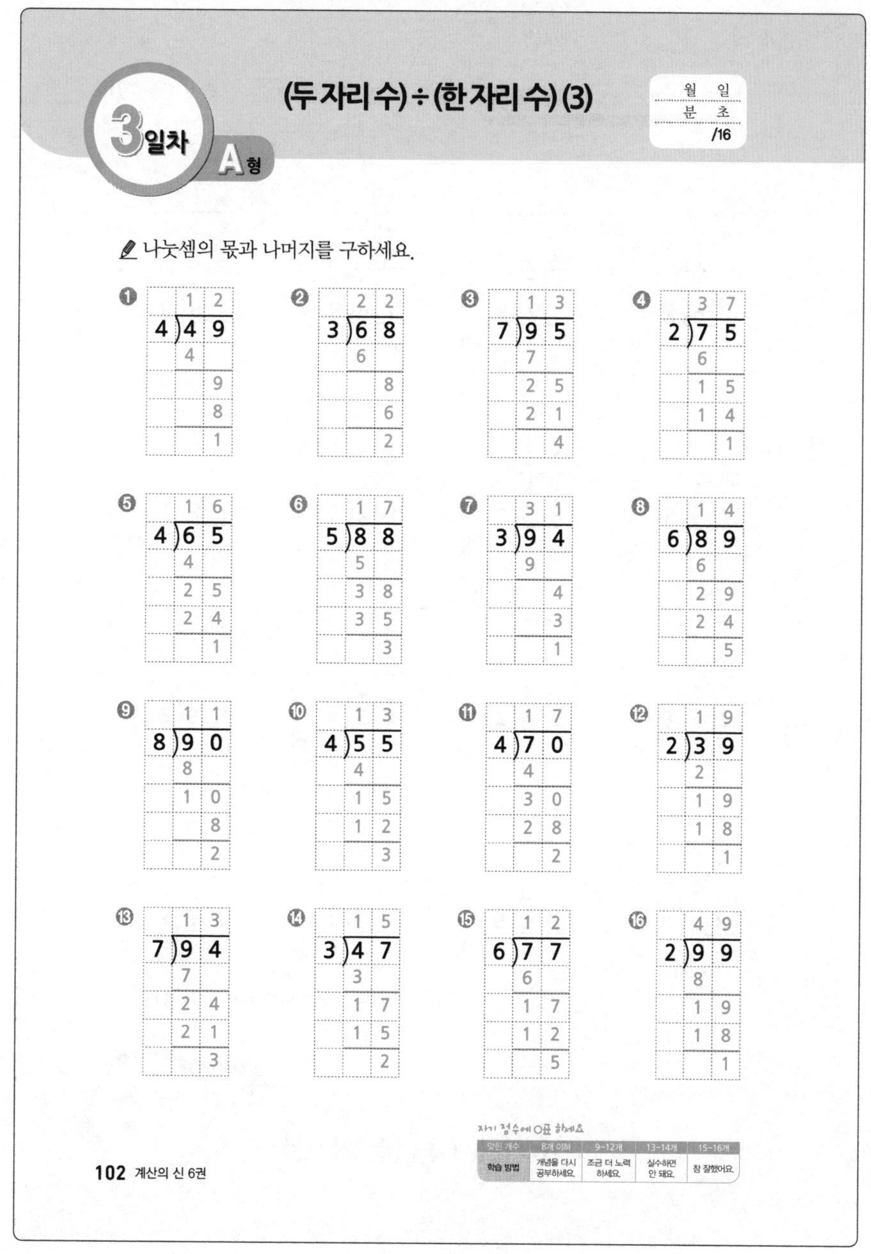

3일차 A형

(두 자리 수)÷(한 자리 수)(3)

월 일 / 분 초 / /16

✎ 나눗셈의 몫과 나머지를 구하세요.

```
❶   12      ❷   22      ❸   13      ❹   37
  4)49        3)68        7)95        2)75
    4           6           7           6
     9           8          25          15
     8           6          21          14
     1           2           4           1

❺   16      ❻   17      ❼   31      ❽   14
  4)65        5)88        3)94        6)89
    4           5           9           6
    25          38           4          29
    24          35           3          24
     1           3           1           5

❾   11      ❿   13      ⓫   17      ⓬   19
  8)90        4)55        4)70        2)39
    8           4           4           2
    10          15          30          19
     8          12          28          18
     2           3           2           1

⓭   13      ⓮   15      ⓯   12      ⓰   49
  7)94        3)47        6)77        2)99
    7           3           6           8
    24          17          17          19
    21          15          12          18
     3           2           5           1
```

자기 점수에 ○표 하세요.

맞힌 개수	8개 이하	9~12개	13~14개	15~16개
학습 방법	개념을 다시 공부하세요.	조금 더 노력하세요.	실수하면 안 돼요.	참 잘했어요.

102 계산의 신 6권

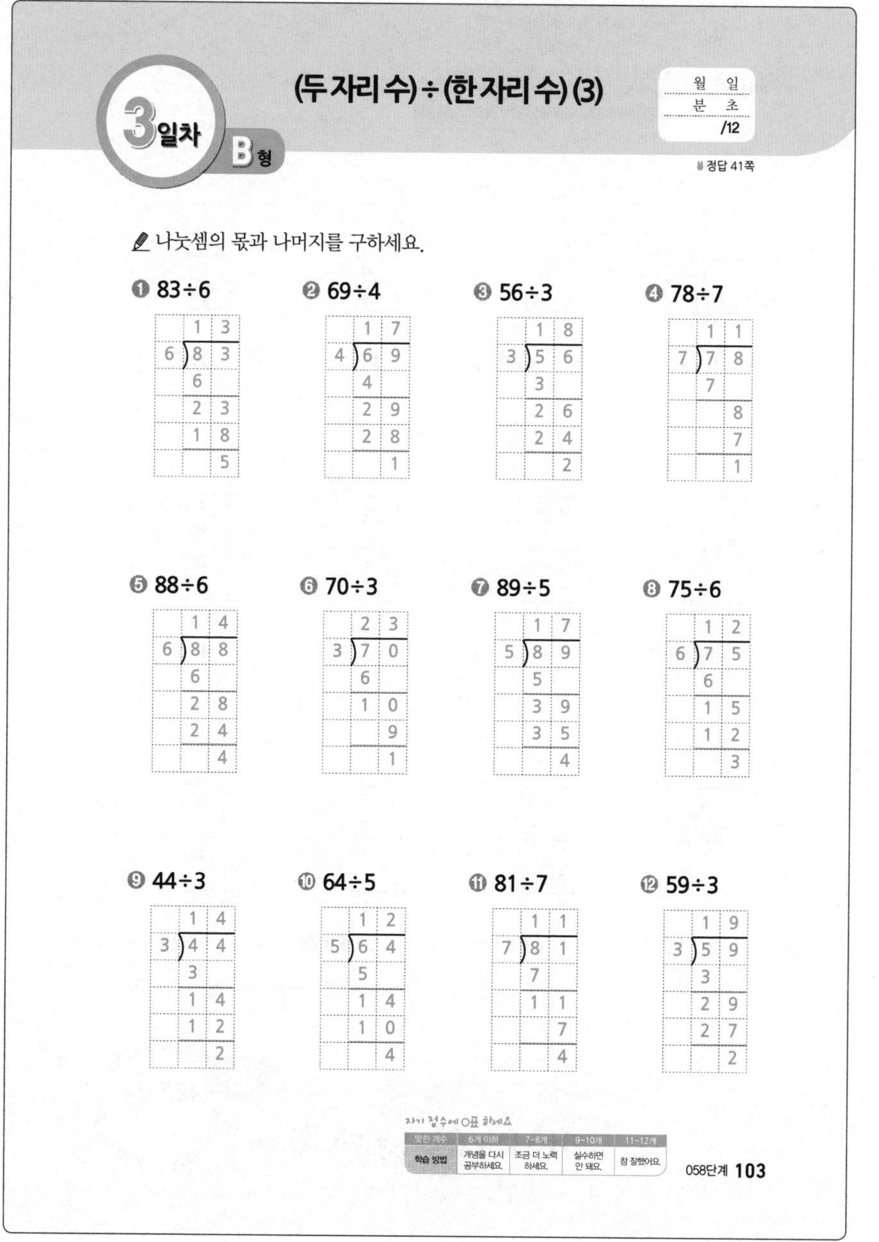

3일차 B형

(두 자리 수)÷(한 자리 수)(3)

월 일 / 분 초 / /12

정답 41쪽

✎ 나눗셈의 몫과 나머지를 구하세요.

```
❶ 83÷6     ❷ 69÷4     ❸ 56÷3     ❹ 78÷7
    13         17         18         11
  6)83       4)69       3)56       7)78
    6          4          3          7
    23         29         26          8
    18         28         24          7
     5          1          2          1

❺ 88÷6     ❻ 70÷3     ❼ 89÷5     ❽ 75÷6
    14         23         17         12
  6)88       3)70       5)89       6)75
    6          6          5          6
    28         10         39         15
    24          9         35         12
     4          1          4          3

❾ 44÷3     ❿ 64÷5     ⓫ 81÷7     ⓬ 59÷3
    14         12         11         19
  3)44       5)64       7)81       3)59
    3          5          7          3
    14         14         11         29
    12         10          7         27
     2          4          4          2
```

자기 점수에 ○표 하세요.

맞힌 개수	6개 이하	7~8개	9~10개	11~12개
학습 방법	개념을 다시 공부하세요.	조금 더 노력하세요.	실수하면 안 돼요.	참 잘했어요.

058단계 103

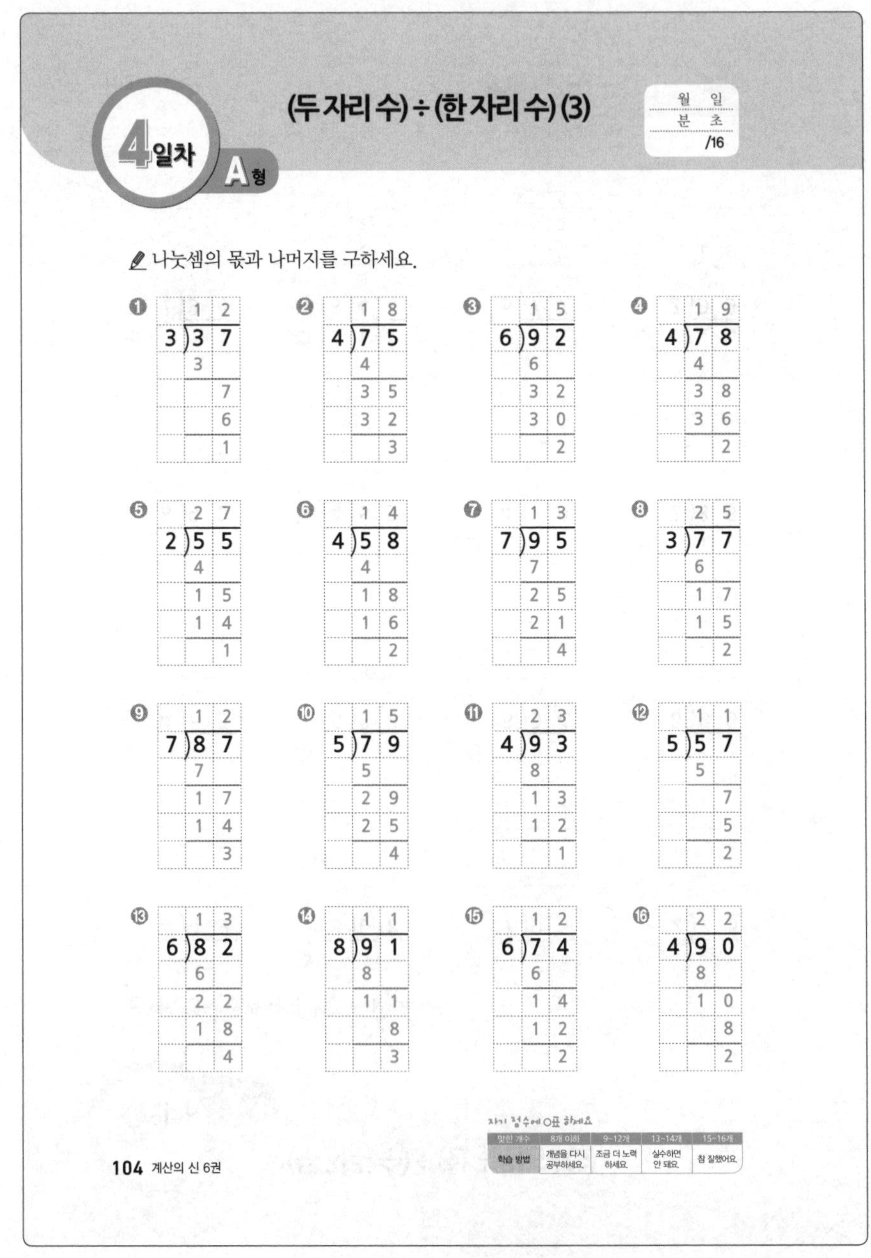

4일차 A형 (두 자리 수)÷(한 자리 수)(3)

월 일 / 분 초 / /16

✎ 나눗셈의 몫과 나머지를 구하세요.

❶ 3)37 → 12, 3, 7, 6, 1
❷ 4)75 → 18, 4, 35, 32, 3
❸ 6)92 → 15, 6, 32, 30, 2
❹ 4)78 → 19, 4, 38, 36, 2
❺ 2)55 → 27, 4, 15, 14, 1
❻ 4)58 → 14, 4, 18, 16, 2
❼ 7)95 → 13, 7, 25, 21, 4
❽ 3)77 → 25, 6, 17, 15, 2
❾ 7)87 → 12, 7, 17, 14, 3
❿ 5)79 → 15, 5, 29, 25, 4
⓫ 4)93 → 23, 8, 13, 12, 1
⓬ 5)57 → 11, 5, 7, 5, 2
⓭ 6)82 → 13, 6, 22, 18, 4
⓮ 8)91 → 11, 8, 11, 8, 3
⓯ 6)74 → 12, 6, 14, 12, 2
⓰ 4)90 → 22, 8, 10, 8, 2

자기 점수에 ○표 하세요.

맞힌 개수	8개 이하	9~12개	13~14개	15~16개
학습 방법	개념을 다시 공부하세요.	조금 더 노력 하세요.	실수하면 안 돼요.	참 잘했어요.

104 계산의 신 6권

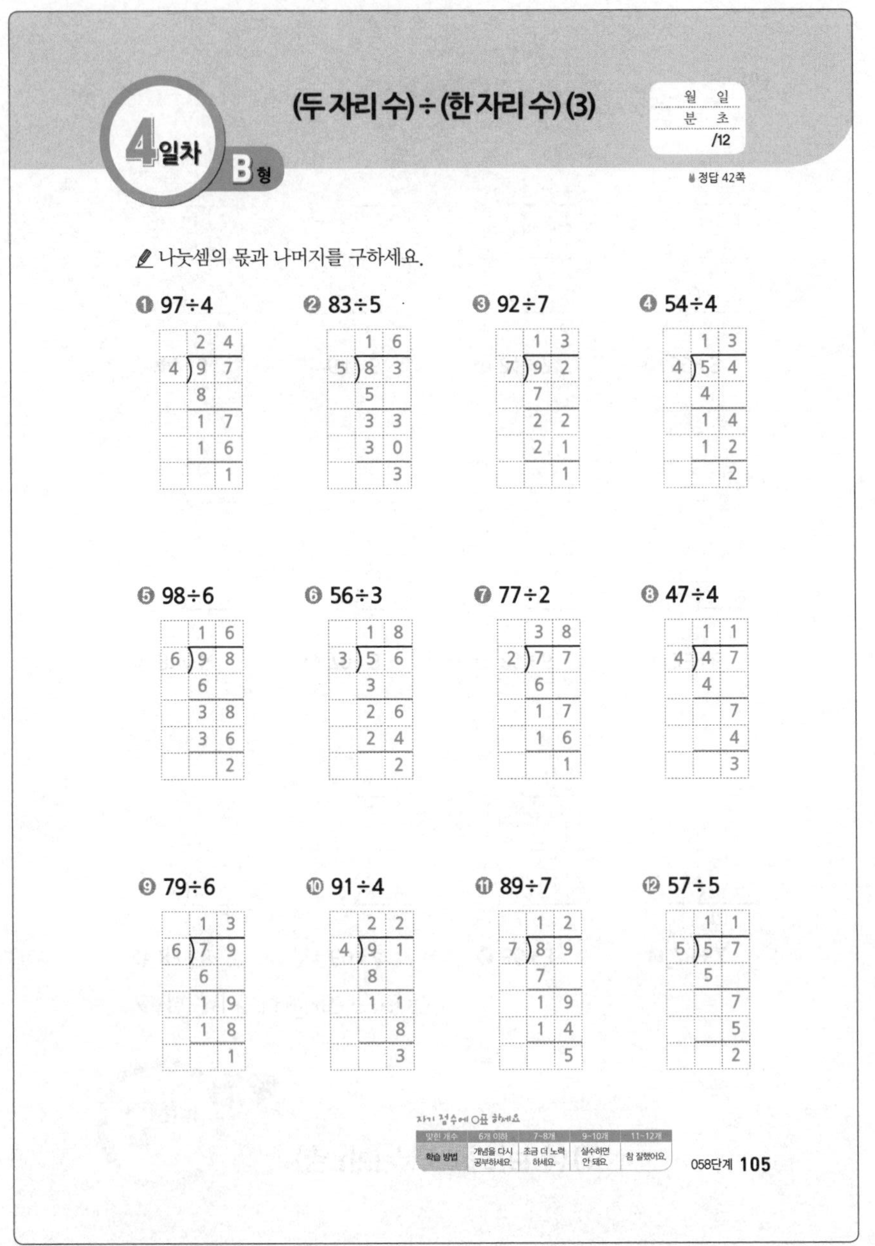

4일차 B형 (두 자리 수)÷(한 자리 수)(3)

월 일 / 분 초 / /12

정답 42쪽

✎ 나눗셈의 몫과 나머지를 구하세요.

❶ 97÷4 → 24, 8, 17, 16, 1
❷ 83÷5 → 16, 5, 33, 30, 3
❸ 92÷7 → 13, 7, 22, 21, 1
❹ 54÷4 → 13, 4, 14, 12, 2
❺ 98÷6 → 16, 6, 38, 36, 2
❻ 56÷3 → 18, 3, 26, 24, 2
❼ 77÷2 → 38, 6, 17, 16, 1
❽ 47÷4 → 11, 4, 7, 4, 3
❾ 79÷6 → 13, 6, 19, 18, 1
❿ 91÷4 → 22, 8, 11, 8, 3
⓫ 89÷7 → 12, 7, 19, 14, 5
⓬ 57÷5 → 11, 5, 7, 5, 2

자기 점수에 ○표 하세요.

맞힌 개수	6개 이하	7~8개	9~10개	11~12개
학습 방법	개념을 다시 공부하세요.	조금 더 노력 하세요.	실수하면 안 돼요.	참 잘했어요.

058단계 105

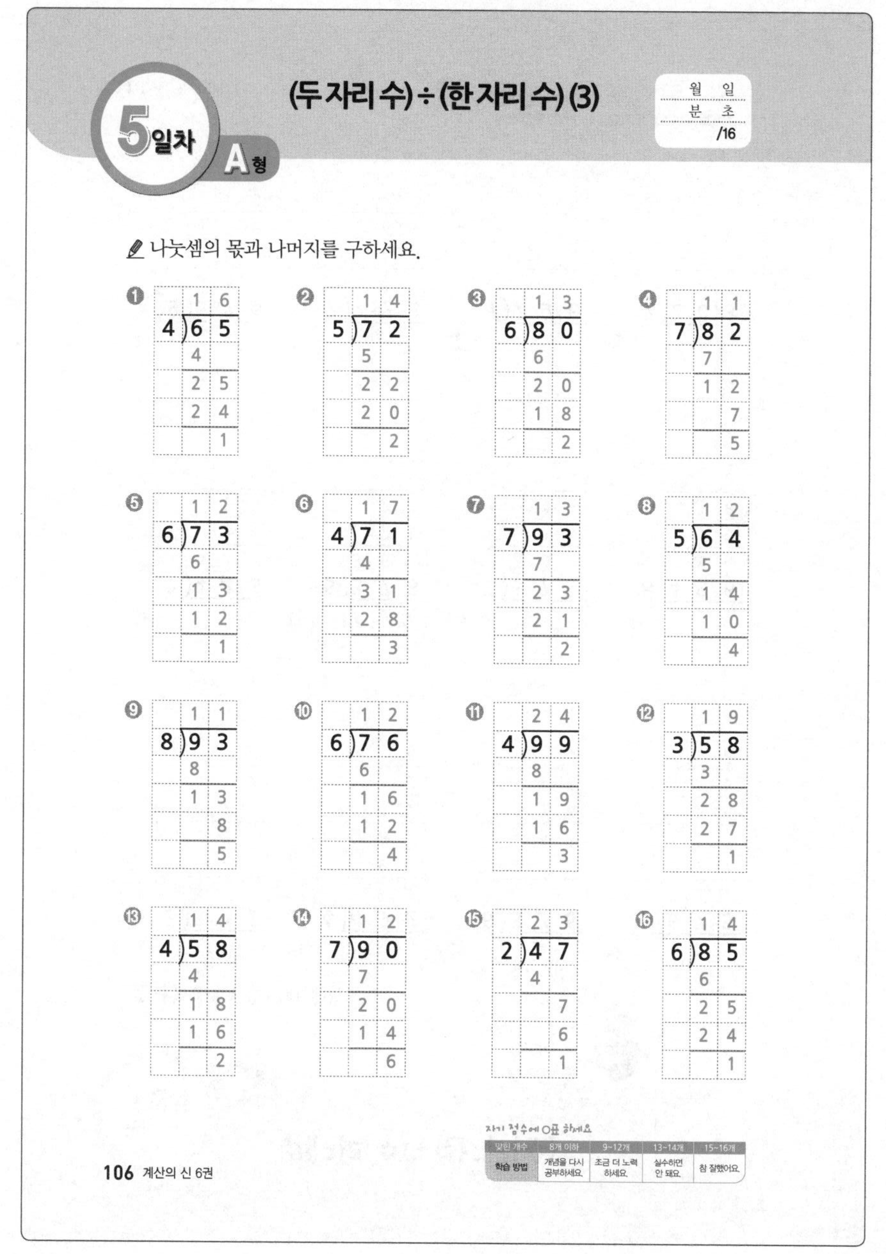

5일차 A형 (두 자리 수)÷(한 자리 수)(3)

월 일 분 초 /16

나눗셈의 몫과 나머지를 구하세요.

1. 16 / 4)65 / 4 / 25 / 24 / 1
2. 14 / 5)72 / 5 / 22 / 20 / 2
3. 13 / 6)80 / 6 / 20 / 18 / 2
4. 11 / 7)82 / 7 / 12 / 7 / 5
5. 12 / 6)73 / 6 / 13 / 12 / 1
6. 17 / 4)71 / 4 / 31 / 28 / 3
7. 13 / 7)93 / 7 / 23 / 21 / 2
8. 12 / 5)64 / 5 / 14 / 10 / 4
9. 11 / 8)93 / 8 / 13 / 8 / 5
10. 12 / 6)76 / 6 / 16 / 12 / 4
11. 24 / 4)99 / 8 / 19 / 16 / 3
12. 19 / 3)58 / 3 / 28 / 27 / 1
13. 14 / 4)58 / 4 / 18 / 16 / 2
14. 12 / 7)90 / 7 / 20 / 14 / 6
15. 23 / 2)47 / 4 / 7 / 6 / 1
16. 14 / 6)85 / 6 / 25 / 24 / 1

자기 점수에 ○표 하세요

맞힌 개수	8개 이하	9~12개	13~14개	15~16개
학습 방법	개념을 다시 공부하세요.	조금 더 노력하세요.	실수하면 안 돼요.	참 잘했어요.

106 계산의 신 6권

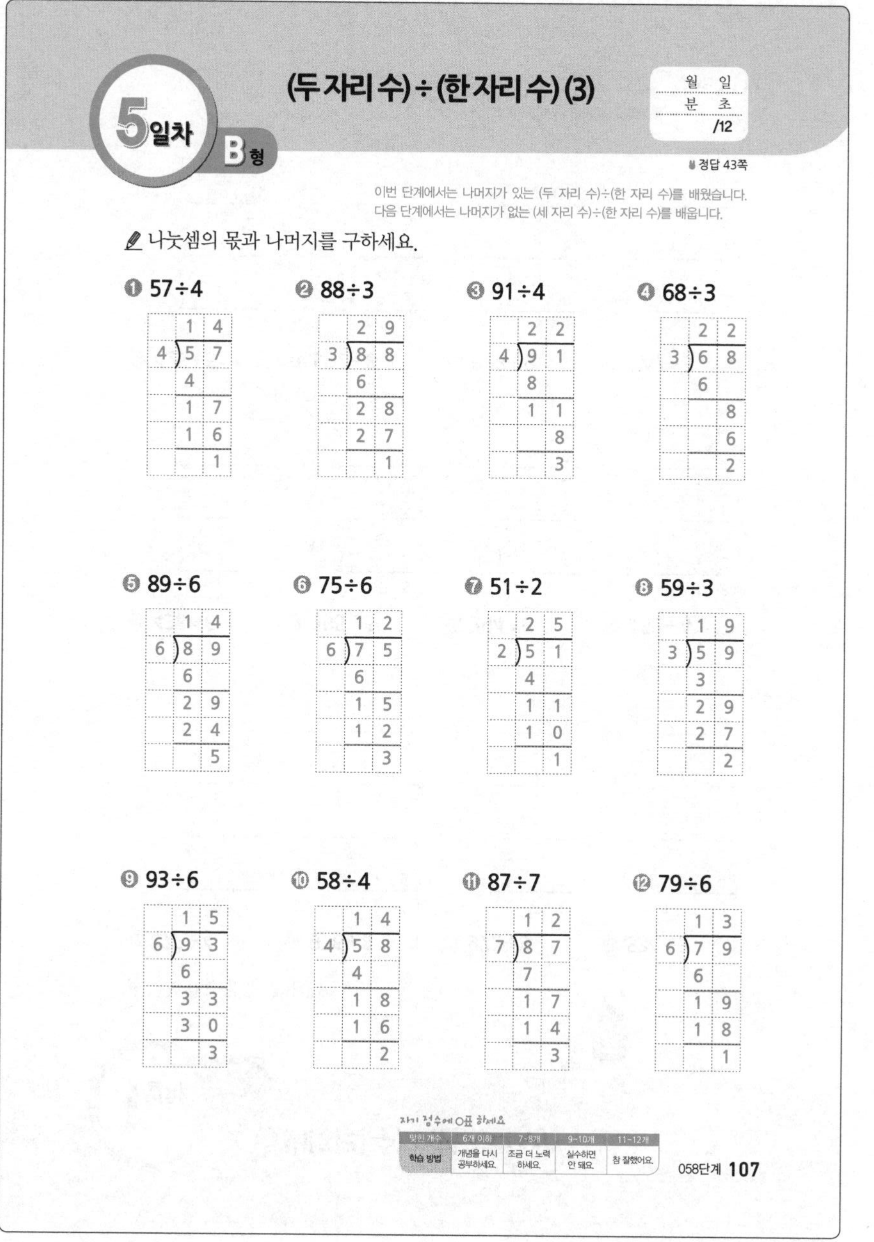

5일차 B형 (두 자리 수)÷(한 자리 수)(3)

월 일 분 초 /12

정답 43쪽

이번 단계에서는 나머지가 있는 (두 자리 수)÷(한 자리 수)를 배웠습니다.
다음 단계에서는 나머지가 없는 (세 자리 수)÷(한 자리 수)를 배웁니다.

나눗셈의 몫과 나머지를 구하세요.

1. 57÷4 — 14 / 4)57 / 4 / 17 / 16 / 1
2. 88÷3 — 29 / 3)88 / 6 / 28 / 27 / 1
3. 91÷4 — 22 / 4)91 / 8 / 11 / 8 / 3
4. 68÷3 — 22 / 3)68 / 6 / 8 / 6 / 2
5. 89÷6 — 14 / 6)89 / 6 / 29 / 24 / 5
6. 75÷6 — 12 / 6)75 / 6 / 15 / 12 / 3
7. 51÷2 — 25 / 2)51 / 4 / 11 / 10 / 1
8. 59÷3 — 19 / 3)59 / 3 / 29 / 27 / 2
9. 93÷6 — 15 / 6)93 / 6 / 33 / 30 / 3
10. 58÷4 — 14 / 4)58 / 4 / 18 / 16 / 2
11. 87÷7 — 12 / 7)87 / 7 / 17 / 14 / 3
12. 79÷6 — 13 / 6)79 / 6 / 19 / 18 / 1

자기 점수에 ○표 하세요

맞힌 개수	6개 이하	7~8개	9~10개	11~12개
학습 방법	개념을 다시 공부하세요.	조금 더 노력하세요.	실수하면 안 돼요.	참 잘했어요.

058단계 107

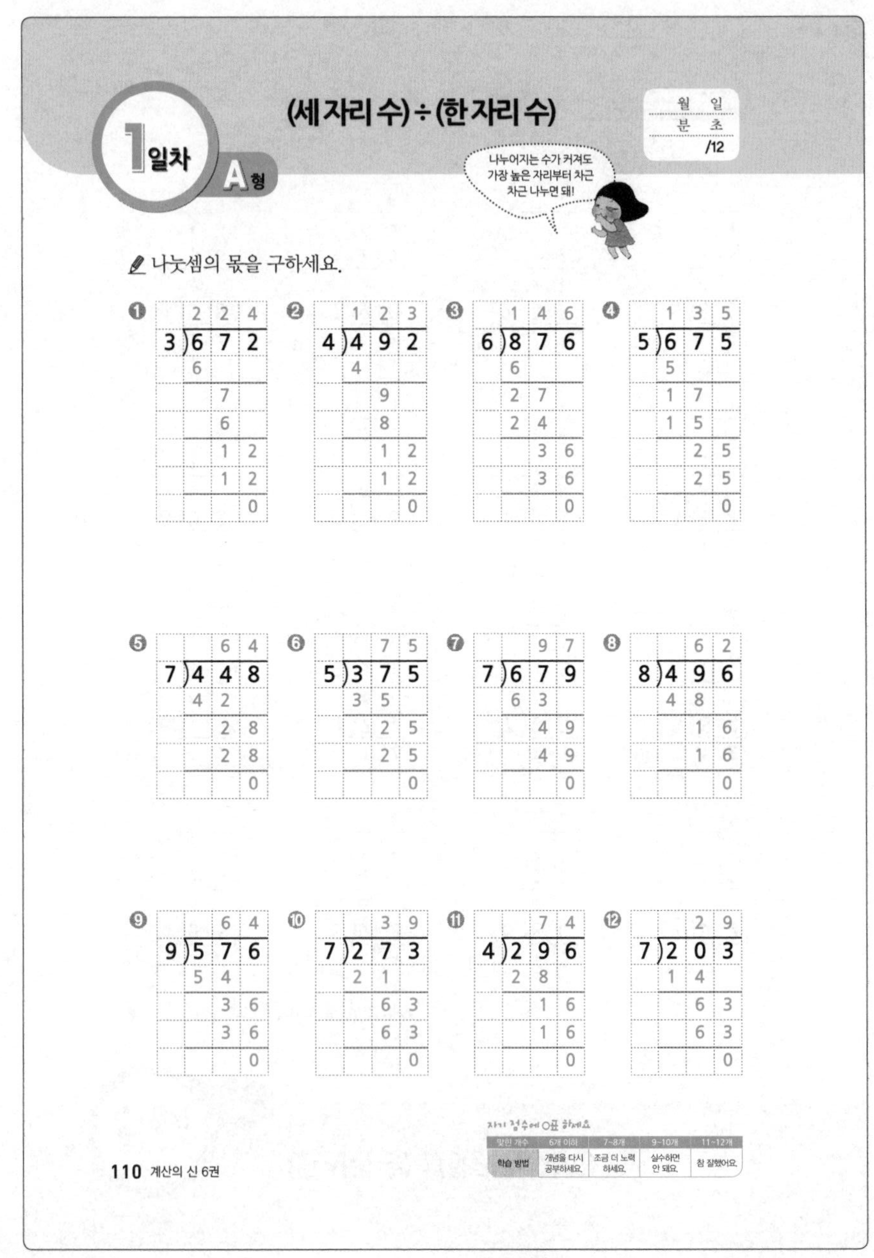
1일차 A형

(세 자리 수)÷(한 자리 수)

월 일 / 분 초 / /12

나눗셈의 몫을 구하세요.

❶ 672÷3 = 224 (6, 7, 6, 12, 12, 0)
❷ 492÷4 = 123 (4, 9, 8, 12, 12, 0)
❸ 876÷6 = 146 (6, 27, 24, 36, 36, 0)
❹ 675÷5 = 135 (5, 17, 15, 25, 25, 0)
❺ 448÷7 = 64 (42, 28, 28, 0)
❻ 375÷5 = 75 (35, 25, 25, 0)
❼ 679÷7 = 97 (63, 49, 49, 0)
❽ 496÷8 = 62 (48, 16, 16, 0)
❾ 576÷9 = 64 (54, 36, 36, 0)
❿ 273÷7 = 39 (21, 63, 63, 0)
⓫ 296÷4 = 74 (28, 16, 16, 0)
⓬ 203÷7 = 29 (14, 63, 63, 0)

맞힌 개수	6개 이하	7~8개	9~10개	11~12개
학습 방법	개념을 다시 공부하세요.	조금 더 노력하세요.	실수하면 안 돼요.	참 잘했어요.

110 계산의 신 6권

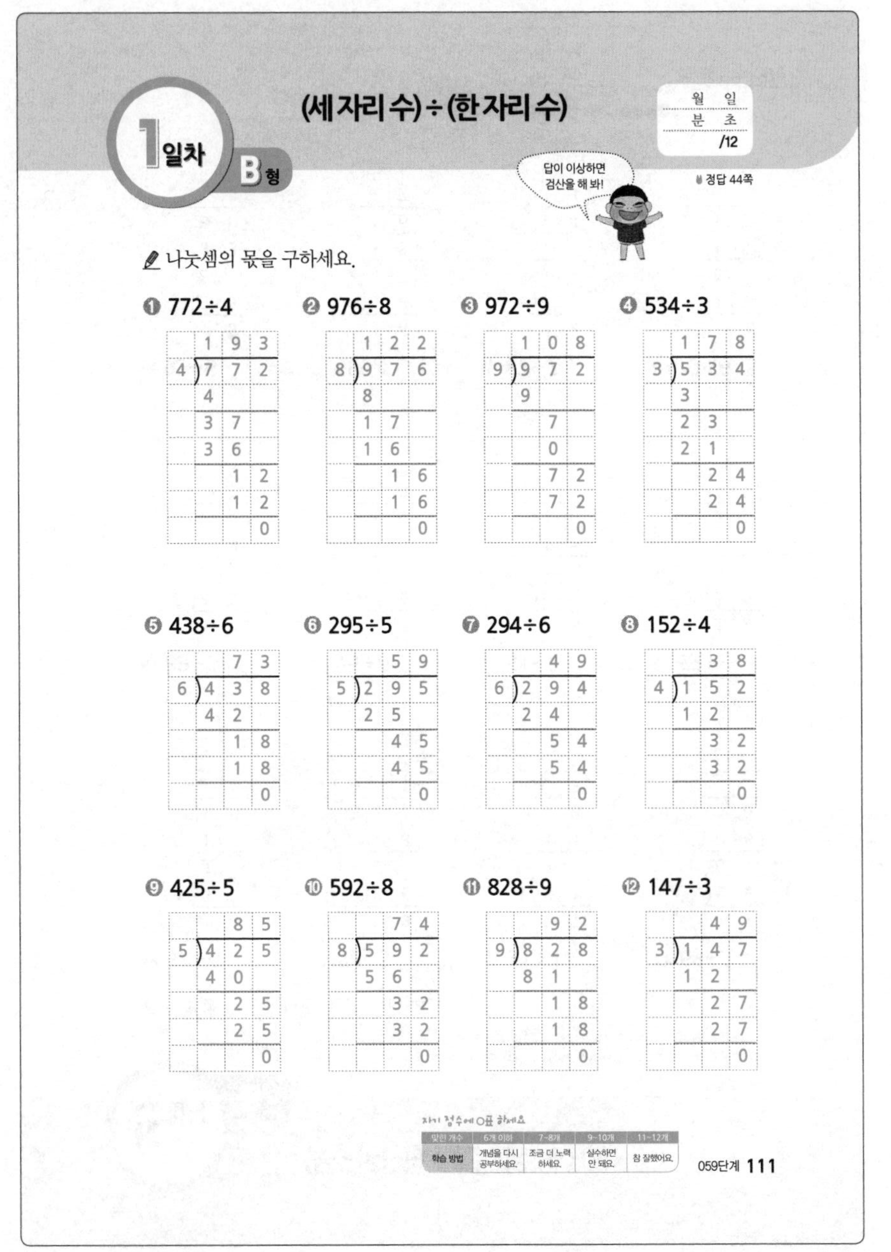
1일차 B형

(세 자리 수)÷(한 자리 수)

월 일 / 분 초 / /12

정답 44쪽

나눗셈의 몫을 구하세요.

❶ 772÷4 = 193 (4, 37, 36, 12, 12, 0)
❷ 976÷8 = 122 (8, 17, 16, 16, 16, 0)
❸ 972÷9 = 108 (9, 7, 0, 72, 72, 0)
❹ 534÷3 = 178 (3, 23, 21, 24, 24, 0)
❺ 438÷6 = 73 (42, 18, 18, 0)
❻ 295÷5 = 59 (25, 45, 45, 0)
❼ 294÷6 = 49 (24, 54, 54, 0)
❽ 152÷4 = 38 (12, 32, 32, 0)
❾ 425÷5 = 85 (40, 25, 25, 0)
❿ 592÷8 = 74 (56, 32, 32, 0)
⓫ 828÷9 = 92 (81, 18, 18, 0)
⓬ 147÷3 = 49 (12, 27, 27, 0)

맞힌 개수	6개 이하	7~8개	9~10개	11~12개
학습 방법	개념을 다시 공부하세요.	조금 더 노력하세요.	실수하면 안 돼요.	참 잘했어요.

059단계 111

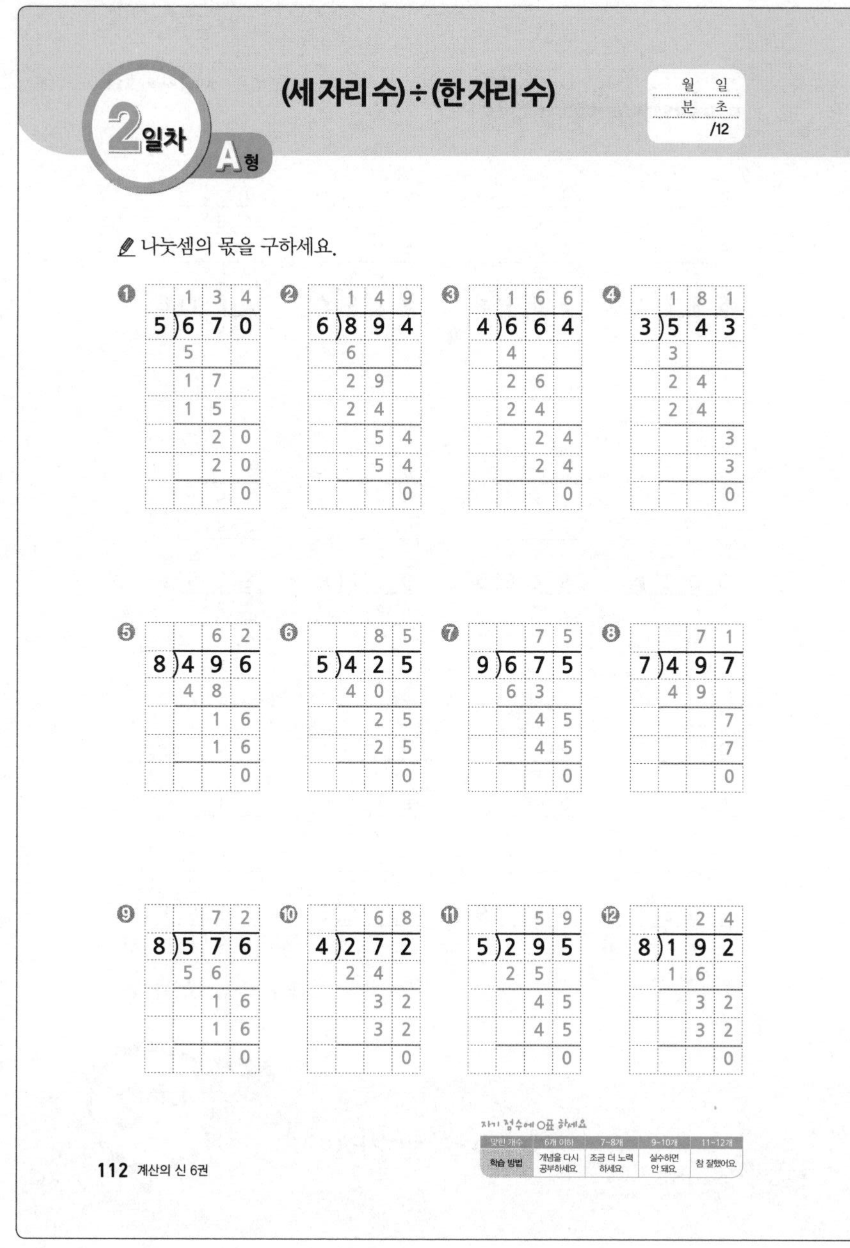

2일차 A형 (세 자리 수)÷(한 자리 수)

월 일 / 분 초 / /12

나눗셈의 몫을 구하세요.

① 5)670 — 몫 134
5 / 17 / 15 / 20 / 20 / 0

② 6)894 — 몫 149
6 / 29 / 24 / 54 / 54 / 0

③ 4)664 — 몫 166
4 / 26 / 24 / 24 / 24 / 0

④ 3)543 — 몫 181
3 / 24 / 24 / 3 / 3 / 0

⑤ 8)496 — 몫 62
48 / 16 / 16 / 0

⑥ 5)425 — 몫 85
40 / 25 / 25 / 0

⑦ 9)675 — 몫 75
63 / 45 / 45 / 0

⑧ 7)497 — 몫 71
49 / 7 / 7 / 0

⑨ 8)576 — 몫 72
56 / 16 / 16 / 0

⑩ 4)272 — 몫 68
24 / 32 / 32 / 0

⑪ 5)295 — 몫 59
25 / 45 / 45 / 0

⑫ 8)192 — 몫 24
16 / 32 / 32 / 0

자기 점수에 ○표 하세요

맞힌 개수	6개 이하	7~8개	9~10개	11~12개
학습 방법	개념을 다시 공부하세요.	조금 더 노력 하세요.	실수하면 안 돼요.	참 잘했어요.

112 계산의 신 6권

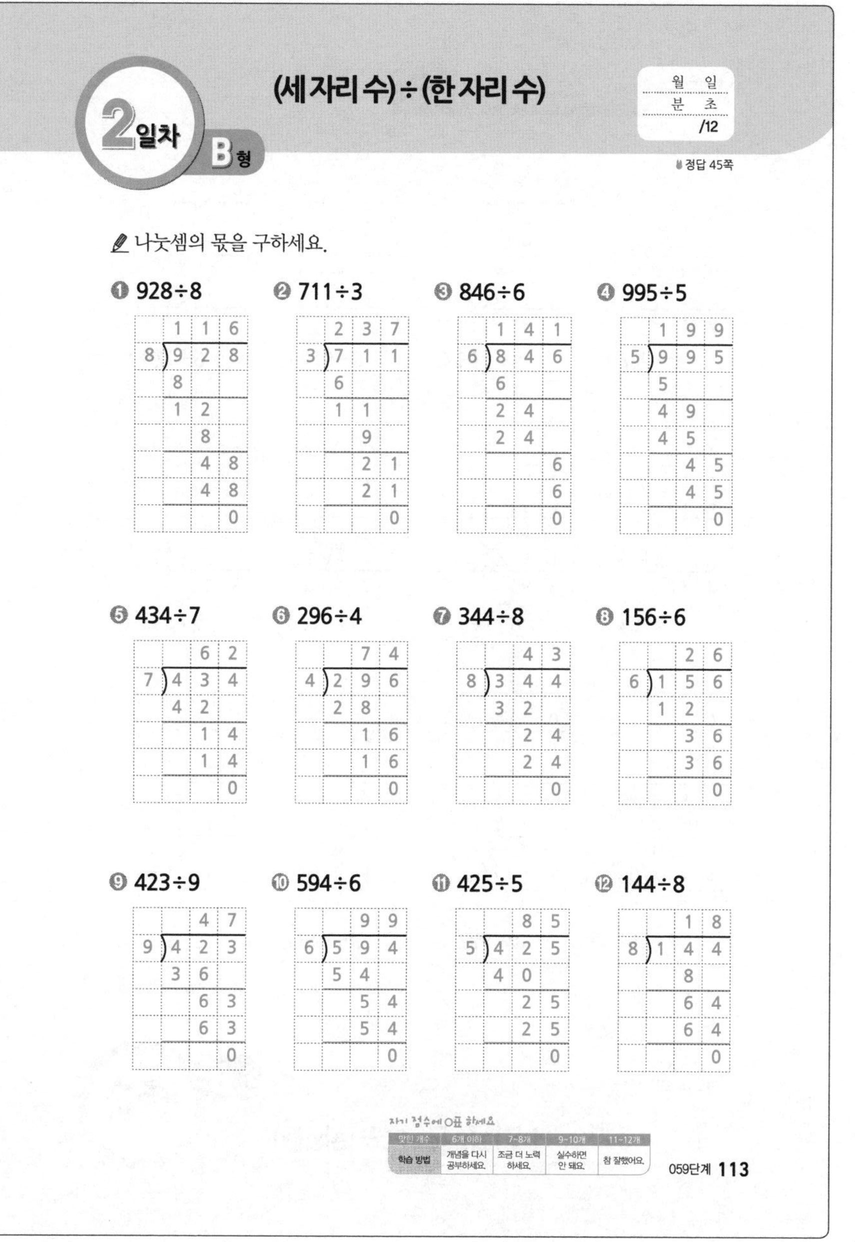

2일차 B형 (세 자리 수)÷(한 자리 수)

월 일 / 분 초 / /12

정답 45쪽

나눗셈의 몫을 구하세요.

① 928÷8 — 몫 116
8)928: 8 / 12 / 8 / 48 / 48 / 0

② 711÷3 — 몫 237
3)711: 6 / 11 / 9 / 21 / 21 / 0

③ 846÷6 — 몫 141
6)846: 6 / 24 / 24 / 6 / 6 / 0

④ 995÷5 — 몫 199
5)995: 5 / 49 / 45 / 45 / 45 / 0

⑤ 434÷7 — 몫 62
7)434: 42 / 14 / 14 / 0

⑥ 296÷4 — 몫 74
4)296: 28 / 16 / 16 / 0

⑦ 344÷8 — 몫 43
8)344: 32 / 24 / 24 / 0

⑧ 156÷6 — 몫 26
6)156: 12 / 36 / 36 / 0

⑨ 423÷9 — 몫 47
9)423: 36 / 63 / 63 / 0

⑩ 594÷6 — 몫 99
6)594: 54 / 54 / 54 / 0

⑪ 425÷5 — 몫 85
5)425: 40 / 25 / 25 / 0

⑫ 144÷8 — 몫 18
8)144: 8 / 64 / 64 / 0

자기 점수에 ○표 하세요

맞힌 개수	6개 이하	7~8개	9~10개	11~12개
학습 방법	개념을 다시 공부하세요.	조금 더 노력 하세요.	실수하면 안 돼요.	참 잘했어요.

059단계 113

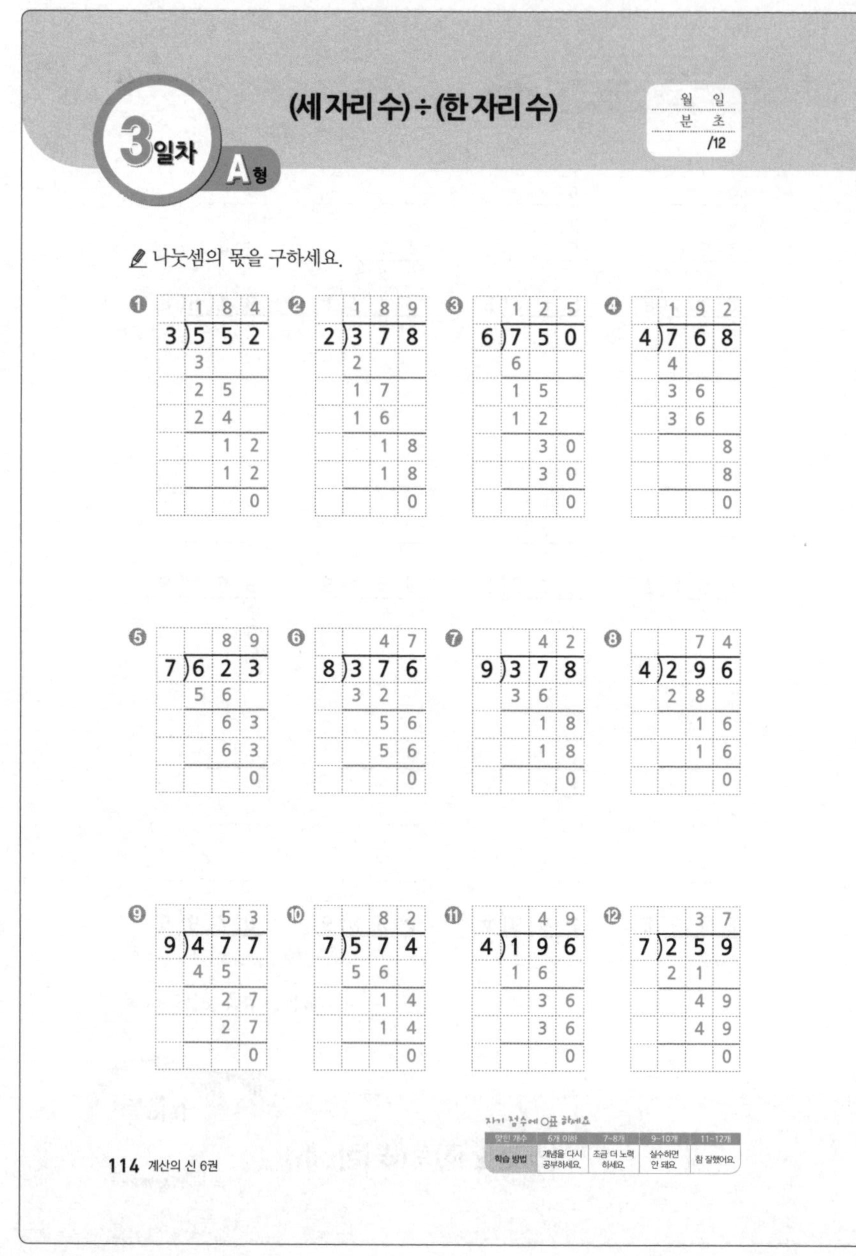

3일차 A형

(세 자리 수) ÷ (한 자리 수)

월 일 / 분 초 / /12

나눗셈의 몫을 구하세요.

❶ 3)552 = 184
❷ 2)378 = 189
❸ 6)750 = 125
❹ 4)768 = 192
❺ 7)623 = 89
❻ 8)376 = 47
❼ 9)378 = 42
❽ 4)296 = 74
❾ 9)477 = 53
❿ 7)574 = 82
⓫ 4)196 = 49
⓬ 7)259 = 37

자기 점수에 ○표 하세요

맞힌 개수	6개 이하	7~8개	9~10개	11~12개
학습 방법	개념을 다시 공부하세요.	조금 더 노력하세요.	실수하면 안 돼요.	참 잘했어요.

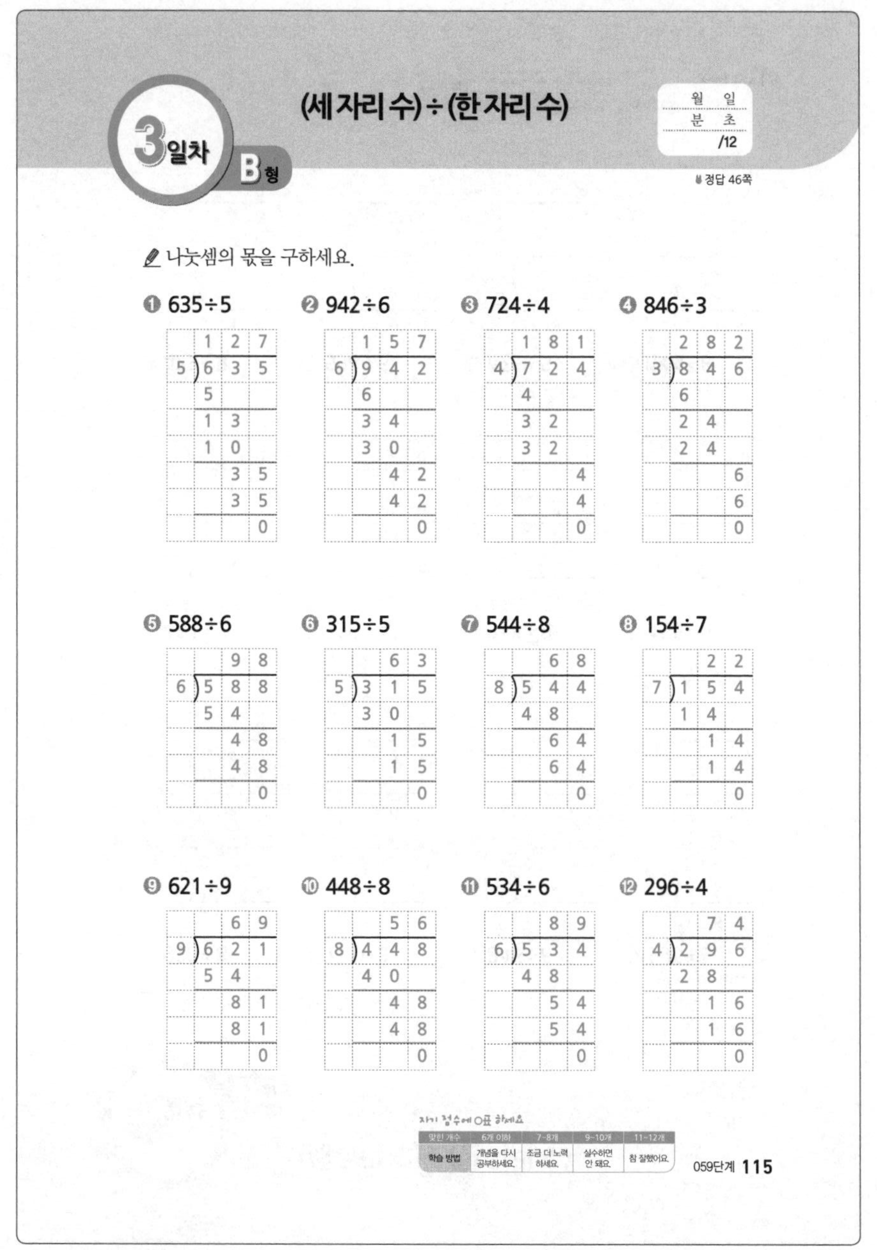

3일차 B형

(세 자리 수) ÷ (한 자리 수)

월 일 / 분 초 / /12

정답 46쪽

나눗셈의 몫을 구하세요.

❶ 635÷5 = 127
❷ 942÷6 = 157
❸ 724÷4 = 181
❹ 846÷3 = 282
❺ 588÷6 = 98
❻ 315÷5 = 63
❼ 544÷8 = 68
❽ 154÷7 = 22
❾ 621÷9 = 69
❿ 448÷8 = 56
⓫ 534÷6 = 89
⓬ 296÷4 = 74

자기 점수에 ○표 하세요

맞힌 개수	6개 이하	7~8개	9~10개	11~12개
학습 방법	개념을 다시 공부하세요.	조금 더 노력하세요.	실수하면 안 돼요.	참 잘했어요.

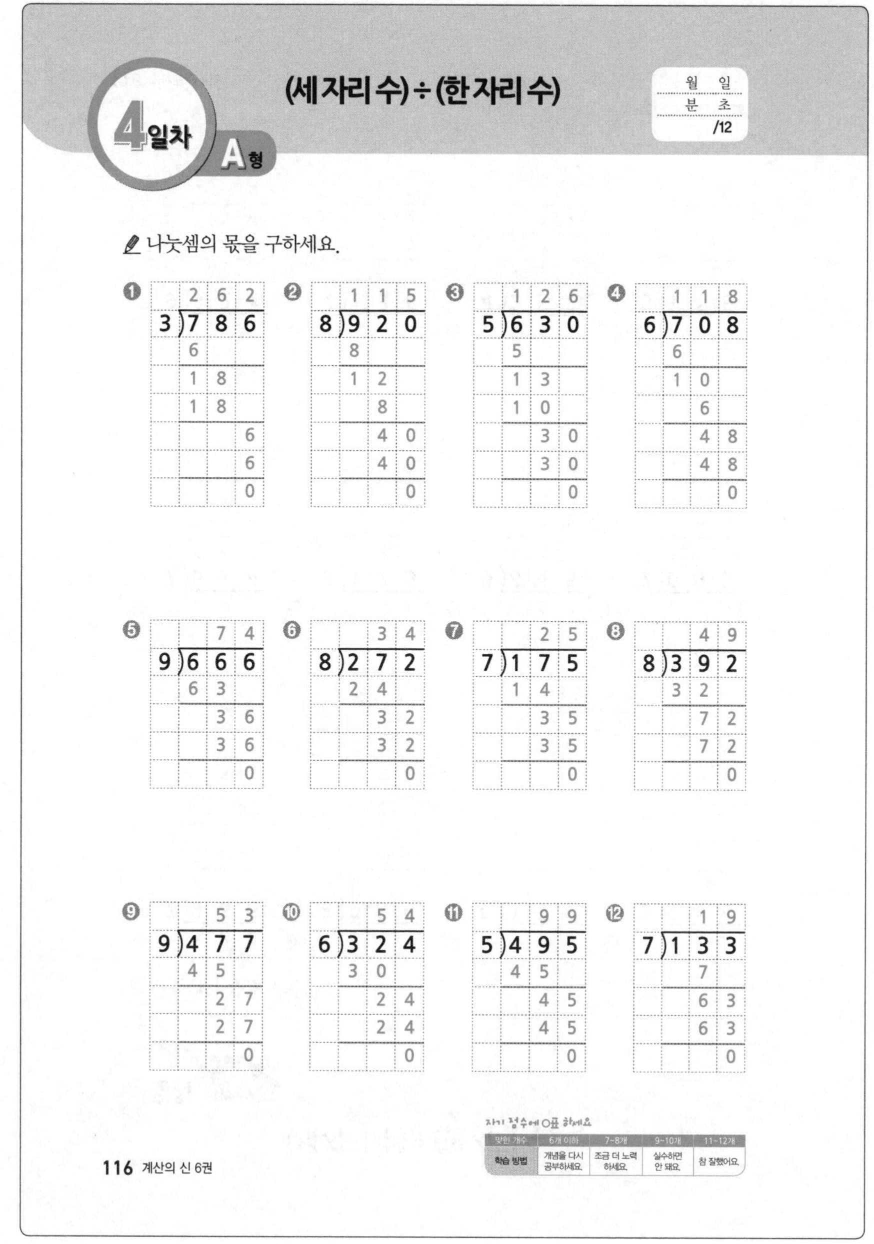

4일차 A형 (세 자리 수)÷(한 자리 수)

월 일 / 분 초 / /12

나눗셈의 몫을 구하세요.

	식	몫
❶	3)786	262
❷	8)920	115
❸	5)630	126
❹	6)708	118
❺	9)666	74
❻	8)272	34
❼	7)175	25
❽	8)392	49
❾	9)477	53
❿	6)324	54
⓫	5)495	99
⓬	7)133	19

자기 점수에 ○표 하세요

맞힌 개수	6개 이하	7~8개	9~10개	11~12개
학습 방법	개념을 다시 공부하세요.	조금 더 노력하세요.	실수하면 안 돼요.	참 잘했어요.

116 계산의 신 6권

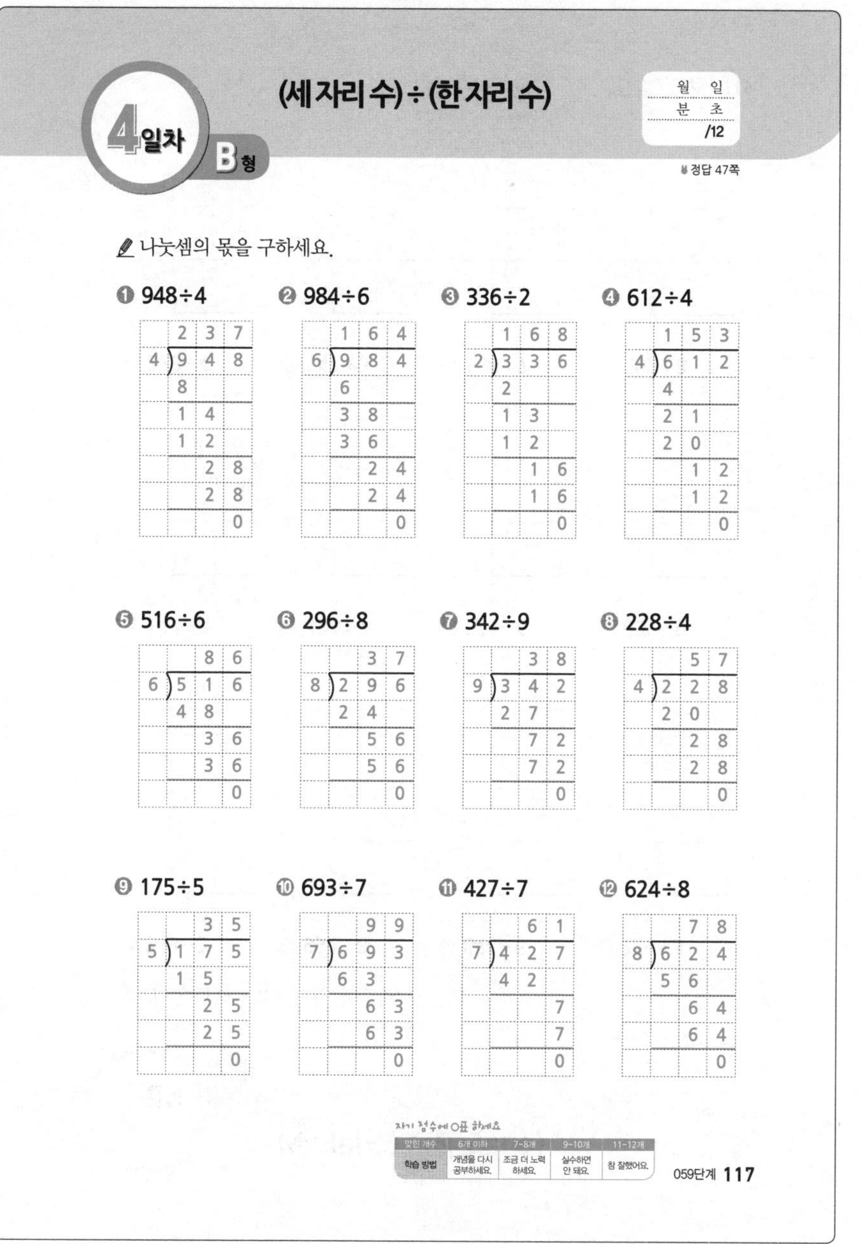

4일차 B형 (세 자리 수)÷(한 자리 수)

월 일 / 분 초 / /12

정답 47쪽

나눗셈의 몫을 구하세요.

	문제	몫
❶	948÷4	237
❷	984÷6	164
❸	336÷2	168
❹	612÷4	153
❺	516÷6	86
❻	296÷8	37
❼	342÷9	38
❽	228÷4	57
❾	175÷5	35
❿	693÷7	99
⓫	427÷7	61
⓬	624÷8	78

자기 점수에 ○표 하세요

맞힌 개수	6개 이하	7~8개	9~10개	11~12개
학습 방법	개념을 다시 공부하세요.	조금 더 노력하세요.	실수하면 안 돼요.	참 잘했어요.

059단계 117

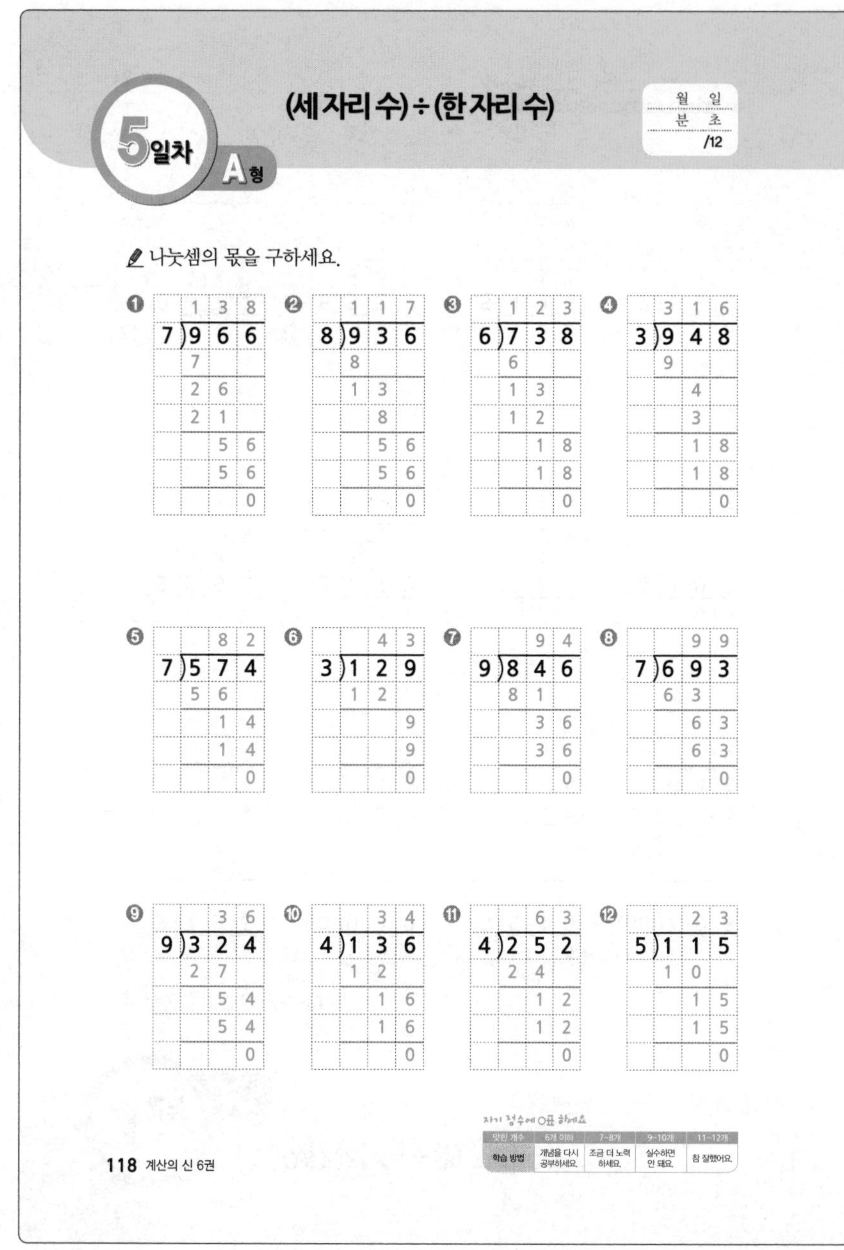

5일차 A형

(세 자리 수)÷(한 자리 수)

월 일 / 분 초 / /12

나눗셈의 몫을 구하세요.

1. 966÷7 = 138
2. 936÷8 = 117
3. 738÷6 = 123
4. 948÷3 = 316
5. 574÷7 = 82
6. 129÷3 = 43
7. 846÷9 = 94
8. 693÷7 = 99
9. 324÷9 = 36
10. 136÷4 = 34
11. 252÷4 = 63
12. 115÷5 = 23

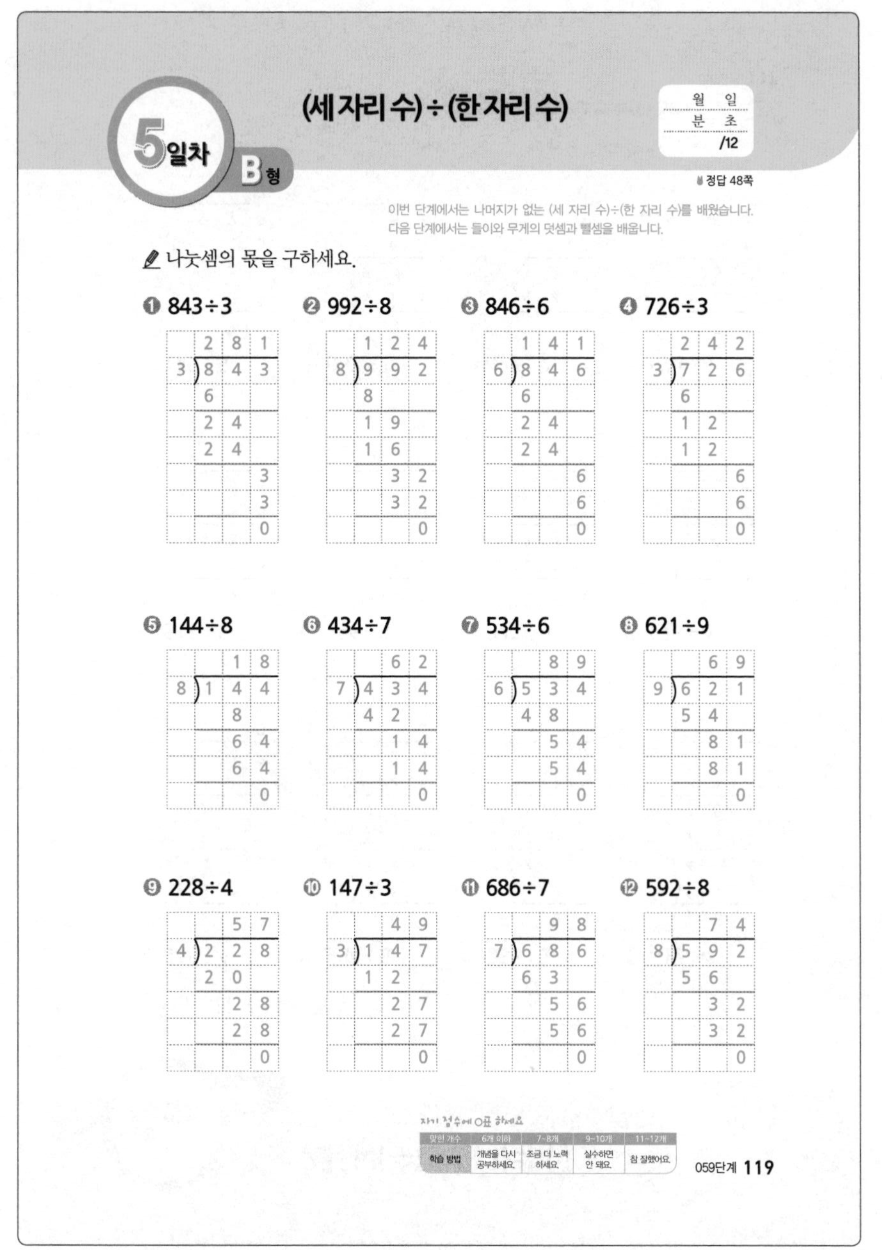

5일차 B형

(세 자리 수)÷(한 자리 수)

월 일 / 분 초 / /12

정답 48쪽

이번 단계에서는 나머지가 없는 (세 자리 수)÷(한 자리 수)를 배웠습니다.
다음 단계에서는 들이와 무게의 덧셈과 뺄셈을 배웁니다.

나눗셈의 몫을 구하세요.

1. 843÷3 = 281
2. 992÷8 = 124
3. 846÷6 = 141
4. 726÷3 = 242
5. 144÷8 = 18
6. 434÷7 = 62
7. 534÷6 = 89
8. 621÷9 = 69
9. 228÷4 = 57
10. 147÷3 = 49
11. 686÷7 = 98
12. 592÷8 = 74

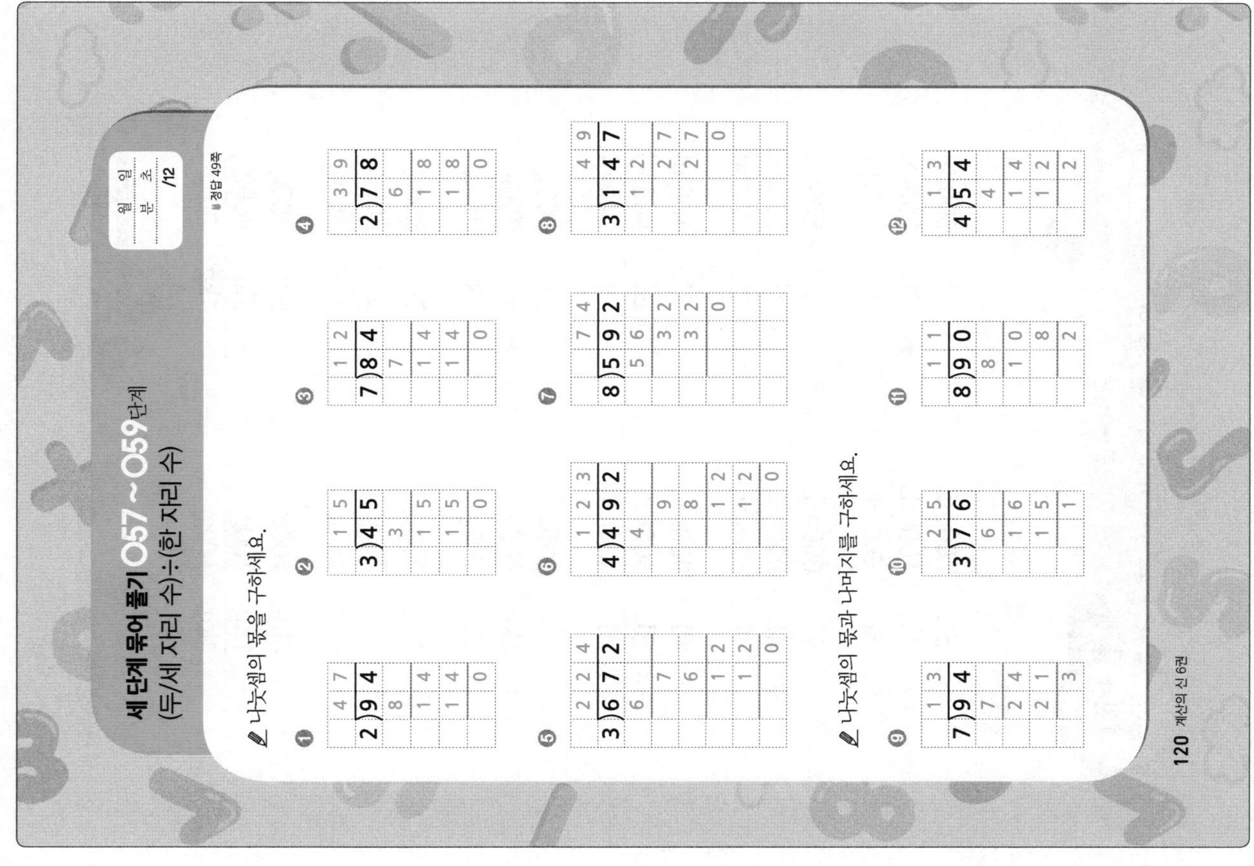

세 단계 묶어 풀기 O57 ~ O59단계
(두/세 자리 수)÷(한 자리 수)

월 일 / 분 초 / /12

정답 49쪽

나눗셈의 몫을 구하세요.

1. 2)94 → 47
2. 3)45 → 15
3. 7)84 → 12
4. 2)78 → 39
5. 3)672 → 224
6. 4)492 → 123
7. 8)592 → 74
8. 3)147 → 49

나눗셈의 몫과 나머지를 구하세요.

9. 7)94 → 13 … 3
10. 3)76 → 25 … 1
11. 8)90 → 11 … 2
12. 4)54 → 13 … 2

120 계산의 신 6권

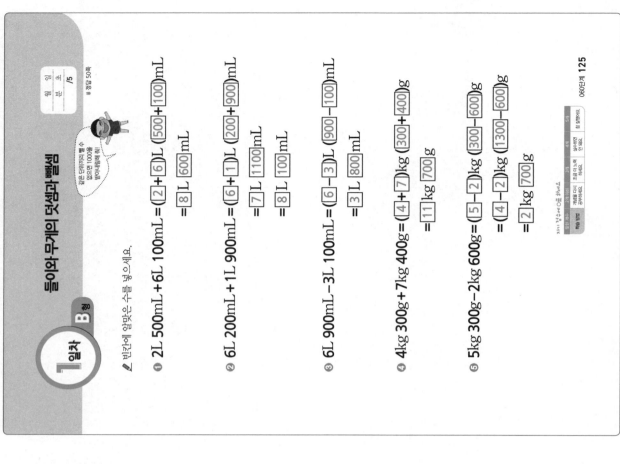

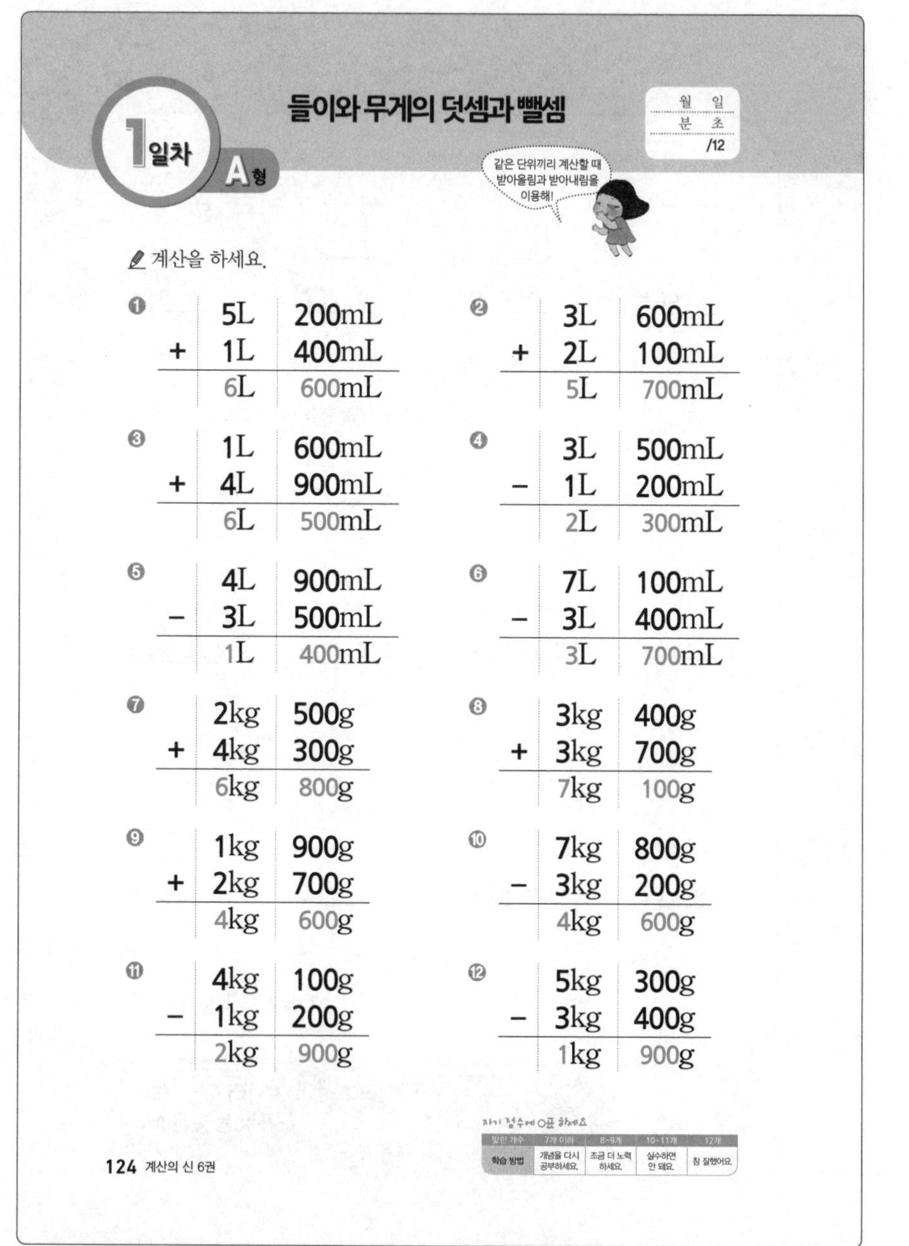

1일차 A형 들이와 무게의 덧셈과 뺄셈

월 일 / 분 초 / /12

같은 단위끼리 계산할 때 받아올림과 받아내림을 이용해!

계산을 하세요.

❶

	5L	200mL
+	1L	400mL
	6L	600mL

❷

	3L	600mL
+	2L	100mL
	5L	700mL

❸

	1L	600mL
+	4L	900mL
	6L	500mL

❹

	3L	500mL
−	1L	200mL
	2L	300mL

❺

	4L	900mL
−	3L	500mL
	1L	400mL

❻

	7L	100mL
−	3L	400mL
	3L	700mL

❼

	2kg	500g
+	4kg	300g
	6kg	800g

❽

	3kg	400g
+	3kg	700g
	7kg	100g

❾

	1kg	900g
+	2kg	700g
	4kg	600g

❿

	7kg	800g
−	3kg	200g
	4kg	600g

⓫

	4kg	100g
−	1kg	200g
	2kg	900g

⓬

	5kg	300g
−	3kg	400g
	1kg	900g

자기 점수에 ○표 하세요

맞힌 개수	7개 이하	8~9개	10~11개	12개
학습 방법	개념을 다시 공부하세요.	조금 더 노력하세요.	실수하면 안 돼요.	참 잘했어요.

1일차 B형 들이와 무게의 덧셈과 뺄셈

월 일 / 분 초 / /5

정답 50쪽

같은 단위끼리 뺄 수 없으면 1000을 받아내림해 줘!

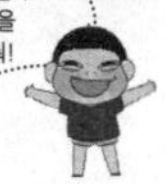

빈칸에 알맞은 수를 넣으세요.

❶ 2L 500mL + 6L 100mL = ([2]+[6])L ([500]+[100])mL
= [8] L [600] mL

❷ 6L 200mL + 1L 900mL = ([6]+[1])L ([200]+[900])mL
= [7] L [1100] mL
= [8] L [100] mL

❸ 6L 900mL − 3L 100mL = ([6]−[3])L ([900]−[100])mL
= [3] L [800] mL

❹ 4kg 300g + 7kg 400g = ([4]+[7])kg ([300]+[400])g
= [11] kg [700] g

❺ 5kg 300g − 2kg 600g = ([5]−[2])kg ([300]−[600])g
= ([4]−[2])kg ([1300]−[600])g
= [2] kg [700] g

자기 점수에 ○표 하세요

맞힌 개수	2개 이하	3개	4개	5개
학습 방법	개념을 다시 공부하세요.	조금 더 노력하세요.	실수하면 안 돼요.	참 잘했어요.

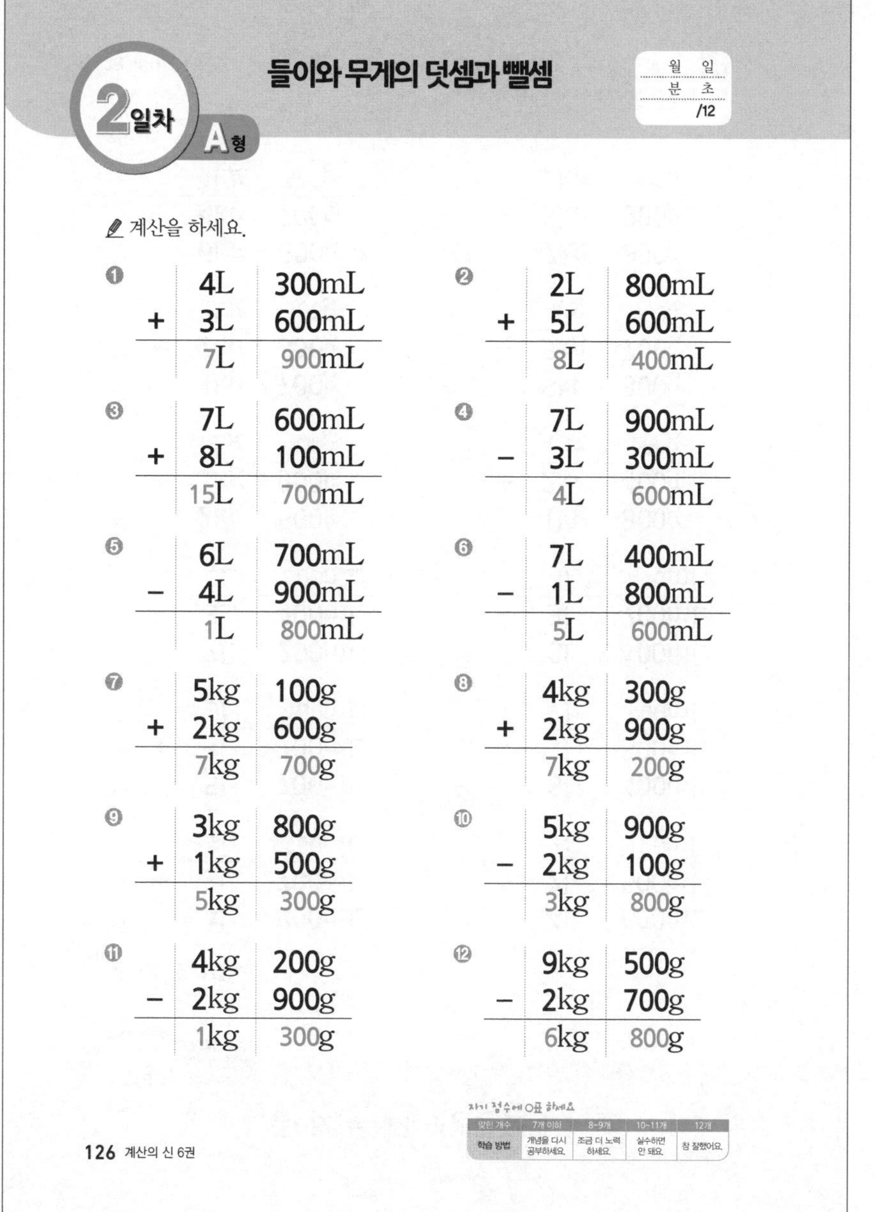

2일차 A형 들이와 무게의 덧셈과 뺄셈

월 일 / 분 초 / /12

계산을 하세요.

❶ 4L 300mL + 3L 600mL = 7L 900mL

❷ 2L 800mL + 5L 600mL = 8L 400mL

❸ 7L 600mL + 8L 100mL = 15L 700mL

❹ 7L 900mL − 3L 300mL = 4L 600mL

❺ 6L 700mL − 4L 900mL = 1L 800mL

❻ 7L 400mL − 1L 800mL = 5L 600mL

❼ 5kg 100g + 2kg 600g = 7kg 700g

❽ 4kg 300g + 2kg 900g = 7kg 200g

❾ 3kg 800g + 1kg 500g = 5kg 300g

❿ 5kg 900g − 2kg 100g = 3kg 800g

⓫ 4kg 200g − 2kg 900g = 1kg 300g

⓬ 9kg 500g − 2kg 700g = 6kg 800g

자기 점수에 ○표 하세요

맞힌 개수	7개 이하	8~9개	10~11개	12개
학습 방법	개념을 다시 공부하세요.	조금 더 노력하세요.	실수하면 안 돼요.	참 잘했어요.

126 계산의 신 6권

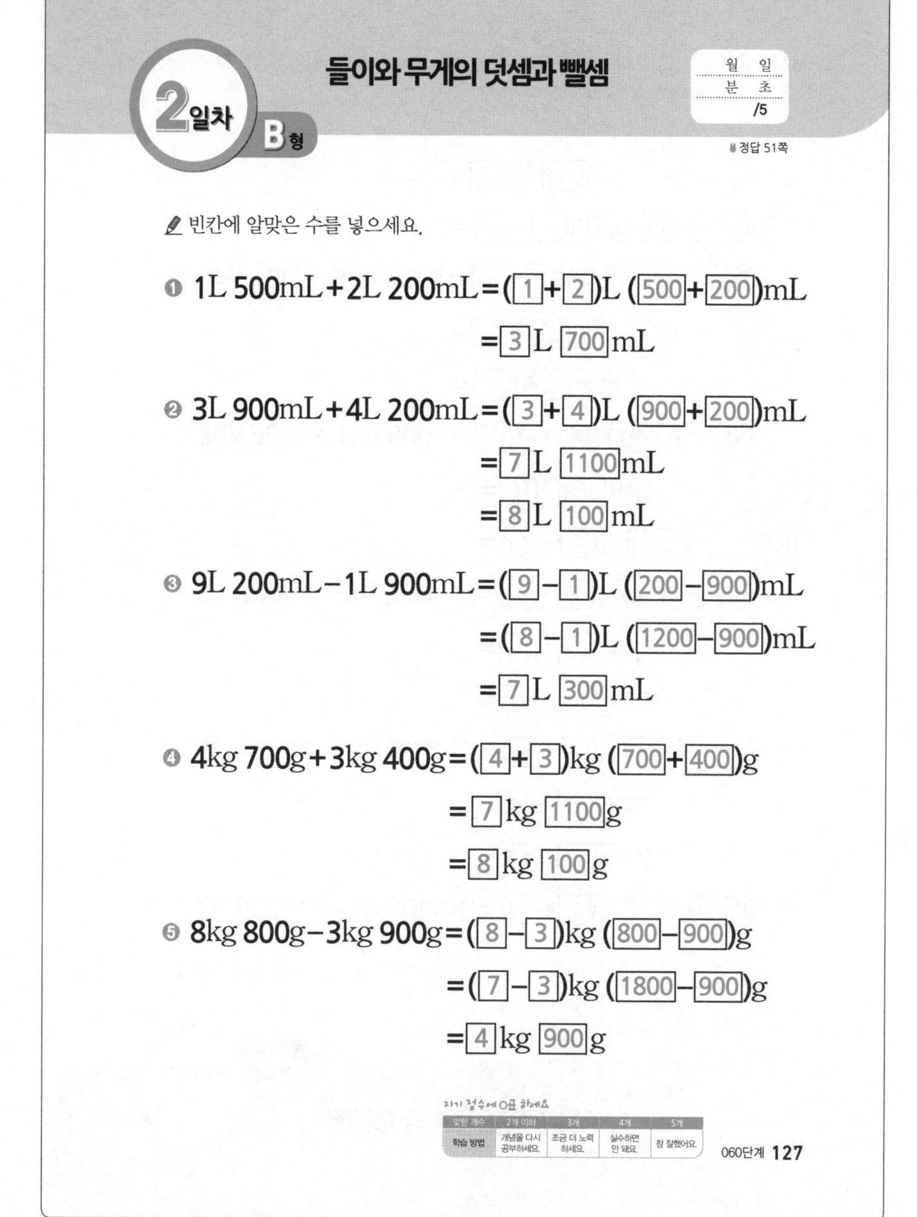

2일차 B형 들이와 무게의 덧셈과 뺄셈

월 일 / 분 초 / /5

정답 51쪽

빈칸에 알맞은 수를 넣으세요.

❶ 1L 500mL+2L 200mL=(1+2)L (500+200)mL
=3L 700mL

❷ 3L 900mL+4L 200mL=(3+4)L (900+200)mL
=7L 1100mL
=8L 100mL

❸ 9L 200mL−1L 900mL=(9−1)L (200−900)mL
=(8−1)L (1200−900)mL
=7L 300mL

❹ 4kg 700g+3kg 400g=(4+3)kg (700+400)g
=7kg 1100g
=8kg 100g

❺ 8kg 800g−3kg 900g=(8−3)kg (800−900)g
=(7−3)kg (1800−900)g
=4kg 900g

자기 점수에 ○표 하세요

맞힌 개수	2개 이하	3개	4개	5개
학습 방법	개념을 다시 공부하세요.	조금 더 노력하세요.	실수하면 안 돼요.	참 잘했어요.

060단계 127

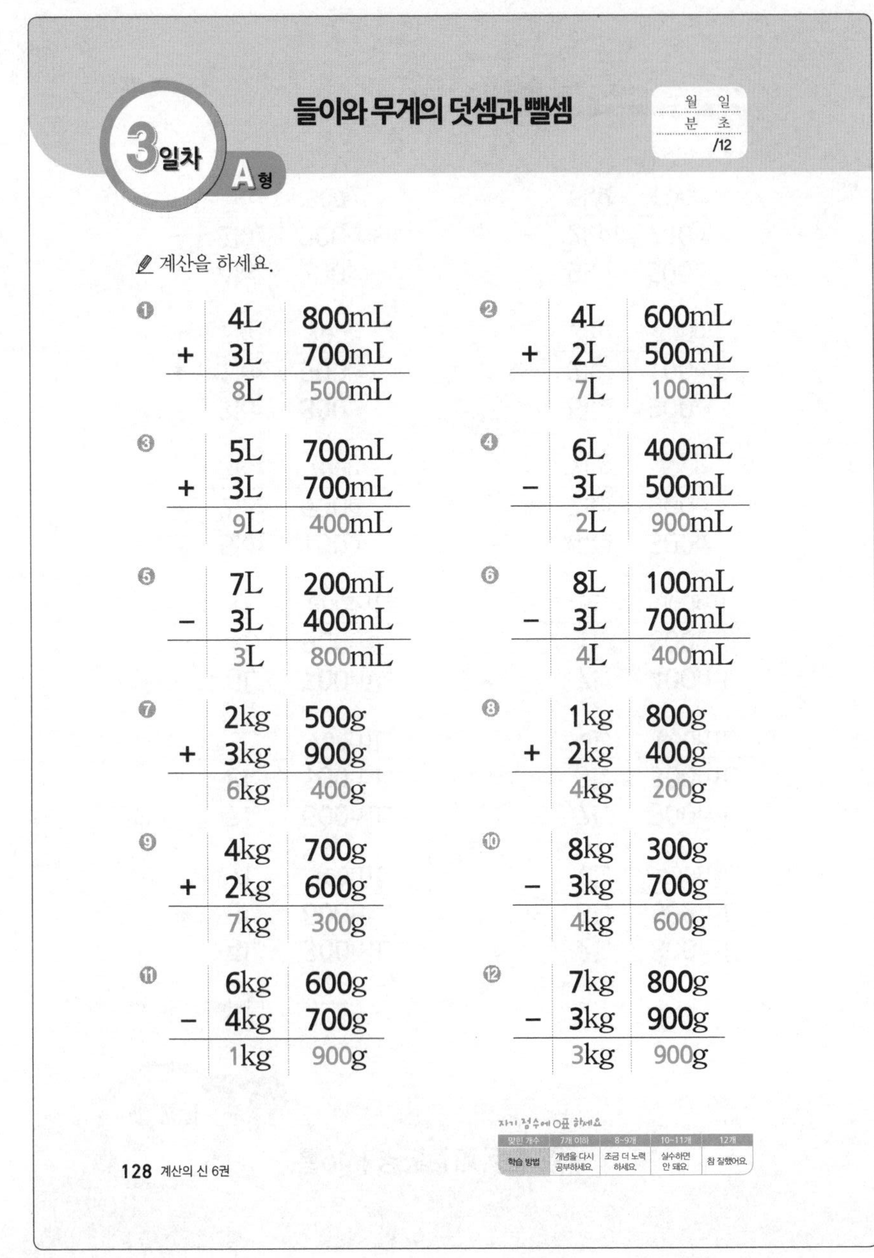

3일차 A형 들이와 무게의 덧셈과 뺄셈

월 일 / 분 초 / /12

계산을 하세요.

❶ 4L 800mL + 3L 700mL = 8L 500mL

❷ 4L 600mL + 2L 500mL = 7L 100mL

❸ 5L 700mL + 3L 700mL = 9L 400mL

❹ 6L 400mL − 3L 500mL = 2L 900mL

❺ 7L 200mL − 3L 400mL = 3L 800mL

❻ 8L 100mL − 3L 700mL = 4L 400mL

❼ 2kg 500g + 3kg 900g = 6kg 400g

❽ 1kg 800g + 2kg 400g = 4kg 200g

❾ 4kg 700g + 2kg 600g = 7kg 300g

❿ 8kg 300g − 3kg 700g = 4kg 600g

⓫ 6kg 600g − 4kg 700g = 1kg 900g

⓬ 7kg 800g − 3kg 900g = 3kg 900g

자기 점수에 ○표 하세요

맞은 개수	7개 이하	8~9개	10~11개	12개
학습 방법	개념을 다시 공부하세요.	조금 더 노력하세요.	실수하면 안 돼요.	참 잘했어요.

128 계산의 신 6권

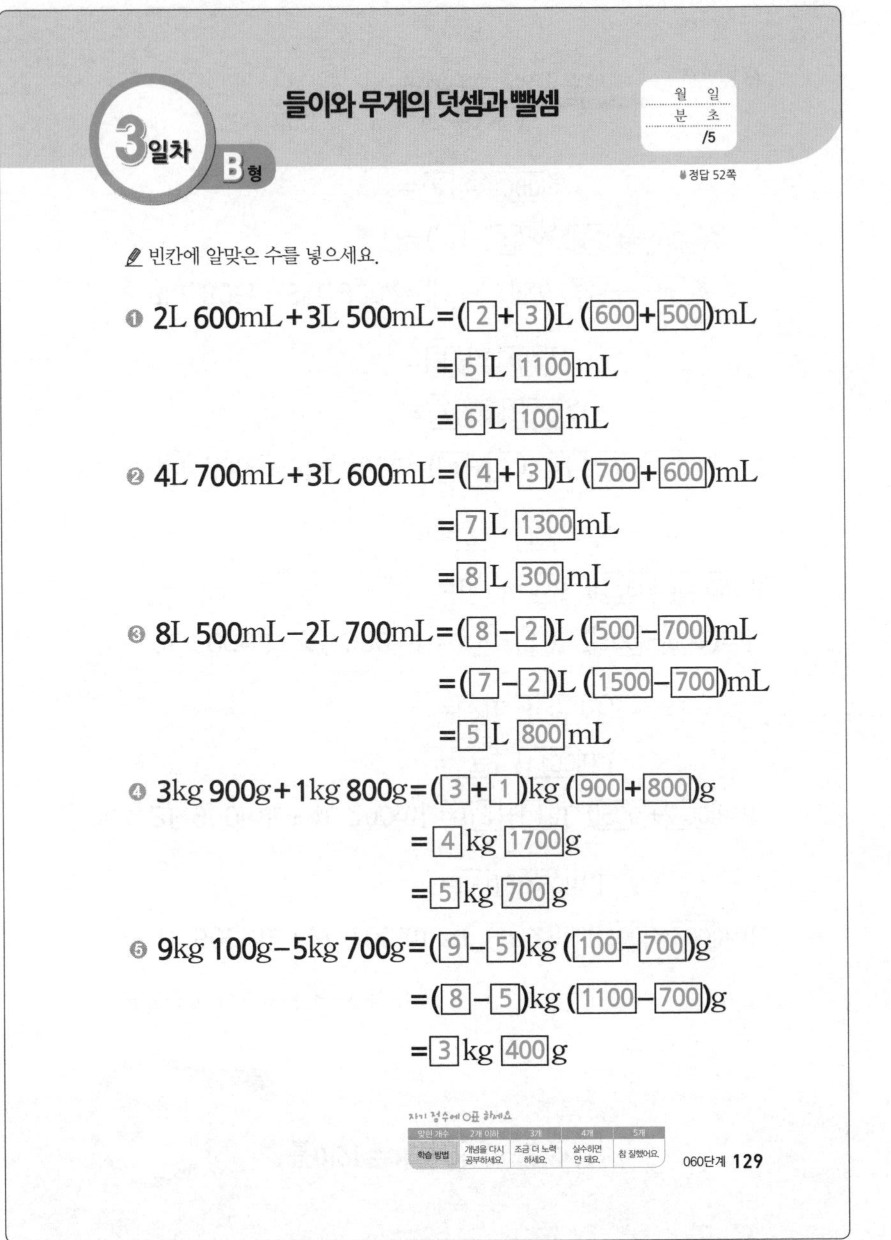

3일차 B형 들이와 무게의 덧셈과 뺄셈

월 일 / 분 초 / /5

정답 52쪽

빈칸에 알맞은 수를 넣으세요.

❶ 2L 600mL + 3L 500mL = (2 + 3)L (600 + 500)mL
= 5 L 1100 mL
= 6 L 100 mL

❷ 4L 700mL + 3L 600mL = (4 + 3)L (700 + 600)mL
= 7 L 1300 mL
= 8 L 300 mL

❸ 8L 500mL − 2L 700mL = (8 − 2)L (500 − 700)mL
= (7 − 2)L (1500 − 700)mL
= 5 L 800 mL

❹ 3kg 900g + 1kg 800g = (3 + 1)kg (900 + 800)g
= 4 kg 1700 g
= 5 kg 700 g

❺ 9kg 100g − 5kg 700g = (9 − 5)kg (100 − 700)g
= (8 − 5)kg (1100 − 700)g
= 3 kg 400 g

자기 점수에 ○표 하세요

맞은 개수	2개 이하	3개	4개	5개
학습 방법	개념을 다시 공부하세요.	조금 더 노력하세요.	실수하면 안 돼요.	참 잘했어요.

060단계 129

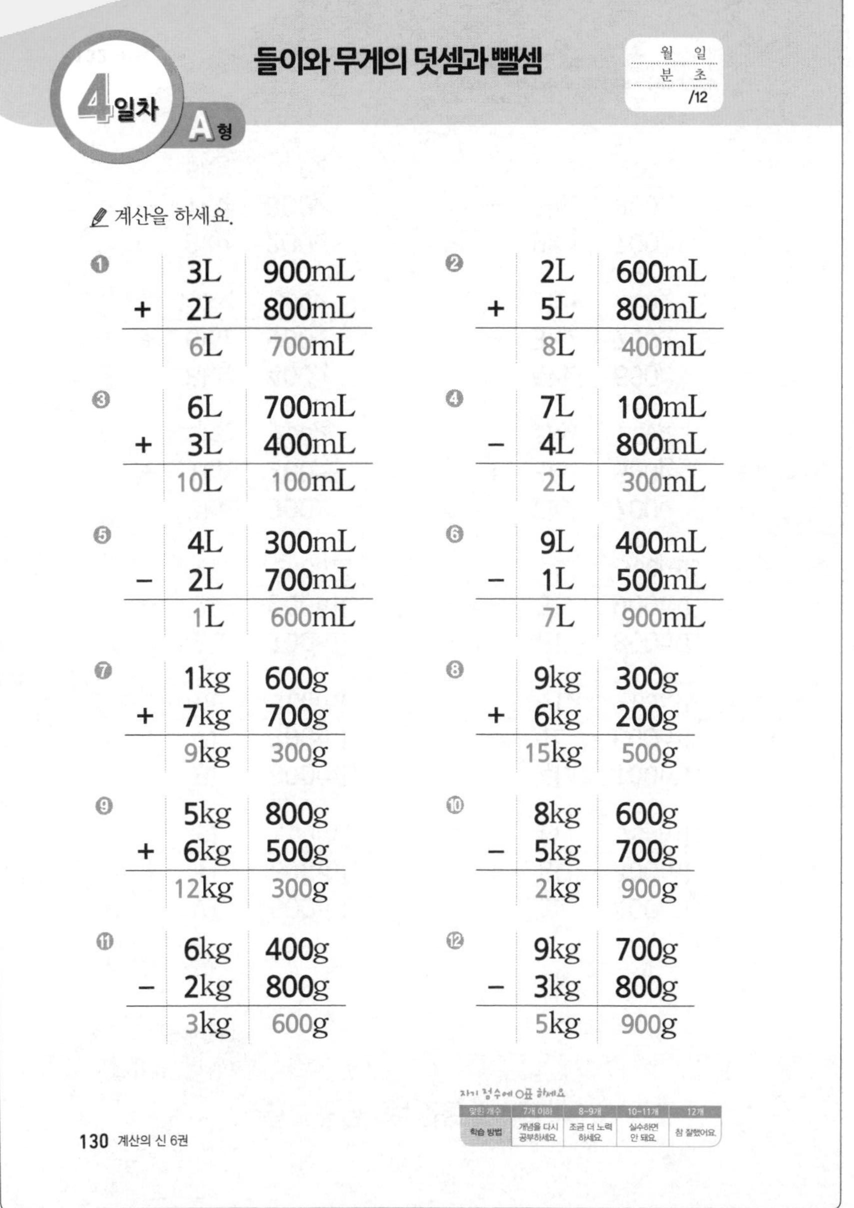

4일차 A형 들이와 무게의 덧셈과 뺄셈

월 일 / 분 초 / /12

계산을 하세요.

❶ 3L 900mL + 2L 800mL = 6L 700mL

❷ 2L 600mL + 5L 800mL = 8L 400mL

❸ 6L 700mL + 3L 400mL = 10L 100mL

❹ 7L 100mL − 4L 800mL = 2L 300mL

❺ 4L 300mL − 2L 700mL = 1L 600mL

❻ 9L 400mL − 1L 500mL = 7L 900mL

❼ 1kg 600g + 7kg 700g = 9kg 300g

❽ 9kg 300g + 6kg 200g = 15kg 500g

❾ 5kg 800g + 6kg 500g = 12kg 300g

❿ 8kg 600g − 5kg 700g = 2kg 900g

⓫ 6kg 400g − 2kg 800g = 3kg 600g

⓬ 9kg 700g − 3kg 800g = 5kg 900g

자기 점수에 ○표 하세요

맞은 개수	7개 이하	8~9개	10~11개	12개
학습 방법	개념을 다시 공부하세요.	조금 더 노력하세요.	실수하면 안 돼요.	참 잘했어요.

130 계산의 신 6권

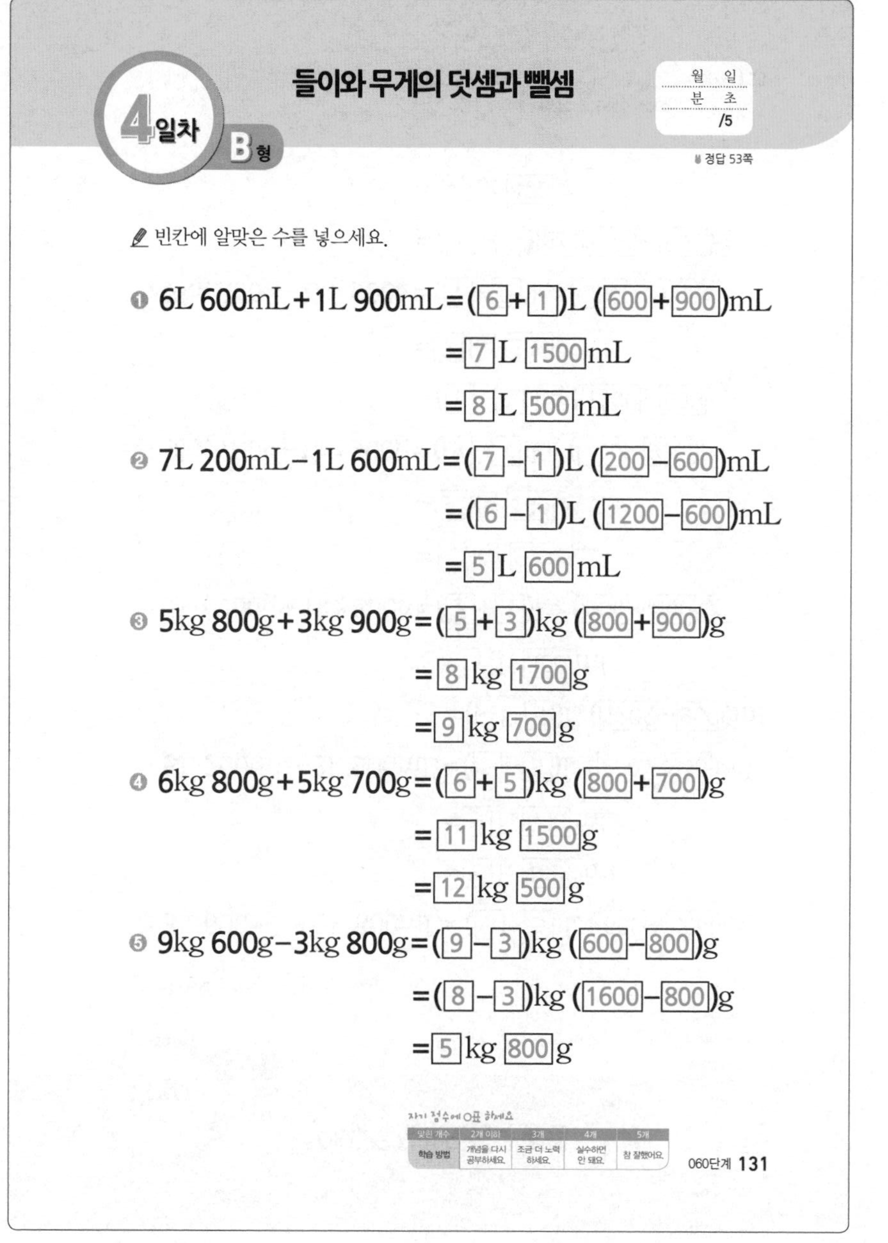

4일차 B형 들이와 무게의 덧셈과 뺄셈

월 일 / 분 초 / /5

정답 53쪽

빈칸에 알맞은 수를 넣으세요.

❶ 6L 600mL + 1L 900mL = (6 + 1)L (600 + 900)mL
= 7 L 1500 mL
= 8 L 500 mL

❷ 7L 200mL − 1L 600mL = (7 − 1)L (200 − 600)mL
= (6 − 1)L (1200 − 600)mL
= 5 L 600 mL

❸ 5kg 800g + 3kg 900g = (5 + 3)kg (800 + 900)g
= 8 kg 1700 g
= 9 kg 700 g

❹ 6kg 800g + 5kg 700g = (6 + 5)kg (800 + 700)g
= 11 kg 1500 g
= 12 kg 500 g

❺ 9kg 600g − 3kg 800g = (9 − 3)kg (600 − 800)g
= (8 − 3)kg (1600 − 800)g
= 5 kg 800 g

자기 점수에 ○표 하세요

맞은 개수	2개 이하	3개	4개	5개
학습 방법	개념을 다시 공부하세요.	조금 더 노력하세요.	실수하면 안 돼요.	참 잘했어요.

060단계 131

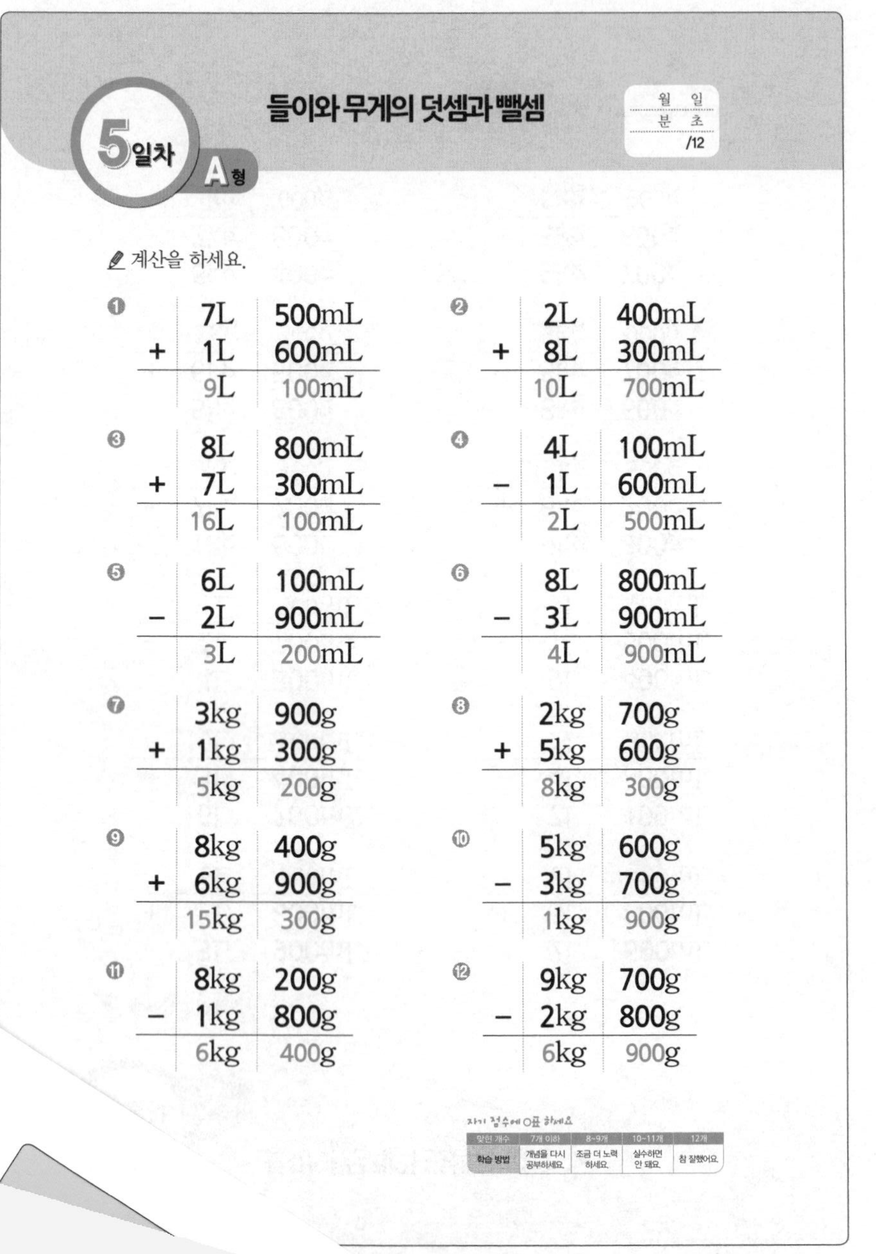

5일차 A형 들이와 무게의 덧셈과 뺄셈

월 일 / 분 초 / /12

계산을 하세요.

❶	7L 500mL + 1L 600mL	9L 100mL
❷	2L 400mL + 8L 300mL	10L 700mL
❸	8L 800mL + 7L 300mL	16L 100mL
❹	4L 100mL − 1L 600mL	2L 500mL
❺	6L 100mL − 2L 900mL	3L 200mL
❻	8L 800mL − 3L 900mL	4L 900mL
❼	3kg 900g + 1kg 300g	5kg 200g
❽	2kg 700g + 5kg 600g	8kg 300g
❾	8kg 400g + 6kg 900g	15kg 300g
❿	5kg 600g − 3kg 700g	1kg 900g
⓫	8kg 200g − 1kg 800g	6kg 400g
⓬	9kg 700g − 2kg 800g	6kg 900g

자기 점수에 ○표 하세요

맞은 개수	7개 이하	8~9개	10~11개	12개
학습 방법	개념을 다시 공부하세요.	조금 더 노력하세요.	실수하면 안 돼요.	참 잘했어요.

5일차 B형 들이와 무게의 덧셈과 뺄셈

월 일 / 분 초 / /5

정답 54쪽

이번 단계에서는 들이와 무게의 덧셈과 뺄셈을 배웠습니다.
7권에서는 자연수의 곱셈과 나눗셈을 깊이 있게 배웁니다.

빈칸에 알맞은 수를 넣으세요.

❶ 3L 600mL + 5L 800mL = ([3]+[5])L ([600]+[800])mL
= [8]L [1400]mL
= [9]L [400]mL

❷ 5L 200mL − 3L 900mL = ([5]−[3])L ([200]−[900])mL
= ([4]−[3])L ([1200]−[900])mL
= [1]L [300]mL

❸ 7kg 900g + 1kg 800g = ([7]+[1])kg ([900]+[800])g
= [8]kg [1700]g
= [9]kg [700]g

❹ 9kg 100g − 1kg 900g = ([9]−[1])kg ([100]−[900])g
= ([8]−[1])kg ([1100]−[900])g
= [7]kg [200]g

❺ 7kg 300g − 2kg 900g = ([7]−[2])kg ([300]−[900])g
= ([6]−[2])kg ([1300]−[900])g
= [4]kg [400]g

자기 점수에 ○표 하세요

맞은 개수	2개 이하	3개	4개	5개
학습 방법	개념을 다시 공부하세요.	조금 더 노력하세요.	실수하면 안 돼요.	참 잘했어요.

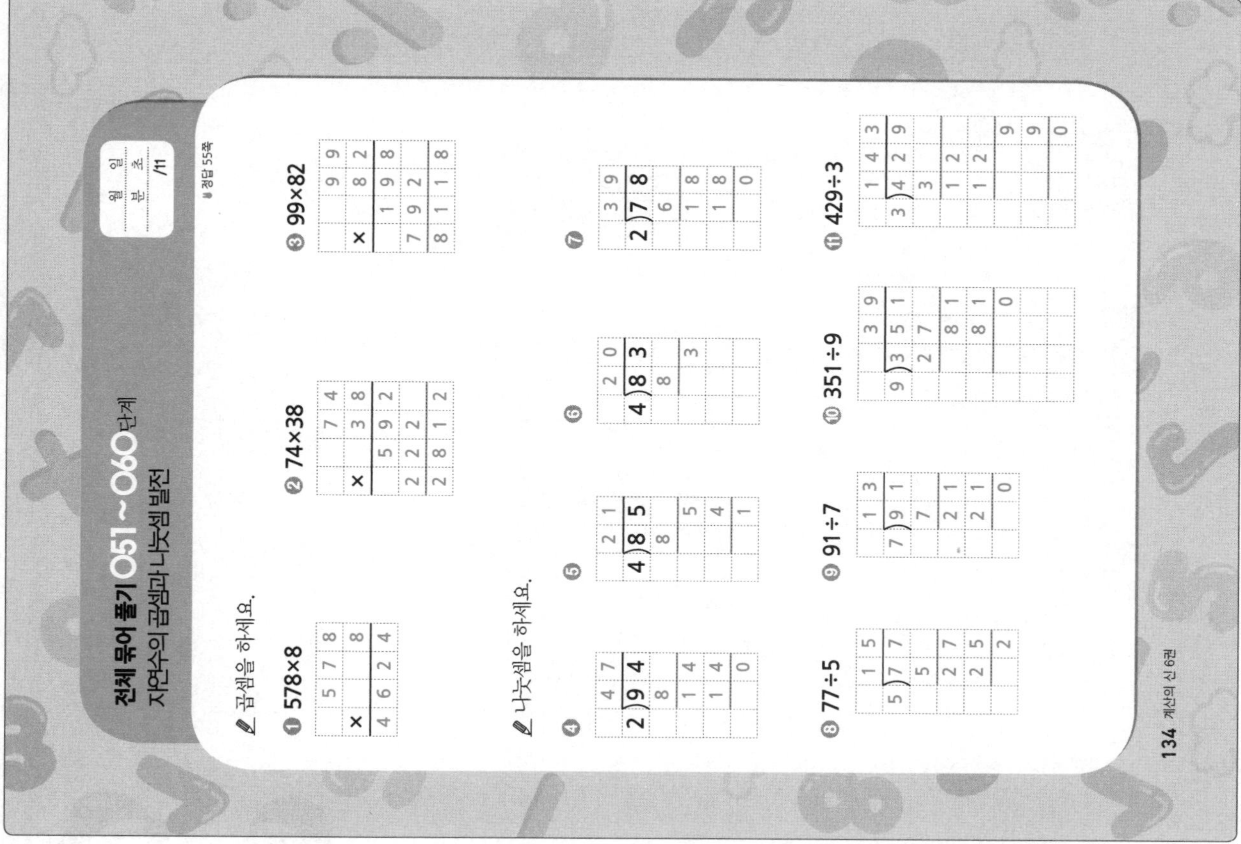
전체 묶어 풀기 051~060단계
자연수의 곱셈과 나눗셈 발전

월 일 / 분 초 / /11

정답 55쪽

곱셈을 하세요.

① 578×8 = 4624

② 74×38 : 592, 222, 2812

③ 99×82 : 198, 792, 8118

나눗셈을 하세요.

④ 94÷2 = 47

⑤ 85÷4 = 21 … 1

⑥ 83÷4 = 20 … 3

⑦ 78÷2 = 39

⑧ 77÷5 = 15 … 2

⑨ 91÷7 = 13

⑩ 351÷9 = 39

⑪ 429÷3 = 143

134 계산의 신 6권

신(神)의 Note

051단계 실력 진단 평가 ❷회

(세 자리 수)×(한 자리 수) (1)

제한 시간	맞힌 개수	선생님 확인
20분	/20	

정답 21쪽

 곱셈을 하세요.

❶ 400×7

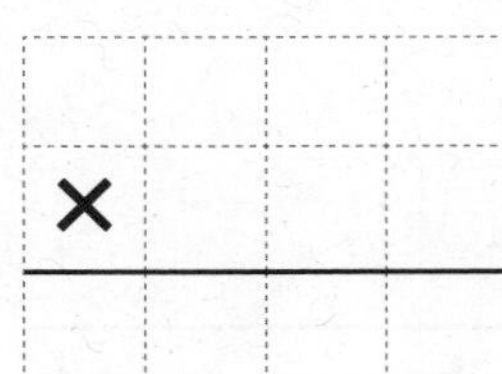

❷ 510×4

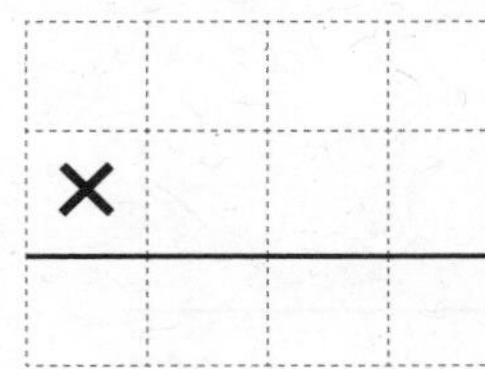

⓫ 825×3

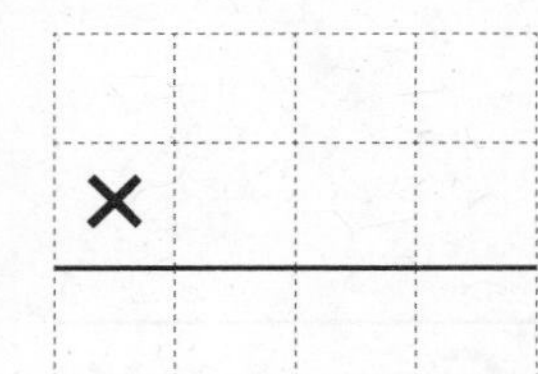

⓬ 513×7

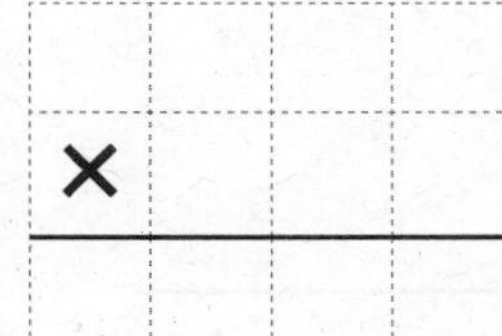

❸ 230×4

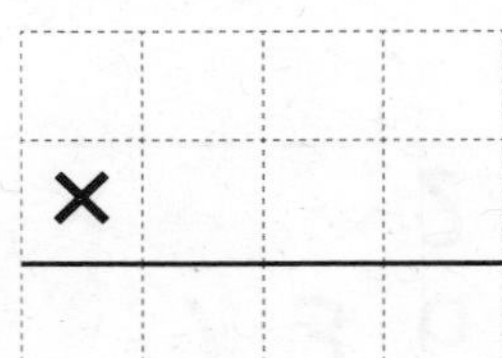

❹ 130×7

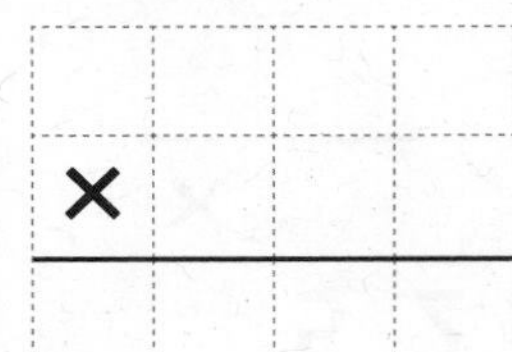

⓭ 653×2

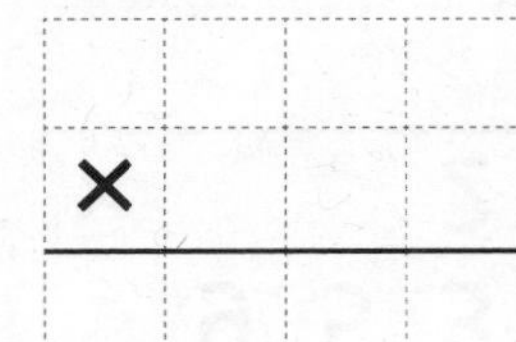

⓮ 731×4

051단계 실력 진단 평가 ❶회

(세 자리 수)×(한 자리 수) (1)

제한 시간	맞힌 개수	선생님 확인
20분	/24	

정답 21쪽

곱셈을 하세요.

❶ 500 × 8

❷ 200 × 7

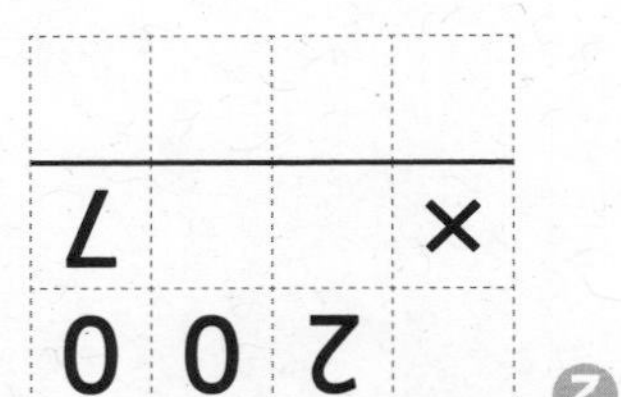

❸ 602 × 3

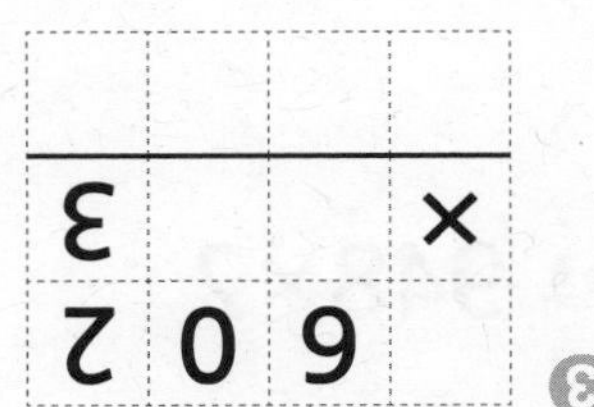

❹ 412 × 4

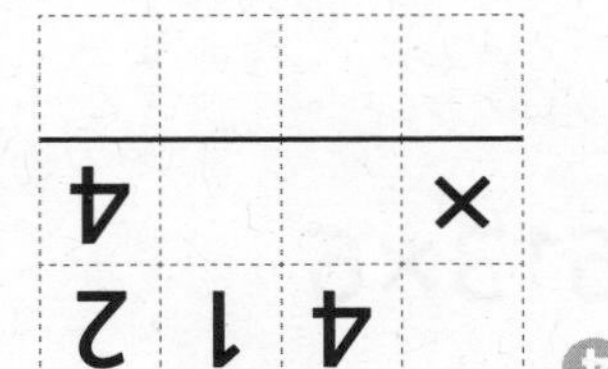

❺ 160 × 6

❻ 240 × 3

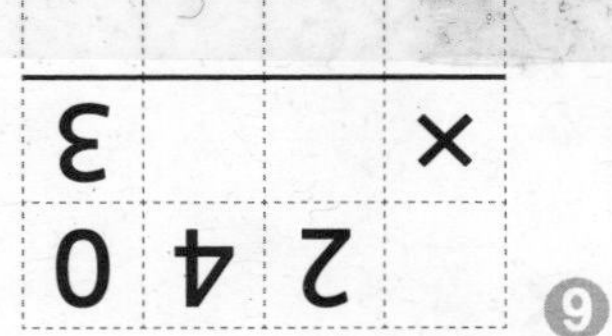

⓭ 319 × 5

⓮ 612 × 6

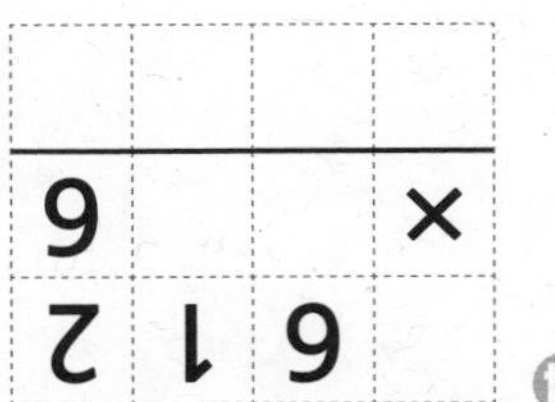

⓯ 824 × 4

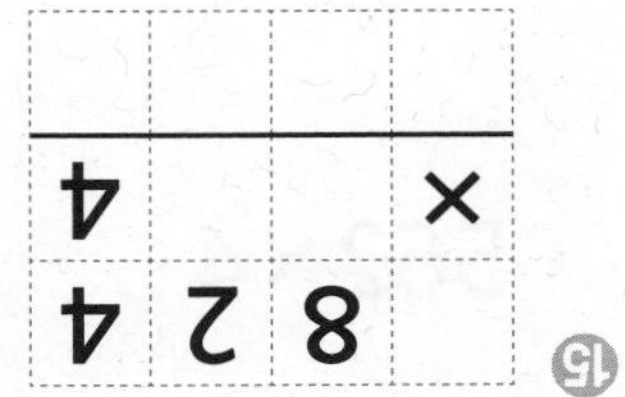

⓰ 351 × 5

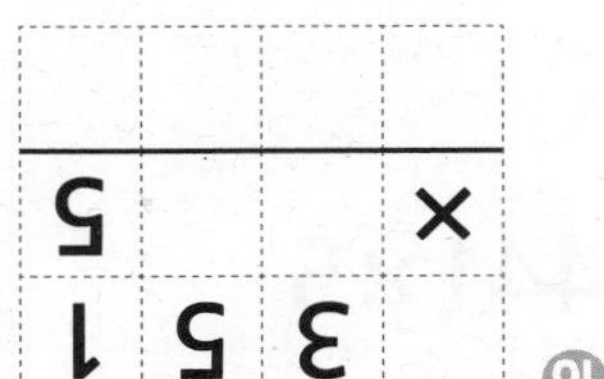

⓱ 664 × 2

⓲ 532 × 4

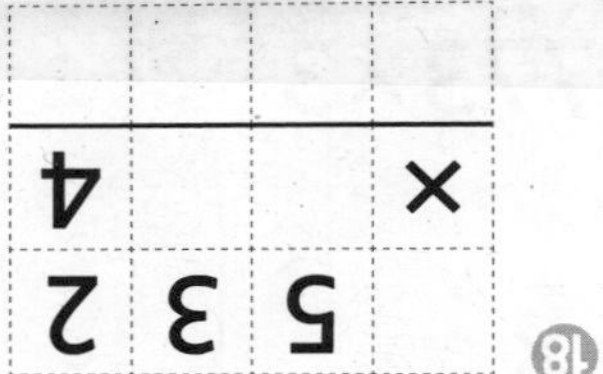

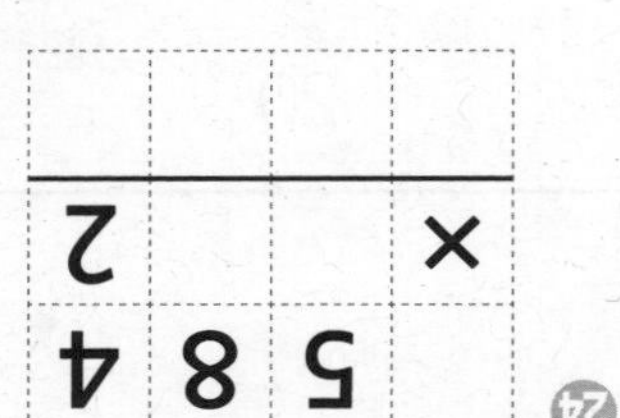
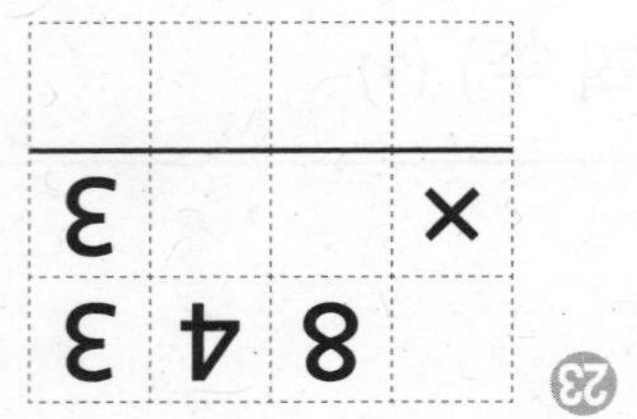
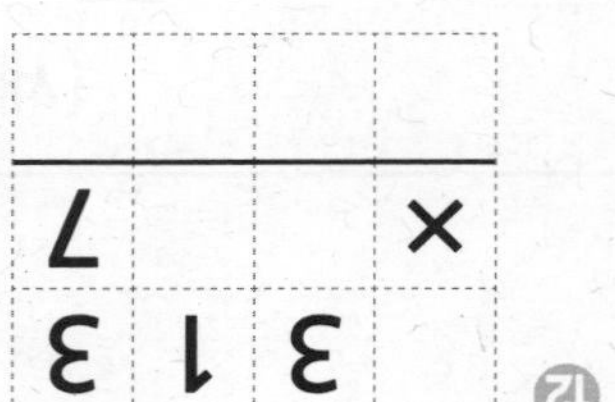
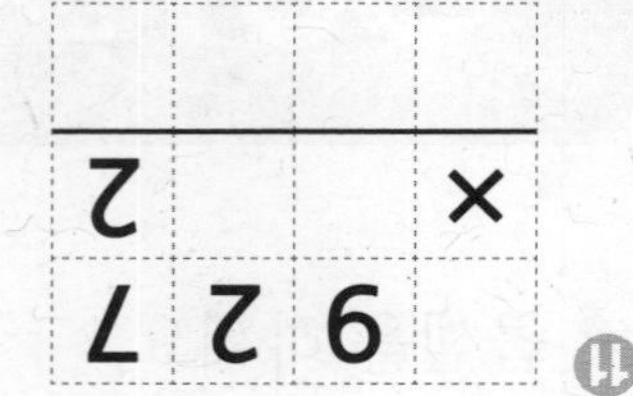
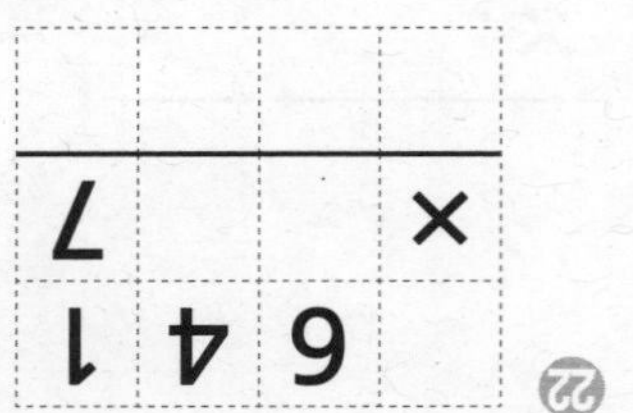
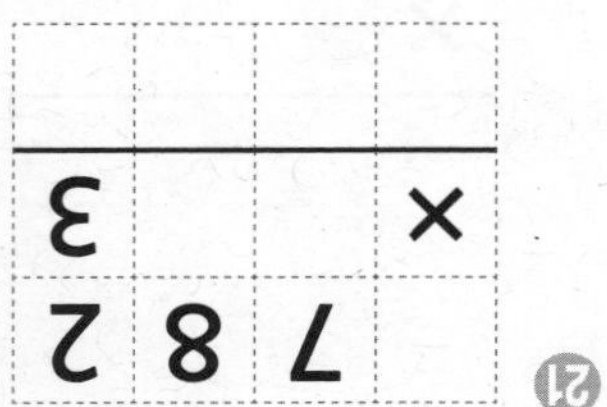
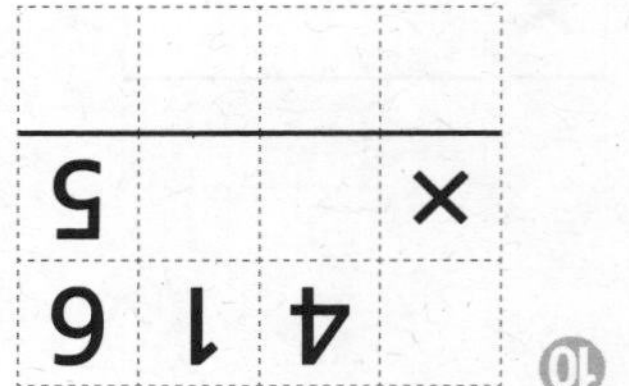
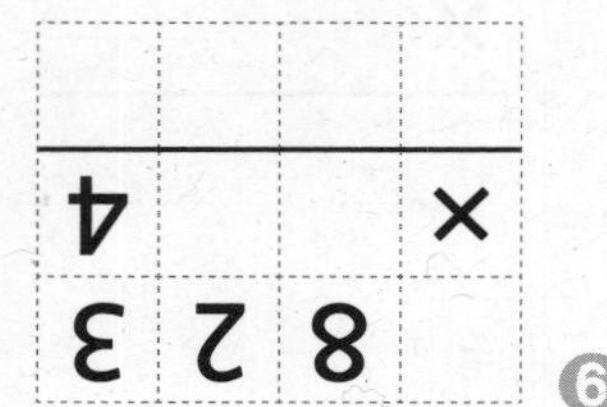
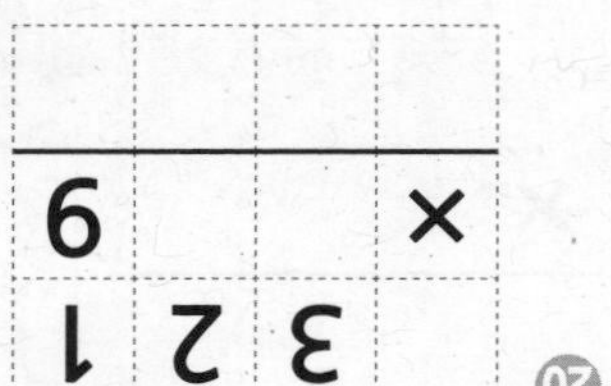
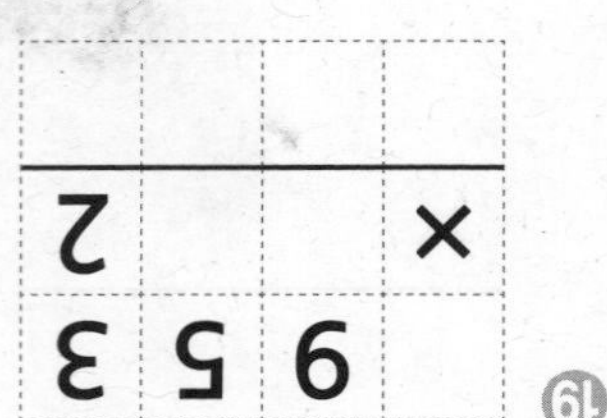
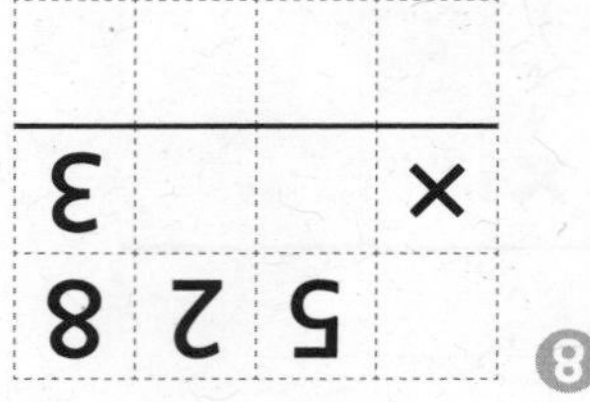
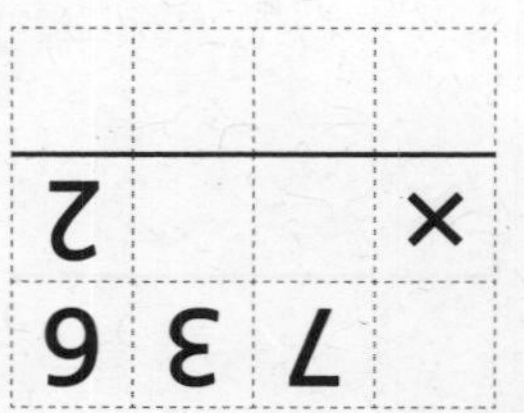

⑤ 527×3

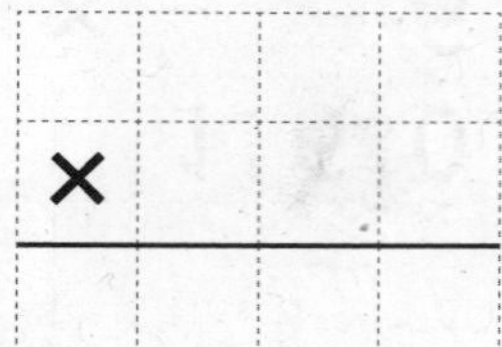

⑥ 716×6

⑦ 948×2

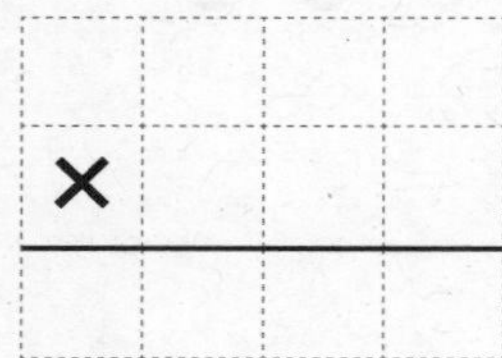

⑧ 613×6

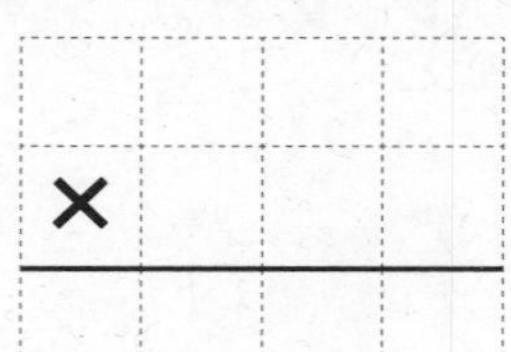

⑨ 524×4

⑩ 746×2

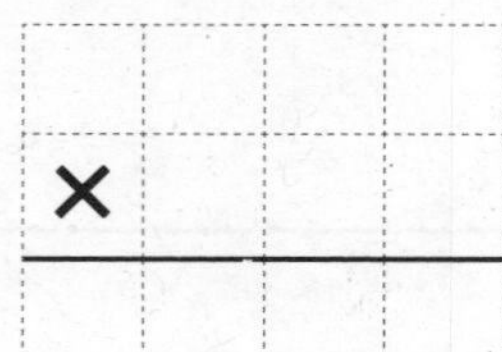

⑮ 984×2

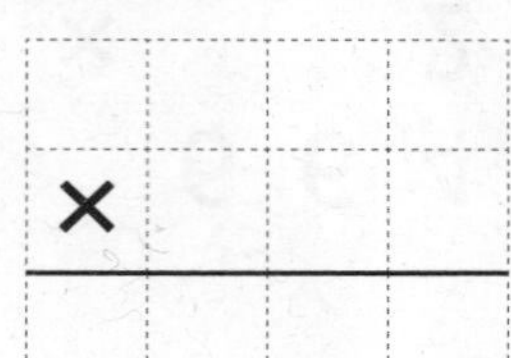

⑯ 773×3

⑰ 562×4

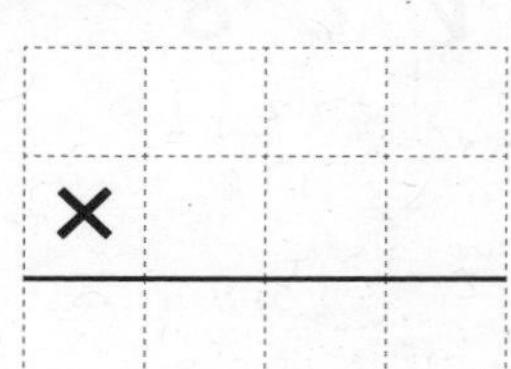

⑱ 441×5

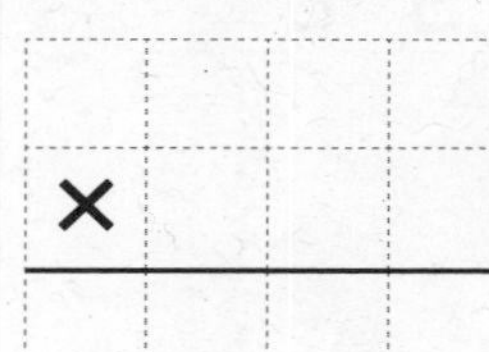

⑲ 883×2

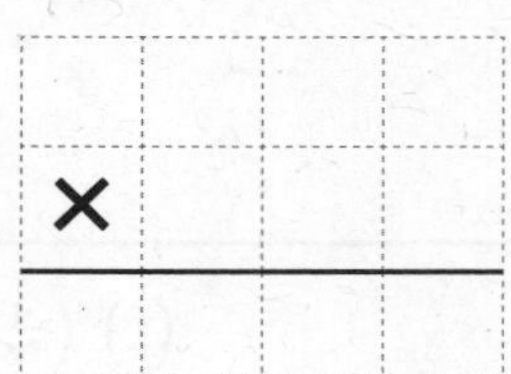

⑳ 463×3

052 단계

실력 진단 평가 ❷회

(세 자리 수)×(한 자리 수) (2)

제한 시간	맞힌 개수	선생님 확인
20분	/20	

정답 21쪽

곱셈을 하세요.

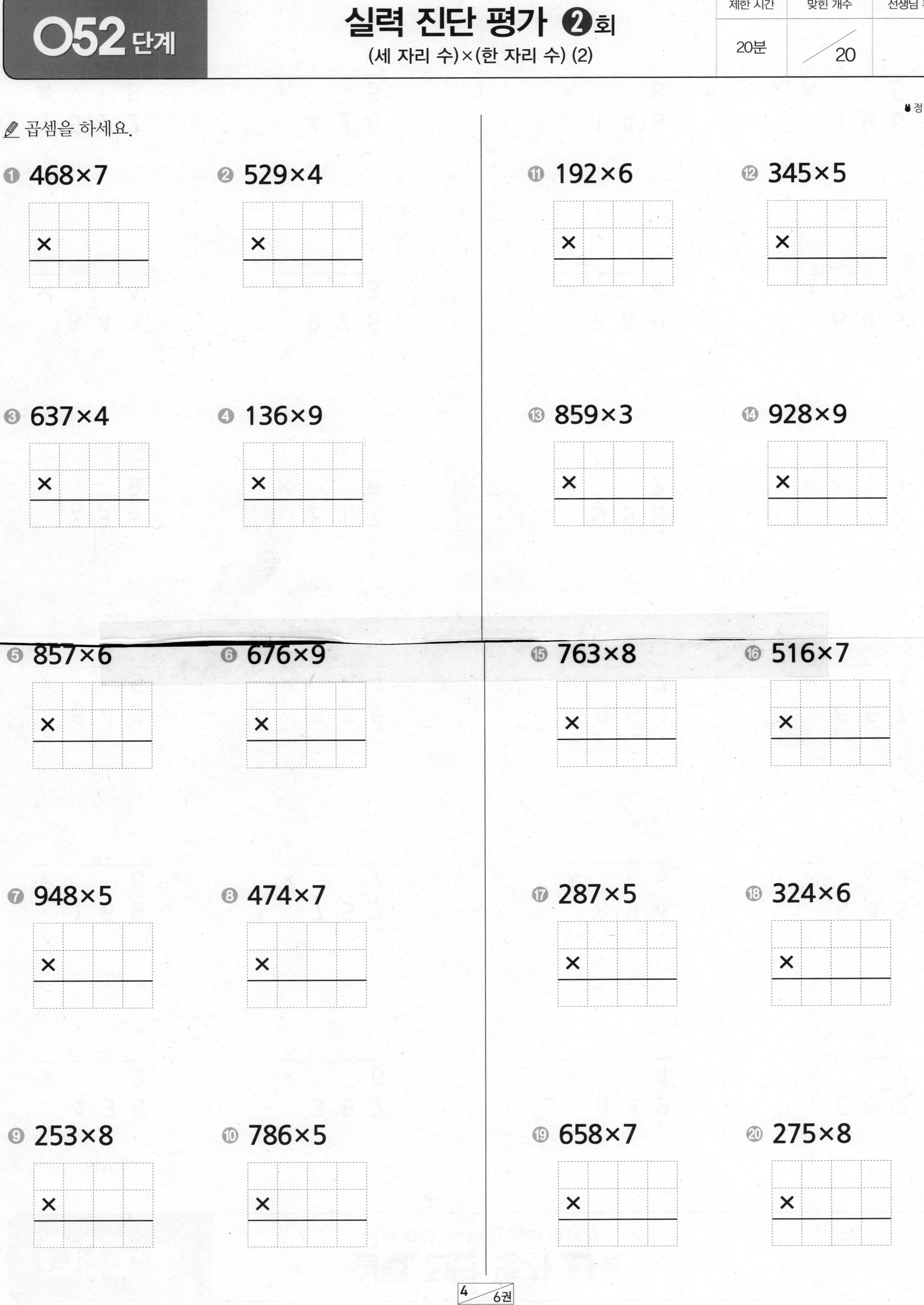

❶ 468×7

❷ 529×4

❸ 637×4

❹ 136×9

❺ 857×6

❻ 676×9

❼ 948×5

❽ 474×7

❾ 253×8

❿ 786×5

⓫ 192×6

⓬ 345×5

⓭ 859×3

⓮ 928×9

⓯ 763×8

⓰ 516×7

⓱ 287×5

⓲ 324×6

⓳ 658×7

⓴ 275×8

✂ 자르는 선

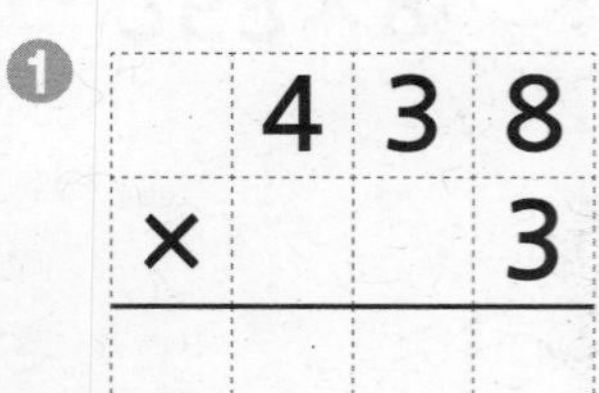

실력 진단 평가 ❶회

(세 자리 수)×(한 자리 수) (2)

제한 시간	맞힌 개수	선생님 확인
20분	/24	

정답 21쪽

곱셈을 하세요.

❶ 438×3

❷ 387×6

❸ 169×8

❹ 753×7

❺ 649×5

❻ 536×4

❼ 736×9

❽ 217×6

❾ 843×4

❿ 976×3

⓫ 572×8

⓬ 428×5

⓭ 839×4

⓮ 652×7

⓯ 894×6

⓰ 545×9

⓱ 964×7

⓲ 657×3

⓳ 958×2

⓴ 272×9

㉑ 789×4

㉒ 645×7

㉓ 148×8

㉔ 396×5

✂ 자르는 선

053 단계 실력 진단 평가 ❶회

(두 자리 수)×(두 자리 수) (1)

제한 시간	맞힌 개수	선생님 확인
20분	/16	

정답 21쪽

곱셈을 하세요.

❶ 48×36

❷ 26×17

❸ 52×49

❹ 39×67

❺ 77×66

❻ 91×25

❼ 83×75

❽ 52×37

❾ 79×42

❿ 96×56

⓫ 85×29

⓬ 92×72

⓭ 36×35

⓮ 51×89

⓯ 19×48

⓰ 38×58

053 단계

실력 진단 평가 ❷회

(두 자리 수)×(두 자리 수) (1)

제한 시간	맞힌 개수	선생님 확인
20분	/16	

정답 21쪽

곱셈을 하세요.

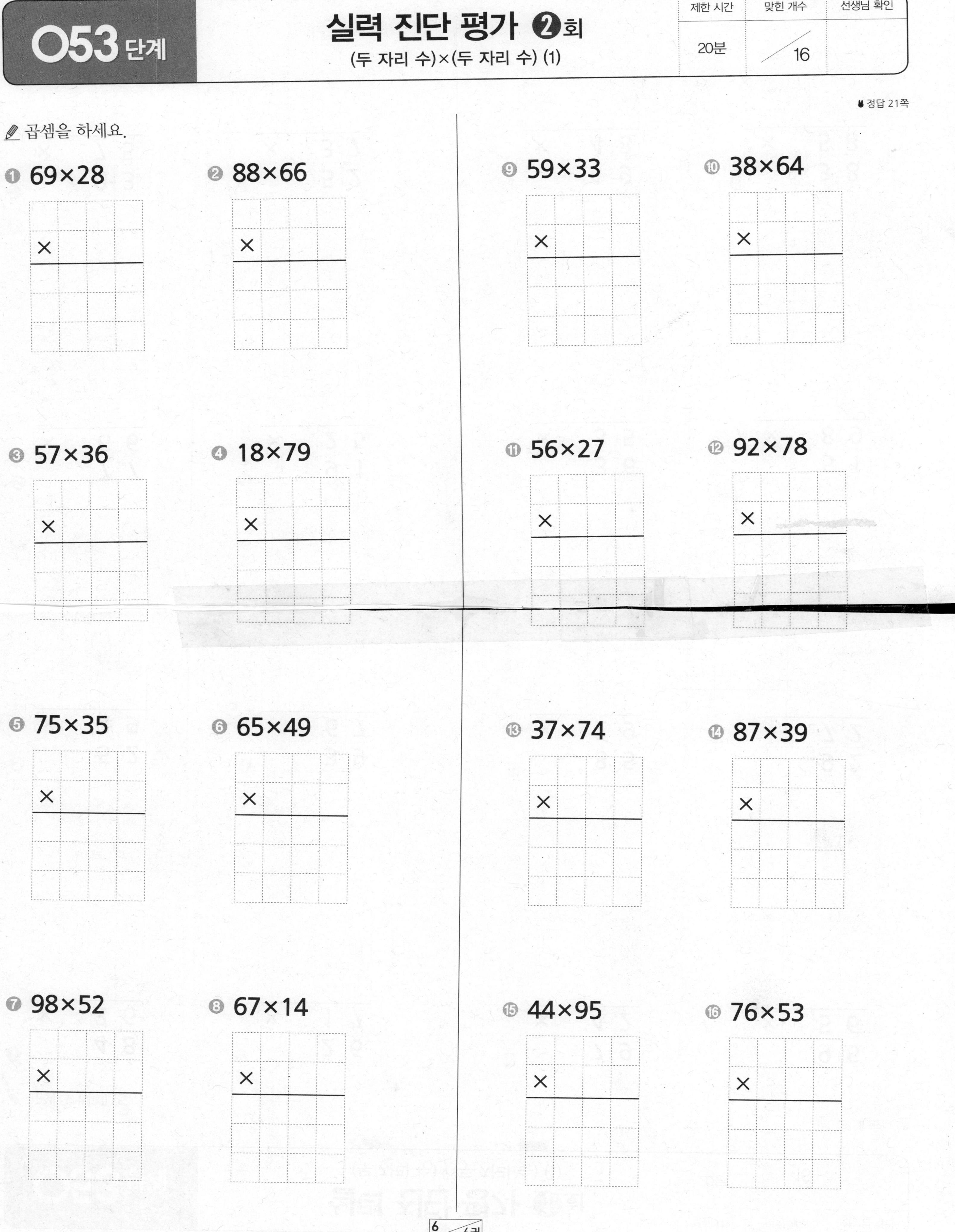

❶ 69×28

❷ 88×66

❸ 57×36

❹ 18×79

❺ 75×35

❻ 65×49

❼ 98×52

❽ 67×14

❾ 59×33

❿ 38×64

⓫ 56×27

⓬ 92×78

⓭ 37×74

⓮ 87×39

⓯ 44×95

⓰ 76×53

054 단계	실력 진단 평가 ❶회 (두 자리 수)×(두 자리 수) (2)	제한 시간	맞힌 개수	선생님 확인
		20분	/16	

⚈ 정답 22쪽

✎ 곱셈을 하세요.

❶
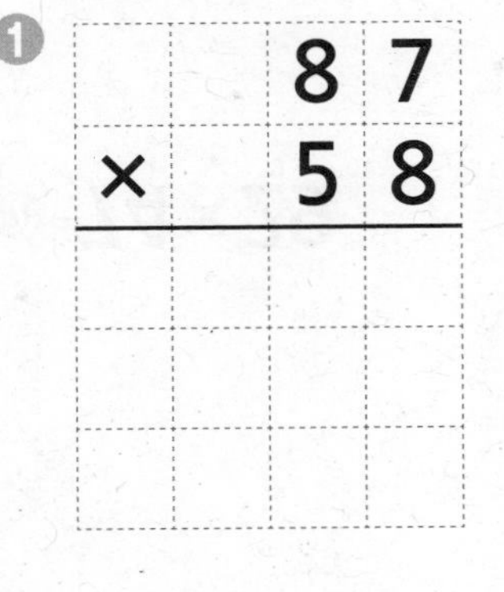

❷
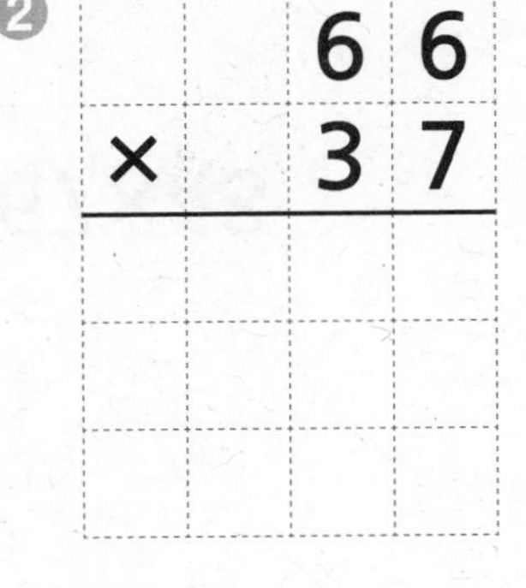

❸
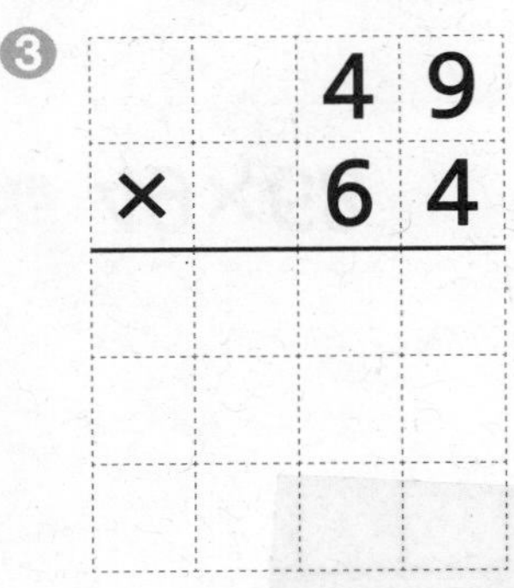

❹

❺
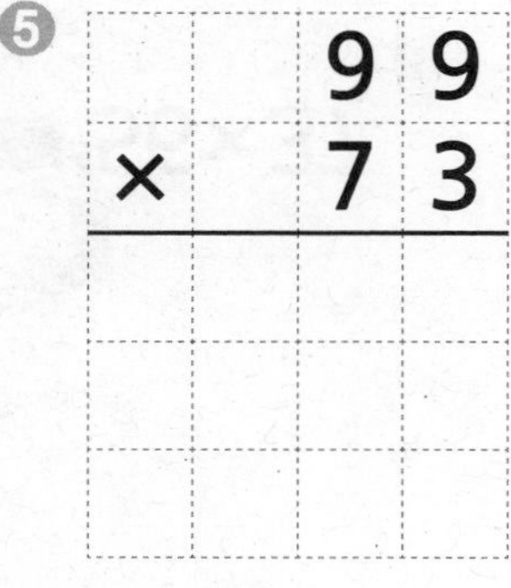

❻
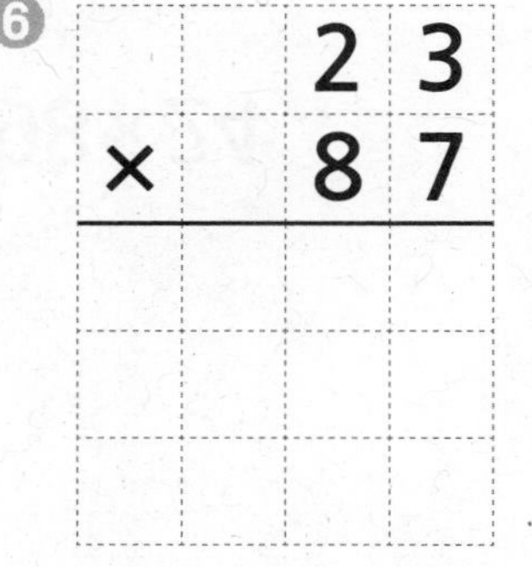

❼
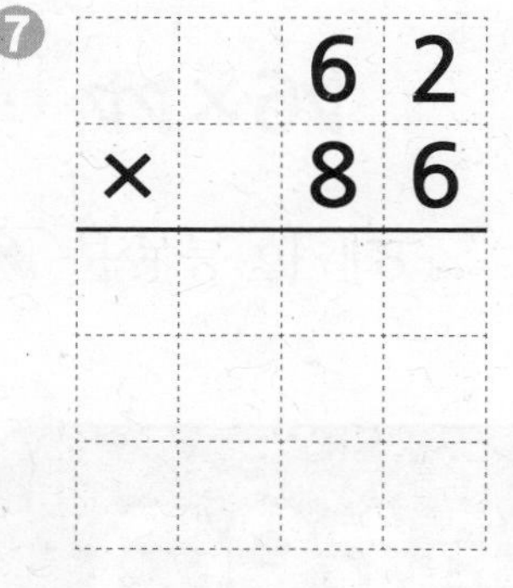

❽
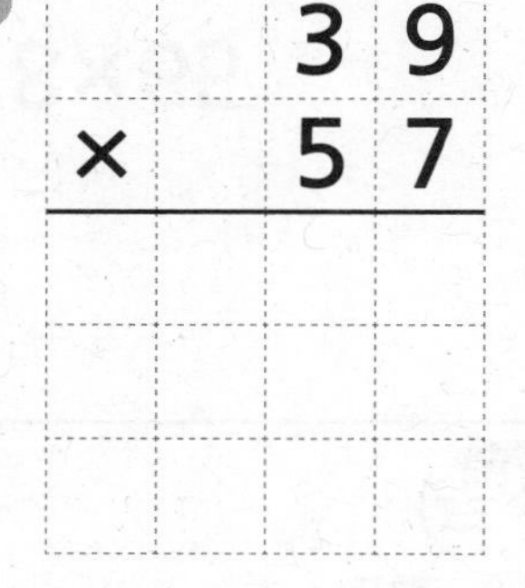

❾
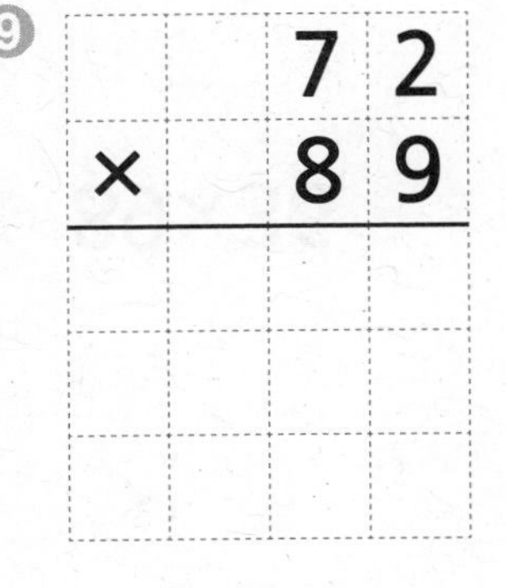

❿
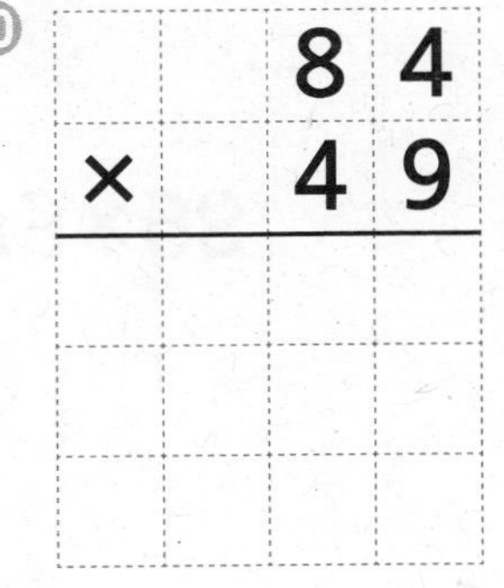

⓫
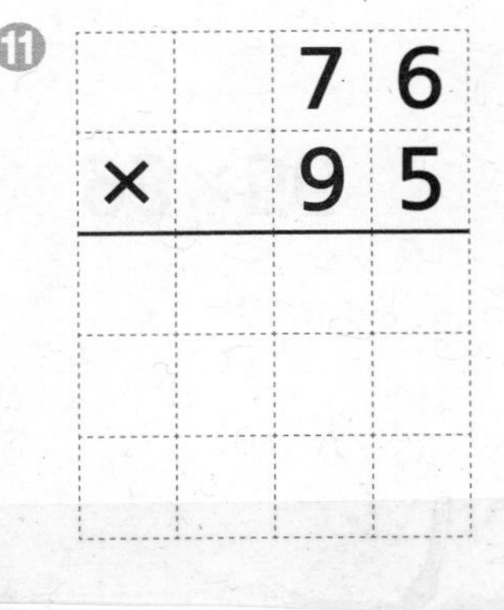

⓬
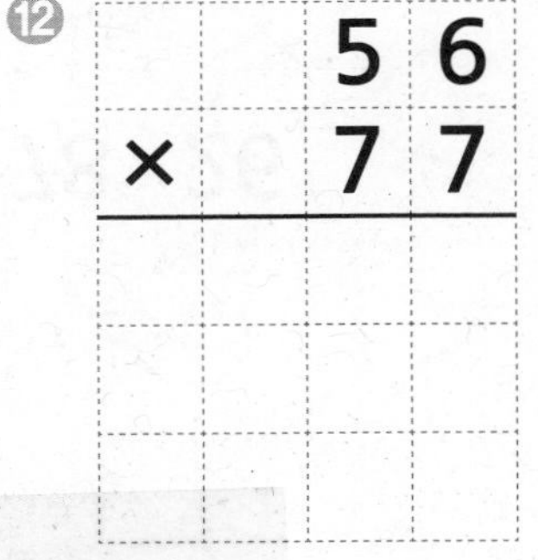

⓭
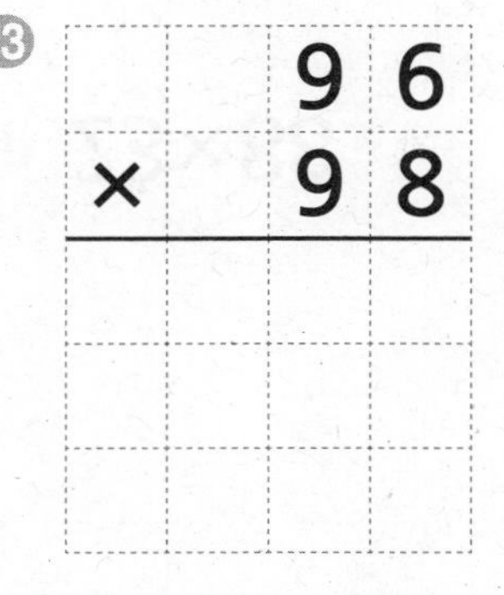

⓮

⓯
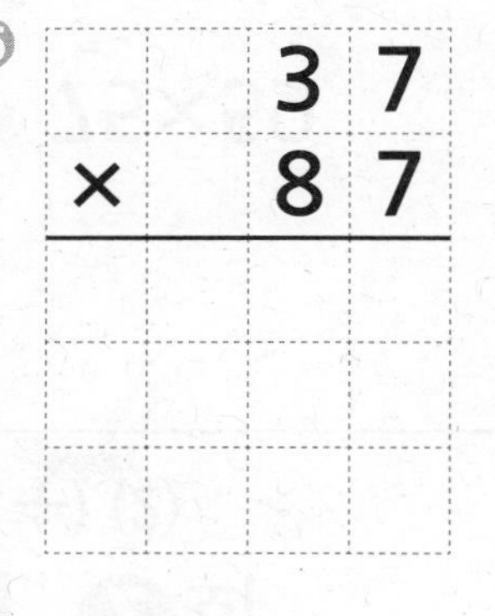

⓰
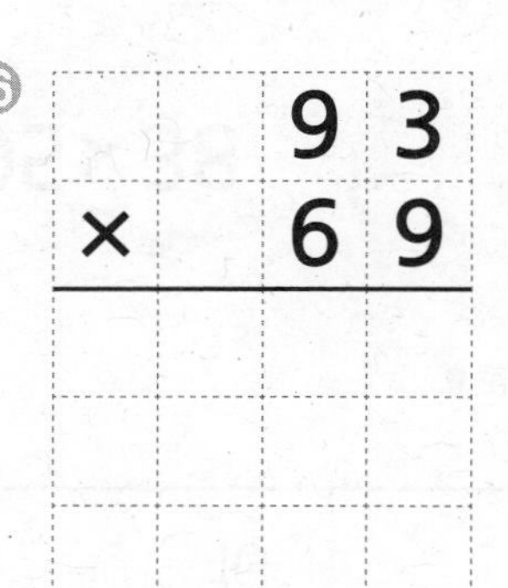

054 단계

실력 진단 평가 ❷회

(두 자리 수)×(두 자리 수) (2)

제한 시간	맞힌 개수	선생님 확인
20분	/16	

정답 22쪽

곱셈을 하세요.

❶ 44×94

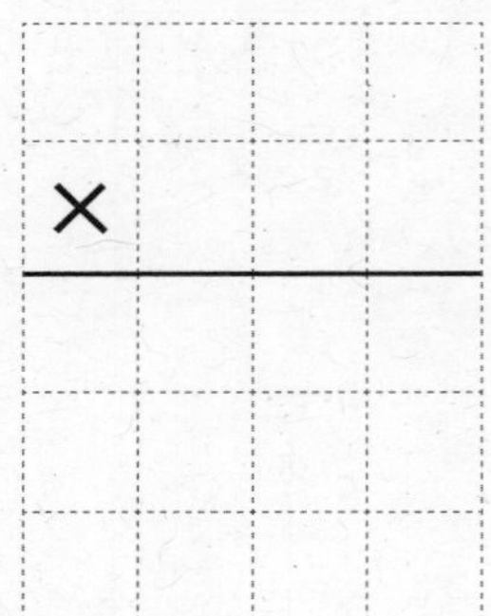

❷ 78×65

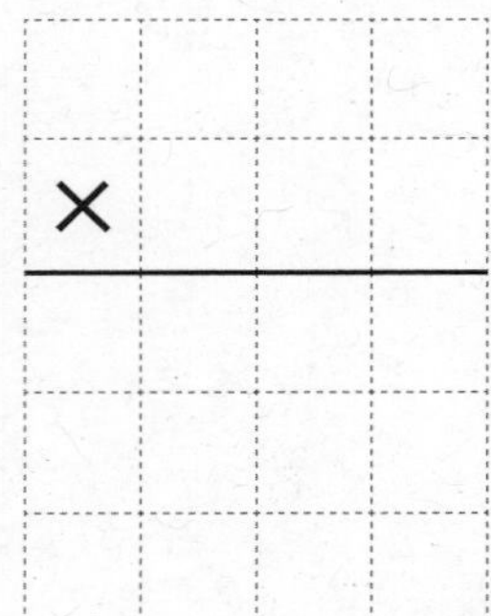

❸ 56×37

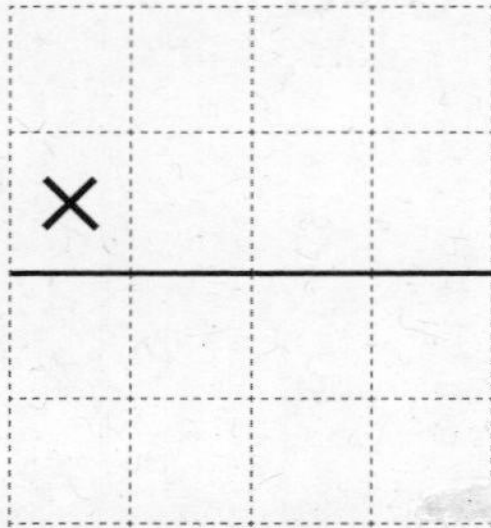

❹ 98×24

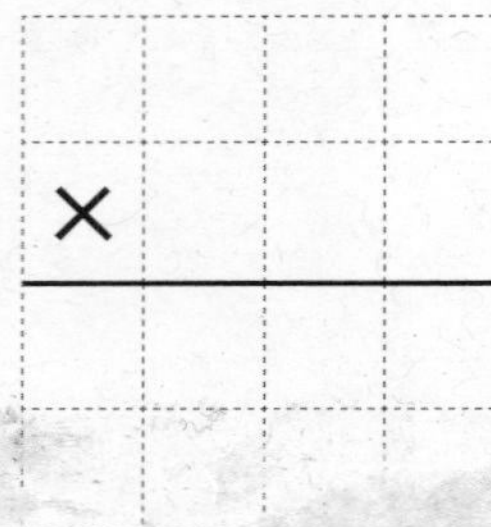

❺ 49×68

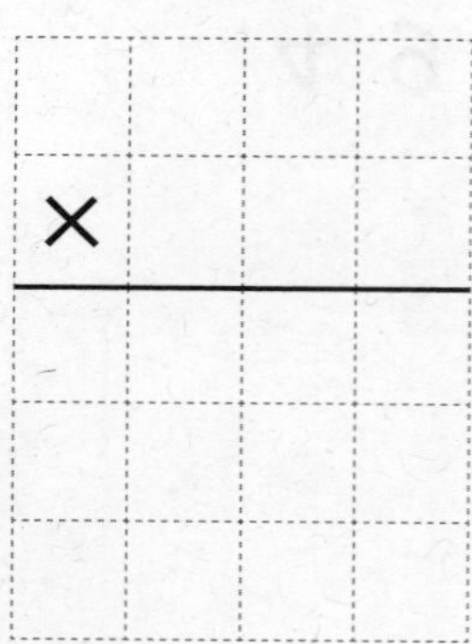

❻ 87×46

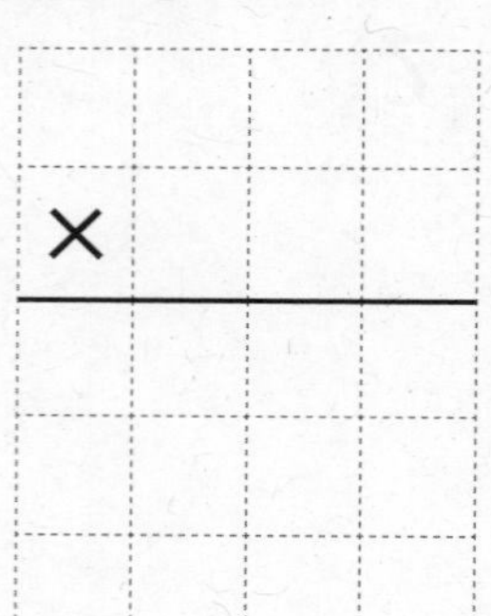

❼ 74×29

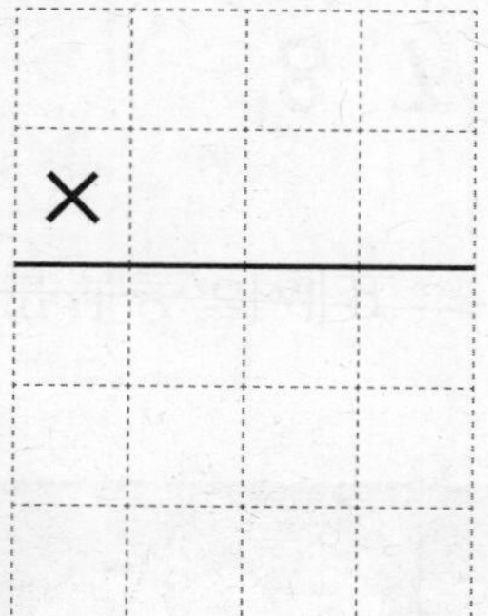

❽ 67×48

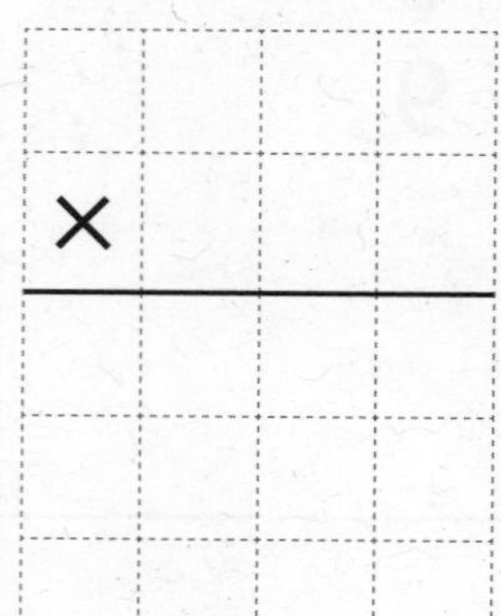

❾ 75×59

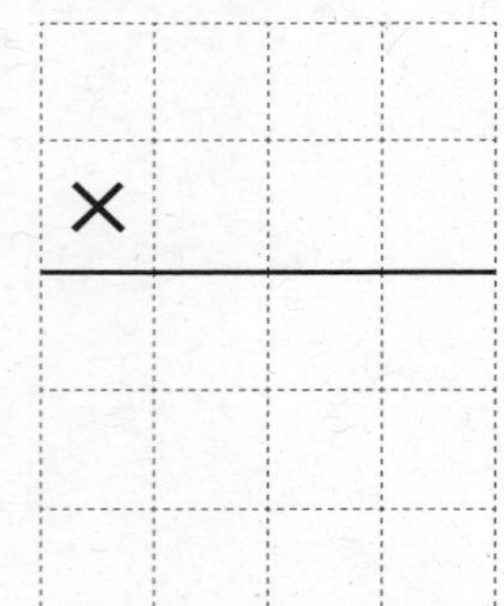

❿ 95×38

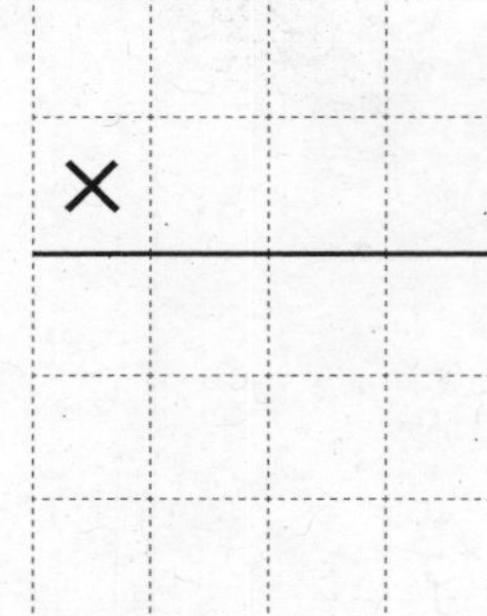

⓫ 23×88

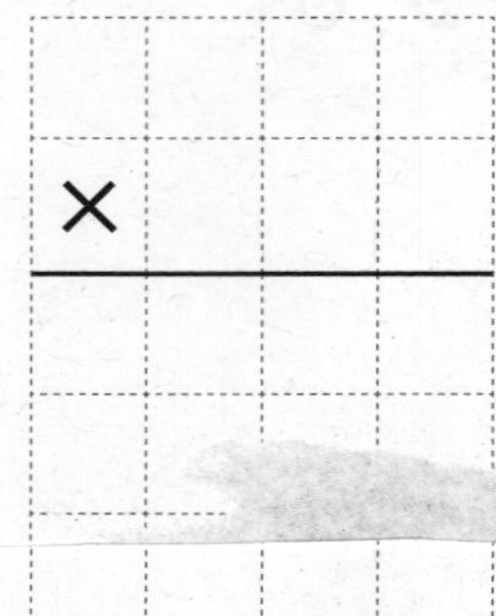

⓬ 66×93

⓭ 93×56

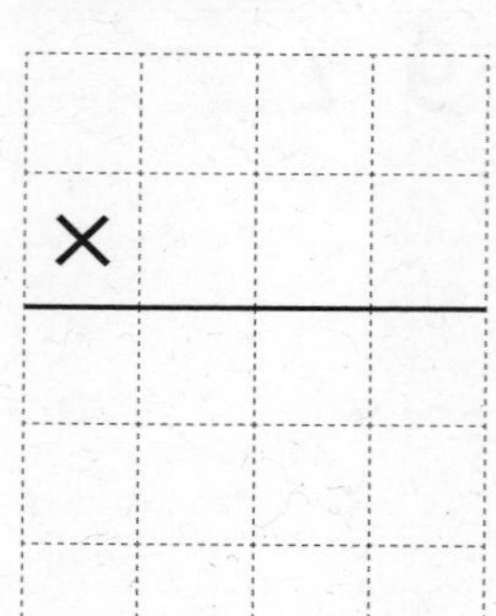

⓮ 78×26

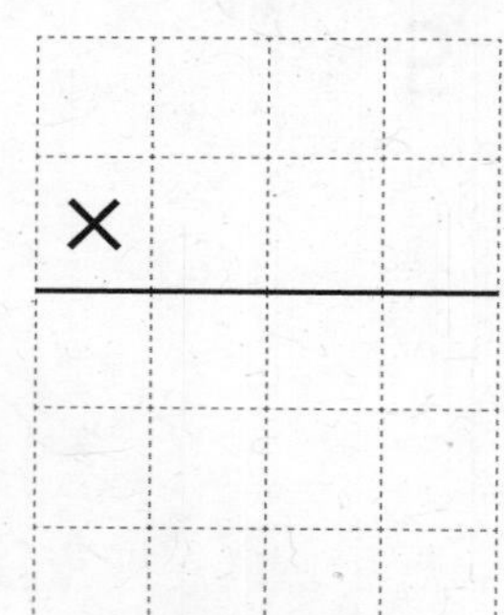

⓯ 89×36

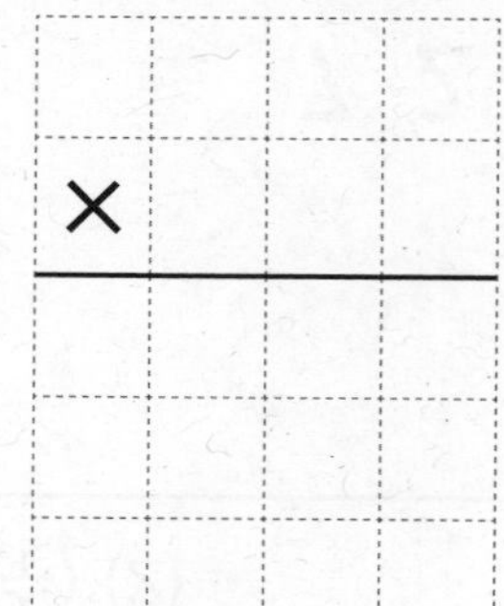

⓰ 73×98

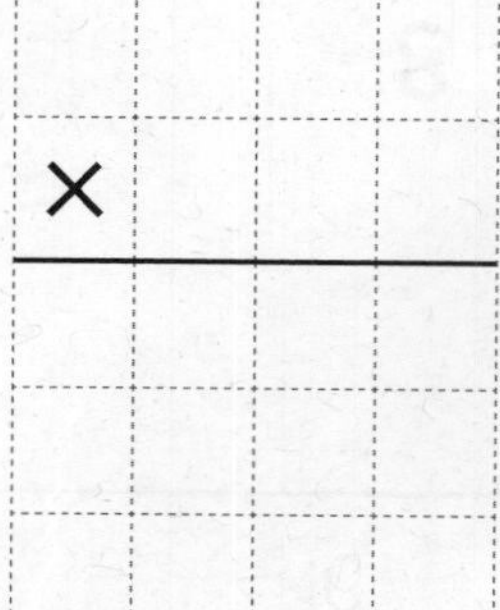

055 단계 실력 진단 평가 ❶회

(몇십)÷(몇), (몇백 몇십)÷(몇)

제한 시간	맞힌 개수	선생님 확인
20분	/32	

정답 22쪽

나눗셈의 몫을 구하세요.

❶ $90 \div 3 = \square$ ❷ $70 \div 7 = \square$

❸ $80 \div 4 = \square$ ❹ $30 \div 3 = \square$

❺ $60 \div 2 = \square$ ❻ $40 \div 2 = \square$

❼ $120 \div 6 = \square$ ❽ $320 \div 4 = \square$

❾ $180 \div 6 = \square$ ❿ $360 \div 9 = \square$

⓫ $240 \div 3 = \square$ ⓬ $630 \div 7 = \square$

⓭ $160 \div 2 = \square$ ⓮ $400 \div 8 = \square$

⓯ $810 \div 9 = \square$ ⓰ $300 \div 5 = \square$

⓱ $540 \div 6 = \square$ ⓲ $720 \div 9 = \square$

⓳ $560 \div 7 = \square$ ⓴ $200 \div 4 = \square$

㉑ $350 \div 5 = \square$ ㉒ $120 \div 3 = \square$

㉓ $240 \div 8 = \square$ ㉔ $160 \div 4 = \square$

㉕ $630 \div 9 = \square$ ㉖ $280 \div 7 = \square$

㉗ $300 \div 6 = \square$ ㉘ $480 \div 8 = \square$

㉙ $640 \div 8 = \square$ ㉚ $420 \div 7 = \square$

㉛ $210 \div 3 = \square$ ㉜ $150 \div 5 = \square$

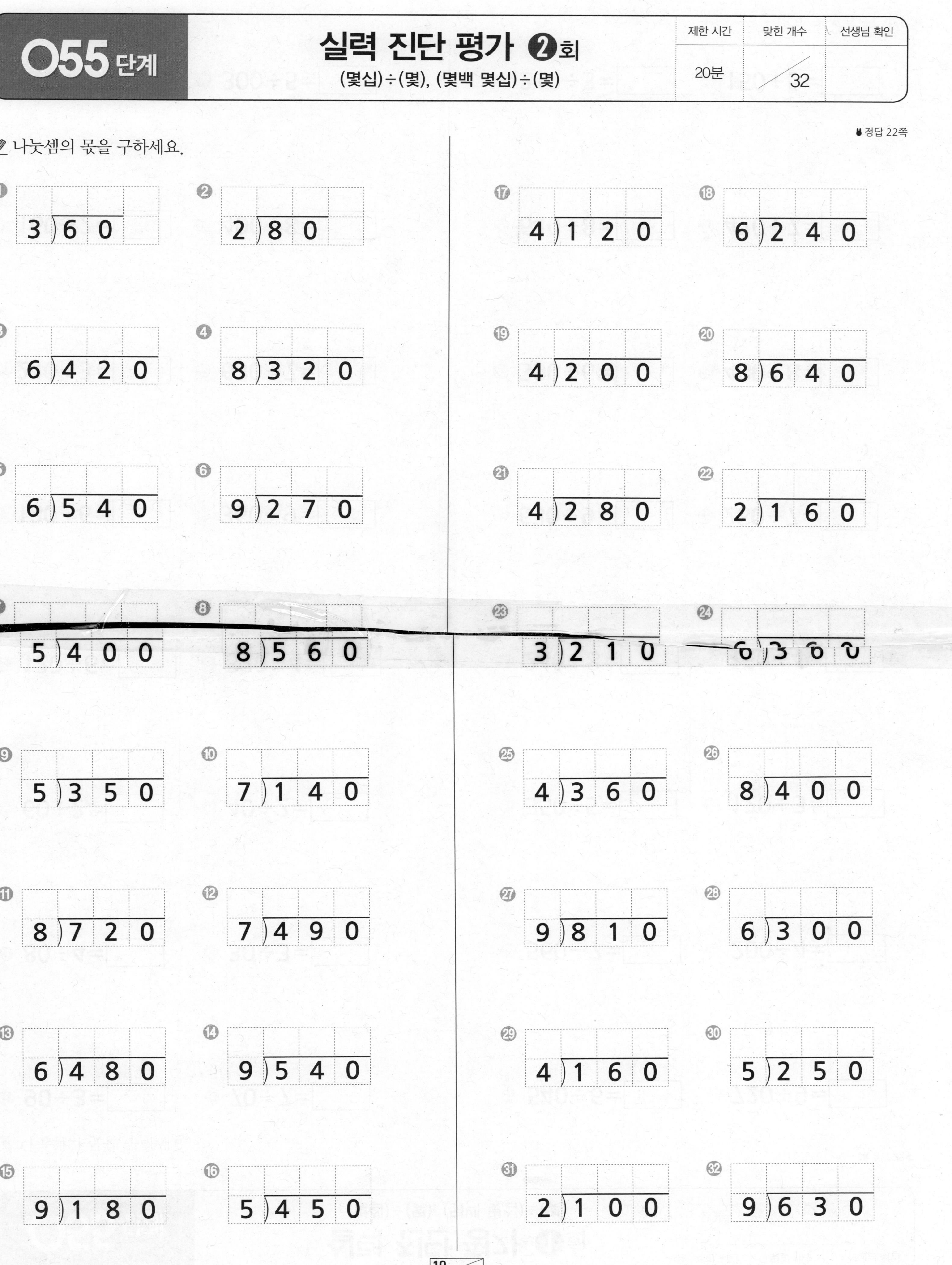

055 단계 실력 진단 평가 ❷회

(몇십)÷(몇), (몇백 몇십)÷(몇)

제한 시간	맞힌 개수	선생님 확인
20분	/32	

정답 22쪽

✎ 나눗셈의 몫을 구하세요.

❶ $60 \div 3$ (3)60)

❷ $80 \div 2$ (2)80)

❸ $420 \div 6$ (6)420)

❹ $320 \div 8$ (8)320)

❺ $540 \div 6$ (6)540)

❻ $270 \div 9$ (9)270)

❼ $400 \div 5$ (5)400)

❽ $560 \div 8$ (8)560)

❾ $350 \div 5$ (5)350)

❿ $140 \div 7$ (7)140)

⓫ $720 \div 8$ (8)720)

⓬ $490 \div 7$ (7)490)

⓭ $480 \div 6$ (6)480)

⓮ $540 \div 9$ (9)540)

⓯ $180 \div 9$ (9)180)

⓰ $450 \div 5$ (5)450)

⓱ $120 \div 4$ (4)120)

⓲ $240 \div 6$ (6)240)

⓳ $200 \div 4$ (4)200)

⓴ $640 \div 8$ (8)640)

㉑ $280 \div 4$ (4)280)

㉒ $160 \div 2$ (2)160)

㉓ $210 \div 3$ (3)210)

㉔ $360 \div 6$ (6)360)

㉕ $360 \div 4$ (4)360)

㉖ $400 \div 8$ (8)400)

㉗ $810 \div 9$ (9)810)

㉘ $300 \div 6$ (6)300)

㉙ $160 \div 4$ (4)160)

㉚ $250 \div 5$ (5)250)

㉛ $100 \div 2$ (2)100)

㉜ $630 \div 9$ (9)630)

056 단계

실력 진단 평가 ❶회

(두 자리 수)÷(한 자리 수) (1)

제한 시간	맞힌 개수	선생님 확인
20분	/32	

정답 22쪽

나눗셈의 몫을 구하세요.

① $33 \div 3 =$ ☐

② $70 \div 7 =$ ☐

③ $39 \div 3 =$ ☐

④ $42 \div 2 =$ ☐

⑤ $60 \div 6 =$ ☐

⑥ $48 \div 4 =$ ☐

⑦ $66 \div 3 =$ ☐

⑧ $96 \div 3 =$ ☐

⑨ $40 \div 2 =$ ☐

⑩ $55 \div 5 =$ ☐

⑪ $66 \div 2 =$ ☐

⑫ $90 \div 3 =$ ☐

⑬ $99 \div 9 =$ ☐

⑭ $48 \div 2 =$ ☐

⑮ $50 \div 5 =$ ☐

⑯ $36 \div 3 =$ ☐

⑰ $84 \div 4 =$ ☐

⑱ $24 \div 2 =$ ☐

⑲ $63 \div 3 =$ ☐

⑳ $28 \div 2 =$ ☐

㉑ $90 \div 9 =$ ☐

㉒ $60 \div 2 =$ ☐

㉓ $88 \div 4 =$ ☐

㉔ $77 \div 7 =$ ☐

㉕ $64 \div 2 =$ ☐

㉖ $46 \div 2 =$ ☐

㉗ $26 \div 2 =$ ☐

㉘ $69 \div 3 =$ ☐

㉙ $44 \div 4 =$ ☐

㉚ $80 \div 4 =$ ☐

㉛ $20 \div 2 =$ ☐

㉜ $82 \div 2 =$ ☐

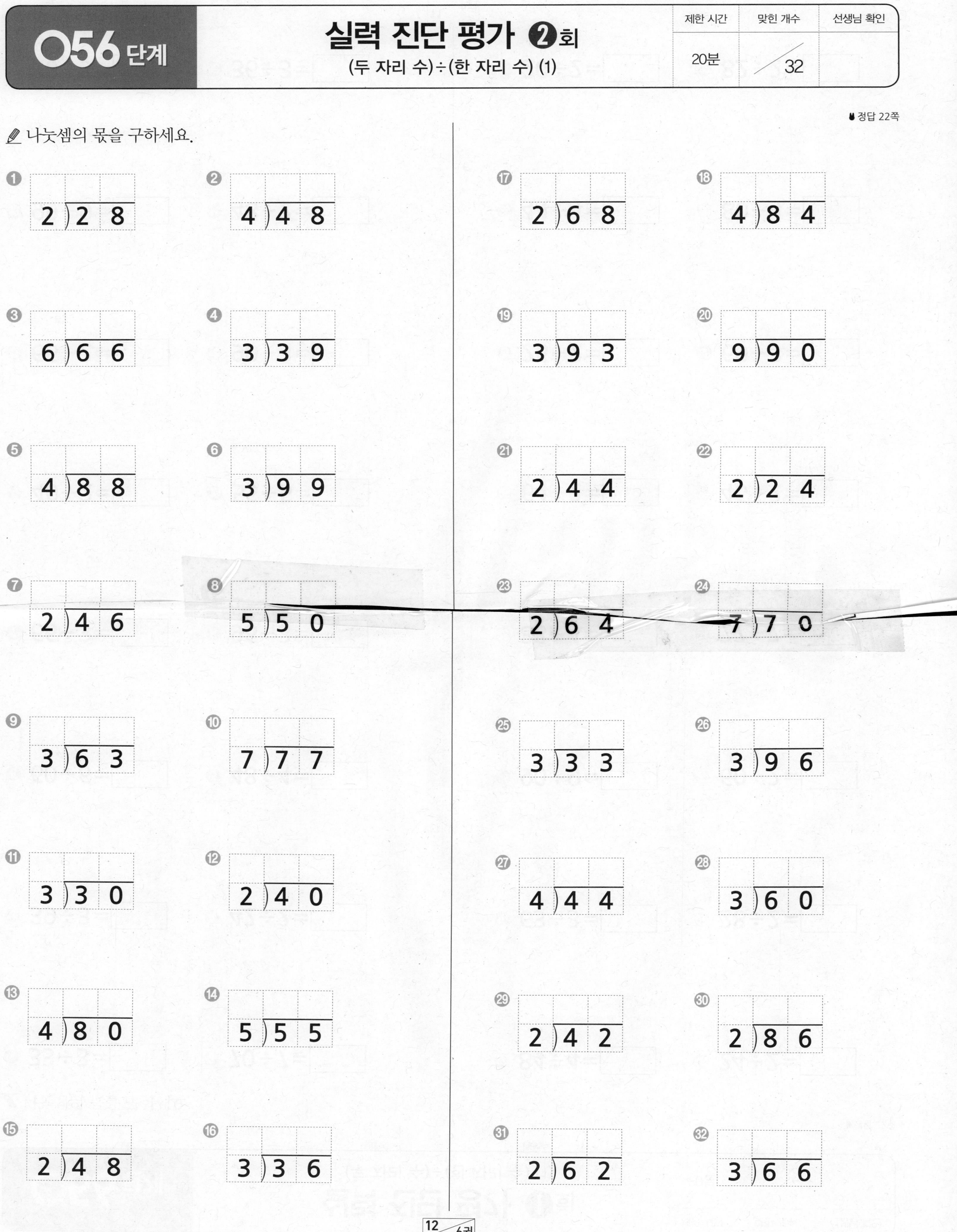

056 단계 실력 진단 평가 ❷회

(두 자리 수)÷(한 자리 수) (1)

제한 시간	맞힌 개수	선생님 확인
20분	/ 32	

정답 22쪽

나눗셈의 몫을 구하세요.

❶ $2\overline{)28}$

❷ $4\overline{)48}$

❸ $6\overline{)66}$

❹ $3\overline{)39}$

❺ $4\overline{)88}$

❻ $3\overline{)99}$

❼ $2\overline{)46}$

❽ $5\overline{)50}$

❾ $3\overline{)63}$

❿ $7\overline{)77}$

⓫ $3\overline{)30}$

⓬ $2\overline{)40}$

⓭ $4\overline{)80}$

⓮ $5\overline{)55}$

⓯ $2\overline{)48}$

⓰ $3\overline{)36}$

⓱ $2\overline{)68}$

⓲ $4\overline{)84}$

⓳ $3\overline{)93}$

⓴ $9\overline{)90}$

㉑ $2\overline{)44}$

㉒ $2\overline{)24}$

㉓ $2\overline{)64}$

㉔ $7\overline{)70}$

㉕ $3\overline{)33}$

㉖ $3\overline{)96}$

㉗ $4\overline{)44}$

㉘ $3\overline{)60}$

㉙ $2\overline{)42}$

㉚ $2\overline{)86}$

㉛ $2\overline{)62}$

㉜ $3\overline{)66}$

✂ 자르는 선

057 단계 실력 진단 평가 ❶회

(두 자리 수)÷(한 자리 수) (2)

제한 시간	맞힌 개수	선생님 확인
20분	/16	

정답 23쪽

나눗셈의 몫을 구하세요.

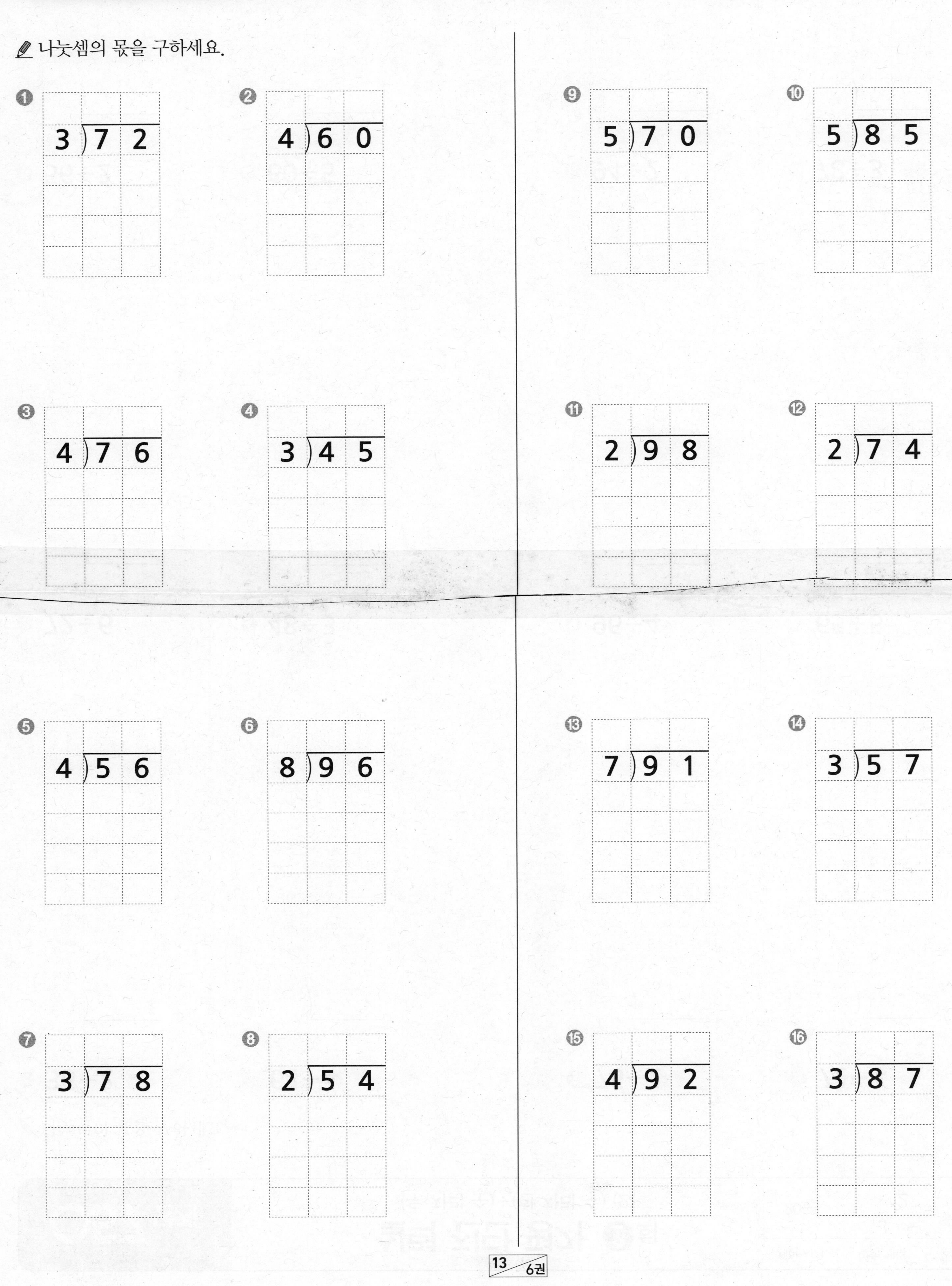

❶ $72 \div 3$

❷ $60 \div 4$

❸ $76 \div 4$

❹ $45 \div 3$

❺ $56 \div 4$

❻ $96 \div 8$

❼ $78 \div 3$

❽ $54 \div 2$

❾ $70 \div 5$

❿ $85 \div 5$

⓫ $98 \div 2$

⓬ $74 \div 2$

⓭ $91 \div 7$

⓮ $57 \div 3$

⓯ $92 \div 4$

⓰ $87 \div 3$

실력 진단 평가 ❷회

(두 자리 수)÷(한 자리 수) (2)

제한 시간	맞힌 개수	선생님 확인
20분	/12	

정답 23쪽

나눗셈의 몫을 구하세요.

❶ 36÷2

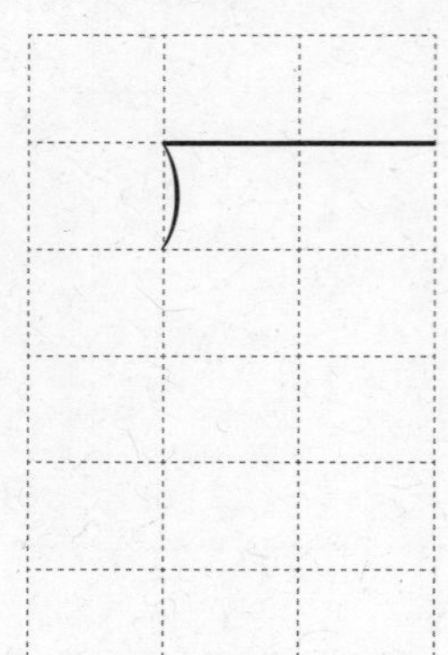

❷ 64÷4

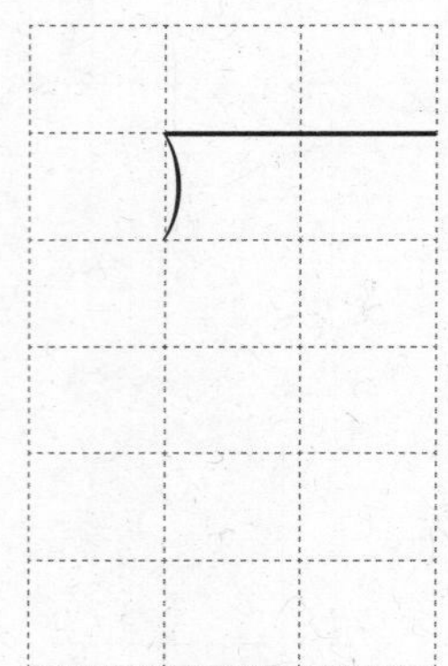

❸ 72÷6

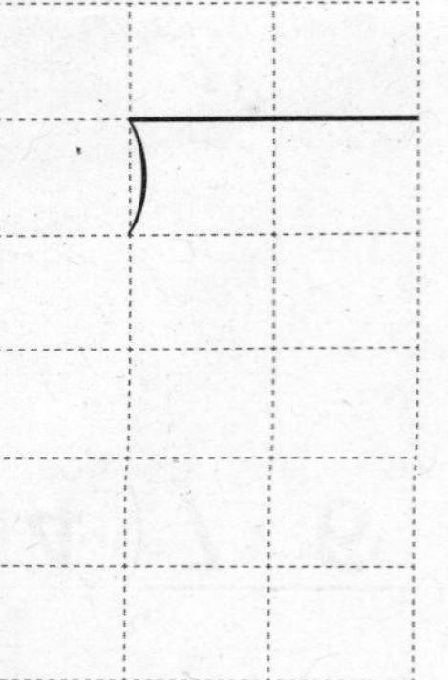

❹ 48÷3

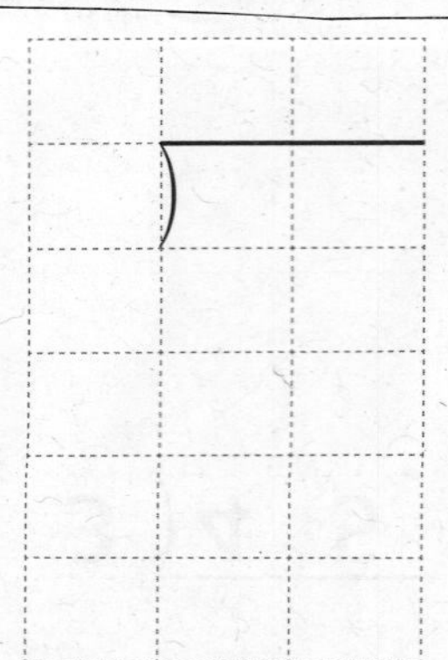

❺ 56÷2

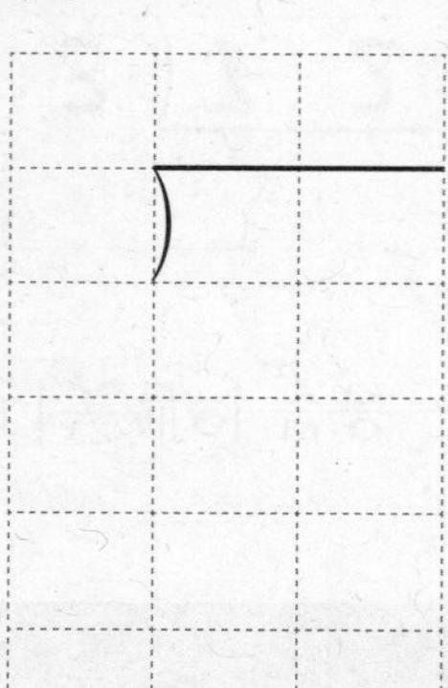

❻ 60÷5

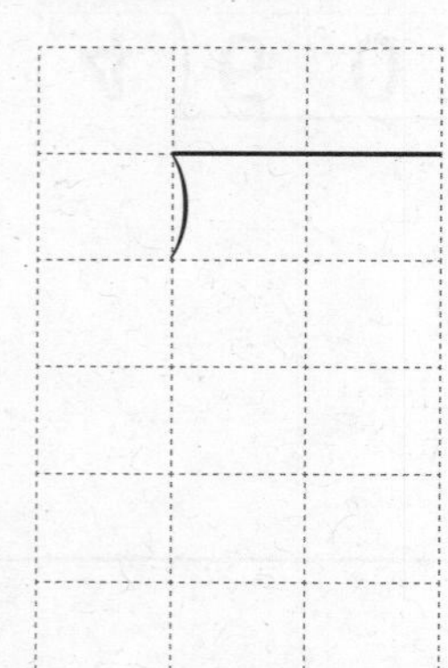

❼ 76÷2

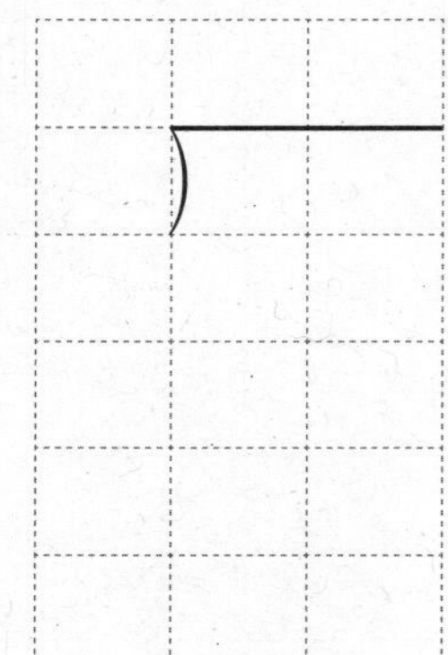

❽ 72÷4

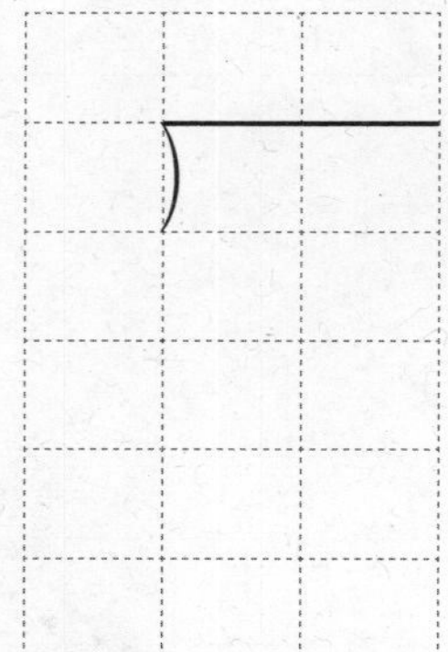

❾ 96÷4

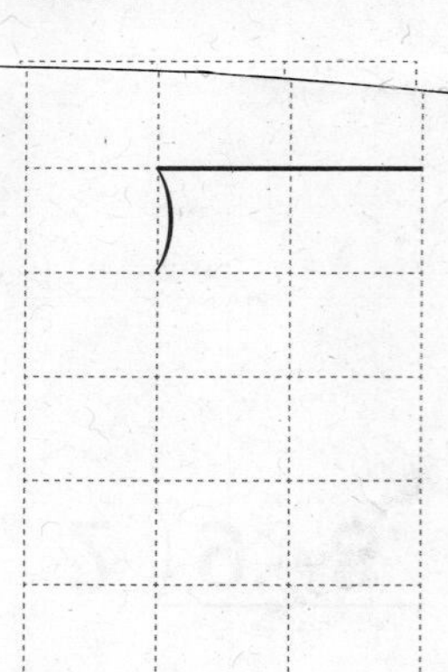

❿ 65÷5

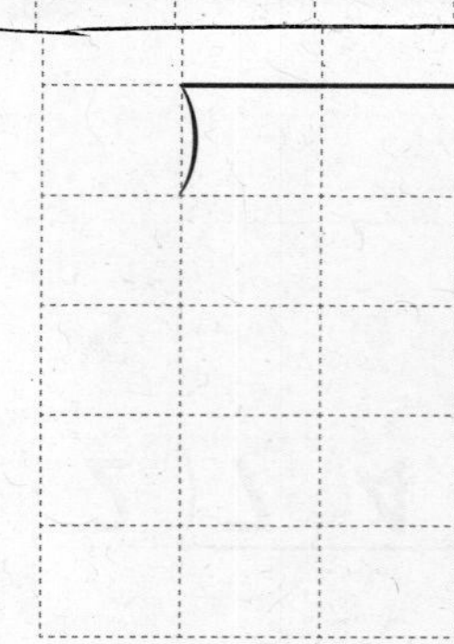

⓫ 94÷2

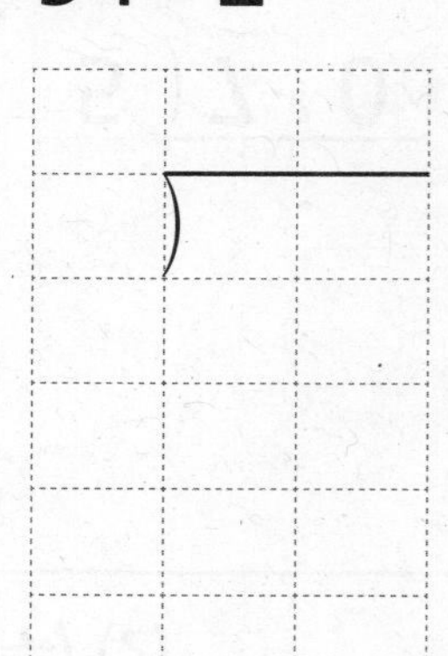

⓬ 78÷3

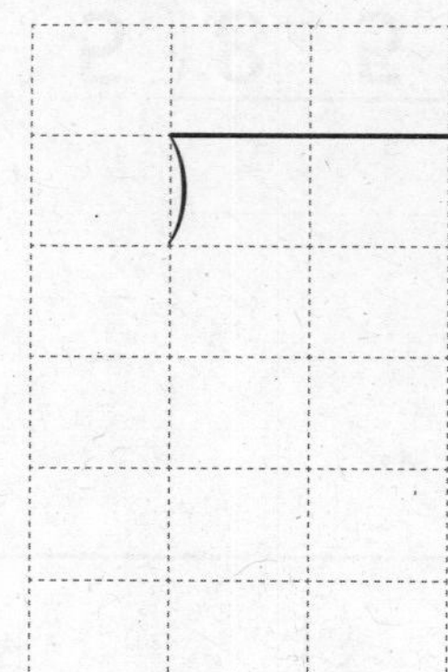

✂ 자르는 선

058 단계 실력 진단 평가 ❶회

(두 자리 수)÷(한 자리 수) (3)

제한 시간	맞힌 개수	선생님 확인
20분	/16	

정답 23쪽

✎ 나눗셈의 몫과 나머지를 구하세요.

❶ 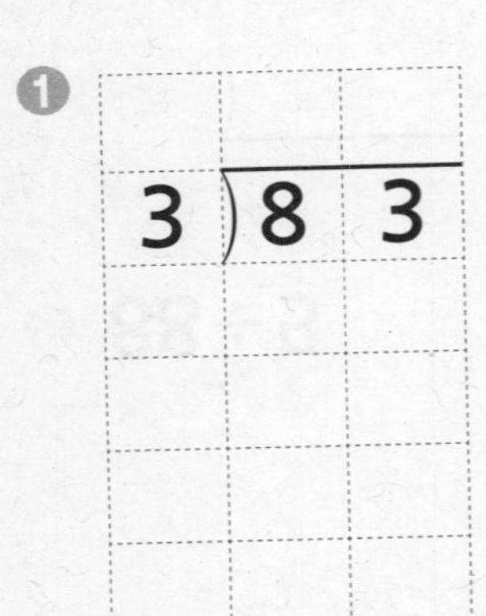

❷ 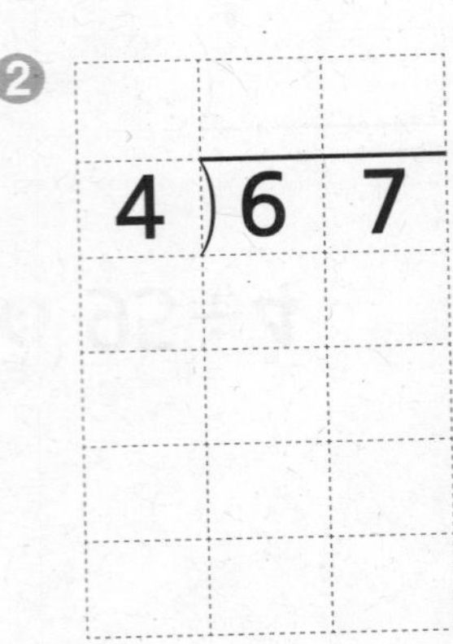

❸ 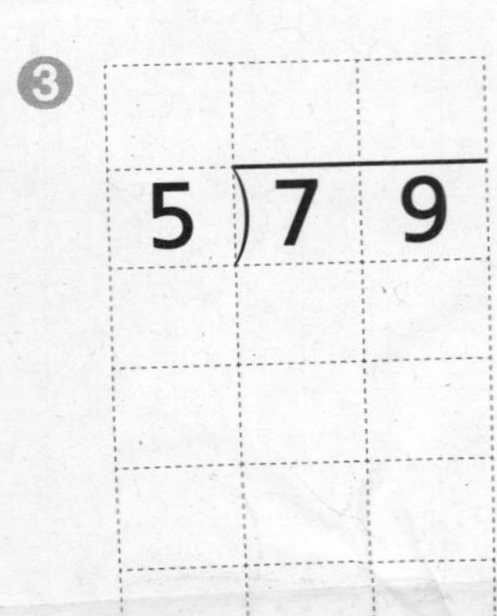

❹ 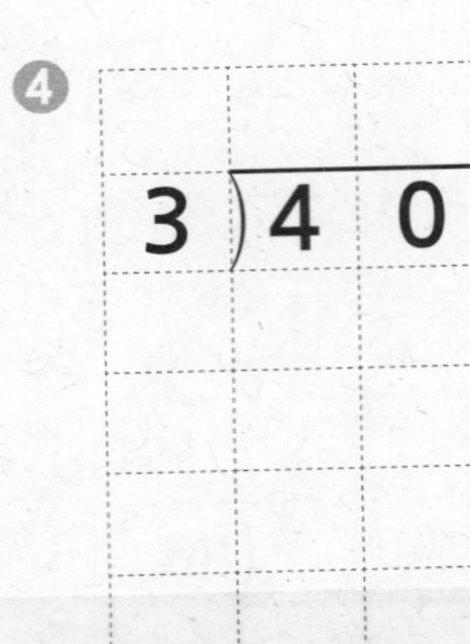

❺ 4)53

❻ 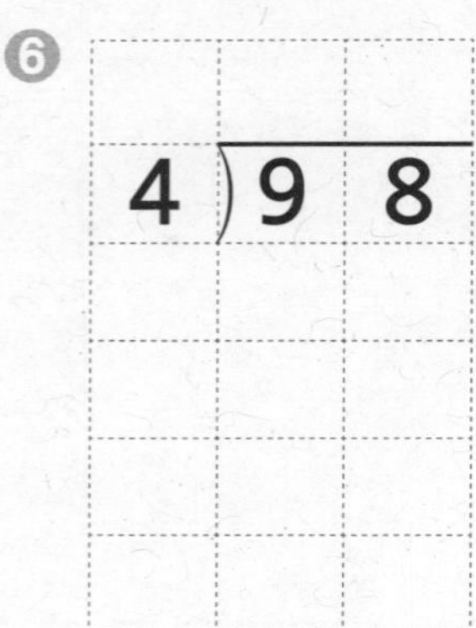

❼ 3)58

❽ 

❾ 

❿ 

⓫ 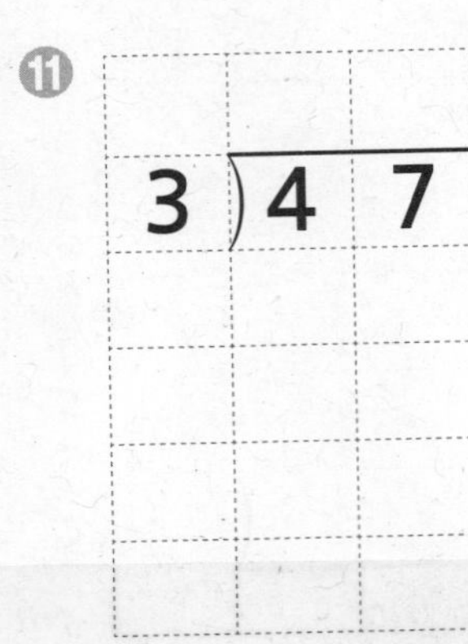

⓬ 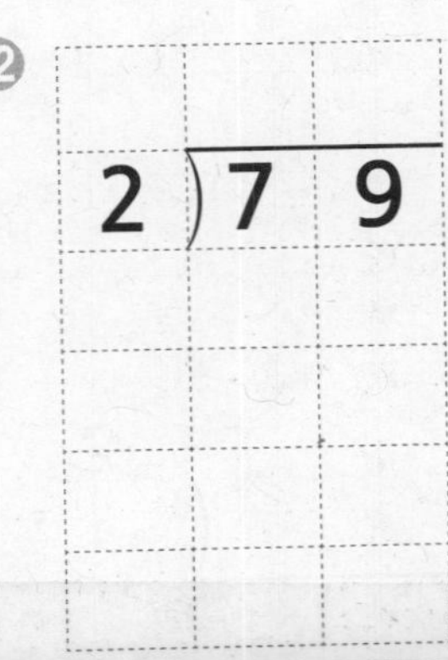

⓭ 6)95

⓮ 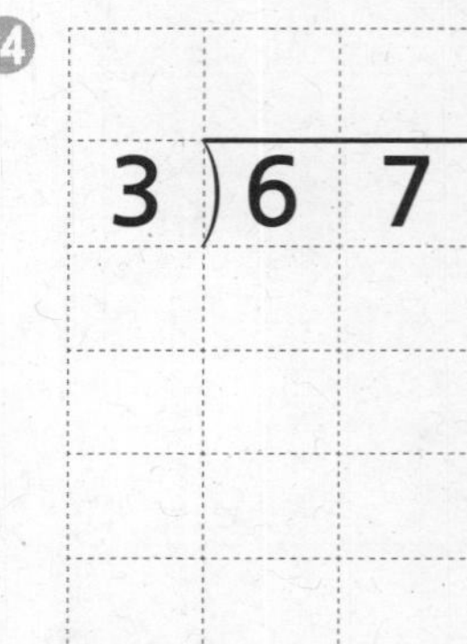

⓯ 

⓰ 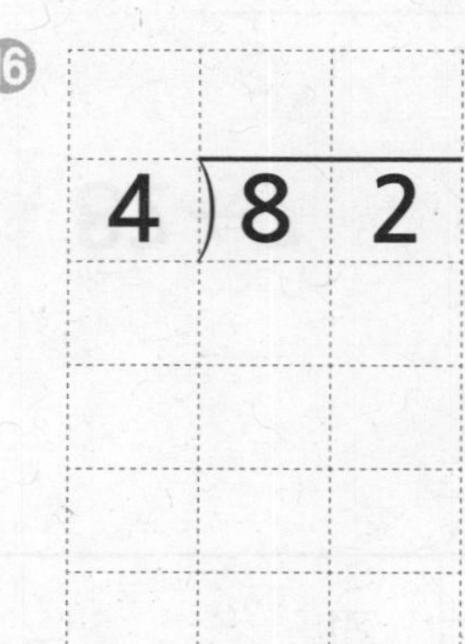

058 단계 실력 진단 평가 ❷회

(두 자리 수)÷(한 자리 수) (3)

제한 시간	맞힌 개수	선생님 확인
20분	/12	

정답 23쪽

나눗셈의 몫과 나머지를 구하세요.

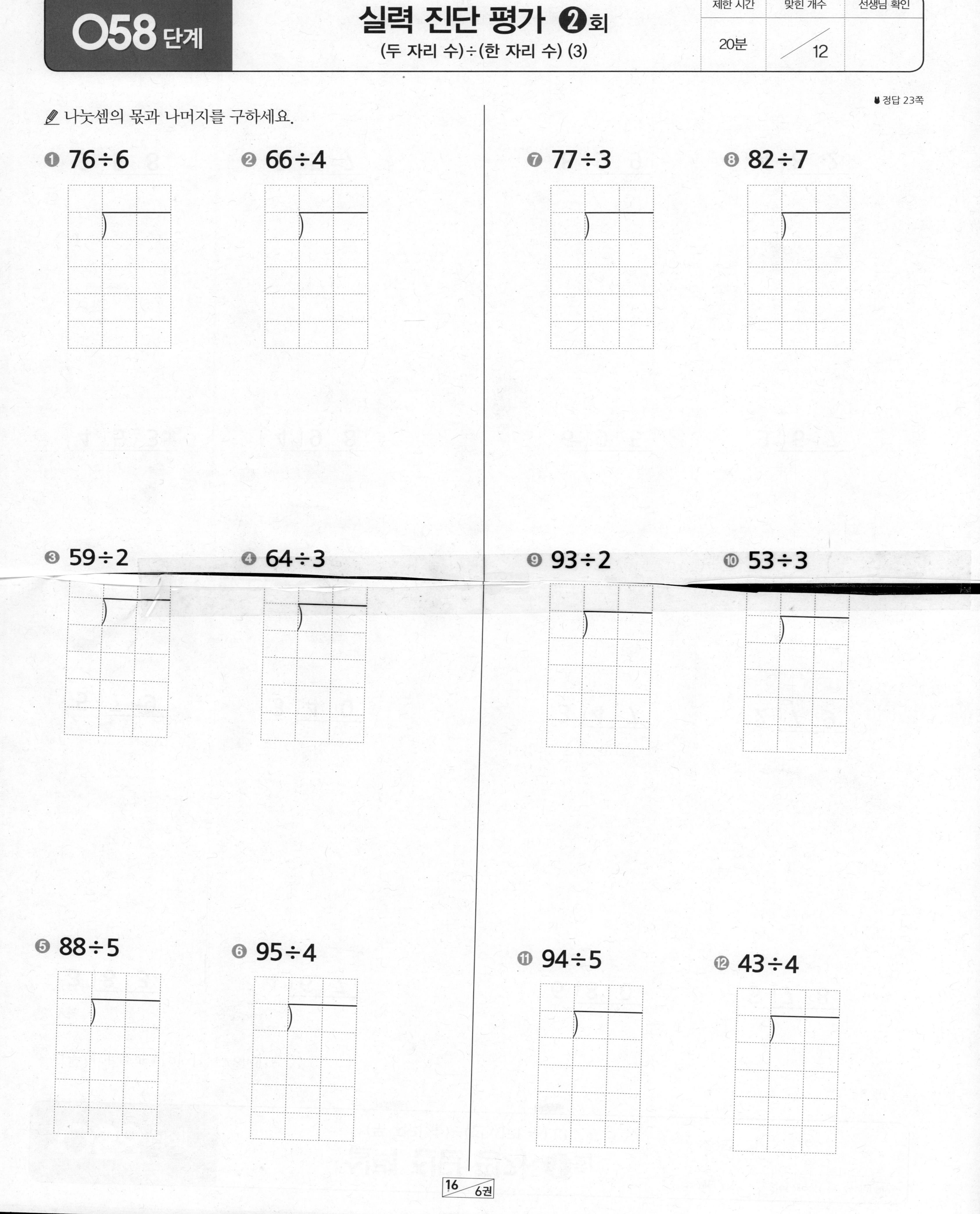

❶ $76 \div 6$

❷ $66 \div 4$

❸ $59 \div 2$

❹ $64 \div 3$

❺ $88 \div 5$

❻ $95 \div 4$

❼ $77 \div 3$

❽ $82 \div 7$

❾ $93 \div 2$

❿ $53 \div 3$

⓫ $94 \div 5$

⓬ $43 \div 4$

059 단계

실력 진단 평가 ❷회

(세 자리 수)÷(한 자리 수)

제한 시간	맞힌 개수	선생님 확인
20분	/12	

정답 23쪽

나눗셈의 몫을 구하세요.

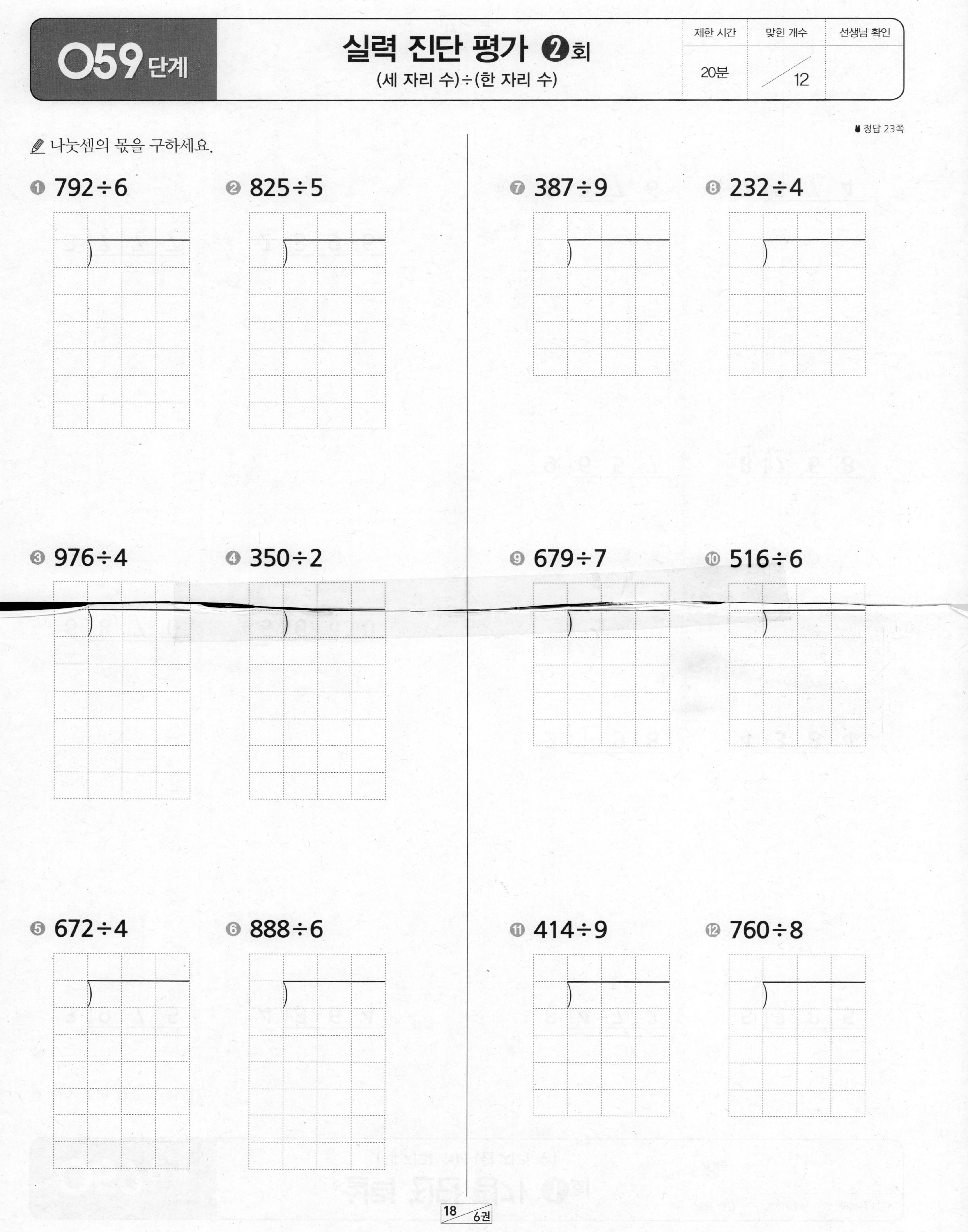

❶ 792÷6

❷ 825÷5

❸ 976÷4

❹ 350÷2

❺ 672÷4

❻ 888÷6

❼ 387÷9

❽ 232÷4

❾ 679÷7

❿ 516÷6

⓫ 414÷9

⓬ 760÷8

059 단계 실력 진단 평가 ①회

(세 자리 수)÷(한 자리 수)

제한 시간	맞힌 개수	선생님 확인
20분	/14	

정답 23쪽

나눗셈의 몫을 구하세요.

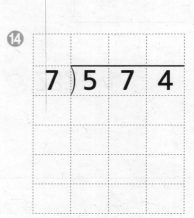

① 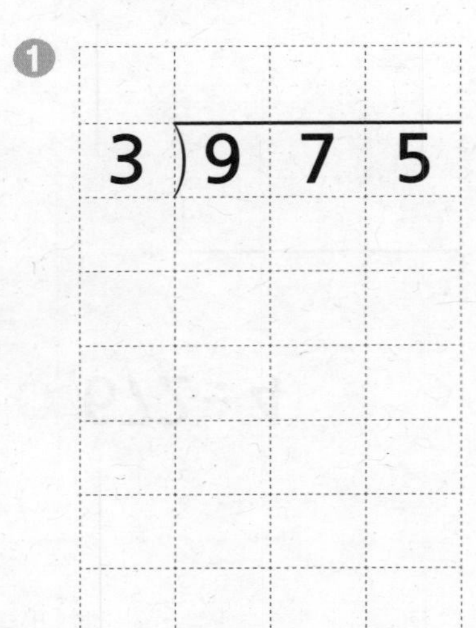
3)975

② 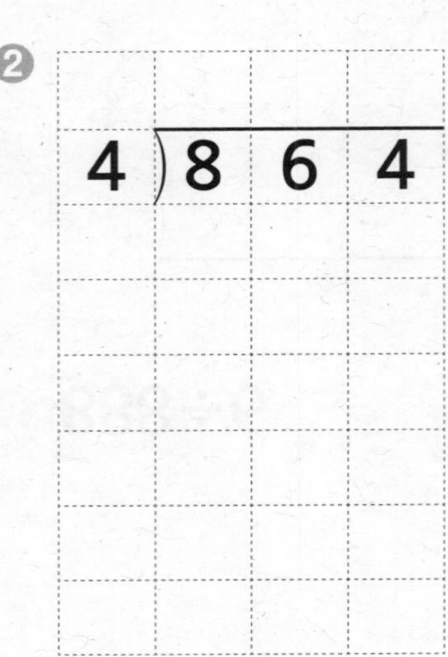
4)864

③ 
6)870

④ 
5)640

⑤ 3)777

⑥ 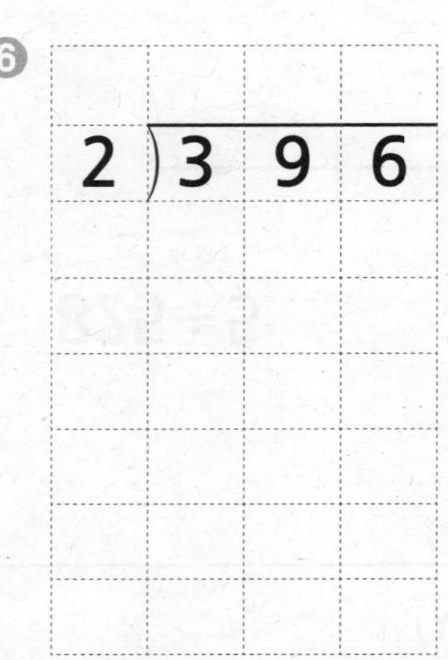
2)396

⑦ 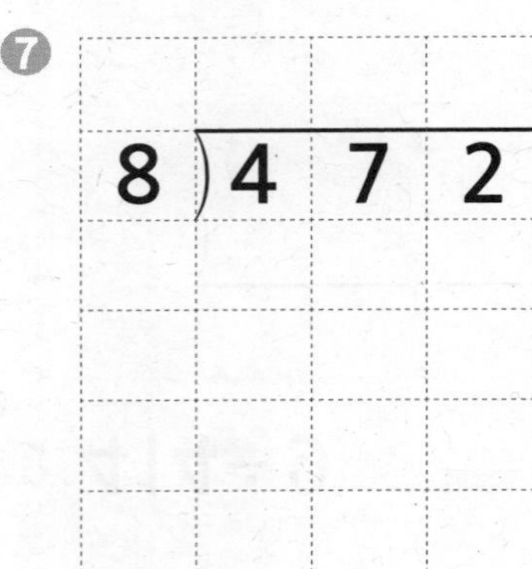
8)472

⑧ 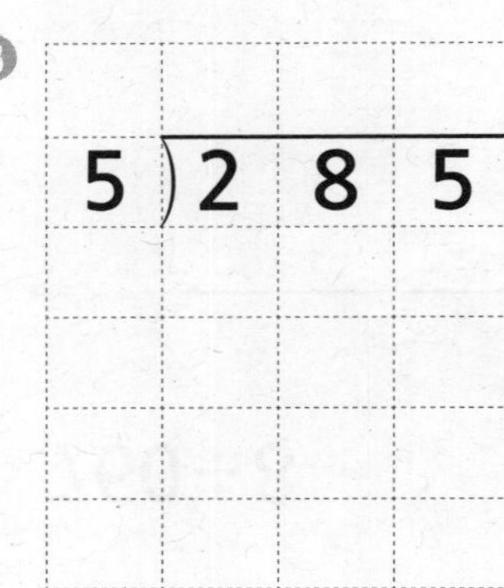
5)285

⑨ 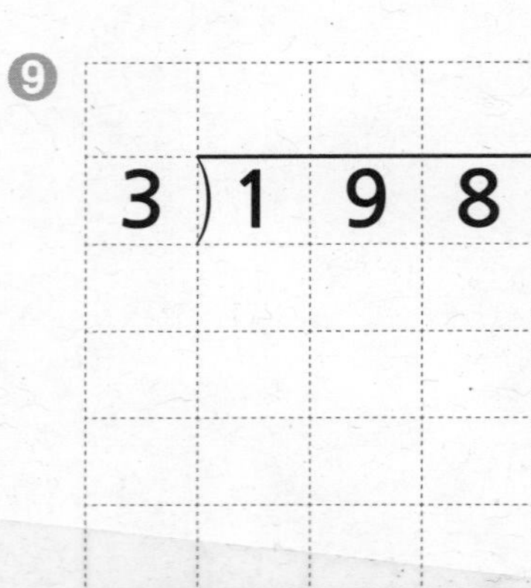
3)198

⑩ 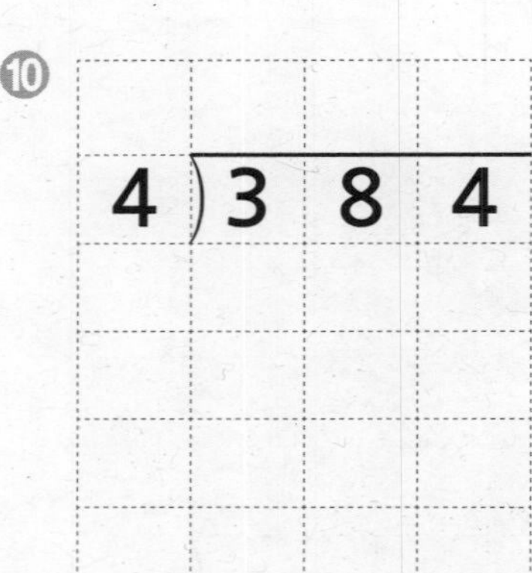
4)384

⑪ 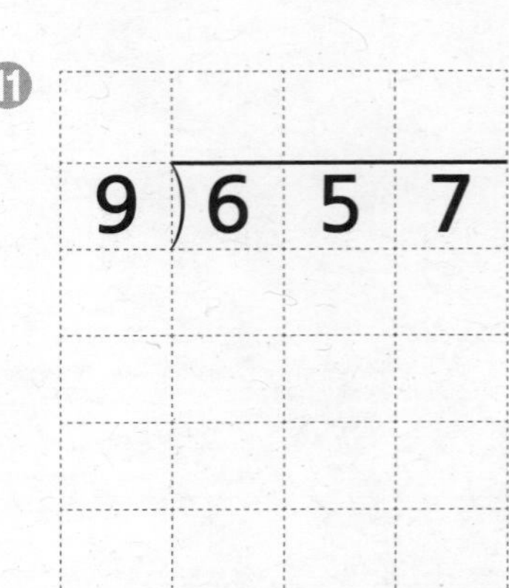
9)657

⑫ 
8)768

⑬ 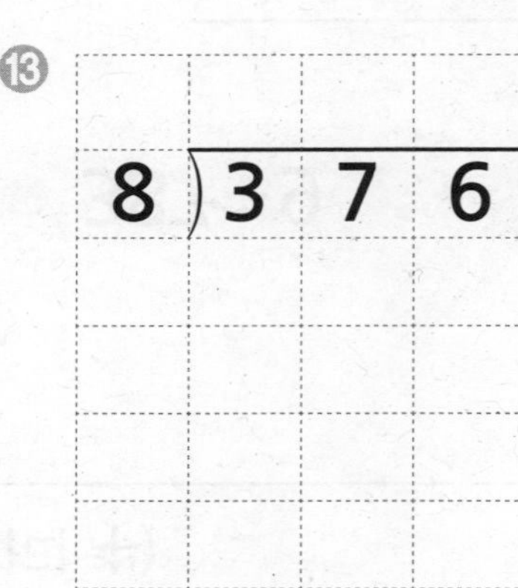
8)376

⑭ 7)574

060단계 실력 진단 평가 ❶회

들이와 무게의 덧셈과 뺄셈

제한 시간	맞힌 개수	선생님 확인
20분	/24	

정답 24쪽

✎ 계산을 하세요.

❶

	5L	200mL
+	1L	400mL
	L	mL

❷

	4L	300mL
+	3L	600mL
	L	mL

❸

	1L	600mL
+	4L	900mL
	L	mL

❹

	2L	800mL
+	5L	600mL
	L	mL

❺

	7L	600mL
+	8L	100mL
	L	mL

❻

	6L	700mL
+	3L	400mL
	L	mL

❼

	3L	500mL
−	1L	200mL
	L	mL

❽

	4L	900mL
−	3L	500mL
	L	mL

❾

	6L	700mL
−	4L	900mL
	L	mL

❿

	8L	100mL
−	3L	700mL
	L	mL

⓫

	9L	400mL
−	1L	500mL
	L	mL

⓬

	4L	100mL
−	1L	600mL
	L	mL

⓭

	2kg	500g
+	4kg	300g
	kg	g

⓮

	1kg	900g
+	2kg	700g
	kg	g

⓯

	5kg	100g
+	2kg	600g
	kg	g

⓰

	9kg	300g
+	6kg	200g
	kg	g

⓱

	4kg	700g
+	2kg	600g
	kg	g

⓲

	5kg	800g
+	6kg	500g
	kg	g

⓳

	5kg	900g
−	2kg	100g
	kg	g

⓴

	4kg	100g
−	1kg	200g
	kg	g

㉑

	9kg	500g
−	2kg	700g
	kg	g

㉒

	8kg	300g
−	3kg	700g
	kg	g

㉓

	6kg	600g
−	4kg	700g
	kg	g

㉔

	5kg	600g
−	1kg	800g
	kg	g

060 단계

실력 진단 평가 ❷회

들이와 무게의 덧셈과 뺄셈

제한 시간	맞힌 개수	선생님 확인
20분	/12	

정답 24쪽

빈칸에 알맞은 수를 넣으세요.

❶ 2L 500mL+6L 100mL
=(□+□)L (□+□)mL
=□L □mL

❷ 3L 900mL+4L 200mL
=(□+□)L (□+□)mL
=□L □mL
=□L □mL

❸ 2L 600mL+3L 500mL
=(□+□)L (□+□)mL
=□L □mL
=□L □mL

❹ 6L 900mL−3L 100mL
=(□−□)L (□−□)mL
=□L □mL

❺ 9L 500mL−2L 800mL
=(□−□)L (□−□)mL
=(□−□)L (□−□)mL
=□L □mL

❻ 3L 800mL−2L 700mL
=(□−□)L (□−□)mL
=□L □mL

❼ 4kg 300g+7kg 400g
=(□+□)kg (□+□)g
=□kg □g

❽ 3kg 900g+1kg 800g
=(□+□)kg (□+□)g
=□kg □g
=□kg □g

❾ 5kg 800g+3kg 900g
=(□+□)kg (□+□)g
=□kg □g
=□kg □g

❿ 5kg 300g−2kg 600g
=(□−□)kg (□−□)g
=(□−□)kg (□−□)g
=□kg □g

⓫ 8kg 800g−3kg 900g
=(□−□)kg (□−□)g
=(□−□)kg (□−□)g
=□kg □g

⓬ 9kg 100g−5kg 700g
=(□−□)kg (□−□)g
=(□−□)kg (□−□)g
=□kg □g

자르는 선

057 단계

057 단계 실력 진단 평가 ❶회
(두 자리 수)÷(한 자리 수) (2)

제한 시간	맞힌 개수	선생님 확인
20분	/16	

● 정답 23쪽

나눗셈의 몫을 구하세요.

① 24 / 3)72 / 6 / 12 / 12 / 0

② 15 / 4)60 / 4 / 20 / 20 / 0

③ 19 / 4)76 / 4 / 36 / 36 / 0

④ 15 / 3)45 / 3 / 15 / 15 / 0

⑤ 14 / 4)56 / 4 / 16 / 16 / 0

⑥ 12 / 8)96 / 8 / 16 / 16 / 0

⑦ 26 / 3)78 / 6 / 18 / 18 / 0

⑧ 27 / 2)54 / 4 / 14 / 14 / 0

⑨ 14 / 5)70 / 5 / 20 / 20 / 0

⑩ 17 / 5)85 / 5 / 35 / 35 / 0

⑪ 49 / 2)98 / 8 / 18 / 18 / 0

⑫ 37 / 2)74 / 6 / 14 / 14 / 0

⑬ 13 / 7)91 / 7 / 21 / 21 / 0

⑭ 19 / 3)57 / 3 / 27 / 27 / 0

⑮ 23 / 4)92 / 8 / 12 / 12 / 0

⑯ 29 / 3)87 / 6 / 27 / 27 / 0

057 단계 실력 진단 평가 ❷회
(두 자리 수)÷(한 자리 수) (2)

제한 시간	맞힌 개수	선생님 확인
20분	/12	

● 정답 23쪽

나눗셈의 몫을 구하세요.

① 36÷2: 18 / 2)36 / 2 / 16 / 16 / 0

② 64÷4: 16 / 4)64 / 4 / 24 / 24 / 0

③ 72÷6: 12 / 6)72 / 6 / 12 / 12 / 0

④ 48÷3: 16 / 3)48 / 3 / 18 / 18 / 0

⑤ 56÷2: 28 / 2)56 / 4 / 16 / 16 / 0

⑥ 60÷5: 12 / 5)60 / 5 / 10 / 10 / 0

⑦ 76÷2: 38 / 2)76 / 6 / 16 / 16 / 0

⑧ 72÷4: 18 / 4)72 / 4 / 32 / 32 / 0

⑨ 96÷4: 24 / 4)96 / 8 / 16 / 16 / 0

⑩ 65÷5: 13 / 5)65 / 5 / 15 / 15 / 0

⑪ 94÷2: 47 / 2)94 / 8 / 14 / 14 / 0

⑫ 78÷3: 26 / 3)78 / 6 / 18 / 18 / 0

058 단계

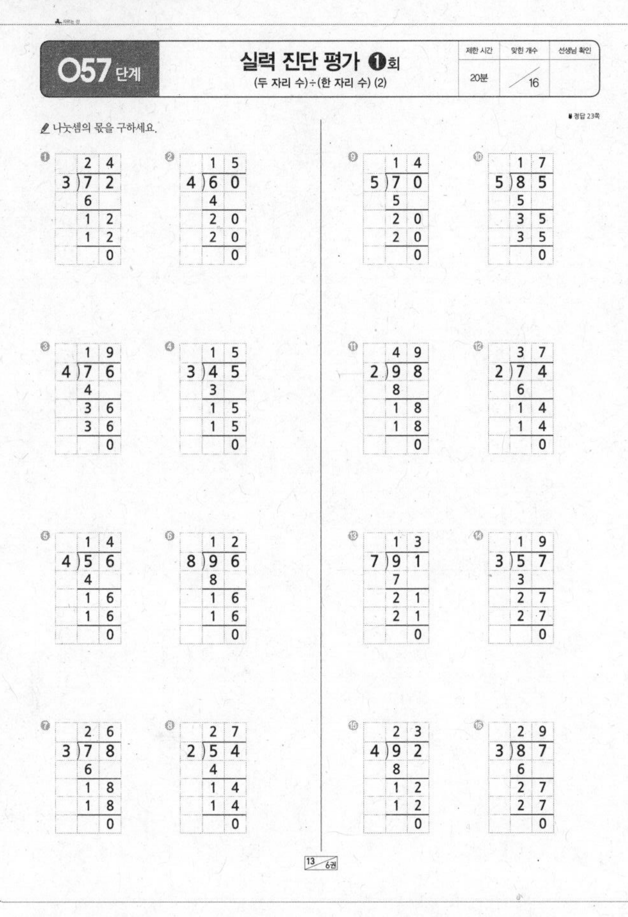

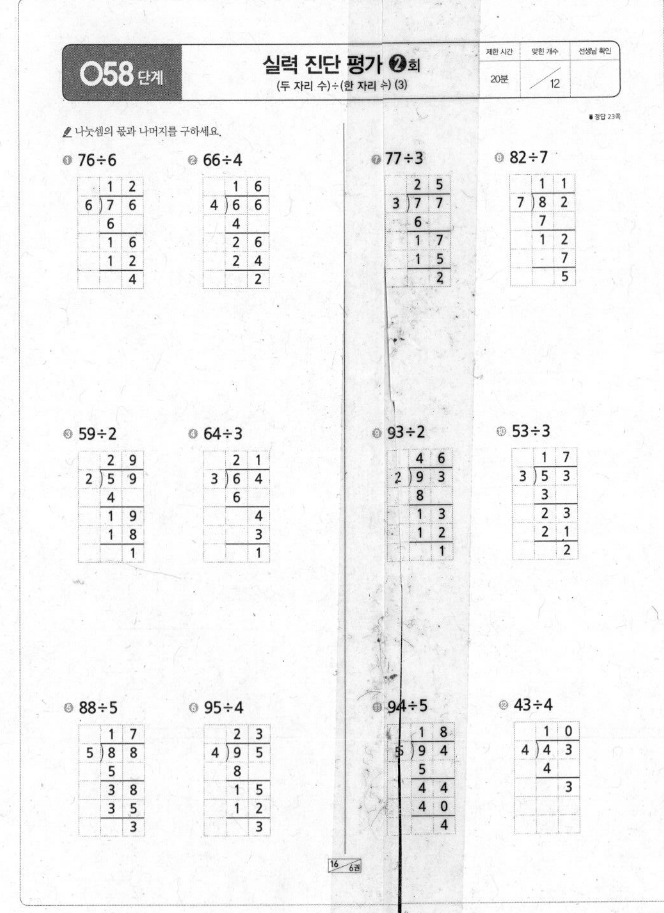

058 단계 실력 진단 평가 ❶회
(두 자리 수)÷(한 자리 수) (3)

제한 시간	맞힌 개수	선생님 확인
20분	/16	

● 정답 23쪽

나눗셈의 몫과 나머지를 구하세요.

① 27 / 3)83 / 6 / 23 / 21 / 2

② 16 / 4)67 / 4 / 27 / 24 / 3

③ 15 / 5)79 / 5 / 29 / 25 / 4

④ 13 / 3)40 / 3 / 10 / 9 / 1

⑤ 13 / 4)53 / 4 / 13 / 12 / 1

⑥ 24 / 4)98 / 8 / 18 / 16 / 2

⑦ 19 / 3)58 / 3 / 28 / 27 / 1

⑧ 28 / 2)57 / 4 / 17 / 16 / 1

⑨ 13 /)80 / 6 / 20 / 18 / 2

⑩ 15 / 5)78 / 5 / 28 / 25 / 3

⑪ 15 / 3)47 / 3 / 17 / 15 / 2

⑫ 39 / 2)79 / 6 / 19 / 18 / 1

⑬ 15 /)95 / 6 / 35 / 30 / 5

⑭ 22 / 3)67 / 6 / 7 / 6 / 1

⑮ 12 / 8)99 / 8 / 19 / 16 / 3

⑯ 20 / 4)82 / 8 / 2

058 단계 실력 진단 평가 ❷회
(두 자리 수)÷(한 자리 수) (3)

제한 시간	맞힌 개수	선생님 확인
20분	/12	

● 정답 23쪽

나눗셈의 몫과 나머지를 구하세요.

① 76÷6: 12 / 6)76 / 6 / 16 / 12 / 4

② 66÷4: 16 / 4)66 / 4 / 26 / 24 / 2

③ 59÷2: 29 / 2)59 / 4 / 19 / 18 / 1

④ 64÷3: 21 / 3)64 / 6 / 4 / 3 / 1

⑤ 88÷5: 17 / 5)88 / 5 / 38 / 35 / 3

⑥ 95÷4: 23 / 4)95 / 8 / 15 / 12 / 3

⑦ 77÷3: 25 / 3)77 / 6 / 17 / 15 / 2

⑧ 82÷7: 11 / 7)82 / 7 / 12 / 7 / 5

⑨ 93÷2: 46 / 2)93 / 8 / 13 / 12 / 1

⑩ 53÷3: 17 / 3)53 / 3 / 23 / 21 / 2

⑪ 94÷5: 18 / 5)94 / 5 / 44 / 40 / 4

⑫ 43÷4: 10 / 4)43 / 4 / 3

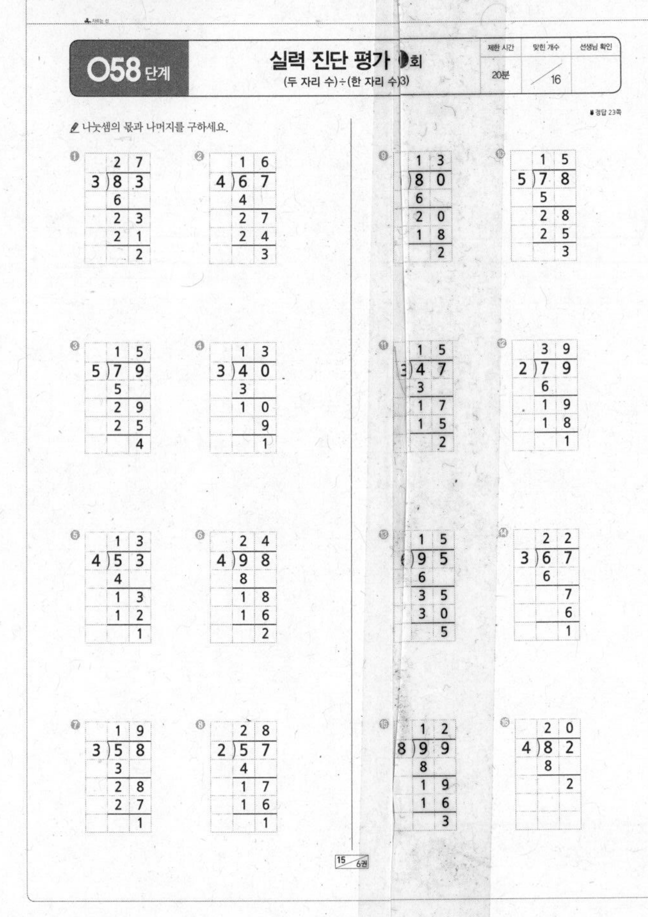

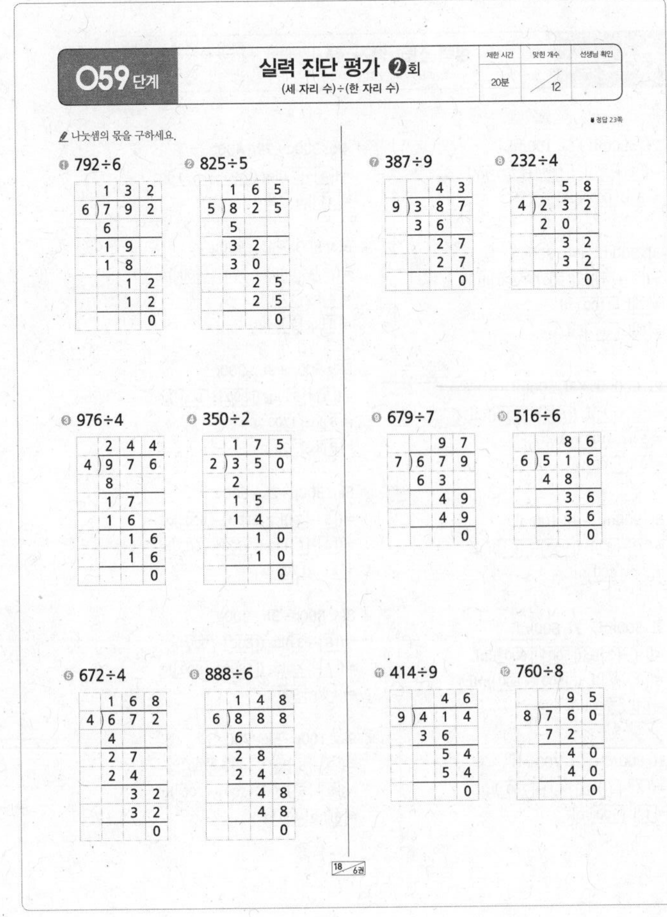

059 단계

059 단계 실력 진단 평가 ❶회
(세 자리 수)÷(한 자리 수)

제한 시간	맞힌 개수	선생님 확인
20분	/14	

● 정답 23쪽

나눗셈의 몫을 구하세요.

① 325 / 3)975 / 9 / 7 / 6 / 15 / 15 / 0

② 216 / 4)864 / 8 / 6 / 4 / 24 / 24 / 0

③ 145 / 6)870 / 6 / 27 / 24 / 30 / 30 / 0

④ 128 / 5)640 / 5 / 14 / 10 / 40 / 40 / 0

⑤ 259 / 3)777 / 6 / 17 / 15 / 27 / 27 / 0

⑥ 198 / 2)396 / 2 / 19 / 18 / 16 / 16 / 0

⑦ 59 / 8)472 / 40 / 72 / 72 / 0

⑧ 57 / 5)285 / 25 / 35 / 35 / 0

⑨ 66 / 3)198 / 18 / 18 / 18 / 0

⑩ 96 / 4)384 / 36 / 24 / 24 / 0

⑪ 73 / 9)657 / 63 / 27 / 27 / 0

⑫ 96 / 8)768 / 72 / 48 / 48 / 0

⑬ 47 / 8)376 / 32 / 56 / 56 / 0

⑭ 82 / 7)574 / 56 / 14 / 14 / 0

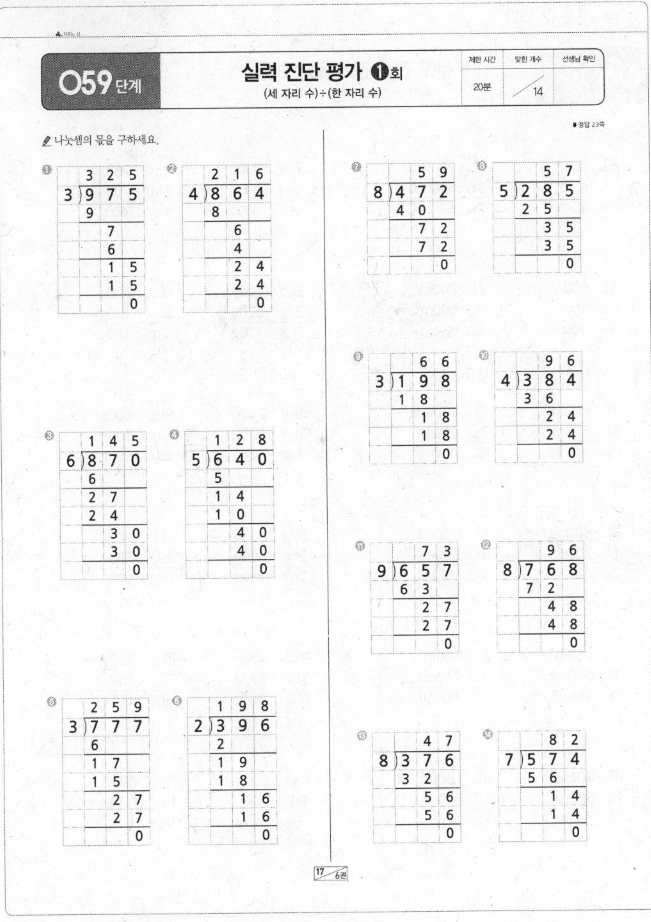

059 단계 실력 진단 평가 ❷회
(세 자리 수)÷(한 자리 수)

제한 시간	맞힌 개수	선생님 확인
20분	/12	

● 정답 23쪽

나눗셈의 몫을 구하세요.

① 792÷6: 132 / 6)792 / 6 / 19 / 18 / 12 / 12 / 0

② 825÷5: 165 / 5)825 / 5 / 32 / 30 / 25 / 25 / 0

③ 976÷4: 244 / 4)976 / 8 / 17 / 16 / 16 / 16 / 0

④ 350÷2: 175 / 2)350 / 2 / 15 / 14 / 10 / 10 / 0

⑤ 672÷4: 168 / 4)672 / 4 / 27 / 24 / 32 / 32 / 0

⑥ 888÷6: 148 / 6)888 / 6 / 28 / 24 / 48 / 48 / 0

⑦ 387÷9: 43 / 9)387 / 36 / 27 / 27 / 0

⑧ 232÷4: 58 / 4)232 / 20 / 32 / 32 / 0

⑨ 679÷7: 97 / 7)679 / 63 / 49 / 49 / 0

⑩ 516÷6: 86 / 6)516 / 48 / 36 / 36 / 0

⑪ 414÷9: 46 / 9)414 / 36 / 54 / 54 / 0

⑫ 760÷8: 95 / 8)760 / 72 / 40 / 40 / 0

060 단계

060 단계 실력 진단 평가 ❶회

들이와 무게의 덧셈과 뺄셈

제한 시간	맞힌 개수	선생님 확인
20분	/24	

정답 24쪽

계산을 하세요.

	5L 200mL + 1L 400mL	6L 600mL
	4L 300mL + 3L 600mL	7L 900mL
	1L 600mL + 4L 900mL	6L 500mL
	2L 800mL + 5L 600mL	8L 400mL
	7L 600mL + 8L 100mL	15L 700mL
	6L 700mL + 3L 400mL	10L 100mL
	3L 500mL − 1L 200mL	2L 300mL
	4L 900mL − 3L 500mL	1L 400mL
	6L 700mL − 4L 900mL	1L 800mL
	8L 100mL − 3L 700mL	4L 400mL
	9L 400mL − 1L 500mL	7L 900mL
	4L 100mL − 1L 600mL	2L 500mL
	2kg 500g + 4kg 300g	6kg 800g
	1kg 900g + 2kg 700g	4kg 600g
	5kg 100g + 2kg 600g	7kg 700g
	9kg 300g + 6kg 200g	15kg 500g
	4kg 700g + 2kg 600g	7kg 300g
	5kg 800g + 6kg 500g	12kg 300g
	5kg 900g − 2kg 100g	3kg 800g
	4kg 100g − 1kg 200g	2kg 900g
	9kg 500g − 2kg 700g	6kg 800g
	8kg 300g − 3kg 700g	4kg 600g
	6kg 600g − 4kg 700g	1kg 900g
	5kg 600g − 1kg 800g	3kg 800g

060 단계 실력 진단 평가 ❷회

들이와 무게의 덧셈과 뺄셈

제한 시간	맞힌 개수	선생님 확인
20분	/12	

정답 24쪽

빈칸에 알맞은 수를 넣으세요.

2L 500mL + 6L 100mL
= (2 + 6)L (500 + 100)mL
= 8L 600mL

3L 900mL + 4L 200mL
= (3 + 4)L (900 + 200)mL
= 7L 1100mL
= 8L 100mL

2L 600mL + 3L 500mL
= (2 + 3)L (600 + 500)mL
= 5L 1100mL
= 6L 100mL

6L 900mL − 3L 100mL
= (6 − 3)L (900 − 100)mL
= 3L 800mL

9L 500mL − 2L 800mL
= (9 − 2)L (500 − 800)mL
= (8 − 2)L (1500 − 800)mL
= 6L 700mL

3L 800mL − 2L 700mL
= (3 − 2)L (800 − 700)mL
= 1L 100mL

4kg 300g + 7kg 400g
= (4 + 7)kg (300 + 400)g
= 11kg 700g

3kg 900g + 1kg 800g
= (3 + 1)kg (900 + 800)g
= 4kg 1700g
= 5kg 700g

5kg 800g + 3kg 900g
= (5 + 3)kg (800 + 900)g
= 8kg 1700g
= 9kg 700g

5kg 300g − 2kg 600g
= (5 − 2)kg (300 − 600)g
= (4 − 2)kg (1300 − 600)g
= 2kg 700g

8kg 800g − 3kg 900g
= (8 − 3)kg (800 − 900)g
= (7 − 3)kg (1800 − 900)g
= 4kg 900g

9kg 100g − 5kg 700g
= (9 − 5)kg (100 − 700)g
= (8 − 5)kg (1100 − 700)g
= 3kg 400g

실력 진단 평가 정답

051 단계

051단계 실력 진단 평가 ❶회
(세 자리 수)×(한 자리 수) (1)

제한 시간 20분 | 맞힌 개수 /24 | 선생님 확인

곱셈을 하세요.

1. 500×8=4000
2. 200×7=1400
3. 602×3=1806
4. 412×4=1648
5. 160×6=960
6. 240×3=720
7. 736×2=1472
8. 528×3=1584
9. 823×4=3292
10. 416×5=2080
11. 927×2=1854
12. 313×7=2191
13. 319×5=1595
14. 612×6=3672
15. 824×4=3296
16. 351×5=1755
17. 664×2=1328
18. 532×4=2128
19. 953×2=1906
20. 321×9=2889
21. 782×3=2346
22. 641×7=4487
23. 843×3=2529
24. 584×2=1168

051단계 실력 진단 평가 ❷회
(세 자리 수)×(한 자리 수) (1)

제한 시간 20분 | 맞힌 개수 /20 | 선생님 확인

곱셈을 하세요.

1. 400×7=2800
2. 510×4=2040
3. 230×4=920
4. 130×7=910
5. 527×3=1581
6. 716×6=4296
7. 948×2=1896
8. 613×6=3678
9. 524×4=2096
10. 746×2=1492
11. 825×3=2475
12. 513×7=3591
13. 653×2=1306
14. 731×4=2924
15. 984×2=1968
16. 773×3=2319
17. 562×4=2248
18. 441×5=2205
19. 883×2=1766
20. 463×3=1389

052 단계

052단계 실력 진단 평가 ❶회
(세 자리 수)×(한 자리 수) (2)

제한 시간 20분 | 맞힌 개수 /24 | 선생님 확인

곱셈을 하세요.

1. 438×3=1314
2. 387×6=2322
3. 169×8=1352
4. 753×7=5271
5. 649×5=3245
6. 536×4=2144
7. 736×9=6624
8. 217×6=1302
9. 843×4=3372
10. 976×3=2928
11. 572×8=4576
12. 428×5=2140
13. 839×4=3356
14. 652×7=4564
15. 894×6=5364
16. 545×9=4905
17. 964×7=6748
18. 657×3=1971
19. 958×2=1916
20. 272×9=2448
21. 789×4=3156
22. 645×7=4515
23. 148×8=1184
24. 396×5=1980

052단계 실력 진단 평가 ❷회
(세 자리 수)×(한 자리 수) (2)

제한 시간 20분 | 맞힌 개수 /20 | 선생님 확인

곱셈을 하세요.

1. 468×7=3276
2. 529×4=2116
3. 637×4=2548
4. 136×9=1224
5. 857×6=5142
6. 676×9=6084
7. 948×5=4740
8. 474×7=3318
9. 253×8=2024
10. 786×5=3930
11. 192×6=1152
12. 345×5=1725
13. 859×3=2577
14. 928×9=8352
15. 763×8=6104
16. 516×7=3612
17. 287×5=1435
18. 324×6=1944
19. 658×7=4606
20. 275×8=2200

053 단계

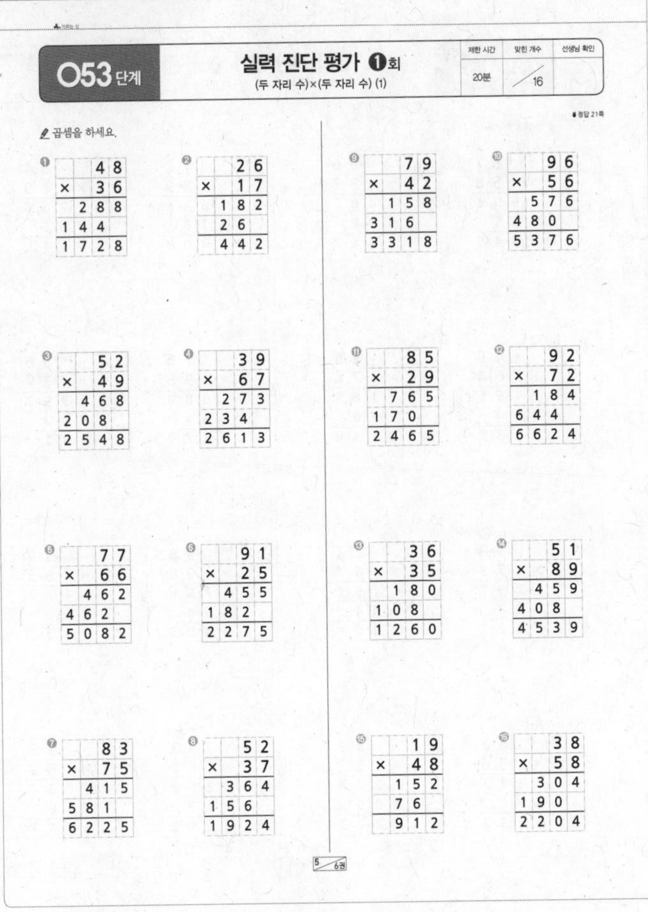

053단계 실력 진단 평가 ❶회
(두 자리 수)×(두 자리 수) (1)

제한 시간 20분 | 맞힌 개수 /16 | 선생님 확인

곱셈을 하세요.

1. 48×36: 288, 144, 1728
2. 26×17: 182, 26, 442
3. 52×49: 468, 208, 2548
4. 39×67: 273, 234, 2613
5. 77×66: 462, 462, 5082
6. 91×25: 455, 182, 2275
7. 83×75: 415, 581, 6225
8. 52×37: 364, 156, 1924
9. 79×42: 158, 316, 3318
10. 96×56: 576, 480, 5376
11. 85×29: 765, 170, 2465
12. 92×72: 184, 644, 6624
13. 36×35: 180, 108, 1260
14. 51×89: 459, 408, 4539
15. 19×48: 152, 76, 912
16. 38×58: 304, 190, 2204

053단계 실력 진단 평가 ❷회
(두 자리 수)×(두 자리 수) (1)

제한 시간 20분 | 맞힌 개수 /16 | 선생님 확인

곱셈을 하세요.

1. 69×28: 552, 138, 1932
2. 88×66: 528, 528, 5808
3. 57×36: 342, 171, 2052
4. 18×79: 162, 126, 1422
5. 75×35: 375, 225, 2625
6. 65×49: 585, 260, 3185
7. 98×52: 196, 490, 5096
8. 67×14: 268, 67, 938
9. 59×33: 177, 177, 1947
10. 38×64: 152, 228, 2432
11. 56×27: 392, 112, 1512
12. 92×78: 736, 644, 7176
13. 37×74: 148, 259, 2738
14. 87×39: 783, 261, 3393
15. 44×95: 220, 396, 4180
16. 76×53: 228, 380, 4028

054 단계

054 단계 실력 진단 평가 ❶회
(두 자리 수)×(두 자리 수) (2)

제한 시간 20분 | 맞힌 개수 /16 | 선생님 확인

곱셈을 하세요.

① 87×58: 696, 435, 5046
② 66×37: 462, 198, 2442
③ 72×89: 648, 576, 6408
④ 84×49: 756, 336, 4116
⑤ 49×64: 196, 294, 3136
⑥ 28×76: 168, 196, 2128
⑦ 76×95: 380, 684, 7220
⑧ 56×77: 392, 392, 4312
⑨ 99×73: 297, 693, 7227
⑩ 23×87: 161, 184, 2001
⑪ 96×98: 768, 864, 9408
⑫ 59×53: 177, 295, 3127
⑬ 62×86: 372, 496, 5332
⑭ 39×57: 273, 195, 2223
⑮ 37×87: 259, 296, 3219
⑯ 93×69: 837, 558, 6417

054 단계 실력 진단 평가 ❷회
(두 자리 수)×(두 자리 수) (2)

제한 시간 20분 | 맞힌 개수 /16 | 선생님 확인

곱셈을 하세요.

① 44×94: 176, 396, 4136
② 78×65: 390, 468, 5070
③ 75×59: 675, 375, 4425
④ 95×38: 760, 285, 3610
⑤ 56×37: 392, 168, 2072
⑥ 98×24: 392, 196, 2352
⑦ 23×88: 184, 184, 2024
⑧ 66×93: 198, 594, 6138
⑨ 49×68: 392, 294, 3332
⑩ 87×46: 522, 348, 4002
⑪ 93×56: 558, 465, 5208
⑫ 78×26: 468, 156, 2028
⑬ 74×29: 666, 148, 2146
⑭ 67×48: 536, 268, 3216
⑮ 89×36: 534, 267, 3204
⑯ 73×98: 584, 657, 7154

055 단계

055 단계 실력 진단 평가 ❶회
(몇십)÷(몇), (몇백 몇십)÷(몇)

제한 시간 20분 | 맞힌 개수 /32 | 선생님 확인

나눗셈의 몫을 구하세요.

① 90÷3=30 ② 70÷7=10
③ 80÷4=20 ④ 30÷3=10
⑤ 60÷2=30 ⑥ 40÷2=20
⑦ 120÷6=20 ⑧ 320÷4=80
⑨ 180÷6=30 ⑩ 360÷9=40
⑪ 240÷3=80 ⑫ 630÷7=90
⑬ 160÷2=80 ⑭ 400÷8=50
⑮ 810÷9=90 ⑯ 300÷5=60
⑰ 540÷6=90 ⑱ 720÷9=80
⑲ 560÷7=80 ⑳ 200÷4=50
㉑ 350÷5=70 ㉒ 120÷3=40
㉓ 240÷8=30 ㉔ 160÷4=40
㉕ 630÷9=70 ㉖ 280÷7=40
㉗ 300÷6=50 ㉘ 480÷8=60
㉙ 640÷8=80 ㉚ 420÷7=60
㉛ 210÷3=70 ㉜ 150÷5=30

055 단계 실력 진단 평가 ❷회
(몇십)÷(몇), (몇백 몇십)÷(몇)

제한 시간 20분 | 맞힌 개수 /32 | 선생님 확인

나눗셈의 몫을 구하세요.

① 3)60 → 20 ② 2)80 → 40
③ 6)420 → 70 ④ 8)320 → 40
⑤ 6)540 → 90 ⑥ 9)270 → 30
⑦ 5)400 → 80 ⑧ 8)560 → 70
⑨ 5)350 → 70 ⑩ 7)140 → 20
⑪ 8)720 → 90 ⑫ 7)490 → 70
⑬ 6)480 → 80 ⑭ 9)540 → 60
⑮ 9)180 → 20 ⑯ 5)450 → 90
⑰ 4)120 → 30 ⑱ 6)240 → 40
⑲ 4)200 → 50 ⑳ 8)640 → 80
㉑ 4)280 → 70 ㉒ 2)160 → 80
㉓ 3)210 → 70 ㉔ 6)360 → 60
㉕ 4)360 → 90 ㉖ 8)400 → 50
㉗ 9)810 → 90 ㉘ 6)300 → 50
㉙ 4)160 → 40 ㉚ 5)250 → 50
㉛ 2)100 → 50 ㉜ 9)630 → 70

056 단계

056 단계 실력 진단 평가 ❶회
(두 자리 수)÷(한 자리 수) (1)

제한 시간 20분 | 맞힌 개수 /32 | 선생님 확인

나눗셈의 몫을 구하세요.

① 33÷3=11 ② 70÷7=10
③ 39÷3=13 ④ 42÷2=21
⑤ 60÷6=10 ⑥ 48÷4=12
⑦ 66÷3=22 ⑧ 96÷3=32
⑨ 40÷2=20 ⑩ 55÷5=11
⑪ 66÷2=33 ⑫ 90÷3=30
⑬ 99÷9=11 ⑭ 48÷2=24
⑮ 50÷5=10 ⑯ 36÷3=12
⑰ 84÷4=21 ⑱ 24÷2=12
⑲ 63÷3=21 ⑳ 28÷2=14
㉑ 90÷9=10 ㉒ 60÷2=30
㉓ 88÷4=22 ㉔ 77÷7=11
㉕ 64÷2=32 ㉖ 46÷2=23
㉗ 26÷2=13 ㉘ 69÷3=23
㉙ 44÷4=11 ㉚ 80÷4=20
㉛ 20÷2=10 ㉜ 82÷2=41

056 단계 실력 진단 평가 ❷회
(두 자리 수)÷(한 자리 수) (1)

제한 시간 20분 | 맞힌 개수 /32 | 선생님 확인

나눗셈의 몫을 구하세요.

① 2)28 → 14 ② 4)48 → 12
③ 6)66 → 11 ④ 3)39 → 13
⑤ 4)88 → 22 ⑥ 3)99 → 33
⑦ 2)46 → 23 ⑧ 5)50 → 10
⑨ 3)63 → 21 ⑩ 7)77 → 11
⑪ 3)30 → 10 ⑫ 2)40 → 20
⑬ 4)80 → 20 ⑭ 5)55 → 11
⑮ 2)48 → 24 ⑯ 3)36 → 12
⑰ 2)68 → 34 ⑱ 4)84 → 21
⑲ 3)93 → 31 ⑳ 9)90 → 10
㉑ 2)44 → 22 ㉒ 2)24 → 12
㉓ 2)64 → 32 ㉔ 7)70 → 10
㉕ 3)33 → 11 ㉖ 3)96 → 32
㉗ 4)44 → 11 ㉘ 3)60 → 20
㉙ 2)42 → 21 ㉚ 2)86 → 43
㉛ 2)62 → 31 ㉜ 3)66 → 22